灾变通风理论与技术

司俊鸿　赵婧昱　编著

西北工業大學出版社

西　安

【内容简介】 本书介绍灾害发生前后的应急通风防控，在概述空气流动、通风网络风流流动等理论知识的基础上，介绍常见矿山火灾、建筑火灾、爆炸事故的发生发展机理，以提升应用灾变通风理论与技术进行事故抢险救灾的能力。为了便于学习与查阅，本书每章设有学习目标、典型例题、复习思考题等，以突出重点、难点、知识点，使读者更好地掌握。

本书可用作高等院校应急技术与管理、安全工程、消防工程等专业的教学用书，也可用作通风系统设计、工程施工、灾害施救相关人员的参考用书。

图书在版编目(CIP)数据

灾变通风理论与技术 / 司俊鸿，赵婧昱编著. — 西安：西北工业大学出版社，2023.2

ISBN 978-7-5612-8578-7

Ⅰ.①灾… Ⅱ.①司… ②赵… Ⅲ.①通风工程-研究 Ⅳ.①TU834

中国版本图书馆CIP数据核字(2023)第029813号

ZAIBIAN TONGFENG LILUN YU JISHU

灾变通风理论与技术

司俊鸿 赵婧昱 编著

责任编辑：曹 江　　策划编辑：查秀婷

责任校对：胡莉巾　　装帧设计：董晓伟

出版发行：西北工业大学出版社

通信地址：西安市友谊西路127号　　邮编：710072

电　　话：(029)88491757，88493844

网　　址：www.nwpup.com

印 刷 者：陕西向阳印务有限公司

开　　本：787 mm×1 092 mm　　1/16

印　　张：16.625

字　　数：436千字

版　　次：2023年2月第1版　　2023年2月第1次印刷

书　　号：ISBN 978-7-5612-8578-7

定　　价：66.00元

前　言

在矿井、建筑、化工等工业生产过程中，通风系统是保障人员安全健康、设备有效运转的重要基础，地位举足轻重。然而，工业系统是一个复杂的系统，受生产条件、人为因素、环境因素影响，容易发生火灾、爆炸等生产事故或灾害，对通风系统造成损害，严重威胁人类生命安全。因此，必须掌握通风常态化和灾变前后非常态化的基本理论，最大限度降低或消除事故灾害的影响。

本书共8章。第1章主要介绍受限空间和风流流动基本概念及定律。第2章从通风网络拓扑结构、通风网络风流参数解算、通风网络风量调节优化原理等方面介绍通风网络流动基础理论。第3～5章分别从矿井内因和外因火灾时期的通风救援、建筑火灾防排烟理论、爆炸事故防控及通风救援技术方面，介绍常见火灾、爆炸事故灾变通风理论与技术。第6章主要介绍灾变环境检测与监控。第7章和第8章分别从通风系统评价和应急救援通风决策方面，介绍常用评价和决策理论及方法。附录主要依据4个火灾、爆炸事故实际案例，分析灾变过程中通风理论与技术的应用效果。本书是编写成员通力合作的成果。全书由司俊鸿负责策划、构思，并编写第1～6章，赵婧昱编写第7章至附录。陈月霞、李昂、李林、王乙桥、胡伟、李潭、王昊宇、杨泽林、赵书奇、范若婷、谌俊超、罗松涛、赵梓豪、王攀昊、汤晓辰参与了本书的资料收集、整理及图片制作等工作。

笔者首先要特别感谢华北科技学院程根银教授、张立宁教授及西安科技大学邓军教授、王彩萍教授，笔者的每一点进步都离不开他们的无私帮助；其次要感谢众多参考文献作者的知识贡献，给本书提供了有益借鉴和参考。

本书的编写和出版还得到了“受限空间灾变通风与应急救援”（华北科技学院教育教学改革项目，编号：0502010239－4），“非均质多孔介质气体输运拓扑网络传热特性研究”（国家自然科学基金，编号：51804120），“采空区高温域深度感知参数反演机理研究”（河北省自然科学基金，编号：E2021508010）的资助，在此一并表示衷心的感谢！

由于笔者水平有限，书中难免存在不足之处，恳请广大读者批评指正。

编著者

2022年9月

前言

目　录

第 1 章　受限空间空气流动基本概念 …… 1

1.1　受限空间 …… 1
1.2　风流流动物理参数 …… 4
1.3　流体运动基本定律 …… 18
复习思考题 …… 23

第 2 章　通风网络风流流动基础 …… 24

2.1　通风网络拓扑结构 …… 24
2.2　通风网络风流参数解算 …… 36
2.3　通风网络风量调节优化原理 …… 45
复习思考题 …… 52

第 3 章　矿井火灾时期通风理论 …… 53

3.1　燃烧与火灾 …… 53
3.2　矿井火灾 …… 65
3.3　矿井火灾通风防治措施 …… 74
3.4　矿井灾变时期风流紊乱规律 …… 82
3.5　矿井火灾时期风流控制措施 …… 88
复习思考题 …… 98

第 4 章　建筑火灾防排烟理论 …… 99

4.1　建筑火灾烟气流动理论 …… 99
4.2　建筑防火防烟分区 …… 112
4.3　建筑火灾防烟原理 …… 116
4.4　建筑火灾排烟原理 …… 123
复习思考题 …… 132

第 5 章　爆炸事故防控及通风救援技术……134

5.1　爆炸事故致灾机理……134
5.2　抑爆阻爆隔爆技术及装置……143
5.3　爆炸事故应急通风技术……154
复习思考题……166

第 6 章　灾变环境检测与监控……167

6.1　安全检测与监控技术……167
6.2　可燃性气体和有毒气体检测……170
6.3　危险物质泄漏检测……176
6.4　环境通风参数监控系统……180
6.5　火灾信息检测与控制……192
复习思考题……206

第 7 章　通风系统可靠性及风流稳定性评价……207

7.1　通风系统可靠性分析……207
7.2　通风系统可靠性评价……211
7.3　通风网络风流稳定性分析……221
复习思考题……228

第 8 章　应急救援通风决策……229

8.1　决策基础……229
8.2　决策方法……233
8.3　应急救援通风辅助决策……243
复习思考题……250

参考文献……251

附录　受限空间灾变通风救援案例……254

案例一　陕西某煤业公司“4·21”火灾事故……254
案例二　上海某高层公寓“11·15”特大火灾事故……255
案例三　河南某工程污水管道“4·19”较大中毒窒息事故……256
案例四　重庆某矿“9·27”重大火灾事故……258

第1章　受限空间空气流动基本概念

本章学习目标：熟悉受限空间及受限空间作业的特点；掌握受限空间作业的危害因素、风流流动物理参数；理解风流能量与风流点压力间的相互关系，能够使用专用仪器测定风流点压力、流速等参数；掌握连续性方程、能量方程等流体运动基本定律。

1.1　受限空间

受限空间是指一切作业受到限制的空间，包括通风不良、容易造成有毒有害气体积聚和缺氧的设备、设施和场所。受限空间作业涉及领域广、行业多，作业危险，有害因素多，管理难度大，一旦失控，施救极其困难。

1.1.1　受限空间的特点和分类

1. 特点

受限空间特点包括：空间相对密闭、狭小，不属于常规作业环境；危险性大，事故发生容易造成严重后果；容易因盲目施救扩大伤亡；等等。

(1)空间相对密闭、狭小，不属于常规作业环境。受限空间狭小，自然通风效果不良，能够导致易燃易爆、有毒有害气体汇聚，不利于气体扩散。受限空间内照明、通信不畅，不利于正常作业和应急救援。

(2)危险性大，事故发生容易造成严重后果。设备内危险化学品未处理干净或与设备相连的管道未进行有效隔离，都会造成有毒有害或易燃易爆气体超标，引发中毒、火灾或爆炸事故，造成群死群伤。在生产、储存、使用危险化学品时或因生化反应等产生的有毒有害气体很容易在受限空间积聚，部分有毒、有害气体无色无味，不易被察觉，容易引发中毒、窒息事故。有些有毒气体可导致人在中毒后数分钟甚至数秒内死亡。

(3)容易因盲目施救扩大伤亡。部分受限空间作业人员安全意识差、安全知识不足，没有严格执行受限空间安全作业制度，安全措施和监护措施落实不到位；实施受限空间作业前未进行危害辨识，未制定针对性应急处置预案，缺少必要的安全设施和应急救援器材、装备；或是虽然制定了应急预案但未进行培训和演练，作业和监护人员缺乏基本应急常识和自救、互救能力，导致在事故状态下不能科学、有效施救，致使伤亡进一步扩大。

2. 分类

受限空间主要分为密闭设备或半密闭设备、地下受限空间和地上受限空间3类。

(1)密闭设备或半密闭设备,如船舱、储罐、车载槽罐、反应塔(釜)、冷藏箱、压力容器、管道、锅炉等。

(2)地下受限空间,如地下管道、地下室、地下仓库、地下工程、暗沟、隧道、涵洞、地坑、废井、地窖、污水井、沼气池、化粪池、下水道等。

(3)地上受限空间,如储藏室、酒糟池、发酵池、垃圾站、温室、冷库、粮仓、料仓、筒仓等。

1.1.2 受限空间作业

受限空间作业指作业人员进入受限空间进行的作业活动,在污水井、排水管道、集水井、电缆井、地窖、沼气池、化粪池、酒糟池、发酵池等可能存在中毒、窒息、爆炸风险的受限空间内从事施工、维修、排障、保养、清理等作业。

1. 风险分类

按照国家标准《生产过程危险和有害因素分类与代码》(GB/T 13861—2022),将受限空间作业过程中存在的危险、有害因素分为4类,即人的因素、物的因素、环境因素和管理因素,如图1-1-1所示。

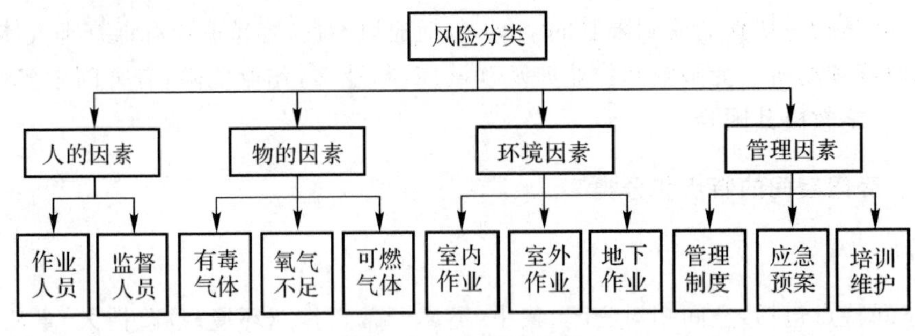

图1-1-1 风险分类

(1)人的因素。

1)作业人员。作业人员不了解受限空间作业时危害暴露的形式、征兆和后果;不了解防护装备和救援装备的使用方法和用途;不清楚监督人员提醒撤离时的沟通方法;不清楚当发现有暴露危险的征兆或现象时,提醒监督人员的方法;不清楚何时撤离受限空间。

2)监督人员。监督人员不了解作业人员进入受限空间作业时可能面临的危害和受到危害影响时的行为表现;不清楚召唤救援和急救部门帮助进入者撤离的方法,无法起到监督空间内外活动和保护作业人员安全的作用。

(2)物的因素。

1)有毒气体。有毒气体可能已经存在于受限空间内,也可能产生于工作过程中。H_2S、CO是常见有害气体。

2)氧气不足。受限空间充满CO_2等大密度气体、燃烧、氧化、微生物行为、吸收和吸附、工作行为等是氧气不足的原因。

3)可燃气体。常见可燃气体包括CH_4、天然气、H_2、挥发性有机化合物等,主要来自于地下管道间泄漏、容器内部残存、细菌分解、涂漆、喷漆、使用易燃易爆溶剂等,如果可燃气体遇引火源将导致火灾,甚至爆炸。受限空间引火源主要是焊接、切割作业、打火工具、电动工具、静电等产生热量的工作活动。

(3)环境因素。

1)室内作业场所环境不良:室内地面滑、地面不平,室内作业场所狭窄、杂乱、有毒有害气体聚集,室内安全通道、房屋安全出口缺陷,采光照明不良。

2)室外作业场地环境不良:露天恶劣气候与环境、阶梯和活动梯架缺陷、作业区域照明不足、建筑物和其他结构缺陷、门和围栏缺陷、边坡失稳、安全通道不足、交通设施湿滑,作业场地狭窄、杂乱、地面不平、涌水、安全距离不足、安全出口缺陷、存在有毒有害气体,其他室外作业场地环境不良。

3)地下(含水下)作业环境不良:地下空间空气不良、顶面缺陷、正面或侧壁缺陷、地面缺陷,地下火、冲击地压、地下水、地层异常高温高压、地层含 H_2S、地质情况复杂,其他地下作业环境不良。

(4)管理因素。

管理制度不健全、管理不到位容易导致事故发生,如受限空间作业人员缺乏岗前培训,未制定受限空间作业操作规程、专项施工或作业方案、应急救援预案或未采取相应安全措施,未配置必要的安全防护及救护装备或防护装备与设施未得到有效维护和维修等。

2.受限空间作业危害因素

气体伤害事故是受限空间作业伤害事故中最大的危害因素之一,能形成易燃易爆、有毒有害、缺氧窒息等危险作业环境,极易导致中毒、窒息、火灾、爆炸等事故。典型受限空间作业危害因素见表1-1-1。

表1-1-1 典型受限空间作业危害因素

种类	受限空间名称	主要危害因素
密闭设备或半密闭设备	船舱、储罐、车载槽罐、反应塔(釜)、压力容器	缺氧、CO中毒、挥发性有机溶剂中毒、爆炸
	冷藏箱、管道	缺氧
	锅炉	缺氧、CO中毒
地下受限空间	地下室、地下仓库、隧道、地窖	缺氧
	地下工程、地下管道、暗沟、涵洞、地坑、废井、污水池(井)、沼气池、化粪池、下水道	缺氧、H_2S中毒、可燃性气体爆炸
	矿井	缺氧、CO中毒、易燃易爆物质(可燃性气体、爆炸性粉尘)爆炸
地上受限空间	储藏室、温室、冷库	缺氧
	酒糟池、发酵池	缺氧、H_2S中毒、可燃性气体爆炸
	垃圾站	缺氧、H_2S中毒、可燃性气体爆炸
	粮仓	缺氧、PH_3中毒、粉尘爆炸
	料仓	缺氧、粉尘爆炸

1.2　风流流动物理参数

风流流动的根本原因是系统中密度差形成的热压或风力形成的风压差。空气从压力大的区域流向压力小的区域，从而形成风流。本节结合风流流动物理参数，包括温度、压力、密度、比容、黏性等，主要介绍风流能量、风流点压力间的相互关系、风流的阻力损失、点压力和流速等参数的测定以及流体运动基本定律。

1.2.1　风流流动主要物理参数

1. 温度

温度是描述物体冷热状态的物理量。开尔文温度是将水三相点（即气、液、固三相平衡）时的温度定义为 273.15 K 后所得到的温度。摄氏温度和开尔文温度在表示温差的量值意义上等价，即

$$T = 273.15 + t \tag{1-2-1}$$

式中：T—— 开尔文温度，K；

t—— 摄氏温度，℃。

温度是表征受限空间气候条件的主要参数之一。如《煤矿安全规程》（2022 版）第六百五十五条规定：当采掘工作面空气温度超过 26℃、机电设备硐室温度超过 30℃时，必须缩短超温地点工作人员的工作时间，并给予高温保健待遇。当采掘工作面的空气温度超过 30℃、机电设备硐室温度超过 34℃时，必须停止作业。

2. 压力

在通风中习惯将压强称为压力，它是空气分子热运动对器壁碰撞的宏观表现，其大小取决于在重力场中的位置、空气温度、湿度和气体成分等参数。根据分子运动理论可知：

$$p = \frac{2}{3} n \left(\frac{1}{2} m v^2 \right) \tag{1-2-2}$$

式中：p—— 压力，Pa；

n—— 单位体积内空气分子数，个 /m^3；

$\frac{1}{2}mv^2$—— 分子平移运动的平均动能，J。

由式（1-2-2）可知，空气压力是单位体积内空气分子不规则热运动产生的总动能的 2/3 转化为对外做功的机械能，可用仪表进行测定。在地球引力场中，受大气中分子热运动和地球重力场引力综合作用的影响，不同标高处空气压力大小不同，服从玻尔兹曼（Boltzmann）分布，即

$$p = p_0 e^{\left(-\frac{Mgz}{RT}\right)} \tag{1-2-3}$$

式中：M—— 干燥空气的摩尔质量，28.963 4 g/mol；

g—— 重力加速度，m/s^2；

z—— 水平标高，m；

R—— 通用气体常数，8.314 J/(mol · K)；

p_0—— 海平面处大气压，Pa。

空气压力主要与温度有关，如安徽淮南地区一昼夜内空气压力变化为0.27～0.4 kPa，一年中空气压力变化高达4～5.3 kPa。

3. 密度

空气可看作是均质流体，和其他物质一样具有质量。单位体积空气所具有的质量为空气密度，即

$$\rho=\frac{m}{V} \tag{1-2-4}$$

式中：ρ—— 空气密度，kg/m^3；

m—— 空气质量，kg；

V—— 空气体积，m^3。

湿空气密度是空气中所含干空气密度和水蒸气密度之和，即

$$\rho=\rho_d+\rho_v \tag{1-2-5}$$

式中：ρ_d—— 空气中干空气密度，kg/m^3；

ρ_v—— 空气中水蒸气密度，kg/m^3。

由理想气体状态方程和 Dalton 分压定律可得，湿空气密度计算式为

$$\rho=0.003\,484\,\frac{p}{273+t}\left(1-\frac{0.378\varphi p_s}{p}\right) \tag{1-2-6}$$

式中：p_s—— 温度 t 时饱和水蒸气分压，Pa；

φ—— 空气的相对湿度，在此式中用小数表示。

4. 比容

空气的比容指单位质量空气所占有的体积，即

$$\gamma=\frac{V}{m}=\frac{1}{\rho} \tag{1-2-7}$$

式中：γ—— 空气的比容，m^3/kg。

受限空间通风时，空气流经复杂通风网络时，其温度和压力变化将引起空气密度变化。把空气看作理想流体时可忽略密度变化。

5. 黏性

黏性是指当流体层间发生相对运动时，在流体内部两个流体层的接触面上产生黏性阻力以阻止相对运动的性质。如图1-2-1所示，空气在管道内作层流流动时，管壁附近流速较小，向管道轴线方向流速逐渐增大。

在垂直流动方向上，设有厚度为 dy、速度为 u、速度增量为 du 的分层，在流动方向上速度梯度为 du/dy，由牛顿内摩擦定律得

$$F=\mu S\frac{du}{dy} \tag{1-2-8}$$

式中：F—— 内摩擦力，N；

S—— 流层间的接触面积，m^2；

μ—— 动力黏度，Pa·s。

由式(1-2-8)可知，当流体处于静止状态或流层间无相对运动时，即当 $du/dy=0$ 时，$F=0$。在矿井通风中，空气的黏性还常用运动黏度表示，其与动力黏度的关系为

$$\upsilon=\frac{\mu}{\rho} \tag{1-2-9}$$

式中：υ—— 运动黏度，m^2/s。

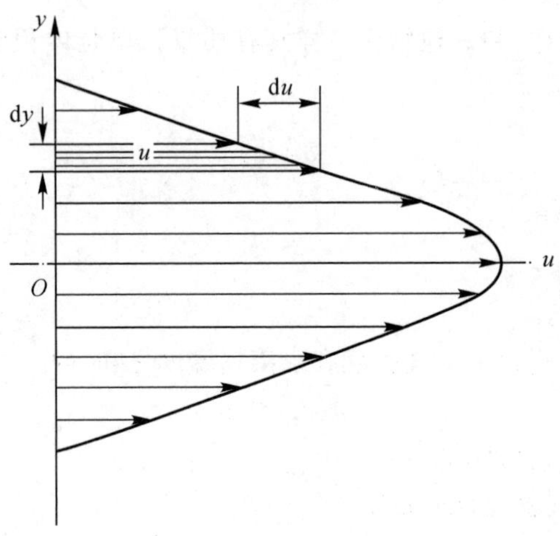

图 1-2-1　层流速度分布

温度是影响流体黏性的主要因素之一，其对气体和液体的影响不同。气体黏性随温度的升高而增大，液体黏性随温度的升高而减小，如图 1-2-2 所示。

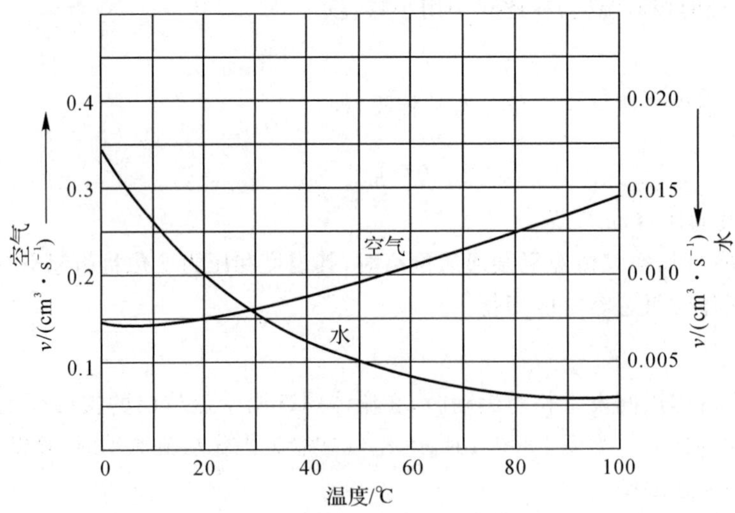

图 1-2-2　空气与水黏性随温度的变化

压力对流体黏性影响很小，可忽略。对于可压缩流体，运动黏度和密度有关，即运动黏度和压力有关。在考虑流体可压缩性时常采用动力黏度，而不用运动黏度。表 1-2-1 为几种流体黏度汇总。

表 1-2-1　流体黏度（$p=0.1$ MPa，$t=20$℃）

流体名称	$\mu/(\mathrm{Pa\cdot s})$	$\upsilon/(\mathrm{m^2\cdot s^{-1}})$
空气	1.808×10^{-5}	1.501×10^{-5}

续表

流体名称	μ/(Pa·s)	υ/(m^2·s^{-1})
N_2	1.76×10^{-5}	1.41×10^{-5}
O_2	2.04×10^{-5}	1.43×10^{-5}
CH_4	1.08×10^{-5}	1.52×10^{-5}
H_2O	1.005×10^{-3}	1.007×10^{-6}

6. 湿度

空气湿度指空气中水蒸气的含量或潮湿程度，包括绝对湿度、相对温度和含湿量。

(1) 绝对湿度。

1 m^3 空气中所含水蒸气的质量为绝对湿度，其单位与密度单位相同，即

$$\rho_v=\frac{M_v}{V} \tag{1-2-10}$$

式中：ρ_v—— 空气的绝对湿度，kg/m^3；

M_v—— 水蒸气质量，kg。

在一定温度和压力下，单位体积空气所能容纳的水蒸气量有极限值，当超过极限值时，多余水蒸气将凝结而出。含极限值水蒸气的湿空气为饱和空气，其所含的水蒸气量为饱和湿度，用 ρ_s 表示。水蒸气分压叫饱和水蒸气压，用 p_s 表示。绝对湿度虽然反映了空气中实际所含水蒸气量的大小，但不能反映空气的干湿程度。

(2) 相对湿度。

水分向空气中蒸发的快慢和相对湿度有直接关系。相对湿度为

$$\varphi=\frac{\rho_v}{\rho_s} \tag{1-2-11}$$

式中：φ—— 空气的相对湿度，%；

ρ_s—— 同温度下的饱和水蒸气密度，kg/m^3。

φ 值反映空气接近饱和的程度，故又称为饱和度。φ 值小表示空气干燥，吸收水分能力强。$\varphi=0$ 为干空气，$\varphi=1$ 为饱和空气。随着温度降低，不饱和空气的相对湿度增大，冷却达到 $\varphi=1$ 时的温度称为露点，再继续冷却后空气中的水蒸气会因过饱和而凝结成水珠。

(3) 含湿量。

含湿量指 1 kg 干空气中所含水蒸气的质量，即

$$d=\frac{\rho_v}{\rho_d} \tag{1-2-12}$$

式中：d—— 含湿量，kg/(kg 干空气)。

7. 焓

焓(H) 也称热焓，是表示物质系统能量的一个状态函数，即

$$H=U+pV \tag{1-2-13}$$

式中：U—— 系统内能，J；

p—— 压强，Pa。

湿空气的焓是1 kg干空气的焓和 d (kg) 水蒸气的焓之和，其中常温下干空气的平均定压质量比热为1.004 5 kJ/(kg·K)，水蒸气的汽化潜热为2 501 kJ/kg，常温下水蒸气的平均定压质量比热为 1.85 kJ/(kg·K)，即

$$i = i_d + d \cdot i_v = 1.004\,5t + d(2\,501 + 1.85t) \tag{1-2-14}$$

式中：i—— 湿空气的焓，kJ/kg；

i_d—— 干空气的焓，kJ/kg；

i_v—— 水蒸气的焓，kJ/kg。

在实际应用中，可使用焓湿图($i-d$ 图)，如图 1-2-3 所示。

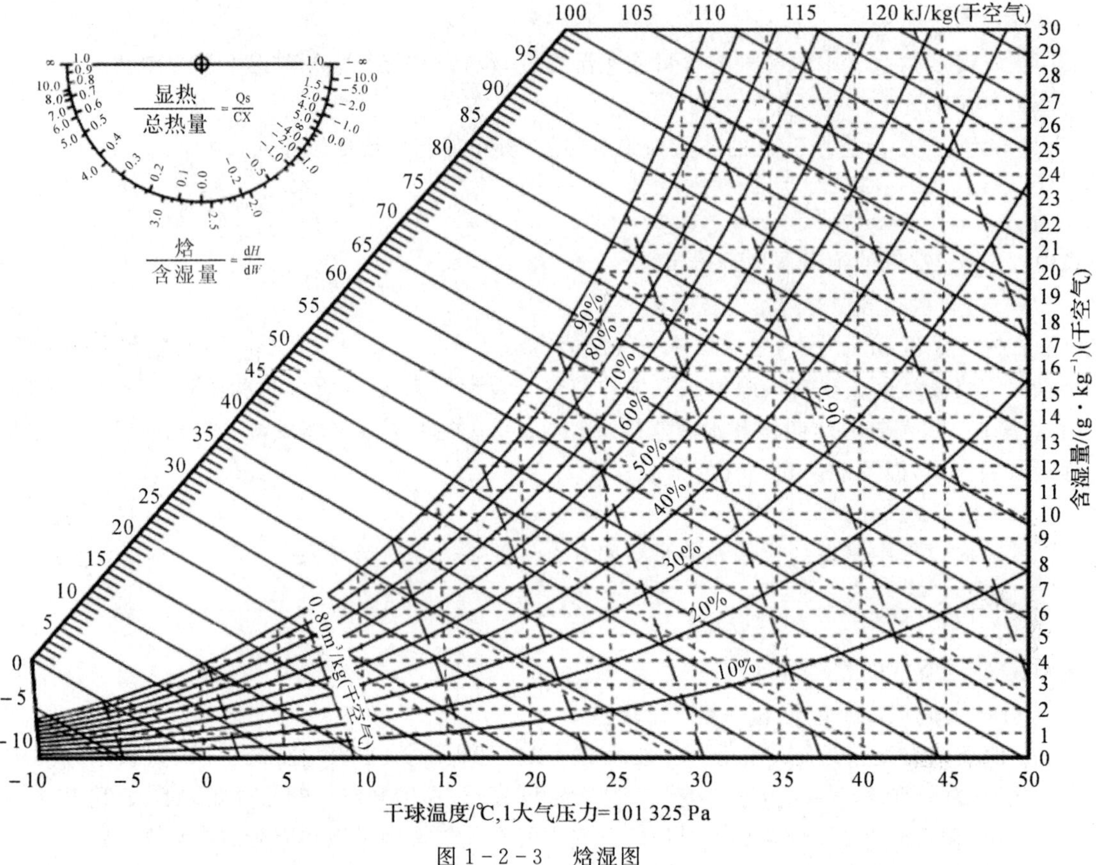

图 1-2-3 焓湿图

在受限空间通风和空气调节工程中，对空气的加热或冷却主要是在定压条件下进行的。因此，空气处理过程中吸收或放出的热量均可用过程前后的焓差来计算。

8. 比热容

比热容指单位质量的某种物质升高或下降单位温度所吸收或放出的热量，表示物体吸热或散热的能力。比热容越高，物体吸热或散热的能力越强，有

$$c = \frac{Q}{m\Delta T} \tag{1-2-15}$$

式中：c—— 比热容，J/(kg·K)，与 J/(kg·℃) 在数值上等同；

Q—— 吸收或放出的能量，J；

ΔT—— 物体温度变化量,K。

物质的比热容包括定压比热容 c_p、定容比热容 c_V、饱和状态比热容。定压比热容是单位质量的物质在压力不变时温度升高或下降 1℃(或 1 K) 所吸收或放出的热量。定容比热容是单位质量的物质在体积不变时温度升高或下降 1℃(或 1 K) 吸收或放出的热量。饱和状态比热容是单位质量的物质在某饱和状态时温度升高或下降 1℃(或 1 K) 所吸收或放出的热量。

1.2.2　风流能量与压力

1. 位能

(1) 重力位能。

物体在地球重力场中因地球引力作用,由于位置不同而具有的一种能量为重力位能,简称位能。将质量为 m 的物体从某一基准面提高 Z (m) 要对物体克服重力做功,物体因此获得的重力位能为

$$E_{P0}=mgZ \tag{1-2-16}$$

式中:E_{P0}—— 位能,J;

Z—— 物体距基准面的高度,m。

重力位能是一种潜在能量。图 1-2-4 为井筒重力位能计算示意图,求 1—1、2—2 两断面间位能差。

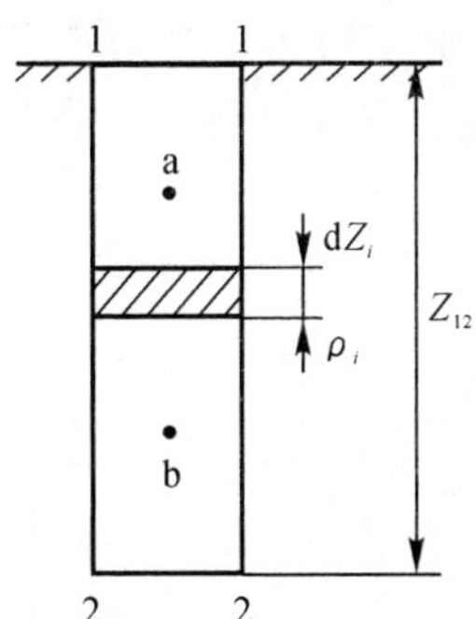

图 1-2-4　井筒重力位能计算示意图

设 2—2 断面为基准面,设其位能为 0。1—1、2—2 两断面间重力位能为

$$E_{P01\to2}=\int_2^1\rho_i g\,dZ_i \tag{1-2-17}$$

式中:$E_{P01\to2}$—— 两断面间重力位能,J。

1—1、2—2 两断面间位能差等于 1—1、2—2 两断面间单位面积空气柱重量。测点布置越多,重力位能计算越精确。因此测定时可在 1—1、2—2 断面间再布置若干测点。如图 1—2—4 所示,增设 a、b 两点,分别测定 4 个点的静压 p、温度 T、相对湿度 φ,计算其密度、各测段平均密度及 1—1、2—2 断面间位能差,即

$$E_{P01\to2}=\rho_{1a}\cdot Z_{1a}\cdot g+\rho_{ab}\cdot Z_{ab}\cdot g+\rho_{b2}\cdot Z_{b2}\cdot g=\sum\rho_{ij}Z_{ij}g \tag{1-2-18}$$

在实际应用中,密度与标高变化关系复杂,因此重力位能计算一般采用多测点计算法。

(2) 位能与静压的关系。

势能指受限空间通风时某点静压和位能之和。如图1-2-4所示，当空气静止，即$v=0$时，设2—2断面为基准面，则1—1断面总机械能为$E_1=E_{P01}+p_1$，2—2断面总机械能为$E_2=E_{P02}+p_2$。因$E_1=E_2$，则$E_{P01}+p_1=E_{P02}+p_2$。又因2—2断面为基准面，$E_{P02}=0$，则$E_{P01}=\rho_{12}gZ_{12}$。空气静止时位能与静压的关系为

$$p_2=E_{P01}+p_1=\rho_{12}gZ_{12}+p_1 \tag{1-2-19}$$

由式(1-2-19)可知，2—2断面静压大于1—1断面静压，其差值是1—2两断面之间单位面积上的空气柱重量。

(3) 位能特点。

1) 位能是相对某一基准面具有的能量，随所选基准面的变化而变化。在讨论位能时，必须首先选定基准面。

2) 位能是一种潜在的能量，不能用仪表直接进行测量，只能通过测定高度差及空气柱平均密度间接计算。

3) 位能和静压可以相互转化。当空气由标高较高的断面流至标高较低的断面时位能转化为静压，在进行能量转化时遵循能量守恒定律。

2. 静压能

(1) 静压与静压能。

单位面积上空气分子做不规则运动撞击器壁而产生的力效应为静压力，简称静压，用p表示，单位为N/m^2或Pa。静压能指由分子热运动产生的部分动能转化为能够对外做功的机械能，用E_p表示，单位为J/m^3。静压能和静压在数值上相等。

(2) 静压特点。

1) 无论静止还是流动的空气都具有静压力。

2) 风流中任一点静压各向同值，且垂直于作用面。

3) 风流静压大小反映单位体积风流所具有的能对外做功的静压能的大小，如风流压力为101 332 Pa指每1 m^3风流具有101 332 J静压能。

(3) 压力测算基准。

根据压力测算基准的不同，可将压力分为绝对压力和相对压力。以真空为测算零点而测得的压力为绝对压力，用p表示。以当地当时同标高的大气压力为测算零点测得的压力为相对压力，即表压力，用h表示。

风流的绝对压力p、相对压力h和与其对应的大气压p_0的关系为

$$h=p-p_0 \tag{1-2-20}$$

某点的绝对压力只能为正，但其可能大于、等于或小于该点同标高的大气压p_0，因此相对压力可正可负。相对压力为正时称为正压，相对压力为负时称为负压。图1-2-5可直观反映绝对压力、相对压力和大气压间的关系。设A、B两点同标高，A点的绝对压力p_A大于同标高的大气压p_0，h_A为正值；B点的绝对压力p_B小于同标高的大气压p_0，h_B为负值。

3. 动能

空气做定向流动时具有动能，其所呈现的压力为动压或速压。动压是单位体积空气在做宏观定向运动时所具有的能够对外做功的动能。

(1) 动压计算。

设 i 点空气密度为 ρ_i，其定向运动的流速即风速为 v_i，则单位体积空气所具有的动能为

$$E_{v_i}=\frac{1}{2}\rho_i v_i^2 \tag{1-2-21}$$

式中：E_{v_i}——i 点动能，J。

E_{v_i} 所呈现的动压 h_{vi} 为

$$h_{v_i}=\frac{1}{2}\rho_i v_i^2 \tag{1-2-22}$$

式中：h_{v_i}——i 点动压，Pa。

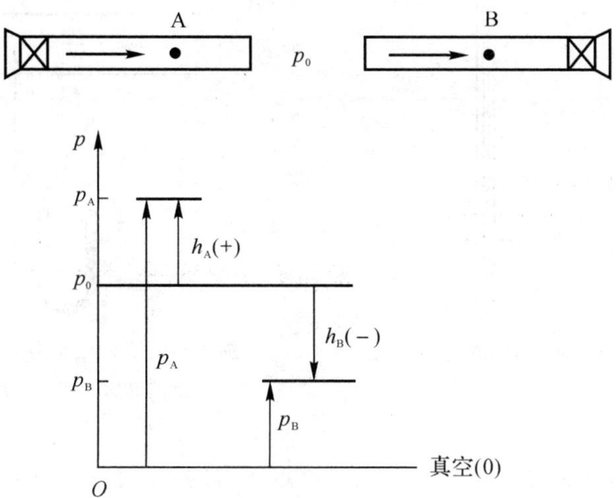

图 1-2-5　绝对压力、相对压力和大气压间的关系示意图

(2) 动压特点。

1) 只有做定向流动的空气才具有动压，因此，动压具有方向性。

2) 动压总是大于零。垂直流动方向的作用面所承受动压最大，即为流动方向上动压真值；当作用面与流动方向有夹角时，其动压值将小于动压真值；当作用面平行于流动方向时，其动压为零。因此在测量动压时，应使感压孔垂直于运动方向。

3) 在同一流动断面上，由于风速分布的不均匀性，各点风速不相等，所以其动压值不等。

4) 某断面动压即为该断面平均风速计算值。

4. 风流点压力

风流点压力指测点的 1 m^3 空气的压力。根据受限空间风流点压力形成特征，将其分为静压、动压和全压。根据压力计算基准，静压又分为绝对静压 p 和相对静压 h。同理，全压也可分为绝对全压 p_t 和相对全压 h_t。

风流点压力测定常用仪器有压差计和皮托管。压差计是度量压力差或相对压力的仪器。在受限空间通风中，测定较大压差时常用 U 形水柱计，测值较小或要求测定精度较高时常用倾斜压差计或补偿式微压计。皮托管是一种测压管，主要作用是承受和传递压力，其结构如图 1-2-6 所示。皮托管由 2 个同心管组成，其一般为圆形，尖端孔口 a 与标着(+)号的接头相通，侧壁小孔 b 与标着(—)号的接头相通。

测压时将皮托管插入风筒，皮托管尖端孔口 a 在 i 点正对风流，侧壁孔口 b 平行于风流方

向，只感受 i 点绝对静压 p_i，故称为静压孔。尖端孔口 a 除感受 p_i 外，还受该点动压 h_{v_i} 作用，即感受 i 点全压 p_{t_i}，称为全压孔。用胶皮管分别将皮托管的(+)、(—) 接头连至压差计上，即可测定 i 点的点压力。如图 1-2-7 所示，连接测定 i 点动压。如果将皮托管(+) 接头与 U 形水柱计断开，测定 i 点相对静压；如果将皮托管(—) 接头与 U 形水柱计断开，测定 i 点相对全压。

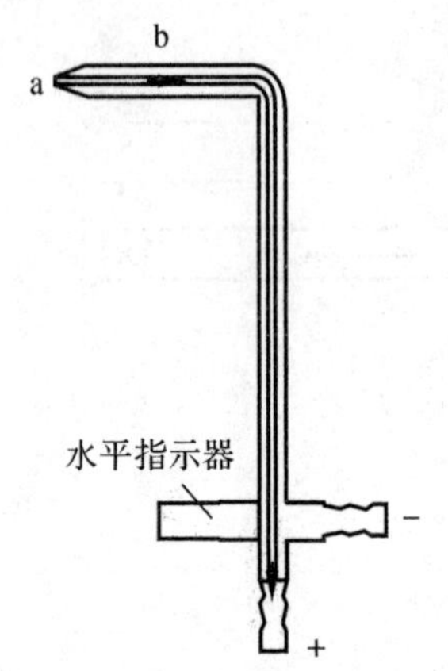

图 1-2-6　皮托管结构示意

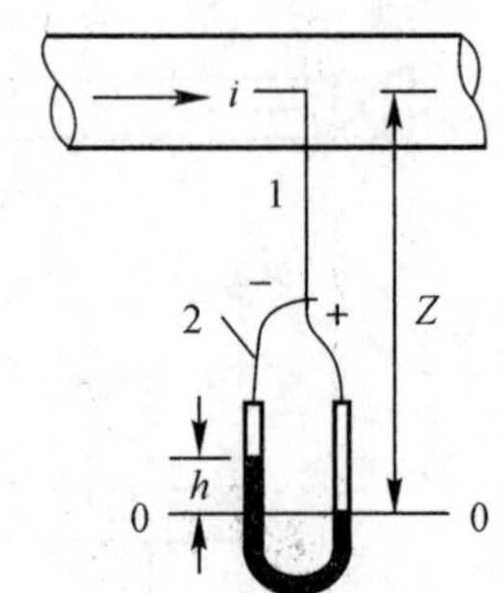

图 1-2-7　点压力测定示意

1— 皮托管；　2— 胶皮管

【例 1-1】　某抽出式通风风筒中 i 点风流点压力的测定情况如图 1-2-8 所示，皮托管(—) 接头用胶皮管连在 U 形水柱计上，水柱计液面差为 h。请计算风筒中 i 点的相对静压 h_i。

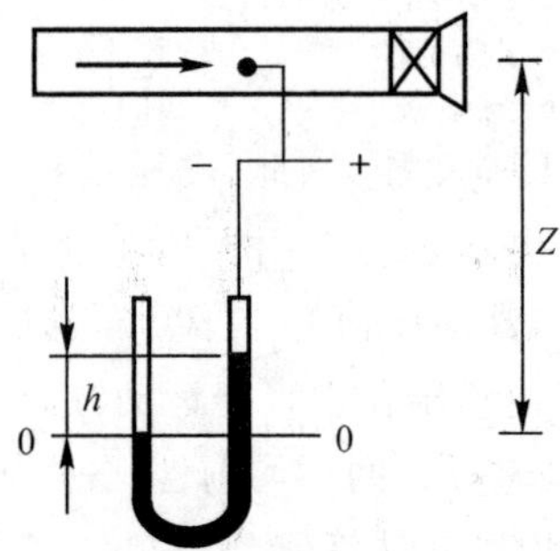

图 1-2-8　抽出式通风风流点压力测定

【解】

以 U 形水柱计等压面 0—0 为基准面，设 i 点至基准面的高度为 Z，胶皮管内平均空气密度为 ρ'_m，胶皮管外空气平均密度为 ρ_m，与 i 点同标高的大气压为 p_{0i}，则 U 形水柱计左边等压面上受到的力为 $p_{0i}+\rho_m gZ$，右边等压面上受到的力为 $p_i+\rho'_m g(Z-h)+h_i$。由于左右两边的压力相等，因此，i 点相对静压 $h_i=p_{0i}+\rho_m gZ-p_i+\rho'_m g(Z-h)$。

5. 风流点压力相互关系

风流中任一点 i 的动压、绝对静压和绝对全压的关系为

$$p_{t_i}=p_i+h_{v_i} \tag{1-2-23}$$

式中：p_{t_i}—— 风流中 i 点绝对全压，Pa；

p_i—— 风流中 i 点绝对静压，Pa。

由于 $h_{v_i}>0$，因此风流中任一点绝对全压大于其绝对静压，即 $p_{t_i}>p_i$。

图 1-2-9 为不同通风方式风流点压力关系。在压入式通风风筒中，任一点 i 的相对全压 h_{t_i} 恒为正值，故称为正压通风。在抽出式通风风筒中，风流入口断面相对全压为 0，风筒内任一点 i 的相对全压 h_{t_i} 恒为负值，故称为负压通风。由于风筒同一断面中心风速大，风速随距中心距离的增大而减小，因此，在断面上相对全压 h_{t_i} 是变化的。

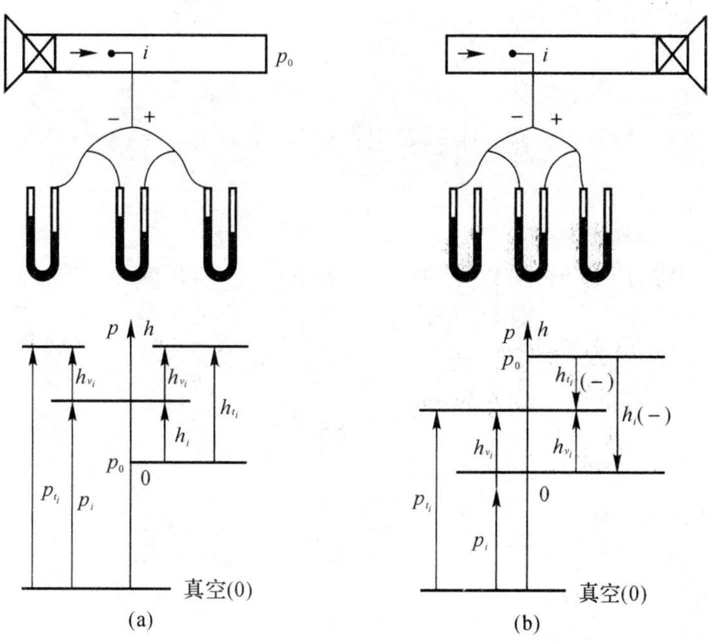

图 1-2-9　不同通风方式风流点压力相互关系

(a) 压入式通风；(b) 抽出式通风

风流中任一点相对全压为

$$h_{t_i}=p_{t_i}-p_{0_i} \tag{1-2-24}$$

式中：p_{0_i}—— 当时当地与风筒中 i 点同标高的大气压，Pa。

在压入式风筒中 $p_{t_i}>p_{0_i}$，即 $h_{t_i}=p_{t_i}-p_{0_i}>0$；在抽出式风筒中 $p_{t_i}<p_{0_i}$，即 $h_{t_i}=p_{t_i}-p_{0_i}<0$。相对全压、相对静压和动压满足：

$$h_{t_i}=h_i+h_{v_i} \tag{1-2-25}$$

式中：h_{t_i}—— 风流中 i 点相对全压，Pa；

h_i—— 风流中 i 点相对静压，Pa。

对于抽出式通风，式(1-2-25) 可写成

$$h_{t_i}(负)=h_i(负)+h_{v_i} \tag{1-2-26}$$

在实际应用中，习惯取 h_{t_i}、h_i 的绝对值，即

$$|h_{t_i}|=|h_i|-h_{v_i},\ |h_{t_i}|<|h_i| \tag{1-2-27}$$

风流中任一点相对全压有正负之分，与通风方式有关，而对于风流中任一点，其相对静压正负不仅与通风方式有关，还与风流流经管道断面变化有关。在抽出式通风中其相对静压小于 0，在压入式通风中其相对静压大于 0，但在一些特殊地点其相对静压也可能小于 0，如在通

风机出口扩散器中相对静压一般为负值。

【例 1-2】 压入式通风风筒中某点 i 的 $h_i=1\ 000$ Pa，$h_{vi}=150$ Pa，风筒外与 i 点同标高的 $p_{0i}=101\ 332$ Pa，求：

(1) i 点相对全压 h_{t_i}；

(2) i 点绝对静压 p_i；

(3) i 点绝对全压 p_{t_i}。

【解】

(1) $h_{t_i}=h_i+h_{v_i}=(1\ 000+150)\ \text{Pa}=1\ 150\ \text{Pa}$。

(2) $p_i=p_{0_i}+h_i=(101\ 332+1\ 000)\ \text{Pa}=102\ 332\ \text{Pa}$。

(3) $p_{t_i}=p_{0_i}+h_{t_i}=(101\ 332+1\ 150)\ \text{Pa}=102\ 482\ \text{Pa}$。

6. 阻力损失

(1) 摩擦阻力与风阻。

风流在管道中均匀流动时，沿程受到固定壁面的限制，引起内外摩擦而产生的阻力称作摩擦阻力。克服阻力的能量损失常用单位体积风流的能量损失 h_f 来表示，可用风流压能损失来反映摩擦阻力。在标准状态下空气密度 $\rho=1.2\ \text{kg/m}^3$ 时，摩擦阻力为

$$h_f=\alpha\frac{LU}{S^2}Q^2 \tag{1-2-28}$$

式中：h_f—— 摩擦阻力，Pa；

L—— 风道长度，m；

α—— 摩擦阻力系数，它是风道对粗糙度和空气密度的函数；

U—— 风道断面周长，m；

S—— 风道断面积，m^2；

Q—— 风道风量，m^3/min。

对于已给定的风道，L、U、S 都为已知数，令 $R_f=\alpha\dfrac{LU}{S^2}$，两式合并得

$$h_f=R_fQ^2 \tag{1-2-29}$$

式中：R_f—— 风道的摩擦风阻，kg/m^7。

式(1-2-29)即为完全紊流下的摩擦阻力定律。R_f 是空气密度、风道粗糙程度、断面、周长等参数的函数，当某一段风道的空气密度变化不大时，可将 R_f 看作反映几何特征的参数。

(2) 局部阻力与风阻。

风流在管道的转弯、断面变化等处，速度或方向突然发生变化，导致风流本身产生剧烈的冲击，形成紊乱的涡流，在该局部地带产生一种附加的阻力，称为局部阻力。局部阻力与速压成正比，即

$$h_{er}=\xi\frac{\rho v^2}{2} \tag{1-2-30}$$

式中：h_{er}—— 局部通风阻力，Pa；

ξ—— 局部阻力系数；

v—— 局部地点断面平均风速，m/s。

将 $v=Q/S$ 代入式(1-2-30)，令 $R_{er}=\xi\dfrac{\rho}{2S^2}$，则

$$h_{er}=R_{er}Q^2 \tag{1-2-31}$$

式中：R_{er}—— 局部风阻，kg/m^7。

式(1-2-31) 即为完全紊流状态下局部阻力定律。

1.2.3　空气流速及测定

1. 风流流动形式

风流流动形式有两种：① 有固定边界的风流，如隧道、风道及管道中的风流，其特点是空气受边界限制而沿风道方向流动；② 没有固定边界的风流，即自由风流。当空气由风道流进宽大地下空间，或空气自风筒末端排到风道时，出现自由风流，其特点是风流边界不是风道壁。地下工程中通常把固定边界的风流称为风道型风流，把无固定边界的风流称为硐室型风流。

2. 风流速度分布

受空气在隧道或管道中流动时的黏性及其与隧道或管道界壁的摩擦作用影响，同一横截面上风流速度各不相同。风道中紊流风流在靠近边壁处有一层薄层流边层，其内空气流动速度较低，如图 1-2-10 所示。

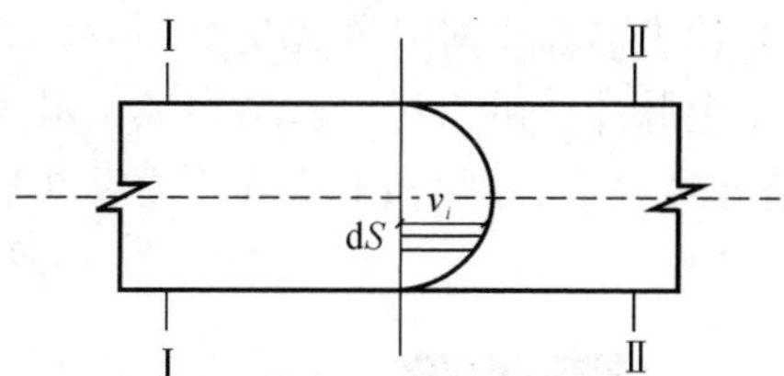

图 1-2-10　风道中风流速度分布示意图

在层流边层以外，即风道横截面上大部分是紊流风流，其风速较大，由风道壁向轴心方向逐渐增大。如果将风道横截面上任一点风速以 v_i 表示，则风道平均风速为

$$v=\frac{\int_S v_i \mathrm{d}S}{S}=\frac{Q}{S} \tag{1-2-32}$$

式中：dS—— 风道横截面微元面积，m^2。

风道横截面平均风速 v 与最大风速 v_{max} 的比值随风道粗糙度变化。风道越光滑，v/v_{max} 值越高，一般为 0.75 ～ 0.85。当送排风通道的曲直程度、截面形状及大小发生变化时，最大风速不一定在风道轴线上，且风速分布也不一定具有对称性。

3. 风速测定

测量断面较大的送排风通道或地下隧道风速的仪器仪表主要有机械叶轮式风速计、数字风表、热电式风速仪和皮托管压差计等。

(1) 机械叶轮式风速计。机械叶轮式风速计又称风表，按其结构有杯式风表和叶轮式风表两种，如图 1-2-11 和图 1-2-12 所示。杯式风表和叶轮式风表内部结构相似，都是由一套特殊钟表传动机构、指针和叶轮组成的。风表工作原理是，叶片与旋转轴的垂直平面成一定角度，当风流吹动风轮时，通过传动机构将运动传给计数器，指示叶轮转速，称为表速 v_0。测定时先回零，待叶轮转动稳定后打开开关，指针随之转动，同时记录时间，关闭开关。测定完毕后，算出风表指示风速 v_0，再根据风表校正曲线换算成真实风速 v。杯式风表开始转动的最低风速为 1.0 ～ 1.5 m/s，适用于测量风速较高、惯性和机械强度较大的巷道，风速一般为 5 ～ 25 m/s。叶轮式风表适用于测量0.5～10 m/s的中等风速和0.3～0.5 m/s的低风速。

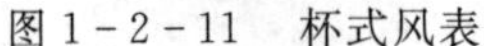

图 1-2-11　杯式风表　　　　图 1-2-12　叶轮式风表

(2) 数字风表。数字风表通过在叶轮上安装一些附件，根据光电作用、电感作用和干簧管等把物理量转变为电量，利用电子线路实现自动记录和检测数字化。图 1-2-13 是 AVM-01 叶轮式数字风表，其原理是当光轮上的孔正对红外光电管时，发射管发出的脉冲信号被接收，光轮每转动 1 次，接收管接收 2 个脉冲。由于风轮转动与风速呈线性关系，故接收管接收的脉冲与风速呈线性关系。脉冲信号经整形、分频和 1 min 计数后，LED 数码管显示 1 min 的平均风速值。

图 1-2-13　AVM-01 叶轮式数字风表

(3) 热电式风速仪。热电式风速仪有热线式、热球式和热敏电阻式 3 种，分别以金属丝、热电偶和热敏电阻作为热效应元件，根据其在不同风速中热损耗量的大小测量风速。

(4) 皮托管压差计。皮托管压差计可用于测定与风机连接的隧道或风筒内的高速风流。测量测点动压后计算测点风速 v_f。此测量方法在风速过低或压差计精度不够时，误差较大。

$$v_f = \sqrt{\frac{2H_v}{\rho}} \tag{1-2-33}$$

式中：H_v—— 测点动压，Pa。

现有热电式风速仪和皮托管压差计都不能连续累计断面各点风速，只能孤立地测定某点动压。因此，利用热电式风速仪和皮托管压差计测定风道或管道平均风速时，把风道断面划分成若干个面积大致相等的方格，如图 1-2-14 所示，逐格测定各点风速 $v_1, v_2, \cdots, v_n$，取平均值

得平均风速 v。

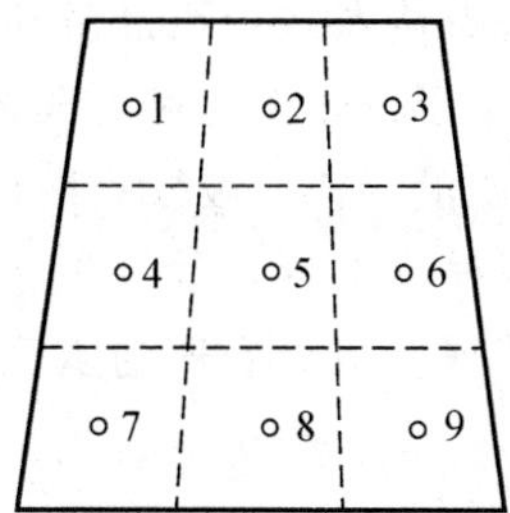

图 1-2-14　风道断面等面积方格划分示意图

将圆形风筒横断面划分为若干个等面积同心部分，如图 1-2-15 所示，每个等面积部分对应 1 个测点圆环。利用皮托管压差计可在相互垂直的 2 个直径上测定得到每个测点圆环的 4 个动压值，计算风筒全断面的平均风速。

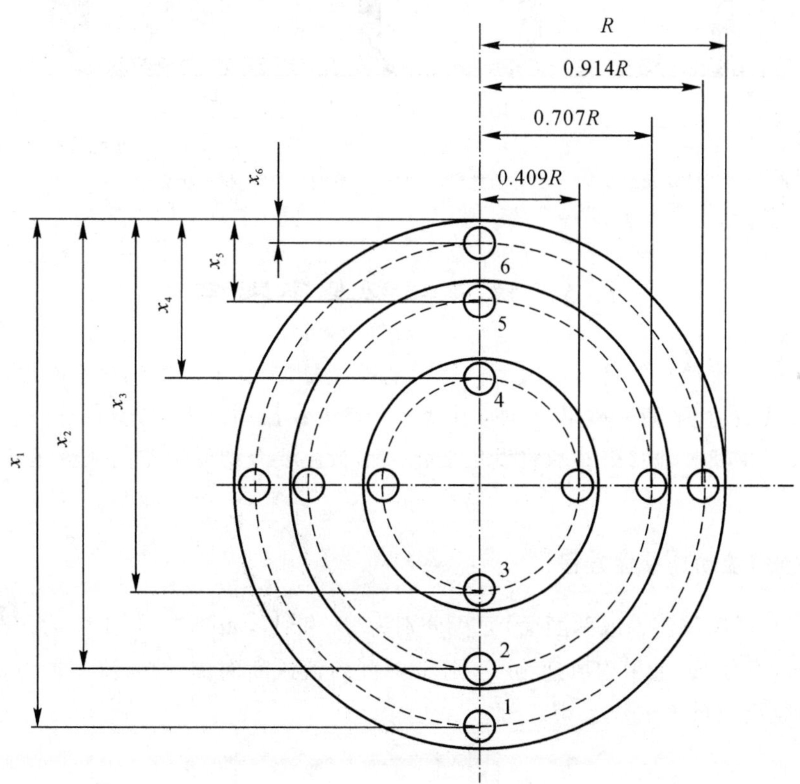

图 1-2-15　圆形风筒测点分布

1,6—风筒壁；　2,5—等面积同心部分界线；　3,4—测点圆环

测点圆环数量 n 根据被测风筒直径确定，同心环环数按表 1-2-2 确定。

表 1-2-2　圆形风筒分环数

风管直径 D/mm	≤300	300～500	500～800	800～1 100	>1 100
分环数 n/个	2	3	4	5	6

(5)风表校正。风表校正指用专门设备测定不同风表与相应真实风速间的关系,并在坐标纸上绘成校正曲线。实验室校正设备有旋臂式校正设备和空气动力管。空气动力管适宜校正中速和高速风表,旋臂式校正设备多用于校正中速和低速风表。

图 1-2-16 为空气动力管风表校正装置。被校正的风表置于工作管 5 中,管中风速用调节阀 11 控制,其大小从连接在文丘里喷嘴的压差计 9 上读出,其刻度用皮托管 7 测算的平均速度校正。改变空气动力管风速可获得若干组表速与真实风速 v 的对应值,并绘出风表校正曲线。

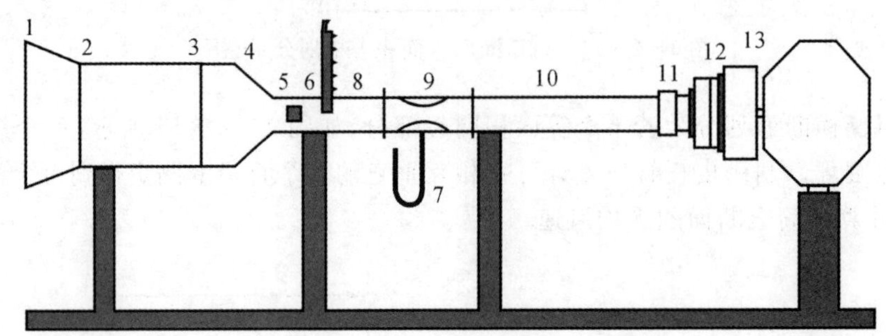

图 1-2-16　空气动力管风表校正装置

1—集流器; 2—阻尼网; 3—稳流器; 4—收缩管; 5—工作管; 6—风表; 7—皮托管; 8—直线管; 9—文丘里喷嘴及压差计; 10—直线管; 11—调节阀; 12—帆布接头; 13—扇风机

1.3　流体运动基本定律

受限空间中的流动空气受通风阻力作用而消耗能量,为保证空气连续不断地流动,必须提供通风动力对其做功,平衡通风阻力和通风动力。空气在流动过程中,受自身因素和环境综合影响,其压力、能量和其他状态参数将发生变化。本节主要介绍受限空间风流运动连续性方程和能量方程。

1.3.1　空气流动连续性方程

在受限空间通风风流中取两断面,面积分别为 A_1 和 A_2,如图 1-3-1 所示。设断面 A_1 上平均风速为 v_1,断面 A_2 上平均风速为 v_2,则 $\mathrm{d}t$ 时间内流入断面 A_1 的风流质量为 $\rho_1 A_1 v_1 \mathrm{d}t$,流出断面 A_2 的风流质量为 $\rho_2 A_2 v_2 \mathrm{d}t$。

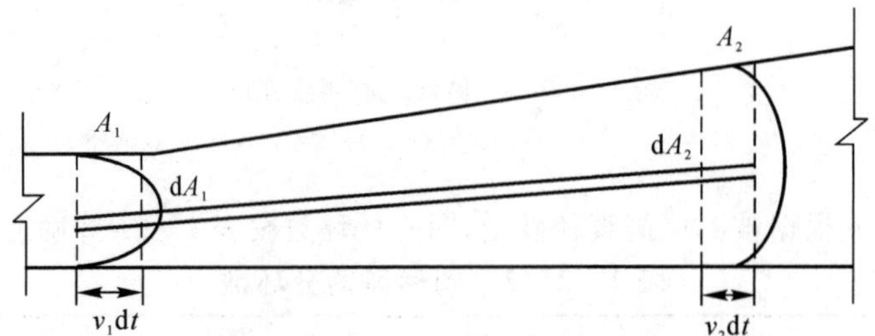

图 1-3-1　风流质量平衡示意

风流流动连续,两断面风流质量不变,则

$$Q_{m1}=Q_{m2} \tag{1-3-1}$$

式中:Q_{m1}——A_1 的风流质量流量,kg/s;

Q_{m2}——A_2 的风流质量流量,kg/s。

根据质量守恒定律,流入断面 A_1 的风流质量等于流出断面 A_2 的风流质量,即

$$\rho_1 Q_{v1}=\rho_2 Q_{v2} \quad 或 \quad \rho_1 A_1 v_1=\rho_2 A_2 v_2 \tag{1-3-2}$$

式中:ρ_1—— 流入 A_1 的风流密度,kg/m³;

ρ_2—— 流出 A_2 的风流密度,kg/m³;

Q_{v1}—— 流入 A_1 的风流体积流量,m³/s;

Q_{v2}—— 流出 A_2 的风流体积流量,m³/s。

当空气不可压缩时,密度为常数,即 $\rho_1=\rho_2$。因此,不可压缩风流连续性方程为 $Q_{v1}=Q_{v2}$ 或 $v_1A_1=v_2A_2$。

【例 1-3】 如图 1-3-2 所示,在地下工程中,风流由 1 断面流至 2 断面时,已知 $S_1=10\ m^2$,$S_2=8\ m^2$,$v_1=3$ m/s,1、2 断面空气密度为 $\rho_1=1.18\ kg/m^3$,$\rho_2=1.20\ kg/m^3$,求:

(1)1、2 断面上通过的质量流量 M_1、M_2;

(2)1、2 断面上通过的体积流量 Q_1、Q_2;

(3)2 断面上的平均流速。

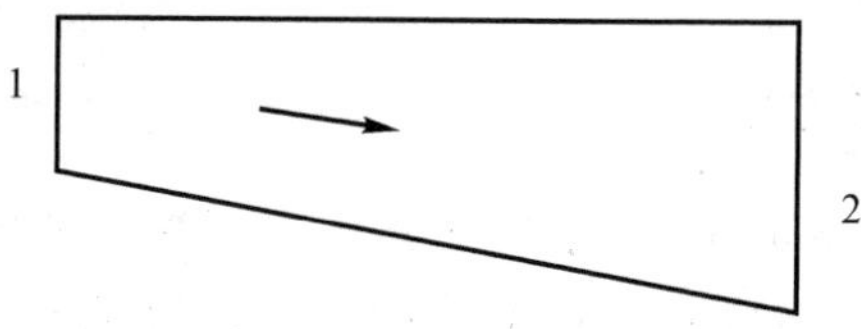

图 1-3-2　地下工程通风示意

【解】

(1)$M_1=M_2=v_1S_1\rho_1=(10\times3\times1.18)$ kg/s=35.4 kg/s。

(2)$Q_1=v_1S_1=(10\times3)$ m³/s=30 m³/s;$Q_2=\dfrac{M_2}{\rho_2}=\dfrac{35.4}{1.2}$ m³/s=29.5 m³/s。

(3)$v_2=\dfrac{Q_2}{S_2}=\dfrac{29.5}{8}$ m/s=3.69 m/s。

1.3.2　不可压缩流体能量方程

能量方程表达了空气在流动过程中压能、动能和位能的变化规律,是能量守恒和转换定律在通风中的应用。假设空气不可压缩,则在地下隧道或送排风通道内流动空气的任意断面,其总能量等于动能、位能和静压能之和。自然通风时,空气在隧道内流动,考虑任意两点间能量变化,其过程简化为图 1-3-3。

内能变化与其他形式能量变化非常小,可忽略不计,而外加机械能单独考虑,则 1 点总能量等于 2 点总能量与 1 点到 2 点损失能量之和。用 U_1 和 U_2 分别表示 1 点和 2 点总能量,$h_{1\text{-}2}$ 表示 1 点到 2 点的能量损失,即

$$U_1=U_2+h_{1\text{-}2} \tag{1-3-3}$$

由于$U_1=\frac{v_1^2}{2}+Z_1g+\frac{p_1}{\rho_1}$,$U_2=\frac{v_2^2}{2}+Z_2g+\frac{p_2}{\rho_2}$,代入式(1-3-3)可得

$$\frac{v_1^2}{2}+Z_1g+\frac{p_1}{\rho_1}=\frac{v_2^2}{2}+Z_2g+\frac{p_2}{\rho_2}+h_{1\text{-}2} \tag{1-3-4}$$

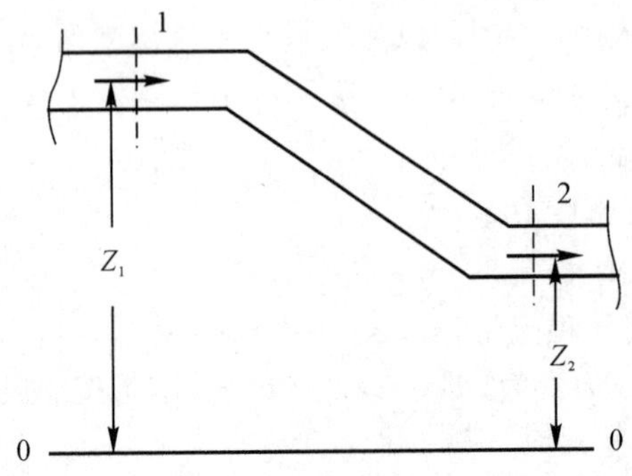

图 1-3-3　巷道流动空气能量间的关系示意图

如果将空气视为不可压缩流体,则$\rho_1=\rho_2=\rho$,给方程等号两边各项同乘ρ,可得不可压缩单位质量流体常规伯努利(Bernoulli)方程,即

$$h_{1\text{-}2}=(p_1-p_2)+\frac{\rho(v_1^2-v_2^2)}{2}+\rho g(Z_1-Z_2) \tag{1-3-5}$$

1.3.3　可压缩风流能量方程

在地下工程通风中,空气密度是变化的,即风流可压缩。外力对其做功增加机械能的同时,也增加了风流内能。因此,在研究地下风流流动时,风流机械能加其内能才能使能量守恒及转换定律成立。

1. 可压缩空气单位质量流体能量方程

理想风流能量由静压能、动能和位能组成。当考虑空气可压缩性时,空气内能必须包括在风流能量中。用E_k表示 1 kg 空气所具有的内能。

以图 1-3-3 为例,1 断面上 1 kg 空气所具有的能量为$v_1^2/2+Z_1g+p_1/\rho_1+E_{k1}$,风流流经 1、2 断面间,到达 2 断面时,1 kg 空气所具有的能量为$v_2^2/2+Z_2g+p_2/\rho_2+E_{k2}$。1 kg 空气由 1 断面流至 2 断面的过程中,克服流动阻力消耗的能量为L_R,将其转化成热能q_R,仍存在于空气中。此外,通过地温、机电设备等给 1 kg 空气传递的热量为q,其将增加空气内能并使空气膨胀做功。

假设 1、2 断面间无其他动力源,如局部通风机,式(1-3-5)可变为

$$L_R=h_{1\text{-}2}=\left(\frac{v_1^2}{2}-\frac{v_2^2}{2}\right)+\left(\frac{p_1}{\rho_1}-\frac{p_2}{\rho_2}\right)+(Z_1-Z_2)g+E_{k1}-E_{k2}+q_R+q \tag{1-3-6}$$

如果 1、2 断面间有压源L_t,则能量方程为

$$L_R=h_{1\text{-}2}=\left(\frac{v_1^2}{2}-\frac{v_2^2}{2}\right)+\left(\frac{p_1}{\rho_1}-\frac{p_2}{\rho_2}\right)+(Z_1-Z_2)g+E_{k1}-E_{k2}+q_R+q+L_t \tag{1-3-7}$$

根据热力学第一定律,传给空气的热量为q_R+q,一部分用于增加空气内能,另一部分使

空气膨胀对外做功，即

$$q_R + q = E_{k1} - E_{k2} + \int_1^2 p\mathrm{d}\gamma \tag{1-3-8}$$

又因

$$\frac{p_1}{\rho_1} - \frac{p_2}{\rho_2} = p_2\gamma_2 - p_1\gamma_1 = \int_1^2 \mathrm{d}(p\gamma) = \int_1^2 p\mathrm{d}\gamma + \int_1^2 \gamma\mathrm{d}p \tag{1-3-9}$$

因此单位质量流量的能量方程为

$$L_R = \int_2^1 \gamma\mathrm{d}p + \left(\frac{v_1^2}{2} - \frac{v_2^2}{2}\right) + (Z_1 - Z_2)g + L_t \tag{1-3-10}$$

式中：$\int_2^1 \gamma\mathrm{d}p = \int_2^1 \frac{1}{\rho}\mathrm{d}p$ 为伯努利积分项，反映风流从1断面流至2断面过程中的静压能变化，其与空气流动过程的状态密切相关，不同状态过程积分结果不同。

2. 可压缩空气单位体积流体能量方程

在考虑空气压缩性时，1 m^3 空气流动过程中的能量损失（即通风阻力 h），可由1 kg空气流动过程中的能量损失 $h_{1\text{-}2}$ 乘以1、2断面间按状态过程考虑的空气平均密度 ρ_m 计算得到，即 $h = L_R \cdot \rho_m$。则可压缩空气单位体积流体能量方程为

$$h = p_1 - p_2 + \frac{\rho_m(v_1^2 - v_2^2)}{2} + \rho_m(Z_1 - Z_2)g + H_t \tag{1-3-11}$$

式中：h—— 通风阻力，Pa。

H_t—— 压源，J；

能量方程在受限空间实际应用时应注意以下几点：

(1) 能量方程表示1 kg空气由1断面流向2断面过程中所消耗的能量，等于流经1、2断面间空气总机械能。

(2) 风流流动必须是稳定流，即断面参数不随时间变化而变化，所研究始末两断面要选在缓变流场上。

(3) 风流总是从总能量大的地方流向总能量小的地方。在判断风流方向时，必须计算始末两断面的总能量，不能只看其中某一项。如果风流方向未知，列能量方程时应先假设风流方向。如果计算得到的能量损失为正，说明风流方向假设正确；如果为负，则说明风流方向假设错误。

(4) 正确选择基准面。

(5) 在始、末断面间有机械动力作为压源时，如果压源作用方向与风流方向一致，压源为正，说明压源对风流做功；如果压源作用方向与风流方向相反，压源为负，则压源成为通风阻力。

(6) 单位质量或单位体积流量的能量方程只适用于两断面间流量不变的情况。对于流动过程中有流量变化的情况，应按总能量守恒与转换定律列方程。

(7) 应用能量方程时各项的单位要保持一致。

1.3.4　热力学状态方程

热力学状态方程是描述给定物理条件环境下物质的状态、表达热力学系统中若干个状态函数参量之间的关系的状态方程。

1. 理想气体状态方程

理想气体状态方程在极低压力下可准确描述气体行为，且压力越低，偏差越小，在微观上具有分子之间无互相作用力和分子本身不占有体积的特征。因此分子可近似被看作是没有体积的质点。

理想气体状态方程表示热力平衡条件下气体气压、体积和温度间的关系，即

$$pV=\frac{m}{M}R^{*}T \tag{1-3-12}$$

式中：R^{*}—— 普适气体常数，8.314 46 J/(mol·K)。

定义比气体常数 $R=\frac{R^{*}}{M}$，又因 $\gamma=\frac{V}{m}=\frac{1}{\rho}$，代入式(1-3-12)得

$$p=\rho RT \tag{1-3-13}$$

2. 状态的热方程

状态的热方程表示内能或焓与压力和温度的关系，即

$$U=U(T,V);\quad H=H(T,p) \tag{1-3-14}$$

式中：U—— 内能，J；

H—— 焓，J。

对式(1-3-14)取微分，得

$$\mathrm{d}U=\left(\frac{\partial U}{\partial T}\right)_{V}\mathrm{d}T+\left(\frac{\partial U}{\partial V}\right)_{T}\mathrm{d}V\mathrm{d}H=\left(\frac{\partial H}{\partial T}\right)_{p}\mathrm{d}T+\left(\frac{\partial U}{\partial p}\right)_{T}\mathrm{d}p \tag{1-3-15}$$

对于理想气体，比定容热容 $c_{\mathrm{v}}=\left(\frac{\partial U}{\partial T}\right)_{\mathrm{v}}$，比定压热容 $c_{p}=\left(\frac{\partial H}{\partial T}\right)_{p}$，对比容的偏导数 $\left(\frac{\partial U}{\partial V}\right)_{T}$ 和对压力的偏导数 $\left(\frac{\partial U}{\partial p}\right)_{T}$ 都为零。因此，理想气体热力学状态方程为

$$U(T)-U_{\mathrm{ref}}=\int_{T_{\mathrm{ref}}}^{T}c_{\mathrm{v}}\mathrm{d}T;\quad H(T)-H_{\mathrm{ref}}=\int_{T_{\mathrm{ref}}}^{T}c_{p}\mathrm{d}T \tag{1-3-16}$$

式中：c_{v}—— 比定容热容，J/(kg·K)；

c_{p}—— 比定压热容，J/(kg·K)。

ref—— 参考状态。

3. 干空气状态方程

干空气可认为是由许多理想气体组合成的混合气体，每一种理想气体都满足状态方程，遵循理想气体状态方程。干空气状态方程为

$$p_{\mathrm{d}}=\rho R_{\mathrm{d}}T \tag{1-3-17}$$

式中：p_{d}—— 干空气压强，Pa；

R_{d}—— 干空气比气体常数，287.104 J/(K·kg)。

4. 不饱和湿空气状态方程

不饱和湿空气可看作是干空气与水汽混合的理想气体，其状态方程为

$$p=p_{\mathrm{d}}+e=(\rho_{\mathrm{d}}R_{\mathrm{d}}+\rho_{\mathrm{v}}R_{\mathrm{v}})T \tag{1-3-18}$$

式中：R_{v}—— 水汽比气体常数，461.51 J/(K·kg)；

e—— 大气中水汽状态方程，$e=\rho_{\mathrm{v}}R_{\mathrm{v}}T$。

定义不饱和湿空气比气体常数，即

$$R=\frac{m_dR_d+m_vR_v}{m_d+m_v} \tag{1-3-19}$$

式中：m_d—— 干空气质量，kg；

m_v—— 湿空气质量，kg。

定义相对湿度，即

$$q_v=\frac{m_v}{m_d+m_v} \tag{1-3-20}$$

则不饱和湿空气比气体常数为

$$R=(1-q_v)R_d+q_vR_v=(1+0.608q_v)R_d \tag{1-3-21}$$

因此，不饱和湿空气状态方程也可表示为

$$p=\rho(1+0.608q_v)R_dT \tag{1-3-22}$$

实际大气中比湿不断变化。湿空气比气体常数随着比湿变化而变化。为避免使用一个经常变化的比气体常数，定义虚温为

$$T_v=(1+0.608q_v)T \tag{1-3-23}$$

故不饱和湿空气状态方程可用虚温表示，即

$$p=\rho RT_v \tag{1-3-24}$$

复习思考题

(1) 简述受限空间与受限空间作业的特点。

(2) 受限空间作业过程中存在的危险、有害因素有哪几类？

(3) 简述绝对压力和相对压力的概念。解释为什么正压通风中断面上某点相对全压大于相对静压，而在负压通风中断面上某点的相对全压小于相对静压。

(4) 什么是空气的重力位能？说明其物理意义和单位。

(5) 在压入式通风风筒中，测得风流中某点 i 的相对静压 $h_{t_i}=600$ Pa，动压 $h_{v_i}=100$ Pa。已知风筒外与 i 点同标高处的压力为 100 kPa。求：

1) i 点的相对全压、绝对全压和绝对静压；

2) 将上述压力间的关系作图表示(压力为纵坐标轴，真空为 0 点)。

(6) 某通风井巷中 1、2 两断面绝对静压分别为 101 324.7 Pa 和 101 858 Pa。若 $S_1=S_2$，两断面高差为 $Z_1-Z_2=100$ m，巷道中 $\rho_{m12}=1.2\ \mathrm{kg/m^3}$，求 1、2 两断面间的通风阻力，并判断风流方向。

(7) 在进风上山中测得 1、2 两断面绝对静压 $p_1=106\ 657.6$ Pa，$p_2=101\ 324.72$ Pa；标高差 $Z_1-Z_2=-400$ m；气温 $T_1=15℃$，$T_2=20℃$；空气相对湿度 $\varphi_1=70\%$，$\varphi_2=80\%$；断面平均风速 $v_1=5.5$ m/s，$v_2=5$ m/s。求通风阻力 L_R、h_R。

第 2 章　通风网络风流流动基础

本章学习目标：理解图、树、通风网络拓扑结构的基本概念；掌握通风网络的矩阵表示方法；理解通风网络风流参数解算原理、通风网络风量调节优化原理；能够应用通风网络风量调节方法解决工程实际中复杂通风网络风流控制和优化问题。

2.1　通风网络拓扑结构

通风系统是借助换气稀释或通风排除等手段，控制空气污染物的传播与危害，来保障空间内空气环境质量的，一般由通风设备、通风管道、风机、控制系统组成，其管路连接在一起构成通风网络。在通风仿真或通风网络优化时都要使用通风网络的拓扑关系。

2.1.1　图的基本概念

1. 图及其数学表示

(1)图的构成。

在通风网络中，将管路或者井巷称为分支，将分支之间的连接点称为节点。由节点和分支构成的集合称为图，记为

$$G=(V,E) \tag{2-1-1}$$

式中：V—— 节点集合，$V=\{v_1,\ v_2,\ \cdots,\ v_m\}$，其中 m 为节点数，$m=|V|$；

E—— 分支集合，$E=\{e_1,\ e_2,\ \cdots,\ e_n\}$，其中 n 为分支数，$n=|E|$。

因此，分支 e_k 对应的节点集合记为 $V(e_k)$。

(2) 有向图。

分支 e_k 对应的 2 个节点分别为 v_i 和 v_j。当流体流动方向是 $v_i \rightarrow v_j$ 时，将分支 e_k 写成 $e_k=(v_i,\ v_j)$，图 G 称为有向图。

对有向图 $G=(V,\ E)$，定义

$$E^{+}(v_i)=\{e_{ij} \mid e_{ij}=(v_i,v_j)\in E\} \tag{2-1-2}$$

$$E^{-}(v_i)=\{e_{ij} \mid e_{ij}=(v_i,v_j)\in E\} \tag{2-1-3}$$

式中：$E^{+}(v_i)$—— 节点出度，以 v_i 为始节点的有向分支集合；

$E^{-}(v_i)$—— 节点入度，以 v_i 为末节点的有向分支集合。

(3) 无向图。

当流体流动方向未确定，或流体流动方向与所研究问题无关时，网络分支 e_k 可写成 $e_k=$

(v_i, v_j) 或 $e_k=(v_j, v_i)$，图 G 称为无向图。当节点 v_i 和 v_j 是同一分支的 2 个节点时，可把分支写成 v_{ij}，即在有向图中 $e_{ij}=(v_i, v_j)$，在无向图中 $e_{ij}=(v_i, v_j)$ 或 $e_{ij}=(v_j, v_i)$。在图 $G=(V, E)$ 中，如果节点 v_i 是分支 e_k 的一个节点，则称分支 e_k 和节点 v_i 相关联。对于节点 v_i 和 v_j，若 $(v_i, v_j)\in E$，则称 v_i 和 v_j 相邻接。

对无向图 $G=(V, E)$，定义

$$E(v_i)=\{e_{ij} \mid e_{ij}=(v_i,v_j)\in E, v_i\in V, v_j\in V\} \tag{2-1-4}$$

$$E(v_i)=\{v_i \mid (v_i,v_j)\in E, v_i\in V, v_j\in V\} \tag{2-1-5}$$

式中：$E(v_i)$—— 节点关联分支，关联分支数称为节点的度；

$V(v_i)$—— 节点邻接节点（与节点 v_i 邻接的节点集合）。

(4) 子图。

对于图 $G=(V, E)$ 和 $G=(V', E')$，若 $V'\subseteq V$ 和 $E'\subseteq E$，则称图 G' 是 G 的一个子图。若 $V'\subset V$ 或 $E'\subset E$，则称图 G' 是 G 的一个真子图。

2. 路径

已知 $G=(V, E)$，$m=|V|$，$n=|E|$，$G'=(V',E')$，$m'=|V'|$，$n'=|E'|$，$G'\subseteq G$，对 E' 和 V' 进行整形排序后，如果下式成立：

$$\begin{aligned}E'=&\{E'[1],E'[2],\cdots,E'[i],\cdots,E'[n']\}=\\&\{(V'[1],V'[2]),(V'[2],V'[3]),\cdots,(V'[i],V'[i+1]),\cdots,(V'[n'],V'[n'+1])\}\end{aligned} \tag{2-1-6}$$

则称子图 G' 或分支集合 E' 为路径。如果把路径视为独立的一个图，则路径中度为 1 的节点，即 $V'[1]$ 和 $V'[n'+1]$ 为路径端点。路径 E' 经排列整形后，其节点和分支必呈有序、不重复出现、互相连接的链状排列。

在图 2-1-1 中，$\{e_8, e_9\}$ 是 v_4 到 v_7 之间的 1 条路径，$\{e_7, e_5, e_2, e_3, e_8, e_9\}$ 则不是 v_4 到 v_7 之间的 1 条路径，节点 v_4 出现 2 次。

3. 连通图

若图 $G=(V, E)$ 中两节点 v_i 和 v_j 之间至少存在 1 条路径，则称 v_i 和 v_j 相连通。如果图 G 任意两节点连通，则称图 G 是连通图，否则是非连通图。

4. 回路

在式(2-1-6) 中，如果 $V'[1]=V'[n'+1]$，即有下式成立：

$$\begin{aligned}E'=&\{E'[1],E'[2],\cdots,E'[i],\cdots,E'[n']\}=\\&\{(V'[1],V'[2]),(V'[2],V'[3]),\cdots,\\&(V'[i],V'[i+1]),\cdots,(V'[n'],V'[1])\}\end{aligned} \tag{2-1-7}$$

则称子图 G' 或分支集合 E' 为回路。回路是指路径两端点重合形成的闭合环。

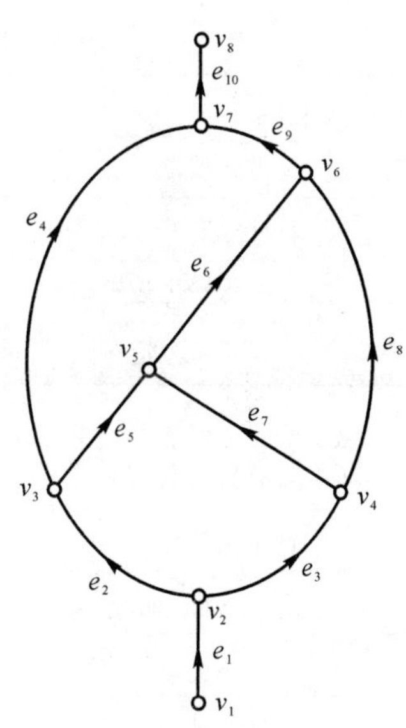

图 2-1-1　通风网络示意图

5.通路

如果 $G=(V, E)$ 是有向图,并有下式成立:

$$E'=\{E'[1],E'[2],\cdots,E'[i],\cdots,E'[n']\}=\{(V'[1],V'[2]),(V'[2],V'[3]),\cdots,(V'[i],V'[i+1]),\cdots,(V'[n'],V'[n'+1])\} \quad (2-1-8)$$

则称子图 G' 为通路。通路中前一分支的末节点是下一分支的始节点,具有方向性,通路方向与分支方向一致。$V'[1]$ 为通路始节点,$V'[n'+1]$ 为通路末节点。

令图 $G=(V, E)$ 是一个有源汇点流体网络,将源点 $V^-(G)$ 到汇点 $V^+(G)$ 所有通路的集合称为网络的全部通路,源点 $V^-(G)$ 到汇点 $V^+(G)$ 所有路径的集合叫作网络的全部路径。单向回路指在有向图中由始末节点重合的通路所构成的回路。

【例 2-1】 某矿井通风系统如图 2-1-2 所示,通风系统图与网络图对应关系见表 2-1-1,画出通风网络图,并列出网络中所有的通路。

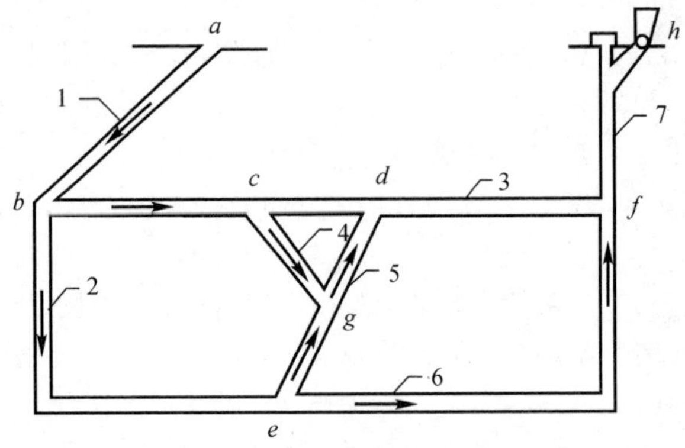

图 2-1-2　某矿井通风系统示意图

表 2-1-1　通风系统图与网络图对照关系

网络分支	对应井巷	分支始节点	巷道端点	分支末节点	巷道端点
e_1	1.主斜坡道	v_1	a	v_2	b
e_2	2.进风竖井;6.二水平主运输道	v_2	b	v_3	e
e_3	3.一水平主运输道	v_2	b	v_4	c
e_4	6.二水平主运输道;7.回风井	v_3	e	v_7	f
e_5	5.分斜坡道	v_3	e	v_5	g
e_6	5.分斜坡道	v_5	g	v_6	d
e_7	4.小斜坡道	v_4	c	v_5	g
e_8	3.一水平主运输道	v_4	c	v_6	d
e_9	3.一水平主运输道	v_6	d	v_7	f
e_{10}	7.回风井	v_7	f	v_8	h

【解】

不考虑风机、风门等，只考虑井巷连接关系，绘制出通风网络，如图 2-1-1 所示，该网络有 8 个节点，10 条分支。在图 2-1-1 中，v_2 到 v_6 的通路有$\{e_2, e_5, e_6\}$、$\{e_3, e_7, e_6\}$、$\{e_3, e_8\}$3 条，而$\{e_2, e_4, e_9\}$只是 v_2 到 v_6 之间的一条路径，不是通路。网络的通路共有 4 条，分别为$\{e_1, e_2, e_4, e_{10}\}$、$\{e_1, e_2, e_5, e_6, e_9, e_{10}\}$、$\{e_1, e_3, e_7, e_6, e_9, e_{10}\}$ 和$\{e_1, e_3, e_8, e_9, e_{10}\}$。

2.1.2　树的基本概念

1. 树

不含回路的连通图称为树，用 T 表示。树 T 中的分支称为树支，树支集合记为 E_T。

(1) 生成树。

已知一连通图 $G=(V, E)$，$G_T=[V(E_T), E_T]\in G$ 是一树型图，若

$$V(E_T)=V \tag{2-1-9}$$

则称图 $G_T=(V, E_T)$ 是图 $G=(V, E)$ 的一棵生成树。

(2) 余树。

将图$[V(E-E_T), E-E_T]$称为树的余树，记作 $\overline{T}$。余树中的分支称为余支，余支集合记为 E_L，有 $E_L= E-E_T=\overline{T}$。

在图 2-1-3 中，T_1 和 T_2 是图 2-1-1 通风网络图 G 的两棵生成树，$\overline{T}_1$、$\overline{T}_2$ 为对应余树。图 2-1-3(a) 中树支 $T_1=\{e_1, e_3, e_8, e_6, e_5, e_4, e_{10}\}$，余支 $\overline{T}_1=\{e_2, e_7, e_9\}$。图 2-1-3(b) 中树支 $T_2=\{e_1, e_2, e_3, e_5, e_6, e_4, e_{10}\}$，余支 $\overline{T}_2=\{e_7, e_8, e_9\}$。

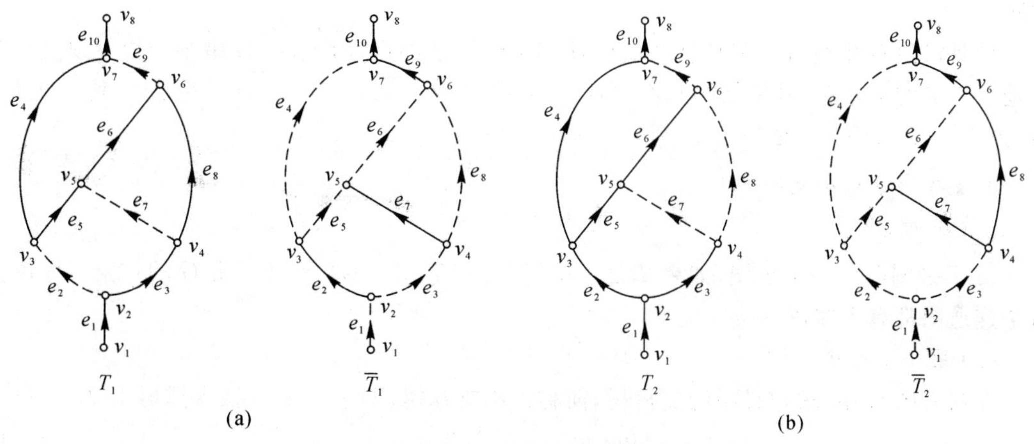

图 2-1-3　两棵树及其余树

将外向树看成一个网络，其特征是除网络源点外，其他所有节点的入度为 1。同理，内向树的特征是除网络汇点外，其他所有节点的出度为 1。外向树中入度为 0 的节点叫作外向树的源或树根。

对于图 $G=(V, E)$，$|V|=m$，$|E|=n$，下面 5 个命题相互等价。

1)G 是树。

2)G 的任意两节点间有且仅有一条路径。

3)G 不含回路，有 $m-1$ 条分支。

4)G 是连通的且有 $m-1$ 条分支。

5)G 是无回路图，但在 G 中任意两节点间增加一条分支，图 G 有且仅有一条回路。

若 G 是树，且 G 的节点数 $\geqslant 2$，则 G 中至少有 2 个节点的度等于 1。图 G 有生成树的充分必要条件是 G 为连通图。

2. 最短路径

(1) 赋权图。

对图的每条边 e 赋以一个实数 $w(e)$，称为边 e 的权。每条边都赋有权的图称为赋权图。权在不同问题中含义不同，如交通网络中，权可能表示运费、里程或道路造价等。设 H 是赋权图 G 的一个子图，H 的权为

$$W(H)=\sum_{e\in E(H)} w(e) \tag{2-1-10}$$

式中：$W(H)$—— 子图 H 的权值；

$w(e)$—— 边 e 的权值。

G 中一条路 P 的权为

$$W(P)=\sum_{e\in E(P)} w(e) \tag{2-1-11}$$

(2) 最短路问题。

给定赋权图 G 及 G 中两点 u,v,求 u 到 v 具有最小权的路，称为 u 到 v 的最短路。赋权图中路的权也称为路的长，最短路$(u,\ v)$ 的长也称为 u,v 间的距离，记为 $d(u,\ v)$。最短路问题是一个优化问题，属网络优化和组合优化范畴。Dijkstra 算法是解决最短路问题最基本的方法。

设赋权图 G 中所有边都具有非负权，Dijkstra 算法的目标是求出 G 中某个指定顶点 v_0 到其他所有点的最短路，其依据的基本原理是：若路 $P=(v_0,v_1,\cdots,v_{k-1},v_k)$ 是从 v_0 到 v_k 的最短路，则 $P'=v_0v_1\cdots v_{k-1}$ 必是从 v_0 到 v_{k-1} 的最短路。

3. 支撑树及最小支撑树

(1) 支撑树。

设 T 是图 G 的一个子图，如果 T 是一棵树，且 $v(T)=v(G)$，则称 T 是 G 的一个支撑树，且每个连通图都有支撑树。

(2) 最小支撑树。

在赋权图 G 中，求权最小的支撑树，简称最小支撑树，即求 G 的一棵支撑树 T 为

$$W(T)=\min_{T}\sum_{e\in T} w(e) \tag{2-1-12}$$

式中：$W(T)$—— 支撑树 T 的权值。

(3) 破圈法。

最小支撑树问题是一个优化问题，需要设计算法求其最优解。本节采用破圈法求解最小支撑树，其实质是在图中任选一回路，将回路中权重最大的分支去掉，依此类推直至图中无回路。

在图 2-1-1 的流体网络 $G=(V,\ E)$ 中，任选一回路 $C_1=\{e_2,\ e_5,\ e_7,\ e_3\}$，以分支序号为权重，将 e_7 分支从图 G 去掉，得新图 $G_1=G-e_7$；在 G_1 中再取任一回路 $C_2=\{e_4,\ e_5,\ e_6,\ e_9\}$，去掉 e_9，得 $G_2=G_1-e_9$；在 G_2 中有唯一回路 $C_3=\{e_2,\ e_3,\ e_5,\ e_6,\ e_8\}$，去掉 e_8，得图 $G_3=G_2-$

e_8。因此，图 2-1-4 对应的最小树为 $T=G_3=\{e_1, e_2, e_3, e_4, e_5, e_6, e_{10}\}$。

在破圈法中，找回路是任意的。C 是连通图 G 中的一个回路，若

$$d(e') = \max_{e \in E(C)} \{d(e)\} \tag{2-1-13}$$

则 $G-e'$ 的最小树一定是 G 的最小树。此方法可保证破圈法的正确性。

2.1.3　通风网络图拓扑关系

1. 串联通风网络

两条或两条以上分支彼此首尾相连，中间没有风流分汇点的线路称为串联通风网络，如图 2-1-4 所示。

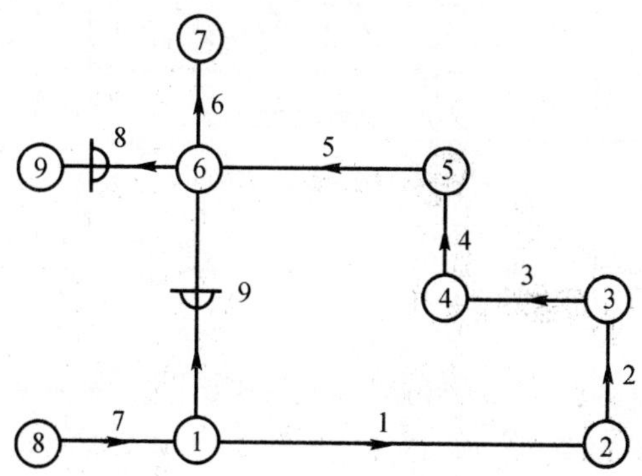

图 2-1-4　串联通风网络

由 1 ～ 5 五条分支组成串联通风网络，其具有以下特性：

(1) 总风量 M_s 等于各分支风量，有

$$M_s = M_1 = M_2 = \cdots = M_n \tag{2-1-14}$$

当各分支空气密度相等时，或将所有风量换算为同一标准状态风量后，有

$$Q_s = Q_1 = Q_2 = \cdots = Q_n \tag{2-1-15}$$

(2) 总风压(阻力) h_s 等于各分支风压(阻力) 之和，即

$$h_s = h_1 + h_2 + \cdots + h_n = \sum_{i=1}^{n} h_i \tag{2-1-16}$$

(3) 总风阻 R_s 等于各分支风阻之和，即

$$R_s = \frac{h_s}{Q_s^2} = R_1 + R_2 + \cdots + R_n = \sum_{i=1}^{n} R_i \tag{2-1-17}$$

(4) 等积孔 A_s 与各分支等积孔间的关系为

$$A_s = \frac{1}{\sqrt{\frac{1}{A_1^2} + \frac{1}{A_2^2} + \cdots + \frac{1}{A_n^2}}} \tag{2-1-18}$$

根据上述串联通风网络特性，绘制串联通风网络等效阻力特性曲线。如图 2-1-5 所示，串联通风网络 1、2 的风阻分别为 R_1、R_2。在 $h-Q$ 坐标图上分别作出串联通风网络分支 1、2 的阻力特性曲线 R_1、R_2。根据串联风路“风量相等，阻力叠加”原则，作平行于 h 轴的若干条等风量线，如 $Q=20\ \mathrm{m^3/s}$，在等风量线上将 1、2 分支阻力 h_1、h_2 相加，得到串联通风网络等效阻力

特性曲线上的点 h_1+h_2，将所有等风量线上的点连成曲线 R_3，即为串联通风网络等效阻力特性曲线。

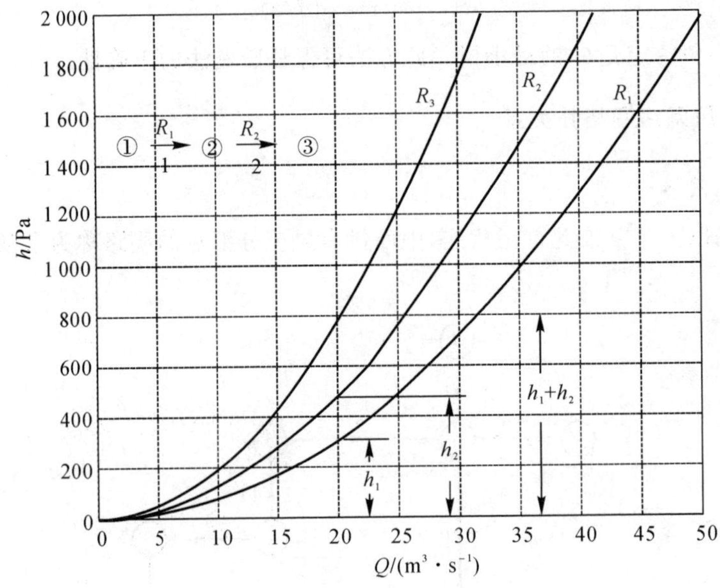

图 2－1－5　串联通风网络等效阻力特性曲线

2. 并联通风网络

由两条或两条以上具有相同始节点和末节点的分支所组成的通风网络称为并联通风网络。在图 2－1－6 中，并联通风网络由 5 条风路分支并联而成，其具有以下特性：

(1) 总风量等于各分支风量之和，即

$$M_s=M_1+M_2+\cdots+M_n=\sum_{i=1}^{n}M_i \tag{2-1-19}$$

当各分支空气密度相等时，或将所有风量换算为同一标准状态风量后，有

$$Q_s=Q_1+Q_2+\cdots+Q_n=\sum_{i=1}^{n}Q_i \tag{2-1-20}$$

(2) 总风压等于各分支风压，即

$$h_s=h_1=h_2=\cdots=h_n \tag{2-1-21}$$

当各分支位能差不相等，或分支中存在风机等通风动力时，并联分支阻力不相等。

(3) 总风阻与各分支风阻的关系为

$$R_s=\frac{h_s}{Q_s^2}=\frac{1}{\left(\sqrt{\frac{1}{R_1}}+\sqrt{\frac{1}{R_2}}+\cdots+\sqrt{\frac{1}{R_n}}\right)^2} \tag{2-1-22}$$

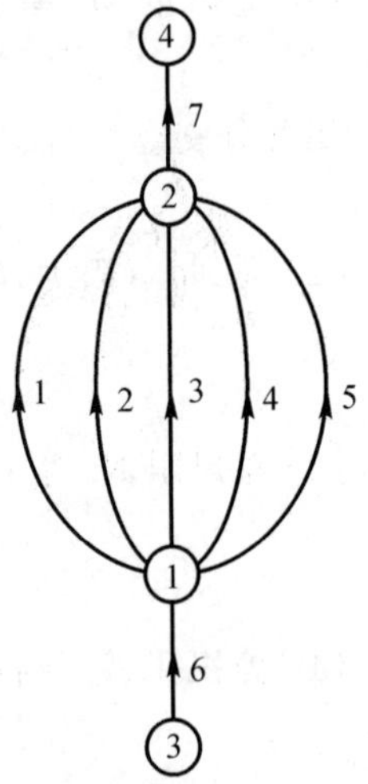

图 2－1－6　并联通风网络

(4) 等积孔等于各分支等积孔之和，即

$$A_s=A_1+A_2+\cdots+A_n \tag{2-1-23}$$

(5) 并联通风网络风量分配。

若已知并联通风网络总风量，不考虑其他通风动力及风流密度变化时，分支 i 的风量计算式为

$$Q_i=\sqrt{\frac{R_s}{R_i}}Q_s=\frac{Q_s}{\sum_{j=1}^{n}\sqrt{R_i/R_j}} \tag{2-1-24}$$

并联通风网络中某分支所分配得到的风量取决于并联通风网络总风阻与该分支风阻之比。风阻小的分支风量大，风阻大的分支风量小。若要调节各分支风量，可通过改变各分支风阻比值实现。

根据并联通风网络特性，绘制并联通风网络等效阻力特性曲线。如图 2-1-7 所示，并联风路 1、2 的风阻分别为 R_1、R_2。首先在 $h-Q$ 坐标图上分别作出 R_1、R_2 的阻力特性曲线，作平行于 Q 轴的若干条等阻力线。根据并联通风网络“阻力相等，风量叠加”原则，在等阻力线上将两分支风量 Q_1、Q_2 相加，得到并联通风网络等效阻力特性曲线上的点 Q_1+Q_2，将所有等阻力线上的点连成曲线 R_3，即为并联通风网络等效阻力特性曲线。

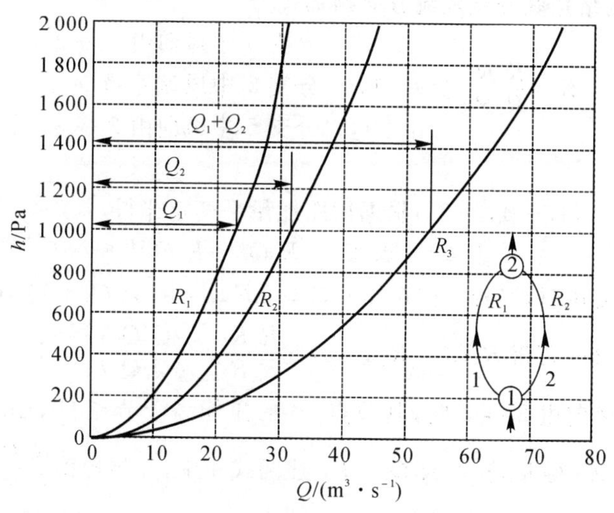

图 2-1-7　并联通风网络等效阻力特性曲线

在同样分支风阻和总风量条件下，若干分支并联时的总阻力远小于其串联时的总阻力。因此在有条件的情况下尽量采用并联通风网络以降低通风阻力。

3. 角联通风网络

角联通风网络指内部存在角联分支的网络。角联分支指位于通风网络的任意两条有向通路之间，且不与两通路的公共节点相连的分支。角联分支具有容易调节风向的优点，但又存在风流不稳定的可能性，尤其是当火灾事故发生时，角联分支风流反向可能使火灾烟流蔓延范围扩大。因此，应掌握角联分支特性，充分利用其优点而克服其缺点。

如图 2-1-8 所示，分支 5 为角联分支。仅有一条角联分支的通风网络为简单角联通风网络。如图 2-1-9 所示，含有两条及以上角联分支的通风网络为复杂角联通风网络。角联分支风向取决于其始、末节点间的压能差。风流由压能高的节点流向压能低的节点。当两点压能相同时，风流停滞。当始节点位能低于末节点时，风流反向。

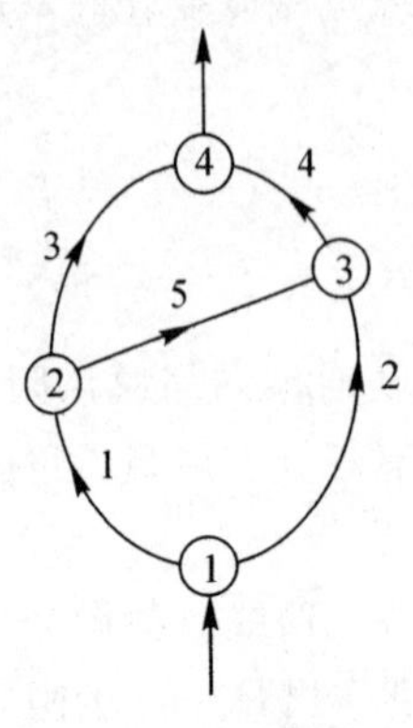

图 2-1-8　简单角联

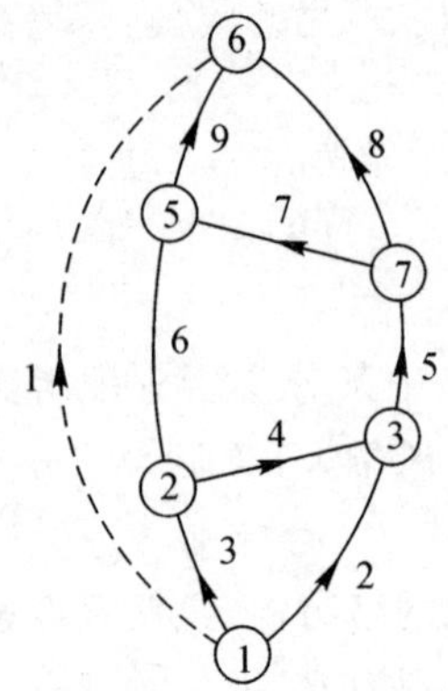

图 2-1-9　复杂角联

改变角联分支两侧的边缘分支风阻即可改变角联分支风向。图 2-1-8 为简单角联通风网络，简单角联通风网络角联分支风流方向判别式为

$$K=\frac{R_1R_4}{R_2R_3}\geqslant\begin{cases}>1, & \text{分支 5 中风向由 } 3\rightarrow 2\\ =1, & \text{分支 5 中风流停滞}\\ <1, & \text{分支 5 中风向由 } 2\rightarrow 3\end{cases}\tag{2-1-25}$$

推证如下：

对于无压源回路{1,3,−4,−2}，根据回路能量平衡定律得

$$R_1Q_1^2+R_3Q_3^2=R_2Q_2^2+R_4Q_4^2\tag{2-1-26}$$

(1) 当分支 5 中无风时，其始、末节点压能差 $\Delta E_{2\text{-}3}=0$，且 $Q_1=Q_3$，$Q_2=Q_4$，即 $R_1Q_1^2=R_2Q_2^2$，代入式(2-1-26) 可得 $R_3Q_3^2=R_4Q_4^2$，因此$\frac{R_1R_4}{R_2R_3}=\left(\frac{Q_2Q_3}{Q_1Q_4}\right)^2=1$。

(2) 当分支 5 中风向由 2 → 3 时，其节点 ② 的压能高于节点 ③，$\Delta E_{2\text{-}3}>0$，即 $R_2Q_2^2>R_1Q_1^2$，代入式(2-1-26) 得 $R_3Q_3^2>R_4Q_4^2$，将上述两式相乘，并整理得$\frac{R_1R_4}{R_2R_3}<\left(\frac{Q_2Q_3}{Q_1Q_4}\right)^2<1$。

(3) 当分支 5 中风向由 3 → 2 时，关系式为$\frac{R_1R_4}{R_2R_3}>\left(\frac{Q_2Q_3}{Q_1Q_4}\right)^2>1$。

综上所述，简单角联通风网络中角联分支风向完全取决于边缘风路风阻比，与角联分支本身风阻无关，可通过改变其边缘风路分支风阻实现角联分支风向与风量调节。对于复杂角联通风网络，可通过网络解算求出角联分支实际风量，从而判断其方向。具体做法是：先任意假设角联分支风向，若解算后其风量为正，说明风向假设正确；若风量为负，说明风向与假设相反；若风量数值很小，说明角联分支风流处于接近停滞状态。

4. 通风网络矩阵表示

(1) 邻接矩阵。

对无向图 $G=(V,E)$，$V=\{v_1,v_2,\cdots,v_m\}$，$E=\{e_1,e_2,\cdots,e_n\}$，构造 $m=|V|$ 阶方阵 $\mathbf{A}=(a_{ij})_{m\times m}$，其中

$$a_{ij}=|\{e_k\mid e_k=(v_i,v_j)\in E\}|\tag{2-1-27}$$

称矩阵 **A** 是图 G 的节点邻接矩阵。

节点邻接矩阵具有如下性质：

1)$\boldsymbol{A}=(a_{ij})_{m\times m}$ 的第 i 行非 0 元素的数目等于节点 v_i 的度,即 $|E(v_i)|=\sum_{j=1}^{m}a_{ij}$。

2)$\boldsymbol{A}=(a_{ij})_{m\times m}$ 矩阵是一个主对角线为 0 的对称矩阵。

3)$\boldsymbol{A}^2$ 矩阵为 $\boldsymbol{A}^2=(a_{ij}^2)_{m\times m}$,其中 $a_{ij}^2=\sum_{k=1}^{m}a_{ik}a_{kj}$,$a_{ij}^2$ 表示从 v_i 两步到达 v_j 的路径数目。

4)$\boldsymbol{AA}^{\mathrm{T}}$ 矩阵为 $\boldsymbol{AA}^{\mathrm{T}}=(a'_{ij})_{m\times m}$,其中 $a'_{ij}=\sum_{k=1}^{m}a_{ik}a_{jk}$,$a'_{ij}$ 表示以 v_i,v_j 为始节点,但有相同末节点 v_k 的分支数。

5)$\boldsymbol{A}^{\mathrm{T}}\boldsymbol{A}$ 矩阵为 $\boldsymbol{A}^{\mathrm{T}}\boldsymbol{A}=(a'_{ij})_{m\times m}$,其中 $a'_{ij}=\sum_{k=1}^{m}a_{ki}a_{kj}$,$a'_{ij}$ 表示以 v_i,v_j 为末节点,但有相同始节点 v_k 的分支数。

(2) 关联矩阵。

有向图 $G=(V,E)$,$V=\{v_1,v_2,\cdots,v_m\}$,$E=\{e_1,e_2,\cdots,e_n\}$,$m=|V|$,$n=|E|$,构造一个节点和分支相互连接的矩阵 $\boldsymbol{B}=(b_{ij})_{m\times m}$,其中

$$b_{ij}=\begin{cases}1, & e_j=(v_i,v_k)\in E\\ -1, & e_j=(v_k,v_i)\in E\\ 0, & (v_k,v_i)\notin E\end{cases} \tag{2-1-28}$$

则称 $\boldsymbol{B}$ 为有向图 G 的完全关联矩阵。

关联矩阵具有如下性质:

1) 每一列有 2 个非 0 元素,分别为 +1 和 −1,从列中得知每条分支所连接的 2 个节点,并有

$$b_{ij}+b_{kj}=1-1=0,\quad e_j=(v_i,v_k)\in E \tag{2-1-29}$$

2) 从 $\boldsymbol{B}$ 的行可知网络中每个节点的出边和入边,并有

$$\left.\begin{aligned}&\sum_{j=1}^{n}b_{ij}=|E^+(v_i)|,\quad b_{ij}>0,e_j=(v_i,v_k)\in E\\&\sum_{j=1}^{n}-b_{ij}=|E^-(v_i)|,\quad b_{ij}<0,e_j=(v_i,v_k)\in E\\&\sum_{j=1}^{n}|b_{ij}|=|E^+(v_i)|+|E^-(v_i)|=|E(v_i)|,\quad e_j=(v_i,v_k)\in E\end{aligned}\right\} \tag{2-1-30}$$

(3) 回路矩阵。

对于有向网络图 $G=(V,E)$,$V=\{v_1,v_2,\cdots,v_m\}$,$E=\{e_1,e_2,\cdots,e_n\}$,$m=|V|$,$n=|E|$,用矩阵表示的 s 个回路为 $\boldsymbol{C}=(c_{ij})_{1\times n}$,其中

$$c_{ij}=\begin{cases}1, & e_j\in \boldsymbol{C}_i,\text{且同向}\\ -1, & e_j\in \boldsymbol{C}_i,\text{但反向}\\ 0, & e_j\notin \boldsymbol{C}_i\end{cases} \tag{2-1-31}$$

则称 $\boldsymbol{C}$ 为有向图 G 的完全回路矩阵。

图 2-1-10 有 7 个回路,回路矩阵为

$$
\boldsymbol{C}=\begin{array}{c}
\begin{array}{cccccc} e_1 & e_2 & e_3 & e_4 & e_5 & e_6 \end{array} \\
\left(\begin{array}{cccccc}
1 & 1 & 0 & 1 & 0 & 0 \\
-1 & 0 & 1 & 0 & -1 & 0 \\
0 & 0 & 0 & -1 & 1 & 1 \\
0 & 1 & 1 & 0 & 0 & 1 \\
0 & 1 & 1 & 1 & -1 & 0 \\
-1 & 0 & 1 & -1 & 0 & 1 \\
1 & 1 & 0 & 0 & 1 & 1
\end{array}\right)
\end{array}
\begin{array}{l} \\ \boldsymbol{C}_1 \\ \boldsymbol{C}_2 \\ \boldsymbol{C}_3 \\ \boldsymbol{C}_4 \\ \boldsymbol{C}_5 \\ \boldsymbol{C}_6 \\ \boldsymbol{C}_7 \end{array}
\qquad (2-1-32)
$$

回路矩阵 $\boldsymbol{C}$ 非线性独立：$\boldsymbol{C}_1+\boldsymbol{C}_2=(1\ \ 1\ \ 0\ \ 1\ \ 0\ \ 0)+(-1\ \ 0\ \ 1\ \ 0\ \ -1\ \ 0)=(0\ \ 1\ \ 1\ \ 1\ \ -1\ \ 0)=\boldsymbol{C}_5$，$\boldsymbol{C}_3+\boldsymbol{C}_5=(0\ \ 0\ \ 0\ \ -1\ \ 1\ \ 1)+(0\ \ 1\ \ 1\ \ 1\ \ -1\ \ 0)=(0\ \ 1\ \ 1\ \ 0\ \ 0\ \ 1)=\boldsymbol{C}_4$。

完全回路矩阵 $\boldsymbol{C}$ 共有 s 行，在网路分析中不需要列出网络全部回路，只需列出一个线性无关的回路矩阵即可。

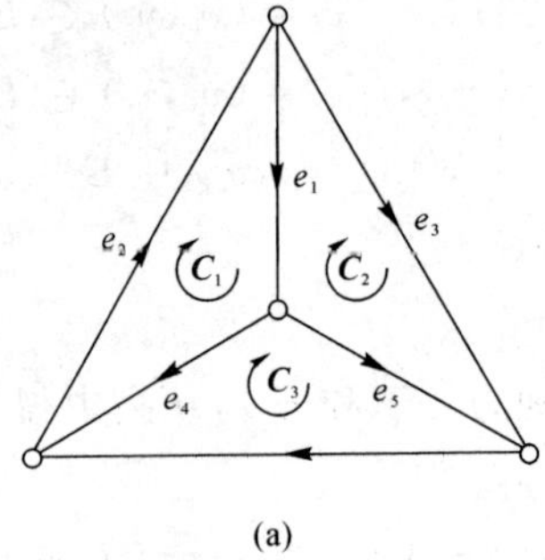

(a)

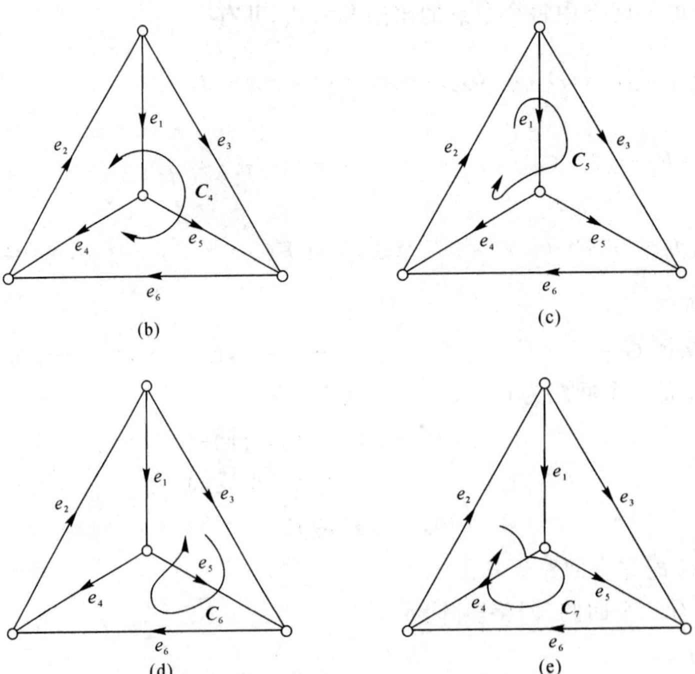

图 2-1-10 回路 $\boldsymbol{C}_1\sim\boldsymbol{C}_7$

(4) 割集矩阵。

设 $G=(V,\ E)$ 是连通图，$\boldsymbol{S}\subseteq E$，$G-\boldsymbol{S}$ 是非连通图，E' 是 $\boldsymbol{S}$ 的真子集 $E'\subseteq\boldsymbol{S}$。如果 $G-E'$ 是连通图，则称 $\boldsymbol{S}$ 是图 G 的一个割集，即割集 $\boldsymbol{S}$ 是使连通图 G 失去连通性的最小分支集合。

设 $\{S_1,S_2,\cdots,S_k\}$ 是图 $G=(V,\ E)$ 的割集，矩阵 $\boldsymbol{S}=(S_{ij})_{k\times m}$，其中

$$S_{ij}=\begin{cases}1, & e_j\in S_i\text{，且同向}\\ -1, & e_j\in S_i\text{，但反向}\\ 0, & e_j\notin S_i\end{cases}\tag{2-1-33}$$

则称 $\boldsymbol{S}$ 为割集矩阵，基本割集 $(S_1,S_2,\cdots,S_{m-1})$ 对应的割集矩阵称为基本割集矩阵 $\boldsymbol{S}_f$。

当割集矩阵 $\boldsymbol{S}$ 与回路矩阵 $\boldsymbol{C}$ 分支次序一致时，$\boldsymbol{CS}^{\mathrm{T}}=0$（或 $\boldsymbol{SC}^{\mathrm{T}}=0$），割集矩阵 $\boldsymbol{S}$ 的秩 $\mathrm{rank}(\boldsymbol{S})=m-1$。

(5) 矩阵间关系。

T 是有向流体网络图 G 的一棵树，基本关联矩阵 $\boldsymbol{B}$，基本回路矩阵 $\boldsymbol{C}$，基本割集矩阵 $\boldsymbol{S}$ 的列以先余支后树支的原则按相同分支次序排列，即

$$\left.\begin{aligned}&\boldsymbol{B}=(\boldsymbol{B}_{\mathrm{L}},\boldsymbol{B}_{\mathrm{T}})\\&\boldsymbol{C}=(\boldsymbol{C}_{\mathrm{L}},\boldsymbol{C}_{\mathrm{T}})=(\boldsymbol{I},\boldsymbol{C}_{\mathrm{T}})\\&\boldsymbol{S}=(\boldsymbol{S}_{\mathrm{L}},\boldsymbol{S}_{\mathrm{T}})=(\boldsymbol{S}_{\mathrm{L}},\boldsymbol{I})\end{aligned}\right\}\tag{2-1-34}$$

则

$$\left.\begin{aligned}&\boldsymbol{BC}^{\mathrm{T}}=\boldsymbol{CB}^{\mathrm{T}}\\&\boldsymbol{CS}^{\mathrm{T}}=\boldsymbol{SC}^{\mathrm{T}}\\&\boldsymbol{S}_{\mathrm{L}}=-\boldsymbol{C}_{\mathrm{T}}^{\mathrm{T}}\\&\boldsymbol{C}_{\mathrm{T}}=-\boldsymbol{B}_{\mathrm{L}}^{\mathrm{T}}\ (\boldsymbol{B}_{\mathrm{T}}^{-1})^{\mathrm{T}}\\&\boldsymbol{C}=\boldsymbol{I}-\boldsymbol{B}_{\mathrm{L}}^{\mathrm{T}}\ (\boldsymbol{B}_{\mathrm{T}}^{-1})^{\mathrm{T}}\\&\boldsymbol{S}=(\boldsymbol{B}_{\mathrm{T}}^{-1}\boldsymbol{B}_{\mathrm{L}},\boldsymbol{I})=(-\boldsymbol{C}_{\mathrm{T}}^{\mathrm{T}},\boldsymbol{I})\end{aligned}\right\}\tag{2-1-35}$$

式中：$\boldsymbol{B}_{\mathrm{T}}^{-1}$—— 对 $\boldsymbol{B}_{\mathrm{T}}$ 求逆矩阵；

$\boldsymbol{I}$—— 单位矩阵。

【例 2-2】 计算图 2-1-11 的基本回路矩阵和基本割集矩阵。

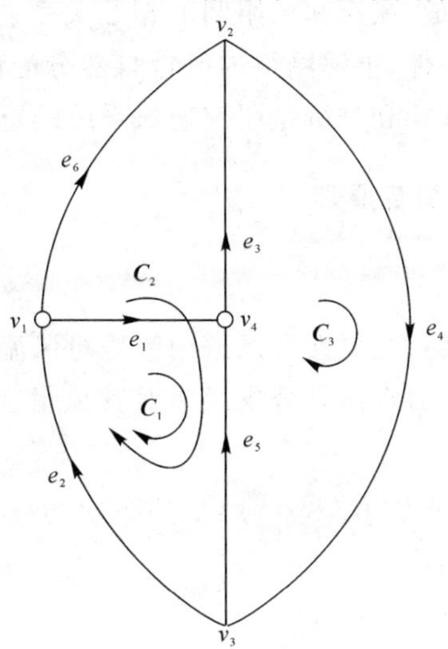

图 2-1-11　流体网络及其基本回路示意图

【解】

令 $E_{\mathrm{T}}=\{e_2, e_5, e_3\}$，$E_L=\{e_1, e_5, e_4\}$，取 v_4 节点基本关联矩阵，则

$$\boldsymbol{B}=(\boldsymbol{B}_{\mathrm{L}},\boldsymbol{B}_{\mathrm{T}})=\begin{array}{c} \begin{matrix} e_1 & e_6 & e_4 & & e_2 & e_5 & e_3 \end{matrix} \\ \begin{pmatrix} 1 & 1 & 0 & \cdots & -1 & 0 & 0 \\ 0 & -1 & 1 & \cdots & 0 & 0 & 1 \\ 0 & 0 & -1 & \cdots & 1 & 1 & 0 \end{pmatrix} \begin{matrix} v_1 \\ v_2 \\ v_3 \end{matrix} \end{array}$$

$$|\boldsymbol{B}_{\mathrm{T}}|=\begin{vmatrix} -1 & 0 & 0 \\ 0 & 0 & 1 \\ 1 & 1 & 0 \end{vmatrix}=-1;\quad \boldsymbol{B}_{\mathrm{T}}^{-1}=\frac{1}{|\boldsymbol{B}_{\mathrm{T}}|}\boldsymbol{B}_{\mathrm{T}}^{*}=\begin{pmatrix} -1 & 0 & 0 \\ 1 & 0 & 1 \\ 0 & 1 & 1 \end{pmatrix}$$

$$-\boldsymbol{B}_{\mathrm{L}}^{\mathrm{T}}(\boldsymbol{B}_{\mathrm{T}}^{-1})^{\mathrm{T}}=-\begin{pmatrix} 1 & 0 & 0 \\ 1 & -1 & 0 \\ 0 & 1 & 1 \end{pmatrix}\begin{pmatrix} -1 & 1 & 0 \\ 0 & 0 & 1 \\ 0 & 1 & 1 \end{pmatrix}=\begin{pmatrix} 1 & -1 & 0 \\ 1 & -1 & 0 \\ 0 & 1 & -1 \end{pmatrix}$$

$$\boldsymbol{C}=(\boldsymbol{I},-\boldsymbol{B}_{\mathrm{L}}^{\mathrm{T}}(\boldsymbol{B}_{\mathrm{T}}^{-1})^{\mathrm{T}})=\begin{array}{c} \begin{matrix} e_1 & e_6 & e_4 & & e_2 & e_5 & e_3 \end{matrix} \\ \begin{pmatrix} 1 & 0 & 0 & \cdots & 1 & -1 & 0 \\ 0 & 1 & 0 & \cdots & 1 & -1 & 1 \\ 0 & 0 & 1 & \cdots & 0 & 1 & -1 \end{pmatrix} \begin{matrix} \boldsymbol{C}_1 \\ \boldsymbol{C}_2 \\ \boldsymbol{C}_3 \end{matrix} \end{array}$$

3 条基本回路的基本割集矩阵为

$$\boldsymbol{S}=(-\boldsymbol{C}_{\mathrm{T}}^{\mathrm{T}},\boldsymbol{I})=\begin{array}{c} \begin{matrix} e_1 & e_6 & e_4 & & e_2 & e_5 & e_3 \end{matrix} \\ \begin{pmatrix} -1 & -1 & 0 & \cdots & 1 & 0 & 0 \\ 1 & 1 & -1 & \cdots & 0 & 1 & 0 \\ 0 & -1 & 1 & \cdots & 0 & 0 & 1 \end{pmatrix} \begin{matrix} \boldsymbol{S}_1 \\ \boldsymbol{S}_2 \\ \boldsymbol{S}_3 \end{matrix} \end{array}$$

2.2　通风网络风流参数解算

风流在通风网络中流动时，遵守风量平衡定律、风压平衡定律和阻力定律，其反映通风网络中三个主要通风参数——风量、风压和风阻间的相互关系，是复杂通风网络解算的理论基础。以网络结构和分支风阻为条件，求解网络内风量自然分配的过程称为通风网络解算。将通风系统抽象成通风网络进行解算和分析是研究通风系统的重要手段之一。

2.2.1　通网网络风流参数解算原理

1. 通风阻力定律

空气沿风道流动时，风流黏滞性、惯性和风道内壁等对风流的阻滞和扰动作用形成的通风阻力是风流能量损失的原因。阻力定律是分支风阻对其风量和风压的约束，表明分支风量和风压呈非线性关系，即

$$h_j=R_jQ_j^2,\quad (j=1,2,\cdots,n) \tag{2-2-1}$$

式中：h_j——第 j 分支通风阻力，Pa；

R_j——第 j 分支风阻，$(\mathrm{N\cdot s^2})/\mathrm{m^8}$；

Q_j——第 j 分支风量，$\mathrm{m^3/s}$。

以图 2-2-1 矿井通风网络示意图为例，其中 1 ～ 6 分别表示通风网络中各个分支，①②③④ 表示通风网络中的节点。每条分支风量和通风阻力之间都有一个确定的关系，即

$$\left.\begin{aligned} h_1 &= R_1 \left| Q_1 \right| Q_1 \\ h_2 &= R_2 \left| Q_6 \right| Q_6 \\ &\cdots \\ h_6 &= R_6 \left| Q_6 \right| Q_6 \end{aligned}\right\} \tag{2-2-2}$$

为了辨别风流流动方向，当 j 分支风流方向与规定的分支方向相同时，Q_j 和 h_j 为正；当 j 分支风流方向与规定的分支方向相反时，Q_j 和 h_j 为负。因此，式(2-2-2) 中将风量的二次方表示为风量绝对值与风量的乘积，保正风流方向与通风阻力方向一致。对于一个具有 n 条分支的通风网络，每条分支的风量和通风阻力之间都有一个确定的关系，即

$$h_j = R_j \left| Q_j \right| Q_j, \quad (j = 1, 2, \cdots, n) \tag{2-2-3}$$

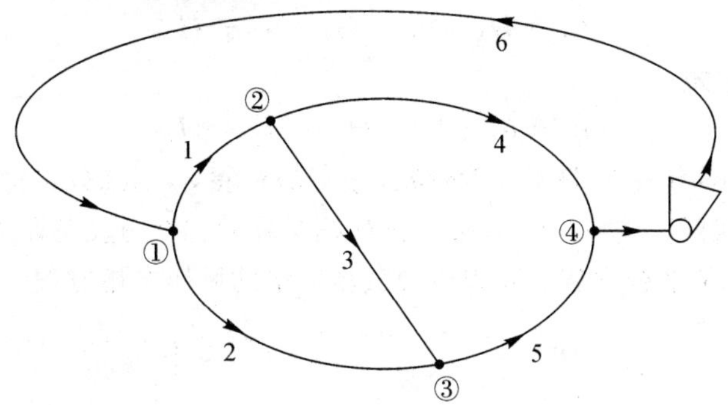

图 2-2-1　矿井通风网络示意图

2. 节点风量平衡定律

风量平衡定律又称质量守恒定律或 Kirchhoff's 第一定律，表明在稳定流动过程中，流入一个节点的风量等于流出该节点的风量。风流在流动过程中温度、湿度和压力不断变化。一条分支始末两点的空气密度不同，体积流量也必然产生变化。根据风量平衡定律，由图 2-2-1 所示 4 个节点可得

$$\left.\begin{aligned} Q_6 &= Q_1 + Q_2 \\ Q_1 &= Q_3 + Q_4 \\ Q_5 &= Q_3 + Q_2 \\ Q_6 &= Q_4 + Q_5 \end{aligned}\right\} \tag{2-2-4}$$

在式(2-2-4) 中，将前 3 个方程求和可得第 4 个方程，即对于有 4 个节点的网络，其独立风量平衡方程有 3 个。同理，对于一个具有 n 条分支、m 个节点的通风网络，则有 $m-1$ 个风量平衡方程。

3. 风压平衡定律

(1) 回路风压平衡方程。

1) 无压源回路。

$$\sum h_i = 0 \tag{2-2-5}$$

式中：h_i—— 第 i 分支通风阻力，Pa。

2) 有压源回路。

$$\sum h_i = H_1 \pm H_N \qquad (2-2-6)$$

式中：H_1—— 机械风压，Pa；

H_N—— 自然风压，Pa。

通风网络中各个节点的压力是唯一的。每一分支始、末节点之间的压力差等于该分支的通风阻力和通风动力之差。通风动力包括机械风压和自然风压两种。机械风压指通风机提供给风流的动力，其大小取决于通风机特性曲线和风量。风压平衡定律指，当几条分支构成一个回路时，沿回路方向各分支阻力的代数和等于其动力代数和。

以图 2-2-1 为例，从节点 ① 到节点 ③ 有 2 条直接的通路，一是分支 2，二是分支 1 和分支 3。由于节点 ① 和节点 ③ 压力的唯一性，两条通路的压力降应相等，即

$$h_2 - H_2 = h_1 - H_1 + h_3 - H_3 \qquad (2-2-7)$$

式(2-2-7) 也可表示为

$$h_1 - h_2 + h_3 = H_1 - H_2 + H_3 \qquad (2-2-8)$$

如图 2-2-2 所示，分支 1、分支 2 为树枝，分支 3 为余支，三条分支构成一个基本回路，其方向与余支 3 的方向相同。式(2-2-8) 表示该回路关联的三个分支的阻力代数和与动力代数和相等，即该回路的风压平衡方程。同理可得其他回路的风压平衡方程。

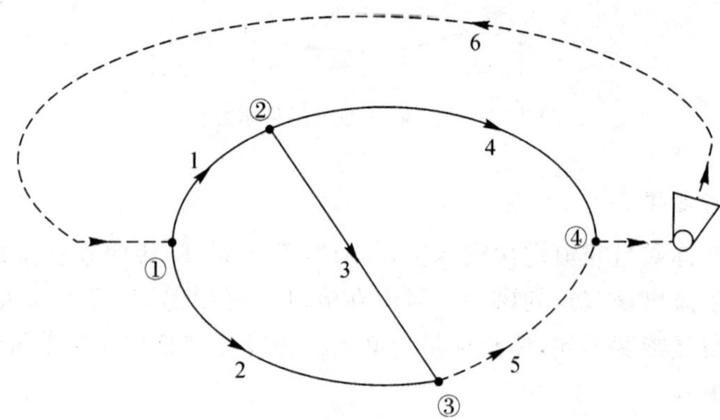

图 2-2-2　网络图的一棵支撑树

(2) 分支自然风压计算。

在通风网络解算中，自然风压作为已知量需要输入计算机有两种方法：输入基本回路自然风压和输入各分支位压差。输入基本回路的自然风压方法需要大量人工计算，且对某些通风网络解算方法不通用。本部分重点讨论输入各分支位压差的方法。

如图 2-2-3 所示，在某一通风网络子图中，各节点在通风网络图中可能关联其他分支，但 1 ～ 4 四条分支构成通风网络图的一个回路，图中带箭头的弧线表示该回路的方向。

由能量方程得

$$h_j = p_i - p_k + \rho_j (Z_i - Z_k) g \qquad (2-2-9)$$

式中：p_i——i 节点绝对全压，Pa，i 指 j 分支始节点编号；

p_k——k 节点绝对全压，Pa，k 指 j 分支末节点编号；

ρ_j——j 分支空气密度,kg/m³;

Z_i——i 节点标高,m;

Z_k——k 节点标高,m。

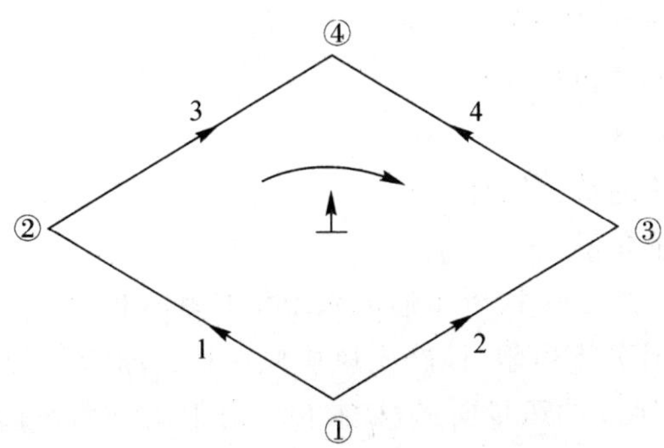

图 2-2-3　自然风压分析示意图

图 2-2-3 中各分支能量方程为

$$\left.\begin{aligned}h_1&=p_1-p_2+\rho_1(Z_1-Z_2)g\\h_2&=p_1-p_3+\rho_2(Z_1-Z_3)g\\h_3&=p_2-p_4+\rho_3(Z_2-Z_4)g\\h_4&=p_3-p_4+\rho_4(Z_3-Z_4)g\end{aligned}\right\}\tag{2-2-10}$$

利用式(2-2-10)计算得到沿回路方向分支通风阻力的代数和为

$$h_1-h_2+h_3-h_4=\rho_1(Z_1-Z_2)g-\rho_2(Z_1-Z_3)g+\rho_3(Z_2-Z_4)g-\rho_4(Z_3-Z_4)g\tag{2-2-11}$$

该回路各分支机械风压为零,则由式(2-2-6)可得

$$\begin{aligned}H_{\mathrm{N}}&=h_1-h_2+h_3-h_4=\\&\rho_1(Z_1-Z_2)g-\rho_2(Z_1-Z_3)g+\rho_3(Z_2-Z_4)g-\rho_4(Z_3-Z_4)g\end{aligned}\tag{2-2-12}$$

由式(2-2-12)可知,在计算回路自然风压时,定义每个分支位压差为该分支自然风压,即把分支自然风压和位压差视为同一概念。分支自然风压为

$$H_{\mathrm{N}j}=\rho_j(Z_i-Z_k)g\tag{2-2-13}$$

式中:$H_{\mathrm{N}j}$——j 分支自然风压,Pa。

假设地表大气空气密度为 ρ_0,则分支自然风压为

$$H_{\mathrm{N}j}=(\rho_j-\rho_0)(Z_i-Z_k)g\tag{2-2-14}$$

当分支与地表大气虚拟分支构成一个回路时,分支自然风压就是回路自然风压;当分支空气密度等于地面大气密度时,分支自然风压等于零;地表大气虚拟分支的自然风压水远为零。分支自然风压等于分支与一个假想分支构成的同路自然风压,该假想分支中空气密度等于地表大气空气密度。

2.2.2　通风网络自然分风解算

1. 自然分风模型

对于一个 b 条分支、n 个节点的通风网络,有 $m=b-n+1$ 个基本回路。由节点风量平衡

定律、回路风压平衡定律和阻力定律可建立不可压缩流体的通风网络基本方程组，即

$$\boldsymbol{CR}_{\text{diag}}\ |\boldsymbol{C}^{\text{T}}\boldsymbol{Q}_{\text{y}}|_{\text{diag}}\boldsymbol{C}^{\text{T}}\boldsymbol{Q}_{\text{y}}-\boldsymbol{CH}_{\text{F}}-\boldsymbol{CH}_{\text{N}}=0 \tag{2-2-15}$$

$$\boldsymbol{Q}=\boldsymbol{C}^{\text{T}}\boldsymbol{Q}_{\text{y}} \tag{2-2-16}$$

式中：$\boldsymbol{R}$—— 分支风阻列向量，$\boldsymbol{R}=(R_1\quad R_2\quad \cdots\quad R_b)^{\text{T}}$；

diag—— 由向量构成的对角矩阵；

$\boldsymbol{C}$—— 独立回路矩阵，$\boldsymbol{C}=(c_{ij})_{m\times n}$；

$\boldsymbol{C}^{\text{T}}$—— 独立回路矩阵的转置矩阵；

$\boldsymbol{Q}_{\text{y}}$—— 独立回路风量向量，$\boldsymbol{Q}_{\text{y}}=(q_{y1}\quad \cdots\quad q_{ym})$。

式(2-2-15)和式(2-2-16)构成了通风系统仿真基本模型。对于给定的通风网络，其独立回路矩阵 $\boldsymbol{C}$ 已知，若所有分支风阻、回路中风机风压特性曲线和自然风压已知，则式(2-2-16)中只有独立分支(余树弦)的风量向量 $\boldsymbol{Q}_{\text{y}}$ 未知。由于式(2-2-15)中方程个数与独立回路数相同，均为 $b=n-m+1$ 个，因此该方程必有定解。独立回路风量计算完成后，由式(2-2-16)计算所有分支风量。这种以确定通风网络结构和分支风阻求解通风网络中风量自然分配的过程为通风系统仿真模拟，又称自然分风解算。

2. 模型求解方法

下式为非线性方程组，只能采取线性化后用迭代法进行求解。令

$$\boldsymbol{F}(\boldsymbol{Q}_{\text{y}})=\boldsymbol{CR}_{\text{diag}}\ |\boldsymbol{C}^{\text{T}}\boldsymbol{Q}_{\text{y}}|_{\text{diag}}\boldsymbol{C}^{\text{T}}\boldsymbol{Q}_{\text{y}}-\boldsymbol{C}H_{\text{F}}-\boldsymbol{CH}_{\text{N}}=0 \tag{2-2-17}$$

设第 k 次迭代后风量近似值为 $Q_{\text{y}}^{(k)}$，将式(2-2-17)用泰勒级数展开，并忽略二阶及其以上微分项得线性方程，即

$$F(Q_{\text{y}}^{(k+1)})=F(Q_{\text{y}}^{(k)})+\left.\frac{\partial F}{\partial \boldsymbol{Q}_{\text{y}}}\right|_{Q_{\text{y}}=Q_{\text{y}}^{(k)}}\Delta Q_{\text{y}}^{(k)}=0 \tag{2-2-18}$$

故

$$\Delta Q_{\text{y}}^{(k)}=-\left(\frac{\partial F}{\partial \boldsymbol{Q}_{\text{y}}}\right)^{-1}_{Q_{\text{y}}=Q_{\text{y}}^{(k)}}F(Q_{\text{y}}^{(k)}) \tag{2-2-19}$$

式中：$\Delta Q_{\text{y}}^{(k)}$—— 第 k 次迭代的独立分支风量修正值；

$\boldsymbol{F}(Q_{\text{y}}^{(k)})$—— 第 k 次迭代的回路风压平衡方程左端项的函数值；

$\left(\frac{\partial F}{\partial \boldsymbol{Q}_{\text{y}}}\right)^{-1}_{Q_{\text{y}}=Q_{\text{y}}^{(k)}}$—— 函数 F 在第 k 次迭代时对独立分支风量求偏导数所得 Jacobian 矩阵的逆矩阵。

由于函数 $\boldsymbol{F}=(f_1\quad f_2\quad \cdots\quad f_b)^{\text{T}}$ 中分支压降和风机风压、风量有关，而分支位压差与其空气平均密度和标高差有关，一般情况下认为与风量无关，则函数 $\boldsymbol{F}$ 的 Jacobian 矩阵为

$$\frac{\partial \boldsymbol{F}}{\partial \boldsymbol{Q}_{\text{y}}}=\begin{bmatrix}\frac{\partial f_1}{\partial q_{\text{y1}}} & \frac{\partial f_1}{\partial q_{\text{y2}}} & \cdots & \frac{\partial f_1}{\partial q_{\text{yb}}}\\ \frac{\partial f_2}{\partial q_{\text{y1}}} & \frac{\partial f_2}{\partial q_{\text{y2}}} & \cdots & \frac{\partial f_2}{\partial q_{\text{yb}}}\\ \cdots & \cdots & \cdots & \cdots\\ \frac{\partial f_b}{\partial q_{\text{y1}}} & \frac{\partial f_b}{\partial q_{\text{y2}}} & \cdots & \frac{\partial f_b}{\partial q_{\text{yb}}}\end{bmatrix}=2\boldsymbol{CR}_{\text{diag}}\ |\boldsymbol{C}^{\text{T}}\boldsymbol{Q}_{\text{y}}|_{\text{diag}}\boldsymbol{C}^{\text{T}}-\boldsymbol{C}\frac{\partial \boldsymbol{H}_{\text{F}}}{\partial \boldsymbol{Q}_{\text{y}}} \tag{2-2-20}$$

式中：$\frac{\partial \boldsymbol{H}_{\text{F}}}{\partial \boldsymbol{Q}_{\text{y}}}$—— 风机风压对独立分支风量的偏导数。

当每个回路中只有 1 台风机工作且安置在独立分支上时，该回路中风机风压只与其独立分支风量有关，即该偏导数项可简化为导数项。

第 $k+1$ 次迭代后的风量为

$$Q_y^{(k+1)} = Q_y^{(k)} + \Delta Q_y^{(k)} \tag{2-2-21}$$

式(2－2－20) 和式(2－2－21) 为 Newton 法解算通风网络迭代计算式。

对于一个复杂通风网络，当含有较多独立回路时，通风网络对应的 Jacobian 矩阵就是一个大型稀疏矩阵，对其求逆矩阵计算量大且复杂。若构造一个 Jacobian 矩阵，主对角线占突出优势，若 $\dfrac{\partial f_i}{\partial q_{yi}} \gg \sum\limits_{b} \dfrac{\partial f_i}{\partial q_{yj}}, i=1,2,\cdots,m$，则 Jacobian 矩阵的非主对角线元素可略去，式(2－2－21) 可简化为分量形式，即

$$\Delta q_{yi}^{(k)} = -\frac{f_i(Q_y^{(k)})}{\left.\dfrac{\partial f_i}{\partial q_{yi}}\right|_{q_{yi}=q_{yi}^{(k)}}}, \quad i=1,2,\cdots,m \tag{2-2-22}$$

式(2－2－22)为 H. Cross 近似算法的迭代计算公式，Scott－Hinsley 法也用此式。式(2－2－22)中 Jacobian 矩阵主对角线元素与分支的风量值成正比，故应以分支风量值为权找出最小生成树，并选择相应最优独立回路，由此建立独立回路风压平衡方程式，在反复迭代过程中，分支风量 $q^{(k)}$ 将发生变化，迭代若干步后应以分支变化的风量值为权，再重新选择最优独立回路。此策略可使 Scott－Hinsley 法收敛速度与 Newton 法相当，而迭代算法复杂度降低。

2.2.3　通风系统按需分风调节

1. 分支风压调节

假设在通风网络每条分支中增加一个待求风压调节量 h_{ci}，构成分支风压调节列向量 $\boldsymbol{H}_c = (h_{c1} \quad h_{c2} \quad \cdots \quad h_{cb})^{\mathrm{T}}$，则式(2－2－15) 可改写为

$$\boldsymbol{CR}_{\text{diag}} \mid \boldsymbol{C}^{\mathrm{T}}\boldsymbol{Q}_y \mid_{\text{diag}} \boldsymbol{C}^{\mathrm{T}}\boldsymbol{Q}_y + \boldsymbol{CH}_c - \boldsymbol{CH}_F - \boldsymbol{CH}_N = 0 \tag{2-2-23}$$

若通风网络中所有独立分支风量都可由用风地点需风量确定，则式(2－2－23) 为非线性方程组，只有调节量 $\boldsymbol{H}_c$ 待求。由于调节量未知数有 b 个，而方程数有 $m=(b-n+1)$ 个，即 $b>m$，因此，式(2－2－23) 为非定解问题。解决该问题的方法有 2 种：一是在模型中增加一个目标函数，并附加一定风量调节约束条件，将其转化为非线性优化问题进行求解；二是人为选择合理调节点，如只将风量已知独立分支作为调节分支，而其他分支均不设调节，使待求分支风量和风压调节个数等于方程个数$(b-n+1)$，将其简化为定解问题。当风量已知时，求解各分支风压调节量的过程为风量调节计算。

2. 调节点选择

在通风系统快速动态模拟要求下，可采用人为选择调节点的方法使通风系统调节模型变为有定解问题。如何选择调节点才能保证调节问题有可行定解是必须研究的首要问题。

在通风网络中，将风机安装地点和用风地点作为定流的余树分支，其风量设为所需风量，再选择通风网络图中其余未定流的余树分支及对应的一棵生成树，形成独立回路。如果只在定流独立分支(余树弦) 上设调节，而其他分支均不设调节，则通风网络风量调节模型为

$$\boldsymbol{CR}_{\text{diag}} \mid \boldsymbol{C}^{\mathrm{T}}\boldsymbol{Q}_y \mid_{\text{diag}} \boldsymbol{C}^{\mathrm{T}}\boldsymbol{Q}_y + \boldsymbol{H}_{yc} - \boldsymbol{H}_{yF} - \boldsymbol{CH}_N = 0 \tag{2-2-24}$$

式中：$\boldsymbol{H}_{yc}$—— 回路中余树弦上风压调节向量，$\boldsymbol{H}_{yc} = (h_{yc1} \quad h_{yc2} \quad \cdots \quad h_{ycb})^{\mathrm{T}}$；

$\boldsymbol{H}_{yF}$—— 回路中余树弦上风机风压向量，$\boldsymbol{H}_{yF}=(h_{yF1} \quad h_{yF2} \quad \cdots \quad h_{yFb})^{T}$。

式(2-2-24)是对全通风网络实施增压调节的方式。假设在每一条独立分支中安设一个调节设施可实现对通风网络风量的完全控制。通风网络中独立调节点数量最多为 b 个。若通风网络仅靠自然分风就能满足全部风量要求，则通风网络内部不需要调节，但至少要有 1 台主要通风机提供通风动力，而通风机可视为一个增压调节设施，因此，通风网络最少调节点数量为 1。

在通风网络中，为减少调节点数，通常不调节除去定流余树分支的通风网络，任其自然分风。若该自然分风子网络包含 k 个独立回路，则通风网络中独立调节点数为 $S=b-n-k+1$，且 S 个调节点包含在所选余树中。一个通风网络可存在许多互异的生成树及与其对应的余树，如果选择的余树不同，则 S 个调节点位置不同，因此可组成不同调节方案。

选择调节点位置总原则是安全可靠、技术可行和经济合理，如在矿井通风网络中选择调节点位置的具体方法为：

1）在有煤与瓦斯突出危险的采掘工作面回风巷道中设置增阻型调节设施，以免发生瓦斯突出、爆炸事故时被摧毁或不利于快速卸压，造成通风网络中局部或全部性风流失控、紊乱。

2）尽量避免在矿井总进风巷道和各类运输频繁井巷中进行调节。当无法避免时，应考虑正常运输、行人等要求，合理选择调节点位置，并设计适用的调节设施，如增阻型调节风窗、空气幕，或增压型辅助通风机等。

3）在矿井总回风巷道或倾斜、垂直井巷中，不宜安装增阻型调节设施。

4）在有自然发火危险的采空区或封闭火区附近布置调节设施时，要充分考虑有利于区域的均压防灭火措施。

5）在采区内服务年限短的巷道中，不宜采用工程量大的减阻调节措施。

3. 调节方法

在用风地点按需分风要求下，通过对通风网络中自然分风子网络所含回路进行迭代计算，得通风网络所有分支风量。对于定流余树分支，利用其所在回路风压平衡方程式[见 2.2.4 节式(2-2-27)]，考虑定流余树分支与风机余树分支不在同一回路中，其风压调节值为

$$\boldsymbol{H}_{yc}=\boldsymbol{C}\boldsymbol{H}_{N}-\boldsymbol{C}R_{diag}\mid \boldsymbol{C}^{T}\boldsymbol{Q}_{y}\mid_{diag}\boldsymbol{C}^{T}\boldsymbol{Q}_{y} \tag{2-2-25}$$

当 $\boldsymbol{H}_{yc}=(h_{yc1} \quad h_{yc2} \quad \cdots \quad h_{ycb})^{T}$ 中 $h_{yci}>0$ 时，表示分支 i 需增阻调节；当 $h_{yci}\approx 0$ 时，不需调节；当 $h_{yci}<0$ 时，需减阻或增压调节。根据式(2-2-25)可对通风网络风量分配采取增阻、减阻和增压 3 种调节方法。对于风机余树弦，由于其所在回路参与迭代计算，可通过调节风机叶轮安装角或风机转速改变其风压特性曲线方程，在满足总需风量前提下，实现对主要通风机工况的优化调节，达到通风安全可靠和节能的目的。

2.2.4 通网网络风流参数模型求解方法

1. 回路风量法

回路风量法以风流流动的基本规律为出发点，由通风阻力定律、风量平衡定律和风压平衡定律来建立方程组，其特点是以一组基本回路风量为基本未知数，建立方程组并求解回路风量，再由回路风量计算分支的风量、通风阻力等未知量。

$$h_{j}=R_{j}Q_{j}^{2}\operatorname{sign}Q_{j}, \quad j=1,2,\cdots,n \tag{2-2-26}$$

$$Q_j = \sum_{s=1}^{b} C_{sj} q_{ys}, \quad j=1,2,\cdots,n \tag{2-2-27}$$

$$\sum_{j=1}^{n} C_{ij} h_j = \sum_{j=1}^{n} \boldsymbol{C}_{ij} (H_{Fj} + H_{Nj}), \quad i=1,2,\cdots,b \tag{2-2-28}$$

式中：H_{Fj}—— 通风机风压，风机所在分支风量函数，即 $H_{Fj}=f(Q_j)$；

H_{Nj}—— 自然风压，其中 $j=q_{y1},q_{y2},\cdots,q_y$，为余树弦风量。

当分支风阻与风机风压已知时，联立式(2-2-26) ～ 式(2-2-28)，则方程组有$(2n+6)$个未知量。$q_j,h_j(j=1,2,\cdots,n),q_{yi}(i=1,2,\cdots,b)$，与方程个数相同，因此有定解。但是方程组未知数过多，且非线性，直接求解难度大，需要进行简化。

将式(2-2-26) 代入式(2-2-28) 得

$$\sum_{j=1}^{n} C_{ij} R_j Q_j^2 \operatorname{sign} Q_j = \sum_{j=1}^{n} C_{ij} (H_{Fj} + H_{Nj}), \quad i=1,2,\cdots,b \tag{2-2-29}$$

将式(2-2-27) 代入式(2-2-29) 得

$$\sum_{j=1}^{n} C_{ij} R_j \left| \sum_{s=1}^{b} C_{sj} q_{ys} \right| \cdot \left(\sum_{s=1}^{b} C_{sj} q_{ys} \right) = \sum_{j=1}^{n} C_{ij} (H_{Fj} + H_{Nj}), \quad i=1,2,\cdots,b \tag{2-2-30}$$

式(2-2-30) 包括 b 个独立方程，且未知量 $q_{ys}(s=1,2,\cdots,b)$ 的个数也为 b 个，因此，所示方程组有定解，即利用 b 元方程组可求得回路风量 $Q_y(q_{y1},q_{y2},\cdots,q_{yb})$。求得回路风量 Q_y 后，将其代入式(2-2-27) 便可求出分支风量 $Q_j(j=1,2,\cdots,n)$，再将 Q_j 代入式(2-2-26) 又可求得分支通风阻力 $h_j(j=1,2,\cdots,n)$。

常用以下几种方法求解式(2-2-30)。

(1)Scott - Hinsley 法。

Scott - Hinsley 法求解以图论为基础，以风流运动的基本定律为依据，利用 Gauss - Seidel 迭代法逐次求解回路修改正风量，直到获得一组接近方程真实解的渐进风量。将方程组按泰勒级数展开，舍去二阶及二阶以上的高阶量，简化后得回路第 k 次迭代之后各回路的风量校正值为

$$\Delta Q_i^k = \frac{f_i^k}{\dfrac{\partial f_i}{\partial Q}}, \quad i=1,2,\cdots,m \tag{2-2-31}$$

$$\frac{\partial f_i}{\partial Q_i} = 2\sum_{j=1}^{n} |R_j Q_j| - \frac{\partial F_i(Q_i)}{\partial Q_i} \tag{2-2-32}$$

式中：$F_i(Q_i)$—— 回路中的通风动力，Pa；

f_i^k—— 第 k 次迭代后沿第 i 回路的阻力或风压的代数和。

按式(2-2-31) 分别求出各回路的风量修正值 ΔQ_i，由此对各回路中的分支风量进行反复修正，达到预定的精度时，计算结束。具体解算流程如图 2-2-4 所示。

(2)Newton - Raphson 法。

Newton - Raphson 法是一种采用一阶导数逼近真值的斜量迭代法，其计算受迭代初值影响较大，计算原理为

$$f_i(q_{y1},q_{y2},\cdots,q_{yb}) = \sum_{j=1}^{n} C_{ij} (r_j q_j^2 - H_{Fj} - H_{Nj}) = 0 \tag{2-2-33}$$

$$f_i(q_{y1}^{k+1},q_{y2}^{k+1},q_{y3}^{k+1},\cdots,q_{yb}^{k+1}) = f_i(q_{y1}^{k},q_{y2}^{k},q_{y3}^{k},\cdots,q_{yb}^{k}) + \frac{\partial f_i}{\partial q_{y1}}\Delta q_{y1}^{k} + \frac{\partial f_i}{\partial q_{y2}}\Delta q_{y2}^{k} + \cdots + \frac{\partial f_i}{\partial q_{yb}}\Delta q_{yb}^{k} = 0 \tag{2-2-34}$$

$$\boldsymbol{Q}_{y}^{k} = (q_{y1}^{k} \quad q_{y2}^{k} \quad \cdots \quad q_{yb}^{k})^{\mathrm{T}} \tag{2-2-35}$$

解得独立回路第 k 次风量修正值 Δq_{y}^{k} 后，则其 $k+1$ 次余树弦（独立回路）风量近似值为

$$q_{y}^{k+1} = q_{y}^{k} + \Delta q_{y}^{k}, \quad i=1,2,\cdots b \tag{2-2-36}$$

经反复迭代计算，求出各独立回路风量修正值，满足 $\max|\Delta q_{yi}| < \varepsilon \quad (i=1,2,\cdots,b)$ 时迭代计算结束，此时求得各独立回路风量并代入风量平衡方程即可得通风网络各分支风量。

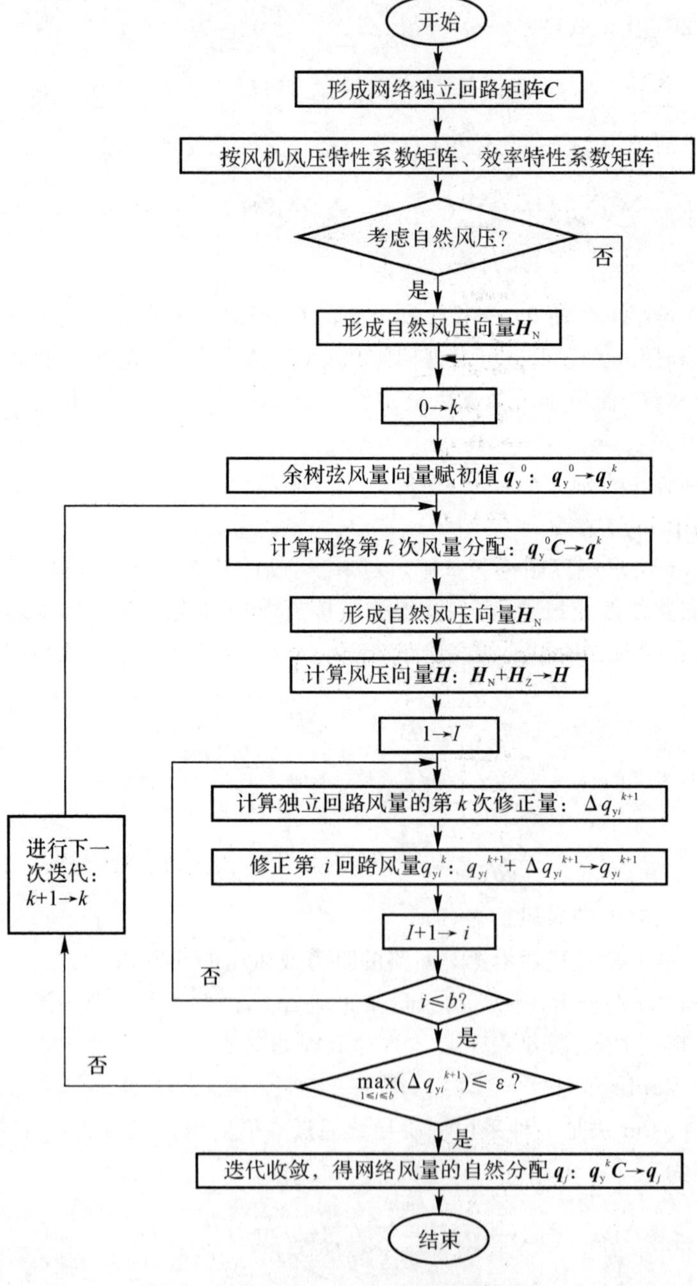

图 2-2-4 Scott-Hinsley 法解算流程

(3) 平松法。

平松法也称京大二式法，由日本京都大学教授平松良雄提出，主要步骤为：

1) 绘制通风网络图，确定风流方向。

2) 输入通风网络结构及各分支参数。

3) 计算独立回路数，确定独立回路组成。

4) 以余树弦风量作为未知量，将树枝风量用余树弦风量表示。

5) 列通风网络独立回路风压方程组。

6) 计算初始风量。

7) 查看迭代计算是否满足精度值。若所有分支满足，停止迭代；任一分支不满足则继续迭代。

2. 节点风压法

以通风网络中某一节点为参考点，则通风网络中其余各节点与参考点的风压差为该节点的节点风压。节点风压法是一种以节点风压为未知数，先求解各节点风压，再求各分支风量的方法，以节点参数为计算对象，以节点风量平衡定律为基本方程，以节点风压作为独立变量的通风网络解算方法。以线性迭代法为例，其解算步骤为：

1) 绘制通风网络图，沿风向将节点从小到大编号，相邻节点给予相邻编号。

2) 假定风压参考节点，令其风压为零，通常以出风井口为参考点。

3) 计算节点风导矩阵中各元素，即

$$C_{ij}=\frac{1}{R_{ij}Q_{ij}} \tag{2-2-37}$$

式中：C_{ij}—— 纯风阻分支始末节点 i 和 j 之间的风导，$m^5/(N \cdot s)$；

Q_{ij}—— 无动力分支风量，m^3/s。

首次计算时 $Q_{ij}=1$，以后取各次近似值代入。为加速计算过程，可取相邻两次近似风量的平均值代入。

4) 构造通风网络节点风压线性方程。

5) 利用风压线性方程求风压近似值，进而求出风量。

6) 迭代不断求新风量近似值，直到误差小于规定精度为止。

2.3　通风网络风量调节优化原理

在通风网络结构、分支风阻、主要通风机特性及自然风压等确定的条件下，通风网络各分支所流过的风量自然分配。但是，有些生产地点或用风地点应按需供风，需风量与自然分配风量往往不相同。因此，为保证生产地点所需风量，必须对通风网络风流进行有效调节与控制。

2.3.1　风量调节原理

1. 风量调节数学模型

通风网络风流控制指为了使通风网络内各分支风量满足按需供风要求所采取的综合调节措施。对于一个具有 n 条分支、m 个节点的通风网络图 G，其独立回路数 $b=n-m+l$。当风流

流过通风网络时，遵循回路风压平衡定律，即

$$\boldsymbol{C}(\boldsymbol{H}^{\mathrm{T}}-\boldsymbol{p}^{\mathrm{T}})=\boldsymbol{0} \tag{2-3-1}$$

若该通风网络按需供风，则各分支需风量为 $\boldsymbol{Q}_{\mathrm{w}}=(q_{\mathrm{w1}} \quad q_{\mathrm{w2}} \quad \cdots \quad q_{\mathrm{w}n})$，分支通风阻力行向量为 $\boldsymbol{H}_{\mathrm{w}}=(h_{\mathrm{w1}} \quad h_{\mathrm{w2}} \quad \cdots \quad h_{\mathrm{w}n})$。由于需风量与自然分风风量不一致，故

$$\boldsymbol{C}(\boldsymbol{H}_{\mathrm{w}}^{\mathrm{T}}-\boldsymbol{p}^{\mathrm{T}})\neq\boldsymbol{0} \tag{2-3-2}$$

若不采取一定措施，则各回路风压不平衡，无法实现按需供风。为保证按需供风，必须使各回路风压平衡，在回路中增加一项阻力增量 ΔH，即

$$\Delta\boldsymbol{H}=\boldsymbol{C}(\boldsymbol{H}_{\mathrm{w}}^{\mathrm{T}}-\boldsymbol{p}^{\mathrm{T}}) \tag{2-3-3}$$

式中：$\Delta\boldsymbol{H}$—— 各回路阻力调节量，$\Delta\boldsymbol{H}=(\Delta h_1 \quad \Delta h_2 \quad \cdots \quad \Delta h_b)$。

由式(2-3-3)得通风网络风流调节基本数学模型为

$$\boldsymbol{C}(\boldsymbol{H}_{\mathrm{w}}^{\mathrm{T}}-\boldsymbol{p}^{\mathrm{T}})-\Delta\boldsymbol{H}=\boldsymbol{0} \tag{2-3-4}$$

在每一个独立回路内，为满足按需供风要求，必须在该回路内增加一个阻力增量 Δh_i，才能使独立回路风压保持平衡。

2. 增阻调节法

增阻调节法实质是以并联通风网络中阻力较大的分支阻力值为依据，在阻力较小分支中增加一项局部阻力，使并联各分支阻力达到平衡，以保证风量按需供应。其主要措施是在调节支路回风侧设置调节风窗、临时风帘和风幕等调节装置。其中，调节风窗由于调节风量范围大，制造和安装都较简单，在生产中使用最多。

以图2-3-1的某采区采煤工作面通风网络图为例，已知两风路风阻值 $R_1=0.8\ (\mathrm{N\cdot s^2})/\mathrm{m^8}$，$R_2=1.0(\mathrm{N\cdot s^2})/\mathrm{m^8}$。若总风量 $Q=12\ \mathrm{m^3/s}$，则该并联网路中自然分配风量分别为

$$Q_1=\frac{Q}{1+\sqrt{\frac{R_1}{R_2}}}=\frac{12}{1+\sqrt{\frac{0.8}{1.0}}}=6.3\ (\mathrm{m^3/s}) \tag{2-3-5}$$

$$Q_2=Q-Q_1=12-6.3=5.7\ (\mathrm{m^3/s}) \tag{2-3-6}$$

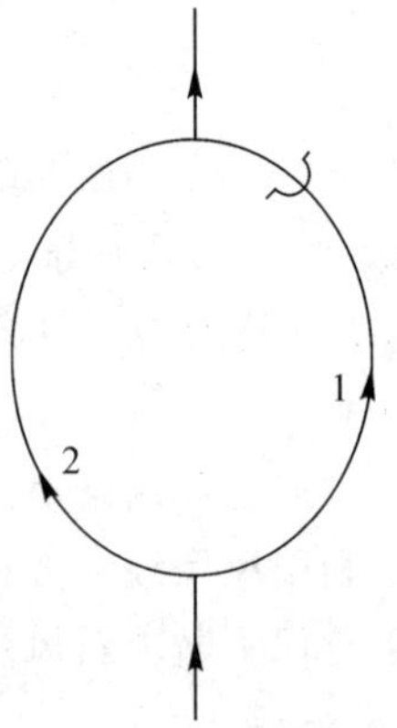

图2-3-1　并联通风网络

如按生产要求，1分支风量应为 $Q_1=4.0\ \mathrm{m^3/s}$，2分支风量应为 $Q_2=8.0\ \mathrm{m^3/s}$，显然自然分配风量不符合生产要求。按满足生产要求的风量计算，两分支阻力分别为

$$\left.\begin{aligned}h_1&=R_1Q_1^2=0.8\times4^2=12.8\ (\mathrm{Pa})\\h_2&=R_2Q_2^2=1.0\times8^2=64.0\ (\mathrm{Pa})\end{aligned}\right\} \tag{2-3-7}$$

风路2阻力大于风路1阻力，与并联网路两分支分压平衡规律不符。因此，必须进行调节。采用增阻调节法，即以 h_2 数值为并联通风网络总阻力，在1风路上增加一项局部阻力 $h_{窗}$，使两风路阻力相等，此时进入两风路的风量即为需要风量，即 $h_1+h_{窗}=h_2$。因此，图2-3-1需要增加的局部阻力为 $h_{窗}=64-12.8=51.2\ (\mathrm{Pa})$。

3. 降阻调节法

为保证风量按需分配，当两并联巷道阻力不相等时，以小阻力分支为依据，设法降低大阻力巷道风阻，使通风网络达到阻力平衡。如图2-3-2所示，两分支风路风阻分别为 R_1 和 R_2，

所需风量分别为 Q_1 和 Q_2，则两条风路产生阻力分别为

$$\left.\begin{aligned} h_1 &= R_1 Q_1^2 \\ h_2 &= R_2 Q_2^2 \end{aligned}\right\} \tag{2-3-8}$$

若 $h_2 > h_1$，采用降阻调节法调节时，以 h_1 数值为依据，使 $h'_2 = h_1$，因此，需把 R_2 降到 R'_2，即 $h'_2 = R'_2 Q_2^2 = h_1$，$R'_2 = \dfrac{h_1}{Q_2^2}$。

4. 增压调节法

增压调节法以小阻力风路为依据，在阻力较大的风路中安装一台辅助通风机，利用辅助通风机风压克服一部分通风阻力，使并联通风网络阻力达到平衡，实现风量调节目的。

如图 2-3-3 所示，按需要风量 Q_1、Q_2 计算两风路阻力。当 $h_2 > h_1$ 时，可在风路 2 中安装一台辅助通风机，用辅助通风机风压来克服两风路的阻力差，使其满足风压平衡，即

$$h_2 - h_{辅} = h_1 \tag{2-3-9}$$

式中：$h_{辅}$—— 辅助通风机风压，Pa；

h_1—— 风路 1 按需风量 Q_1 计算的阻力，Pa；

h_2—— 风路 2 按需风量 Q_2 计算的阻力，Pa。

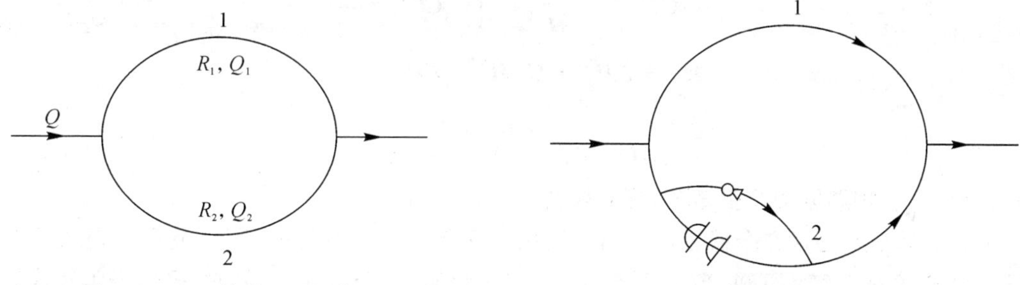

图 2-3-2　并联通风网络　　　　图 2-3-3　辅助风机安设位置示意图

2.3.2　通风网络优化原理

1. 回路法调节风量

(1) 回路矩阵计算法。

通风网络 $G(V, E)$，$|V| = m$，$|E| = n$，如果分支按余树弦在前、树枝在后的顺序进行排列，则分支行向量为

$$\boldsymbol{E} = (e_1 \quad e_2 \quad \cdots \quad e_b \quad e_{b+1} \quad e_{b+2} \quad \cdots \quad e_n) = (\boldsymbol{E}_y \quad \boldsymbol{E}_r) \tag{2-3-10}$$

式中：b—— 余树弦，$b = n - m + 1$；

$\boldsymbol{E}_y$—— 余树弦集合，$\boldsymbol{E}_y = (e_1 \quad e_2 \quad \cdots \quad e_b)$；

$\boldsymbol{E}_r$—— 树枝集合，$\boldsymbol{E}_r = (e_{b+1} \quad e_{b+2} \quad \cdots \quad e_n)$。

因通风网络中各分支风阻及风量均未知，可求出各分支阻力，故分支阻力行向量为

$$\boldsymbol{H} = (h_1 \quad h_2 \quad \cdots h_b \quad h_{b+1} \quad h_{b+2} \quad \cdots \quad h_n) = (\boldsymbol{H}_y \quad \boldsymbol{H}_r) \tag{2-3-11}$$

式中：$\boldsymbol{H}_y$—— 余树弦阻力行向量，$\boldsymbol{H}_y = (h_1 \quad h_2 \quad \cdots \quad h_b)$；

$\boldsymbol{H}_T$—— 树枝阻力行向量，$\boldsymbol{H}_T = (h_{b+1} \quad h_{b+2} \quad \cdots \quad h_n)$。

同理，通风网络中各分支通风动力行向量为

$$\boldsymbol{P}=(P_1 \quad P_2 \quad \cdots P_b \quad P_{b+1} \quad \cdots \quad P_n)=(\boldsymbol{P}_y \quad \boldsymbol{P}_T) \tag{2-3-12}$$

式中：P_j—— 第 j 分支通风动力，$P_j=h_{fj}+h_{Nj}(j=1, 2, \cdots, b, b+1,\cdots,n)$。

$\boldsymbol{P}_y$—— 余树弦通风动力行向量，$\boldsymbol{P}_y=(P_1 \quad P_2 \quad \cdots \quad P_b)$；

$\boldsymbol{P}_T$—— 余树通风动力行向量，$\boldsymbol{P}_y=(P_{b+1} \quad P_{b+2} \quad \cdots \quad P_n)$。

通风网络基本回路矩阵 $\boldsymbol{C}$ 为

$$\boldsymbol{C}=(c_{ij})_{(n-m+1)\times n}=(\boldsymbol{I} \quad \boldsymbol{C}_{12}) \tag{2-3-13}$$

通风网络中风量按自然分配时，各回路内遵循风压平衡定律，故

$$\boldsymbol{CH}^{\mathrm{T}}-\boldsymbol{CP}^{\mathrm{T}}=0 \tag{2-3-14}$$

但当通风网络按需供风时，则

$$\left.\begin{aligned}&\boldsymbol{CH}^{\mathrm{T}}-\boldsymbol{CP}^{\mathrm{T}}\neq 0\\&\boldsymbol{C}\begin{bmatrix}\boldsymbol{H}_y^{\mathrm{T}}\\\boldsymbol{H}_{\mathrm{T}}^{\mathrm{T}}\end{bmatrix}-\boldsymbol{CP}^{\mathrm{T}}\neq 0\end{aligned}\right\} \tag{2-3-15}$$

为了在实现按需供风的同时，保证各回路风压平衡，必须在独立回路的余树弦上安置调节设施，产生一个局部阻力 ΔH_y，则

$$\left.\begin{aligned}&(\boldsymbol{IC}_{12})\begin{bmatrix}\boldsymbol{H}_y^{\mathrm{T}}+\Delta\boldsymbol{H}_y^{\mathrm{T}}\\\boldsymbol{H}_{\mathrm{T}}^{\mathrm{T}}\end{bmatrix}-\boldsymbol{CP}^{\mathrm{T}}=0\\&\boldsymbol{H}_y^{\mathrm{T}}+\Delta\boldsymbol{H}_y^{\mathrm{T}}+\boldsymbol{C}_{12}\boldsymbol{H}_{\mathrm{T}}^{\mathrm{T}}-\boldsymbol{CP}^{\mathrm{T}}=0\end{aligned}\right\} \tag{2-3-16}$$

故

$$\Delta\boldsymbol{H}_y^{\mathrm{T}}=\boldsymbol{CP}^{\mathrm{T}}-\boldsymbol{H}_y^{\mathrm{T}}-\boldsymbol{C}_{12}\boldsymbol{H}_{\mathrm{T}}^{\mathrm{T}} \tag{2-3-17}$$

式中：$\Delta\boldsymbol{H}_y$—— 回路阻力增量矩阵，即余树弦阻力调节量。

回路法调节点均设在余树弦内。当余树弦中含有主要通风机时，可调节主要通风机工作风压。由式(2-3-17)可知：当 $\Delta H_{yi}>0$ 时，采用增阻法；当 $\Delta H_{yi}<0$ 时，采用降阻法或增压法；当 $\Delta H_{yi}=0$ 时，不需要调节。

(2) 固定风量计算法。

固定风量计算法的基本原理是在进行通风网络解算时，把按需供风分支作为固定风量分支处理，不参与迭代计算，待回路内其他各分支风量经迭代计算达到预定精度要求后，再根据风压平衡定律，反算固定风量分支应具有的风阻值 R_G，将 R_G 值与该分支现有风阻值 R_j 相比较，依据两者差值决定要采取的调节措施。

设在通风网络任一回路内包含固定风量分支，若其阻力值为 H_G，风量值为 q_G，则

$$H_G=\sum_{j=1}^{k}R_j q_j^2 \tag{2-3-18}$$

式中：k—— 回路内分支数；

G—— 固定风量分支号；

R_j—— 回路第 j 分支风阻(除固定分支外)；

Q_j—— 回路第 j 分支风量(除固定分支外)。

固定风量分支风阻值 R_G 为

$$R_G=\frac{H_G}{q_G^2} \tag{2-3-19}$$

若固定风量分支现有风阻为 R_j，则当 $R_G > R_j$ 时，不需调节；当 $R_G < R_j$ 时，应降低现有风阻值或设辅助通风机；当 $R_G = R_j$ 时，应增加现有分支风阻。

2. 关键路径法调节风量

通风网络图是一个有向图，如果某一路径满足下列条件：起点为 v_i，终点为 v_j，v_i 的负度数为零，正线度数为1，则称该路径（子图）为 $v_i \sim v_j$ 的一条有向路径。设节点 $1 \sim i$ 有 L 条路径，其中，沿第 k 条路径计算的压力 p_{ik} 最大，则称第 k 条路径为节点 $1 \sim i$ 的关键路径。

网络图任意两点之间不一定都存在有向路径，但从入风口（设节点号为 1）到任何节点都存在有向路径，从任何节点到出风口之间都存在有向路径。从入风口到通风网络中某一节点 i 可能有多条路径。设入风口风压为零，i 节点风压计算式为

$$p_{ik} = \sum_{j=1}^{b} (h_{fj} + h_{Nj} - h_j), \quad i = 1,2,\cdots,n; j = 1,2,\cdots,b \tag{2-3-20}$$

式中：p_{ik}—— 由第 k 条路径计算的 i 节点风压，Pa；

h_{fj}—— 第 k 条路径上第 j 分支风机风压，Pa；

h_{Nj}—— 第 k 条路径上第 j 分支自然风压，Pa。

节点 $l \sim i$ 的任意两个路径构成一个回路，当该回路不满足风压平衡方程时，则这两条路径所计算的 i 点风压不相等。若路径 1 计算的负压值 $|p_{i1}|$ 大于路径 2 计算的负压值 $|p_{i2}|$，为了满足风压平衡定律，就应在路径 1 上进行降阻或增压调节，或在路径 2 上进行增阻调节，其调节量等于 $|p_{i1} - p_{i2}|$。设从节点 $1 \sim i$ 有 L 条路径，其中，沿第 k 条路径计算的 i 点负压值 $|p_{ik}|$ 最大，则第 k 条路径即为 $1 \sim i$ 节点间的关键路径。要减小 i 点负压 p_i，必须对第 k 条路径进行降阻或增压调节。相反，若采用增阻调节则不能在第 k 条关键路径增阻，为满足风压平衡定律，其他各路径上的阻力应增大 $|p_{ik} - p_{ij}|$（$j = 1, 2, \cdots, L, j \neq k$）。上述调风原则对于 $i = 1, 2, 3, \cdots, n$ 均成立。

3. 通路法调节风量

任何一个通风网络，考虑到空气虚拟分支后，入风口和出风口都会形成一个闭合风路。若把入风口作为节点 1，称为网络源点，则从源点开始，按照相同方向，经过若干分支直到出风口（汇点）为止的一条连通的有向线路称为通路。通路法进行复杂网络风量调节解算具有运算速度快、精度高，能找出通风系统的关键风路和起主导作用的分支等优势。若以 1 表示通路，则由 s 条通路所组成的数组称为通路矩阵，用 $\boldsymbol{P}$ 表示，即

$$\boldsymbol{P} = (p_{ij})_{s \times n} \tag{2-3-21}$$

式中：s—— 通风网络中通路的数量；

N—— 通风网络的分支数；

p_{ij}—— 通路矩阵元素，取值原则为

$$p_{ij} = \begin{cases} 1, & \text{分支 } j \text{ 在第 } i \text{ 条通路上} \\ 0, & \text{分支 } j \text{ 不在第 } i \text{ 条通路上} \end{cases} \tag{2-3-22}$$

由通路矩阵，可列出通路风压方程，即

$$H_i = \sum_{j=1}^{n} p_{ij} R_j q_j^2, \quad i = 1,2,\cdots,s \tag{2-3-23}$$

式中：H_i—— 通风网络中第 i 条通路各分支风压之和，Pa；

R_j—— 通风网络中第 j 分支风阻，$(N \cdot s^2)/m^8$；

Q_j—— 通风网络中第 j 分支风量，m^3/s。

在自然分风条件下，当复杂网络通风网络风压达到平衡时，各网孔风压代数和为零，此时各条通路风压相等。根据通路这一特性可对复杂网络进行风量调节。如果一个通风网络中有 F 台主要通风机在各区同时工作，则可将网络分为 F 个子网络，分别应用通路法进行风量调节计算。

2.3.3 风机优化

1. 改变通风机特性曲线

(1)改变轴流式通风机动轮叶片安装角度。

轴流式通风机特性曲线随动轮叶片安装角的变化而变化。此处以某抽出式通风矿井使用轴流式通风机为例，如图 2-3-4 所示，当其动轮叶片安装角为 27.5°时，静风压特性曲线是Ⅰ′曲线。为满足前期生产需要，该主要通风机风量 Q_f 为 68 m^3/s，静风压 h_{fs} 是 1 519 Pa，即该主要通风机工作点为 a 点。现因生产情况变化，井巷通风总阻力 h_{fr} 变为 1 862 Pa，逆对机械风压的自然风压 h_N 为 96 Pa，通过主要通风机风量仍需 68 m^3/s。

为满足现阶段生产要求，该风机应根据风机风量和静风压进行调节，即风机风量 $Q_f=68$ m^3/s。考虑自然风压的反作用，主风机静风压为 $h_{fs}=h_{fr}+h_N=1\ 862+96=1\ 958$ Pa。根据 Q_f 和 h_{fs} 值确定风机新工作点 b 点的位置。由 b 点位置可知，风机动轮叶片安装角应调整至 30°，其静压特性曲线由Ⅰ′调到Ⅰ，风机静压效率是 0.64，说明 b 点落在风机特性曲线合理工作范围内，风机输入功率约为 220 kW，用此数值来衡量现用电动机能力是否够用。

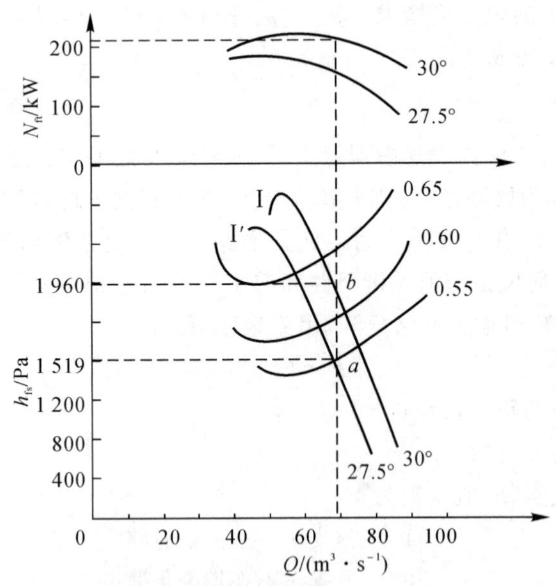

图 2-3-4　改变轴流式通风机动轮叶片的安装角度调节风量

(2)改变通风机转速。

通过改变通风机转速能改变通风机特性曲线，即转速越大，通风机风量和风压越大。以某压入式通风矿井使用离心式通风机为例，如图 2－3－5 所示，其全风压特性曲线为Ⅰ，转速为 n' (r/min)，和工作风阻曲线 1 相交于 M'点，产生风量 Q'_f(m^3/s)和全风压 h'_{ft}(Pa)。

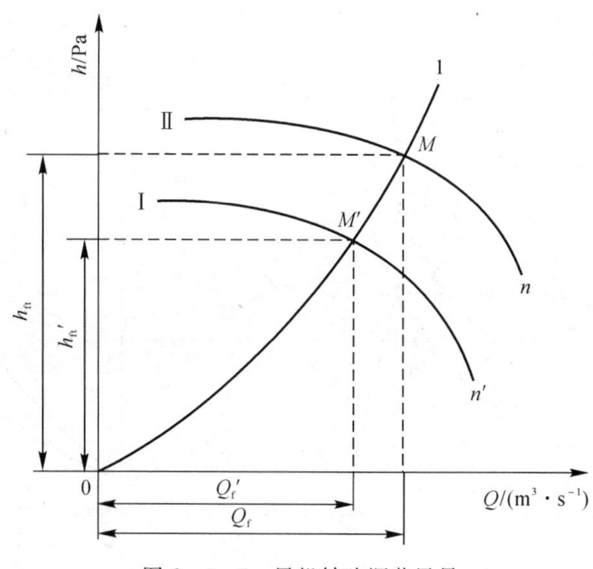

图 2－3－5　风机转速调节风量

如果生产要求通风机产生风压为 h_{ft}(Pa)，通过风量为 Q_f(m^3/s)。用比例定律可求出新转速 n，即

$$n=\frac{n'Q_f}{Q'_f} \tag{2-3-24}$$

再绘制新转速 n 的全风压特性曲线Ⅱ，其与工作风阻曲线 1 的交点 M 即为新工作点。

2. 改变主要通风机工作风阻曲线

以某矿抽出式通风使用轴流式通风机为例，其叶片安装角为 37.5°，静风压特性曲线为Ⅰ曲线，如图 2－3－6 所示，工作点是 a 点，工作风阻 $R_f=1\ 107.4/(44.5)^2=0.56$ ($N\cdot s^2/m^8$)，工作风阻曲线为Ⅰ曲线。该风机叶片最大安装角为 40°，其静压曲线为Ⅱ曲线。

如果生产要求主要通风机通过风量为 50 m^3/s，则由风压曲线Ⅱ只能产生静风压 1 048.6 Pa，不能满足原有风压 1 107.4 Pa。如果采用降低主要通风机工作风阻的调节方法，必须设法将其工作风阻降低至 $R'_f=1\ 048.6/50^2=0.42$ $N\cdot s/m^8$。用这个数值画出风阻曲线Ⅱ，使其通过工作点 b，这时主要通风机静压效率接近 0.6，输入功率约 96 kW。如果不降低主要通风机工作风阻，则工作点是 c 点，此时主要通风机通过风量为 47 m^3/s，不满足要求。因此，当该矿所要求的通风能力超过主要通风机最大潜力，又无法采用其他调节法时，需根据 R_f 数值扩大井巷断面、开凿并联双巷或增加进风井口等方法降低主要通风机工作风阻。

当主要通风机风量大于实际所需风量时，可以增加主要通风机工作风阻，使总风量下降。如图 2－3－7 所示，由于离心式通风机的功率随风量的减少而减少，主要通风机工作风阻由 R 增到 R'时，其风量由 Q 降到 Q'，输入功率由 N 降到 N'。因此，对于离心式通风机，可以利用设在风硐中的闸门进行调节。当所需风量变小时，放下闸门以增加风阻来减少风量。对于轴流式通风机，当所需风量变小时，可以把动轮叶片安装角调小。相比增加工作风阻的方法，该方法在电力消耗上相对经济。

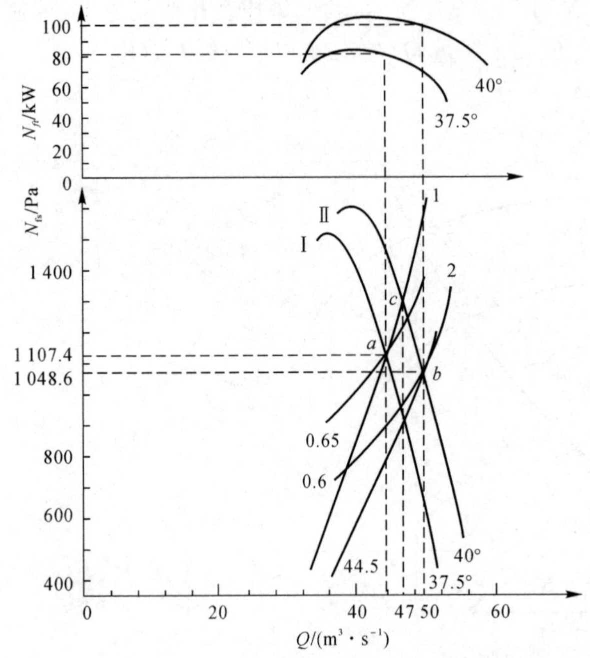

图 2-3-6 主要通风机工作风阻曲线

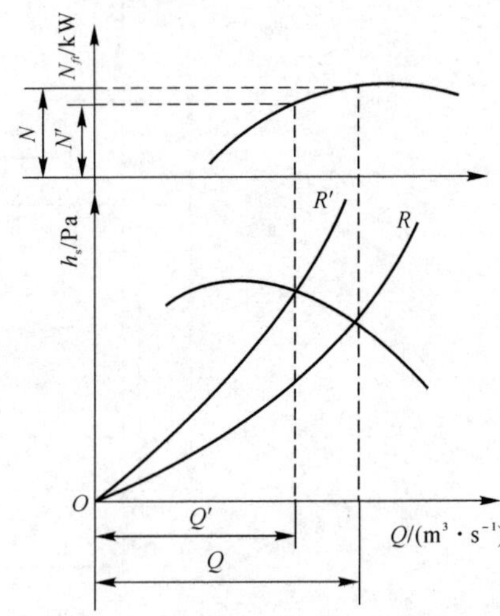

图 2-3-7 离心式通风机功率特性曲线

复习思考题

(1)简述通风网络解算的理论基础和实质。

(2)从未知量选取角度出发,简述通风网络解算方法的分类。

(3)什么是回路法?简述建立回路方程的步骤。

(4)回路风量修正值计算公式的推导过程中进行了哪些简化?

(5)简述用线性迭代法进行通风网络解算的步骤。

(6)简述 Scott-Hinsley 的计算步骤。

(7)简述通风网络风量调节和优化方法。

(8)简述风机优化的方法。

第 3 章　矿井火灾时期通风理论

本章学习目标：理解燃烧传热传质定律；熟悉多孔介质燃烧机理、火灾燃烧类型、火灾发展和蔓延基础知识；掌握煤自燃的条件及影响因素、煤自燃特征温度分析；了解井下气体成分测定和分析方法；掌握火灾时期风流紊乱的原因、形式及风流控制措施。

3.1　燃烧与火灾

火灾是失控燃烧所造成的灾害，具有随机性和确定性双重属性。燃烧是指产生热或同时产生光和热的快速氧化反应，也包括只伴随少量热没有光的慢速氧化反应，通常分为有火焰和无火焰 2 种方式。火焰可分为预混火焰、非预混火焰或扩散火焰。预混和非预混（扩散）表示反应物的混合状态。预混火焰指在有明显化学反应发生前，燃料与氧化剂已达到分子水平上的混合。扩散火焰指反应物开始是分开的，反应仅发生在燃料和氧化剂的交界面上，而后在交界面上，混合与反应同时发生，如蜡烛燃烧。扩散指化学组分间的分子扩散，即燃料分子和氧化剂分子同时从两个方向向火焰扩散。

3.1.1　传热定律

1. 热力学第一定律

能量守恒是热力学第一定律的基本原理。图 3-1-1(a) 为带有活塞运动边界的定质量系统，在质量一定的系统中，能量守恒表示为状态 1 和状态 2 之间的有限变化。有

$$Q_{1\to 2} - W_{1\to 2} = \Delta E_{1\to 2} \tag{3-1-1}$$

式中：$Q_{1\to 2}$—— 从状态 1 到状态 2 给系统加入的热；

$W_{1\to 2}$—— 从状态 1 到状态 2 系统对周围做的功；

$\Delta E_{1\to 2}$—— 从状态 1 到状态 2 系统总能的变化。

$Q_{1\to 2}$、$W_{1\to 2}$ 是路径函数，只发生在系统边界上。总能是内能、动能和势能的总和，表示为 $E=m(u+1/2v^2+gz)$，其中，E 为总功，u 为质量比质量内能，$1/2v^2$ 为系统比质量动能，gz 为系统比质量内能。

图 3-1-1(b) 为固定边界与稳定流动的控制体，流体可通过控制体边界流动。热力学第一定律的稳态稳定流动为

$$\dot{Q}_{cv} - \dot{W}_{cv} = \dot{m}e_o - \dot{m}e_f + \dot{m}(p_o v_o - p_i v_i) \tag{3-1-2}$$

式中：　　$\dot{Q}_{cv}$—— 通过控制边界从环境向控制体的传热率；

$\dot{W}_{cv}$—— 控制体对外做功的全部功率，包括轴功，不包括流动做功；

$\dot{m}e_o$—— 能量流出控制体的速率；

$\dot{m}e_f$—— 能量流入控制体的速率；

$\dot{m}(p_o v_o - p_i v_i)$—— 与流体流过控制体表面压力相关的净流率。

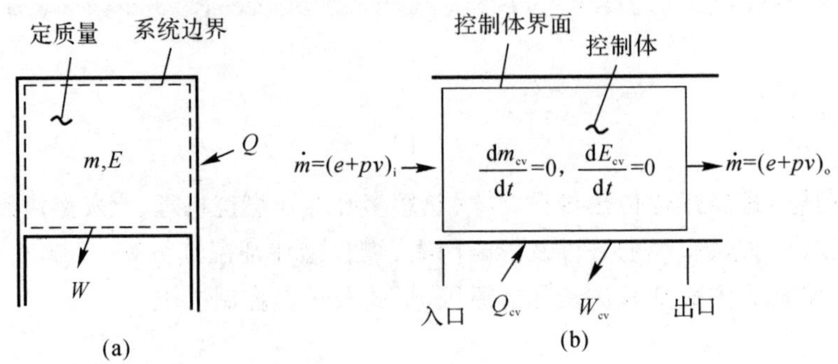

图 3-1-1 传热定律系统示意

在对式(3-3-2)进行简化变形前作出假设：控制体相对于坐标系固定，即不考虑由运动边界存在而产生的相互影响的做功，也不考虑控制体本身动能和势能的变化；控制体内及控制面上每一点的流体参数都不随时间变化，即所有过程以稳态流动处理；在入口和出口流动面上流体参数均匀；只存在一个入口和一个出口。入口和出口流体的比能由比内能、动能和势能组成，即

$$e = u + \frac{1}{2v^2} + gz \tag{3-1-3}$$

式中：e—— 单位质量的总能，J/kg；

v—— 流体流过控制面时的速度，m/s；

z—— 流体流过控制面时的高度，m。

比内能、压力-比容乘积项与流动功结合，得到参数焓为$h=u+p\gamma=u+p/\rho$。整理上述公式可得控制体能量守恒方程为

$$\dot{Q}_{cv} - \dot{W}_{cv} = \dot{m}\left[(h_o - h_i) + \frac{1}{2}(v_o^2 - v_i^2) + g(z_o - z_i)\right] \tag{3-1-4}$$

2. 热力学第二定律

在一个定容绝热反应器中，一定量反应物发生反应形成了产物。随着反应进行，温度和压力上升，直至达到最终平衡。在没有热和功相互作用，即常U、V、m条件下，热力学第二定律对系统内部熵变值为正，故系统自发向最大熵变化，达到最大熵后不再变化，若继续变化则会导致系统熵减小，违背热力学第二定律。热力学第二定律平衡条件为$(\mathrm{d}S)_{U,V,m}=0$。

在定温度、压力和化学当量比的孤立系统中，引入吉布斯自由能G代替熵作为重要热力学参数，即$G=H-TS$。因此，热力学第二定律可表示为$(\mathrm{d}G)_{T,P,m}\leqslant 0$。当一个定质量系统经历自发等温等压过程，仅在边界做功时，吉布斯函数减小。平衡时，吉布斯函数达到最小值，熵达到最大值，则定能量和定体积条件下平衡条件为$(\mathrm{d}G)_{T,P,m}=0$。

3.1.2　传质定律

1. Fick 定律

对于一维双组分扩散，Fick 定律指一种组分在另一种组分中扩散的速率。以质量为基准的 Fick 定律表达式为

$$\dot{m}''_{A}=Y_{A}(\dot{m}''_{A}+\dot{m}''_{B})-\rho D_{AB}\frac{dY_{A}}{dx} \tag{3-1-5}$$

式中：$\dot{m}''_{A}$—— 组分 A 单位面积的质量流量或质量通量，kg/(s・m²)；

$\dot{m}''_{B}$—— 组分 B 单位面积的质量流量或质量通量，kg/(s・m²)；

Y_{A}—— 组分 A 的质量分数；

$-\rho D_{AB}$—— 比例常数，负号指当浓度梯度为负时 x 方向的正流动；

D_{AB}—— 二元扩散系数，m²/s。

式(3-1-5)表明组分 A 的传输方式有两种。一是由于流体宏观流动引起 A 的输运，二是附加在宏观流上的 A 的扩散。在没有扩散的条件下，组分 A 宏观流动通量表达式为 $\dot{m}''_{A}=Y_{A}(\dot{m}''_{A}+\dot{m}''_{B})=Y_{A}\dot{m}''$。组分 A 扩散质量通量表达式为 $m''_{A,diff}=-\rho D_{AB}\frac{dY_{A}}{dx}$。

2. 传质与传热关系

假设一个固定单平面层双组分气体混合物由刚性、互不吸引的分子组成，A 组分和 B 组分的分子质量完全相等。在 x 方向气体层中存在浓度梯度，且该梯度足够小，可使质量分数在几个分子平均自由程 λ 的距离内呈线性分布。利用气体动力学理论定义平均分子特性，A 分子的平均速度为

$$\bar{v}=\sqrt{\frac{8k_{B}T}{\pi m_{A}}} \tag{3-1-6}$$

式中：$\bar{v}$——A 分子的平均速度，m/s；

k_{B}—— 玻耳兹曼(Boltzmann) 常数，J/K；

m_{A}—— 单个 A 分子的质量，kg。

单位面积 A 分子的碰撞概率为

$$Z''_{A}=\frac{1}{4}\left(\frac{n_{A}}{V}\right)\bar{v} \tag{3-1-7}$$

式中：Z''_{A}—— 单位面积 A 分子的碰撞概率，次 /(m²・s)；

n_{A}/V—— 单位体积中 A 的分子数。

前一次碰撞的平面到下一次碰撞的平面间的平均垂直距离 a 为

$$a=\frac{2}{3}\lambda=\frac{2}{3}\frac{1}{\sqrt{2}\pi\left(\frac{n_{tot}}{V}\right)\sigma^{2}} \tag{3-1-8}$$

式中：σ—— 分子 A 和分子 B 的直径，m。

λ—— 平均分子自由程，m。

假设一定距离内无相互作用的刚性分子组成的均匀气体中存在温度梯度，且温度梯度足够小，即在几个平均自由程内温度分布呈线性变化，如图 3-1-2(a) 所示。

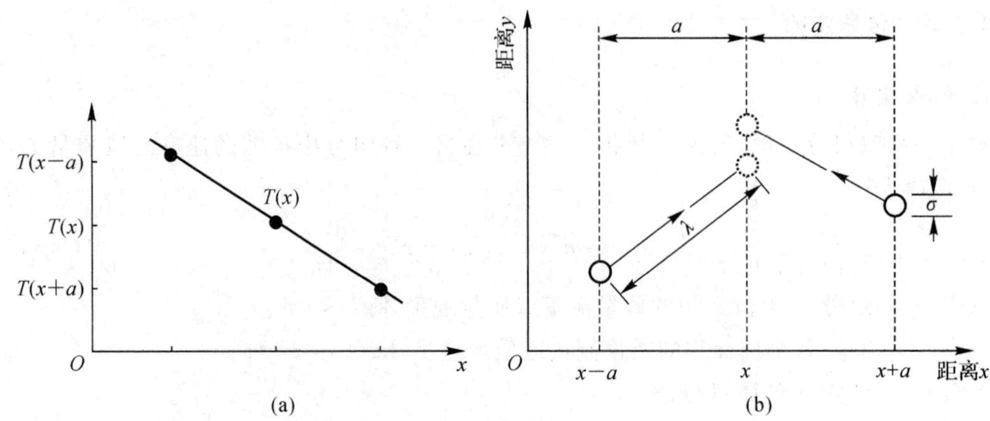

图 3-1-2　气体分子运动能量传递示意图

分子碰撞频率是基于总分子数密度，即

$$Z''=\frac{1}{4}\left(\frac{n_{\text{tot}}}{V}\right)\bar{v} \tag{3-1-9}$$

式中：Z''—— 单位面积分子平均碰壁频率，次/($m^2\cdot s$)；

n_{tot}/V—— 单位体积总分子数。

能量储存模式是分子平移动能。如图 3-1-2(b) 所示，x 平面能量平衡式为 x 方向单位面积净能量通量等于从 $x-a$ 移动到 x 的分子动能与从 $x+a$ 移动到 x 的分子动能之差，即

$$\dot{Q}''_z=Z''(k_e)_{x-a}-Z''(k_e)_{x+a} \tag{3-1-10}$$

式中：$\dot{Q}''_z$—— 热量通量，W/m^2。

单个分子平均动能为

$$k_e=\frac{1}{2}m\bar{v}^2=\frac{3}{2}k_B T \tag{3-1-11}$$

式中：k_e—— 动能，J。

则热通量与温度的关系为 $\dot{Q}''_z=\frac{2}{3}k_B Z''(T_{x-a}-T_{x+a})$，温度差与温度梯度间的关系为 $\frac{dT}{dx}=\frac{T_{x+a}-T_{x-a}}{2a}$，代入 $\dot{Q}''_x$，应用 Z'' 和 a 的定义，得到热通量为

$$\dot{Q}''_x=-\frac{1}{2}k_B\left(\frac{n}{V}\right)\bar{v}\lambda\ \frac{dT}{dx} \tag{3-1-12}$$

式中：V—— 体积，m^3。

组分 A 从高浓度区域向低浓度区域运动，类似于能量从高温向低温传递。根据 Fourier 导热定律，即

$$\dot{Q}''_x=-k\frac{dT}{dx} \tag{3-1-13}$$

式中：k—— 热导率，$W\cdot m^{-1}\cdot K^{-1}$；

T—— 温度，K；

x—— 导热面上的坐标，m。

将式(3-1-13)代入 Fourier 导热定律可得热导率 $k=1/2k_B(n/V)\bar{v}\lambda$。以温度、分子质量

和分子直径等来表示，热导率可表示为，$k=\sqrt{(k_B^3/\pi^3 m\sigma^4)T}$。因此，热导率与温度的二次方根成正比，即 $k \propto \sqrt{T}$。

3.1.3　多孔介质燃烧

1. 多孔介质的定义

多孔介质指由多相物质所占据的空间或多相物质共存的一种组合体。在多孔介质区域，固体相称为固体骨架，没有固体骨架的空间为孔隙或空隙，由液体、气体或气液两相占有。固体骨架分布于多孔介质占据的整个空间内，相互连通的孔隙为有效孔隙。互不连通，或虽然连通但流体很难流通的孔隙为死端孔隙。

2. 多孔介质预混燃烧

多孔介质预混燃烧指气体燃料和氧化剂预先混合后进入多孔介质，在其孔隙或表面进行燃烧的过程。多孔介质燃烧通常以预混燃烧为主，扩散或非预混燃烧相对较少。在多孔介质燃烧过程中，预混气体流经多孔介质，在其孔隙内产生旋涡、分流与汇合，剧烈扰动，燃烧产生的热量通过多孔介质的导热和辐射效应不断向上游传递并预热新鲜燃气，同时通过多孔介质本身蓄热能力回收燃烧产生的高温烟气余热。

3. 多孔介质燃烧机理

(1)绝热燃烧。绝热燃烧指燃料在燃烧过程中没有热量损失的理想燃烧。在一定初始温度和压力下，含燃料和氧化剂的可燃混合物在等压绝热条件下进行化学反应，燃烧系统属封闭系统，其所达到的最高温度为绝热燃烧温度，又称理论燃烧温度。

(2)“超焓”燃烧。“超焓”燃烧又称“超绝热”燃烧，指燃烧产生的热量通过热量回流方式传递到上游预热新鲜燃料，使燃烧达到的最高火焰温度超出燃料本身在传统自由空间中绝热燃烧温度的一种燃烧状态。“超焓”燃烧的物理意义主要是比较混合燃气在不同燃烧系统中的焓值变化。

如图 3-1-3 所示，虚线表示燃气在自由空间燃烧系统中的焓值变化过程。由于存在热量损失，没有预热效应，燃烧温度难以达到绝热燃烧温度，烟气排出温度较高。实线表示燃气在有热量回流条件下燃烧系统中的焓值变化。由于在燃烧系统中采用良好的换热和余热回收措施，回收的热量预热新鲜燃气，使之在到达燃烧区域前充分预热，温度显著提高，在到达燃烧反应区后迅速燃烧放热，预热量和燃烧热相叠加，使燃烧区域的热量超过燃气本身燃烧所放出的热量，出现“超焓”燃烧现象。

“超焓”燃烧主要通过热量回流预热新鲜燃气作用形成。热量回流主要有两种方式：一是通过燃烧系统自身组织的热回流和热反馈；二是通过外界条件强迫实现，如通过安装换热回流装置、采取周期性换向等手段。

(3)多孔介质燃烧传热机理。由于多孔介质基体结构的复杂性和随机性，燃气在多孔介质中的燃烧过程复杂，其传热方式包括气体间导热和辐射换热、气体与固体间的对流和辐射换热、固体间的导热和辐射换热等。

多孔介质燃烧传热机理如图 3-1-4 所示。燃烧过程中，多孔介质内气体燃烧放出的热量通过导热、对流和辐射换热迅速向周围传递，使多孔介质燃烧区内温度峰值降低，温度分布均匀，燃烧区域拓宽。位于燃烧区域下游的多孔介质通过本身蓄热能力吸收烟气热量，实现烟气余热的回收，并以辐射和导热的形式向燃烧区中的多孔介质基体传递。在燃烧区，燃烧放出的热量以对流和少量气体辐射形式传递给多孔介质基体，多孔介质基体又通过本身的导热和辐射作用将热量向燃烧区上游传递，加热新鲜预混燃气，形成热量回流。新鲜燃气的预热、多孔介质的蓄热和传热、燃烧区域的放热共同作用，实现了自我组织的热量回流效应，使燃烧过程的热量超过预混燃气本身燃烧放出的热量，燃烧温度超过预混燃气绝热燃烧温度。

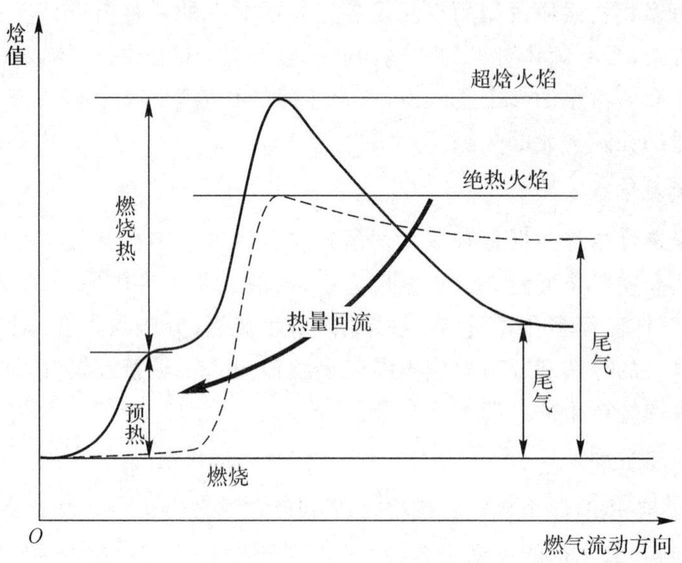

图 3-1-3 “超焓”燃烧

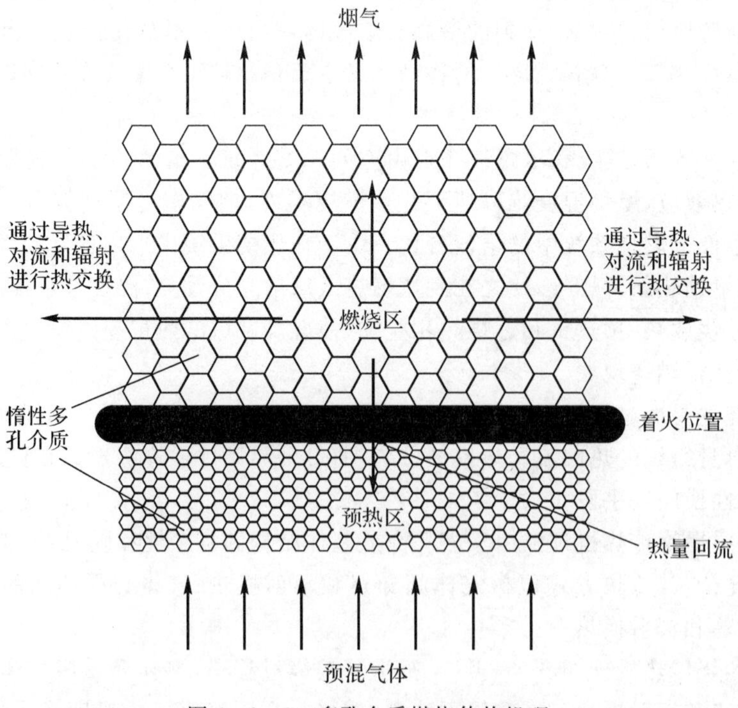

图 3-1-4 多孔介质燃烧传热机理

4. 多孔介质燃烧特点

与传统自由空间燃烧火焰相比，多孔介质燃烧特点如下：

（1）燃烧速率大、燃烧强度高、结构紧凑。多孔介质具有良好的导热性能、高温辐射性能，多孔介质结构网格比表面积大，以及流体流经多孔介质产生的湍流效应，使得燃烧气体在多孔介质空隙间发生强烈的漩涡、分流和合流，强化了气体燃料和多孔介质之间动量和能量交换，燃烧区域中的传热传质过程增强，燃烧反应加快，燃烧速率提高。燃烧区热量还会向上游多孔介质传递，形成“超焓”燃烧，燃烧强度增加，气体燃烧可在比自由火焰小得多的多孔介质空隙中完成。

（2）燃烧区域拓宽，温度分布均匀。预混燃气在多孔介质“骨架”间的微小空隙中燃烧，燃烧火焰被分离成许多“小火焰”，呈“离散化”状态。此外，燃烧火焰下游的多孔介质通过本身的蓄热特性回收高温烟气热量，拓宽燃烧区域，延长反应时间，降低温度分布梯度，使温度分布均匀性增加。

（3）燃烧效率高，贫燃极限拓宽，污染物排放低。燃烧区域拓宽延长了燃气流经燃烧区域的时间，燃气燃烧更加完全，CO 生成降低，燃烧效率提高，预混气体燃料在多孔介质中燃烧的贫燃极限降低。燃烧区域内温度分布均匀，避免了高温区域产生，减少了 NO_x 生成。

5. 多孔介质特性参数

多孔介质的孔隙结构是多孔介质材料的主要特征。反映孔隙结构的参数主要包括孔隙率、颗粒直径、孔隙直径、比表面积、渗透率及结构组合方式等。结构参数与流体在多孔介质中的流动、传热、传质、燃烧、燃烧产物生成紧密相关。

（1）孔隙率。孔隙率指多孔介质孔隙所占份额的相对大小，可采用体积孔隙率、面孔隙率和线孔隙率表示。体积孔隙率 ε_v 指多孔介质中孔隙容积 V_v 与多孔介质总容积 V_T 之比，

即 $\varepsilon_v=(V_v/V_T)\times100\%$。若孔隙容积既包含相互连通的有效孔隙，又包含滞流的死端孔隙，即多孔介质区域的孔隙总容积为 $V_{v,T}$，则对应的孔隙率称为绝对孔隙率或总孔隙率 $\varepsilon_{v,T}$，即

$$\varepsilon_{v,T}=\frac{V_{v,T}}{V_T}\times100\%=\frac{V_T-V_s}{V_T}\times100\% \tag{3-1-14}$$

式中：V_s——多孔介质固体区域所占体积，m^3。

若 $V_{s,e}$ 表示多孔介质的介质区域内相互连通的孔隙容积之和，即只表示有效孔隙，则对应的孔隙率称为有效孔隙率，即

$$\varepsilon_{v,e}=\frac{V_{s,e}}{V_T}\times100\%=\frac{V_T-V_s-V_{s,d}}{V_T}\times100\% \tag{3-1-15}$$

式中：$V_{s,d}$——多孔介质区域中的死端孔隙容积，m^3。

孔隙率通常指有效孔隙率，常直接采用 ε_v 代替 $\varepsilon_{v,e}$ 表示多孔介质孔隙率，其大小与多孔介质结构类型、固体形状以及多孔介质的排列与组合相关。

面孔隙率 ε_s 指多孔介质表征面元上孔隙截面与总截面积之比，即

$$\varepsilon_s=\lim_{(\Delta S_V)_i\to(\Delta S)_0}\frac{(\Delta S_V)_i}{(\Delta S)_0} \tag{3-1-16}$$

式中：$(\Delta S_v)_i$——多孔介质区域中第 i 个截面面积单元中的孔隙面积；

$(\Delta S)_i$——多孔介质区域中第 i 个截面面积单元中的孔隙面积和单元总面积；

$(\Delta S)_0$——多孔介质表征面元。

面孔隙率在各个不同方向的截面上可能不同，在使用面孔隙率时通常需要说明其所在截面的法线方向。面孔隙率又称定向面孔隙率，在实际应用中通常取面孔隙率的平均值来表示面孔隙率，且近似认为面孔隙率 ε_s 与体积孔隙率 ε_v 相等，即 $\varepsilon_s=\varepsilon_v$。

线孔隙率 ε_l 的表达式为

$$\varepsilon_l=\lim_{(\Delta L)_i\to(\Delta L)_0}\frac{(\Delta L_V)_i}{(\Delta L)_0} \tag{3-1-17}$$

式中：$(\Delta L_v)_i$——多孔介质区域中第 i 段线段中孔隙所占线长；

$(\Delta L)_i$——多孔介质区域中第 i 段线段中孔隙所占总线长；

$(\Delta L)_0$——多孔介质表征线元。

在实际应用中通常以线孔隙率平均值来表示线孔隙率 ε_l。在多孔介质燃烧中，多孔介质孔隙率通常采用体积孔隙率来表示。注意：孔隙率指材料自然体积中孔隙所占比例，主要用于材料内部具有自有孔的多孔介质；空隙率指散状材料在堆积时颗粒之间空隙所占的比例，如由小球堆积而成的多孔介质。

(2)颗粒直径。在实际应用中，对于几何结构规则的球状颗粒，可直接采用其直径作为当量直径。对于几何结构不规则的固体颗粒，通常折算成球状颗粒的当量直径 d_p。

固体颗粒尺寸实验测量确定方法主要有密度计分析法和筛选法两种。密度计分析法将与颗粒在水中下降速度相同的同种材料的圆球尺寸加以测量来确定颗粒尺寸，适用于较小固体颗粒尺寸的测量。筛选法利用一定尺寸方形孔网筛子对多孔介质固体颗粒进行分筛，测量通过筛网的颗粒，以筛网网眼尺寸作为固体颗粒的当量直径表述颗粒尺寸，确定固体颗粒尺寸的范围。

(3)孔隙直径，又称孔隙尺寸，指流体通过的孔隙窗口直径。

(4)比表面积 SA，又称比表面或比面，指多孔介质固体骨架总表面积与多孔介质总容积之比，即

$$\mathrm{SA}=\frac{S_T}{V_T}\times 100\% \tag{3-1-18}$$

式中：S_T——多孔介质固体骨架总表面积，m^2；

V_T——多孔介质总容积，m^3。

多孔介质燃烧区域内，如果采用单一规则几何形状的固体颗粒堆积床，比表面积可采用单位体积内所有小球的表面积来进行计算和处理，也可以采用经验关联公式来确定，即

$$\mathrm{SA}=\frac{6(1-\varepsilon)}{d_p} \tag{3-1-19}$$

式中：ε——颗粒小球堆积球的空隙率，%；

d_p——颗粒小球的直径，m。

(5)渗透率。渗透率指在一定流动驱动力作用下，流体通过多孔介质材料的难易程度，或多孔介质对流体的输运性能。基于 Darcy 定律，渗透率为

$$K_p=-\frac{v\mu}{\rho g(\partial\varphi/\partial x)} \tag{3-1-20}$$

式中：K_p——渗透率，m^2；

v——比流量，即通过多孔介质单位截面上不可压缩流体的容积流量，$m^3/(m^2\cdot s)$；

μ——动力黏度，Pa·s；

ρ——密度，kg/m^3；

g——重力加速度，m/s^2；

φ——流动势。

对式(3-1-20)整理可得

$$v=-K\frac{\partial \phi}{\partial x} \tag{3-1-21}$$

$$K=\frac{K_p \rho g}{\mu} \tag{3-1-22}$$

式中：K——水力传导系数。

3.1.4　火灾燃烧要素及类型

1. 火灾三要素

火灾发生必须具备可燃物、热源、助燃物三个条件。火灾发生的三要素关系如图3-1-5所示，缺少燃烧三要素之一，或三要素不相互作用，都不能形成火灾。

(1)可燃物。以煤矿为例，煤炭本身是井下普遍存在的一种可燃物，生产过程中产生的煤尘、涌出的沼气以及井下使用的机电设备、油料、炸药等都具有可燃性。这些可燃物的存在是矿井发生火灾的基本因素。

(2)热源。热源是触发火灾的必要因素，只有具备足够的热量和温度才能引燃可燃物。以井工煤矿为例，煤自燃、瓦斯爆炸、煤尘燃烧和爆炸、放炮作业、机械摩擦生热、电流短路产生的火花、电气设备运转不良产生的过热、吸烟、烧焊以及其他明火都是引火的热源。

(3)助燃物。凡是能支持和帮助燃烧的物质都是助燃物。常见助燃物指正常含氧量的空气，而不是贫氧的空气。

燃烧的充分条件：以上三个条件必须同时存在，相互作用；可燃物的温度达到燃点，生成热量大于散发热量。

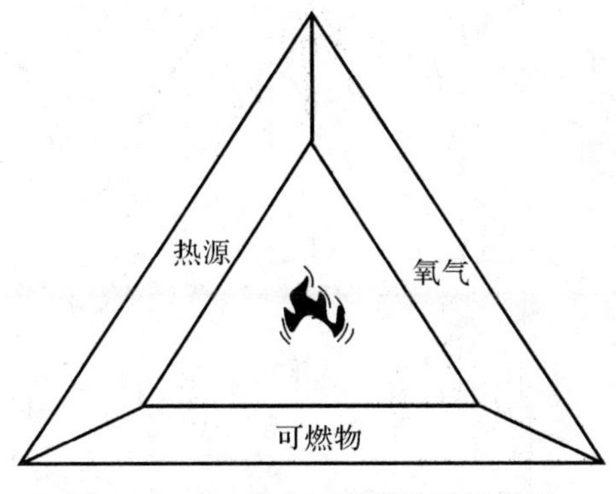

图 3-1-5　火灾三要素关系示意图

2. 火灾燃烧类型

根据燃料的类型、燃料燃烧的阶段以及混合程度，可将燃烧分为分解燃烧、扩散燃烧、预混燃烧和表面燃烧。

(1)分解燃烧。分解燃烧指固体或者液体燃料的燃烧。燃烧过程中可燃物首先遇热分解,热分解产物和氧反应发生燃烧产生火焰,如煤、橡胶等固体燃料,煤油、润滑油等高沸点油脂类流体,蜡、沥青等固体烃类物质的燃烧。

(2)扩散燃烧。可燃气体从管道孔口或巷道局部空间流出,与空气混合时,可燃气体和空气靠分子间扩散而混合,当混合浓度达到燃烧界限时,遇火源发生燃烧,随着可燃气体和 O_2 的不断补给和混合,发生持续燃烧,称为扩散燃烧。在煤矿井下的采空区或采煤工作面,瓦斯涌出遇到点火源而燃烧的现象属于扩散燃烧。

(3)预混燃烧。可燃气体与氧化剂在燃烧前预先充分混合,其浓度处于燃爆界限内遇火源发生燃烧,在混合气体分布空间快速蔓延,称为预混燃烧。这种燃烧在一定条件下会转变为爆炸。矿井火灾中的爆炸事故多是由预混燃烧引起的。

(4)表面燃烧。固体可燃物燃烧不断分解挥发性气体,其燃烧放出的热量继续维持新的固体燃料热分解和燃烧。在原来燃烧的燃料所含挥发气体、煤焦油分解完后,剩余不能分解、分化的固体炭,此时燃烧在焦炭与空气的接触表面进行,称为表面燃烧。

3.1.5 火灾发展与蔓延

1.火灾发展过程

火灾的持续时间与火源类型、可燃物性质和通风条件有关。当可燃物燃尽或通风供氧不足时,燃烧自行终止;当可燃物和通风供氧充足时,火灾持续时间增大,烟流温度不断升高。火灾的发生发展过程:首先发生火焰接触燃烧,即在近距离范围内,着火点火焰直接接触周围可燃物质并使之燃烧的现象。随后发生延烧现象,即固体或液体可燃物表面上的某一点起火,通过热传导升温点燃可燃物,使燃烧沿可燃物表面连续向周围发展下去的燃烧现象,从而形成一定范围的火区,最后蔓延至整个受限空间。根据火灾温度随时间变化的特点,火灾发展过程通常可分为发展阶段、稳定阶段和衰减阶段 3 个阶段,如图 3-1-6 所示。

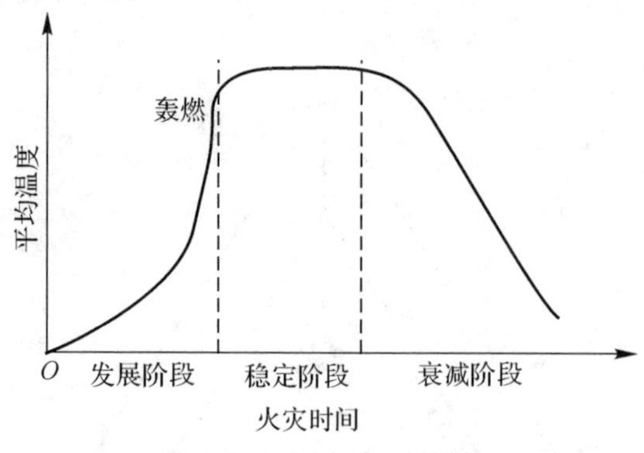

图 3-1-6 火灾发展过程

(1)火灾发展阶段。在火灾发展阶段初期,可燃物燃烧区域存在高温、燃烧面积不大、不稳定性等特征,用少量灭火剂或者灭火设备即可灭火,该阶段是灭火和人员疏散撤离的最佳时期。随着时间的延长,火焰延烧,火灾面积不断扩大,烟流温度升高,热对流和热辐射增强。在火灾发展阶段后期,可燃物分解产生的可燃气体突然起火,可燃物表面发生猛烈燃烧,产生轰燃。轰燃指受限空间火灾从局部缓慢燃烧发展至空间内所有可燃物突然全面快速燃烧的现象。此时火灾发展到了不可控制的程度，若救援人员或者受困人员仍未冲出火场，则会有生命危险。

(2)火灾稳定阶段。随着燃烧的进行，烟流温度迅速上升，出现持续高温，可燃物被全面引燃，燃烧速度急剧增加，热量以传导、对流和辐射方式扩散蔓延。温度达到最高值后，火势基本稳定，可燃物表面灰层厚度小，燃烧速率基本稳定，烟流温度无显著变化，进入稳定燃烧阶段。

(3)火灾衰减阶段。在火灾衰减阶段，大量可燃物燃尽形成灰渣，堆积在燃烧反应面上，导致灰层厚度增加，燃烧速度减小，烟流温度降低。当烟流温度与环境温度基本一致时，火灾趋于熄灭状态。该阶段进行灭火救援，要防止火区复燃，也要防止建筑构件因长时间受高温作用和灭火射水的冷却作用而出现裂缝、下沉、倾斜或倒塌等破坏现象。

2. 火灾蔓延形式

火灾传播及蔓延是传热的结果，其传播形式包括热传导、热辐射和热对流。

(1)热传导。热传导是指物体一端受热，通过物体的分子热运动，把热量从温度较高一端传递到温度较低一端的过程。其特点为：热传导必须依靠导热性良好的构件，如胶带金属支架、薄壁隔墙等；热传导传播的热量随导热材料散热面积的增大而减小，其传播规模有局限性。

(2)热辐射。热辐射是指高温物体不断向外部发出电磁波，对周围物体产生热效应的现象，无需任何传播介质。温度越高，热辐射能力越强。

(3)热对流。热对流又称对流传热，指流体中质点发生相对位移，冷热流体相互掺混而引起的热量传递过程。根据引起热对流的原因和流动介质的不同，热对流可分为自然对流、强制对流和湍流。

1)自然对流。由温度不均匀引起流体内压强或密度不均匀，导致循环流动，如高温热烟区的空气受热膨胀引起的浮力效应。

2)强制对流。由机械力引起流体微团的空间移动。火灾发生后，使用防烟、排烟等设施，如局扇、压缩机和泵等，产生强制对流，可有效抑制烟气扩散和自然对流，控制火势发展，为最终扑灭火灾创造有利条件。

3)湍流。流体流速较大，做不规则运动，产生垂直于流管轴线方向的分速度。湍流作用越强，燃烧越猛烈。

为防止火势通过热对流发展蔓延，在火场中应设法控制通风口，冷却热气流或把热气流导向没有可燃物或火灾危险较小的方向。

3. 火灾烟气

火灾烟气是火灾发生过程中因热分解和燃烧作用生成的一种产物。热分解指将有机物在无氧或缺氧状态下加热，使之成为气态、液态或固态可燃物质的化学分解过程。由热解作用产生悬浮在空气中的固体和液体微粒为烟或烟粒子。含有烟粒子的气体为烟气。凡可燃物质，无论是固态、液态或气态物质燃烧时，都会产生烟气。

烟气的成分和性质主要取决于发生热解和燃烧的物质本身的化学组成，也与燃烧条件有关。火灾烟气组成相当复杂，在外形和结构上差异很大。按相态和气体有害性可将火灾烟气分为热解和燃烧生成的气体、未燃烧的分解物和凝固物、被火场加热并潜入正在上升的热气团中的大量空气，其特征见表 3-1-1。

表 3-1-1 烟气成分

序号	分类	特征
1	热解和燃烧所生成的气体	当固体物质燃烧时,物质本身发热,受热后将在燃烧物质附近释放出挥发性可燃气体。由于可燃气体密度大于四周冷空气,可燃气体的燃烧在火焰上方形成一个带有高温烟气的火柱。热解和燃烧所生成的气体主要包括 CO_2、CO、H_2O、SO_2、CH_4、碳氢化合物(C_nH_m)等。水蒸气、CO_2、CO 等
2	未燃烧的分解物和凝固物	物质不完全燃烧产生的固体微粒,主要包括游离碳、焦油类粒子和高沸点物质的凝缩液滴等
3	被火场加热并潜入正在上升的热气团中的大量空气	在火焰尖顶部上升的高温气柱中含有可燃气体燃烧所需的空气,这部分剩余空气温度相当高,和燃烧产生的热烟充分混合

3.1.6 火灾分类

1. 按照国家标准分类

按《火灾分类》(GB/T 4968—2008)规定将火灾分为 A、B、C、D、E、F 六类,见表 3-1-2。

表 3-1-2 火灾分类表

分类	类型	举例
A类	可燃固体物质火灾	通常具有有机物性质,燃烧时能产生灼热的余烬,如木材、煤炭、棉、毛、纸张等火灾
B类	液体火灾和熔化的固体物质火灾	煤油、柴油、乙醇、沥青、石蜡、塑料等火灾
C类	可燃气体火灾	煤气、天然气、CH_4、H_2 等火灾
D类	可燃金属火灾	钾、钠、镁、铝镁合金等火灾
E类	带电火灾	物体带电燃烧的火灾
F类	烹饪器具内的烹饪物火灾	动植物油脂

2. 按燃烧时燃料的相对富裕程度分类

根据燃烧时燃料的相对富裕程度可分为富氧燃烧和富燃料燃烧。富氧燃烧指供氧充分的燃烧,又称非受限燃烧或燃料控制型燃烧,其特点是燃料的供给量相对较少,耗氧量少,火灾范围小,火势强度小,蔓延速度低、氧气剩余。火灾发生时下风侧氧浓度一般保持在15%以上。富燃料燃烧指供氧不足的燃烧,又称受限燃烧或通风控制型燃烧。其特点是:火势大、温度高,产生大量炽热挥发性烟气,与被高温火源加热的主风流汇合形成炽热烟流;燃烧位置的火焰通过热对流和热辐射加热紧邻可燃物,使其温度升至燃点;燃烧在较大范围进行,致使主风流中氧气几乎耗尽,剩余氧浓度低于3%;受限于主风流供氧量。富燃料燃烧的高温可燃气体遇到新鲜空气时突然发生的燃烧称为回燃。

燃烧从富氧燃烧发展到富燃料燃烧过程中,救护队员灭火时面临的危险性增加。当易燃气体遇到新鲜空气并达到燃点时会在易燃气体与空气的接触面发生燃烧。燃烧会导致气流紊乱。此外，当空气和没有燃烧的可燃气体相互混合时会导致爆炸发生。

3. 按火灾危害严重程度分类

按火灾危害严重程度分为特别重大火灾、重大火灾、较大火灾、一般火灾。一般火灾指造成3人以下死亡，或10人以下重伤，或1 000万元以下直接财产损失的火灾。较大火灾指造成3人以上10人以下死亡，或10人以上50人以下重伤，或1 000万元以上5 000万元以下直接财产损失的火灾。重大火灾指造成10人以上30人以下死亡，或50人以上100人以下重伤，或5 000万元以上1亿元以下直接财产损失的火灾。特别重大火灾指造成30人以上死亡，或100人以上重伤，或1亿元以上直接财产损失的火灾。

4. 按照行业类别分类

按照行业类别将火灾分为森林火灾、建筑火灾、工业火灾、城市火灾等。森林火灾指在森林和草原发生的火灾，包括地下火、地表火、树冠火等形式，具有大尺度、开放性等特点。建筑火灾指建筑物内发生的火灾，往往在受限空间蔓延，具有多种发展方式和火行为。工业火灾指工业场所发生的火灾，尤其是以矿井、油类生产、加工和贮存场所为主，这类火灾往往蔓延迅速，火强度大。城市火灾指城市中发生的火灾，由于城市中建筑和植被邻接、混杂在一起，城市火灾既有建筑火灾的特点，又有森林火灾的特点。

3.2 矿井火灾

矿井火灾（本节所说矿井以“煤矿”为主）作为工业火灾的一种事故类型，受特殊地理环境因素影响，具有救灾难度大、技术性要求强、危险性较高、防治难度较大等特点，决策处置不当极易造成事故扩大，引发更加严重的爆炸事故，直接威胁救援人员安全。

3.2.1 矿井火灾分类

1. 根据火灾发生地点分类

根据矿井火灾发火地点不同，可分为地面火灾和井下火灾。地面火灾指发生在矿井工业广场范围内地面上的火灾。地面火灾外部征兆明显，地面空间宽阔，烟雾易扩散，空气供给充分，燃烧完全，有毒气体发生量少。井下火灾指发生在井下以及井口附近而威胁到井下安全生产的火灾。根据井下火灾发火地点不同，可分为井筒火灾、巷道火灾、煤柱火灾、采面火灾、采空区火灾、硐室火灾等，如图3－2－1所示。

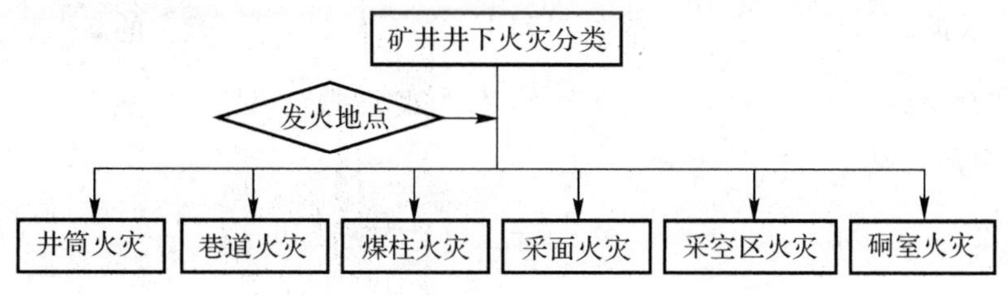

图3－2－1　井下火灾按发火地点分类示意图

2.根据发火地点和对通风系统的影响分类

根据发火地点和对通风系统的影响，矿井火灾可分为上行风流火灾、下行风流火灾、进风流火灾。上行风流指回采工作面自下而上沿倾斜或垂直井巷流动的风流，即风流由标高低点向高点流动。发生在上行风流中的火灾为上行风流火灾。下行风流是指回采工作面沿倾斜或垂直井巷自上而下流动的风流，即风流由标高高点向低点流动。发生在下行风流中的火灾为下行风流火灾。发生在进风井、进风大巷或采区进风风路的火灾为进风流火灾。

3.根据引火热源分类

根据引火热源不同，矿井火灾可分为外因火灾、内因火灾。外因火灾指由外来热源引起的火灾，如瓦斯煤尘爆炸、放炮作业、机械摩擦、电气设备运转不良、吸烟、烧焊、电源短路以及其他明火、高温热源作用引起燃烧而形成的火灾。其特点是：火势凶猛、可防性差、突然发生，如果不能及时发现和控制会酿成重大事故。内因火灾又称自燃火灾，指自燃物在一定外部条件下，自身发生物理化学变化，产生并积聚热量，使其温度升高，达到自燃点而形成的火灾。其特点是：有预兆、燃烧过程缓慢、伴生有害气体、不易早期发现、火源隐蔽，有些发火地点难接近，灭火难度大，时间长。

4.根据燃烧物分类

根据燃烧物不同，矿井火灾可分为坑木火灾、油料火灾、火药燃烧火灾、机电设备火灾、煤自燃火灾、瓦斯燃烧火灾、煤尘燃烧火灾等，如图 3-2-2 所示。

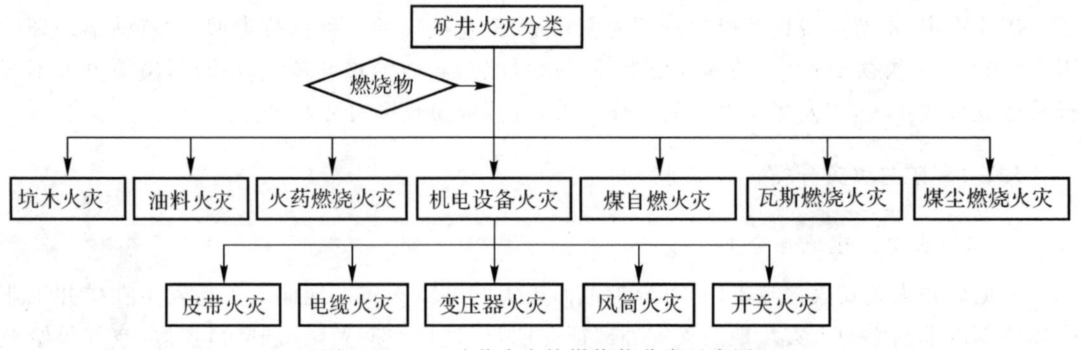

图 3-2-2 矿井火灾按燃烧物分类示意图

5. 根据引火性质分类

根据引火性质不同，矿井火灾可分为原生火灾、次生火灾或再生火灾。其中，次生火灾指由原生火灾引起的火灾。在原生火灾燃烧过程中，含有尚未燃尽可燃物的高温烟流，在排烟通道上一旦与风流汇合，在氧气的供给下可能再次燃烧。

3.2.2 内因火灾

1.煤自燃理论的发展

自燃是指可燃物在没有直接火源作用的情况下，由于其自身的物理、化学和生物反应，温度不断升高达到燃点，从而发生燃烧的现象。内因火灾又称自燃火灾，其自燃机理包括黄铁矿作用、细菌作用、酚基作用、煤氧复合作用等。黄铁矿作用学说认为煤自燃是由煤层中的 FeS_2

与空气中的水分和氧相互作用、发生热反应而引起的。细菌作用学说认为，在细菌作用下，煤在发酵过程中放出一定热量，这对煤自燃起决定作用。酚基作用学说认为，煤自燃是由煤体内不饱和酚基化合物强烈吸附空气中的氧，同时放出一定热量而引起的。煤氧复合作用学说认为，原始煤体自暴露于空气后，与氧气结合发生氧化并产生热量，当储热条件具备时开始升温，最终导致煤自燃。目前，煤氧复合作用学说揭示了煤氧化生热本质，得到了实践验证。

2. 煤自燃过程及条件

煤自燃过程可分为潜伏或准备阶段、自热阶段、燃烧阶段和熄灭阶段。图 3－2－3 为煤自燃过程温度与时间的关系，虚线为风化进程线。

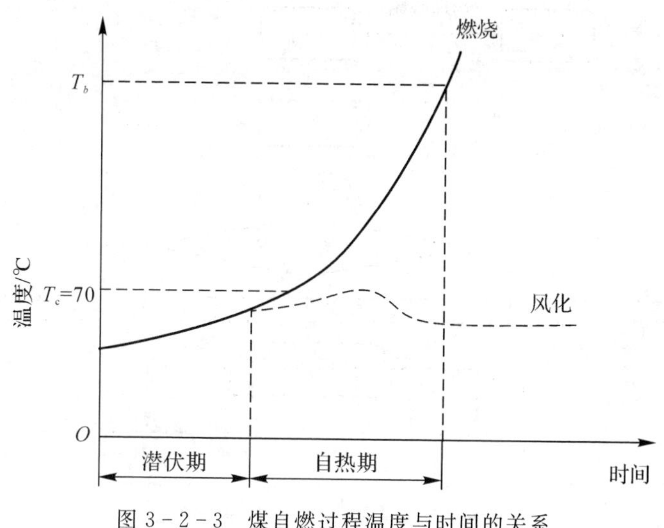

图 3－2－3　煤自燃过程温度与时间的关系

煤自燃伴随着极其复杂的物理和化学反应。自燃倾向性的煤层被开采破碎后，在常温下与空气接触，发生氧化，产生热量使其温度升高，出现发火和冒烟的现象，叫作自然发火。从煤层被开采破碎、接触空气之日起，至出现自燃现象或温度上升到自燃点为止，所经历的时间叫作煤层自然发火期，以月或天为单位。煤层自然发火期取决于煤的内部结构和物理化学性质、被开采破坏后的堆积状态参数、裂隙或空隙度、通风供氧、蓄热和散热等外部环境等因素。图 3－2－3中潜伏期与自热期之和为煤的自然发火期。煤自燃过程如图 3－2－4 所示。

(1)潜伏或自燃准备阶段。潜伏阶段从煤层开采、接触空气至煤温升高开始。煤在生成过程中形成许多含氧游离基，如烃基(—OH)、羟基(—COOH)和羰基(C＝O)等。当破碎的煤与空气接触时，煤从空气中吸附的 O_2 只能与游离基反应，并且生成更多稳定性不同的游离基。该阶段以煤的物理吸附为主，氧化反应放热很小，煤的质量略有增加，着火点温度降低，氧化性被活化。经过潜伏阶段后，煤的燃点降低，表面颜色变暗。

在此阶段因环境起始温度低，煤氧化速度慢，产生的热量较小，而煤自燃需要热量聚集，因此蓄热过程较长。这个阶段通常称为煤的自燃准备期，其时长取决于煤的煤化程度、外部条件、分子结构以及物化性质。煤的破碎和堆积状态、散热和通风供氧条件等对潜伏期的时长也有一定影响，改善这些条件可以延长潜伏期。

(2)自热阶段。从温度开始升高起至温度达到燃点的过程叫自热阶段，其特点是：

1)煤氧化反应加速，氧化放热较多，生成热量逐渐积累，煤温以及空气、水、煤壁等环境温度升高；

2)氧化产生 CO、CO_2 和 C_mH_n 类气体产物，并散发出煤油味和其他芳香气味；

3)有水蒸气生成，火源附近出现雾气，遇冷凝结成水珠，即出现"挂汗"现象；

4)煤的微观结构发生变化。

在自热阶段，若改变散热条件，使散热大于生热，或限制供风，使氧浓度降至不能满足氧化需要，则自热的煤温度降至常温，称为风化。风化后煤的物理化学性质发生变化，失去活性，不再发生自燃。

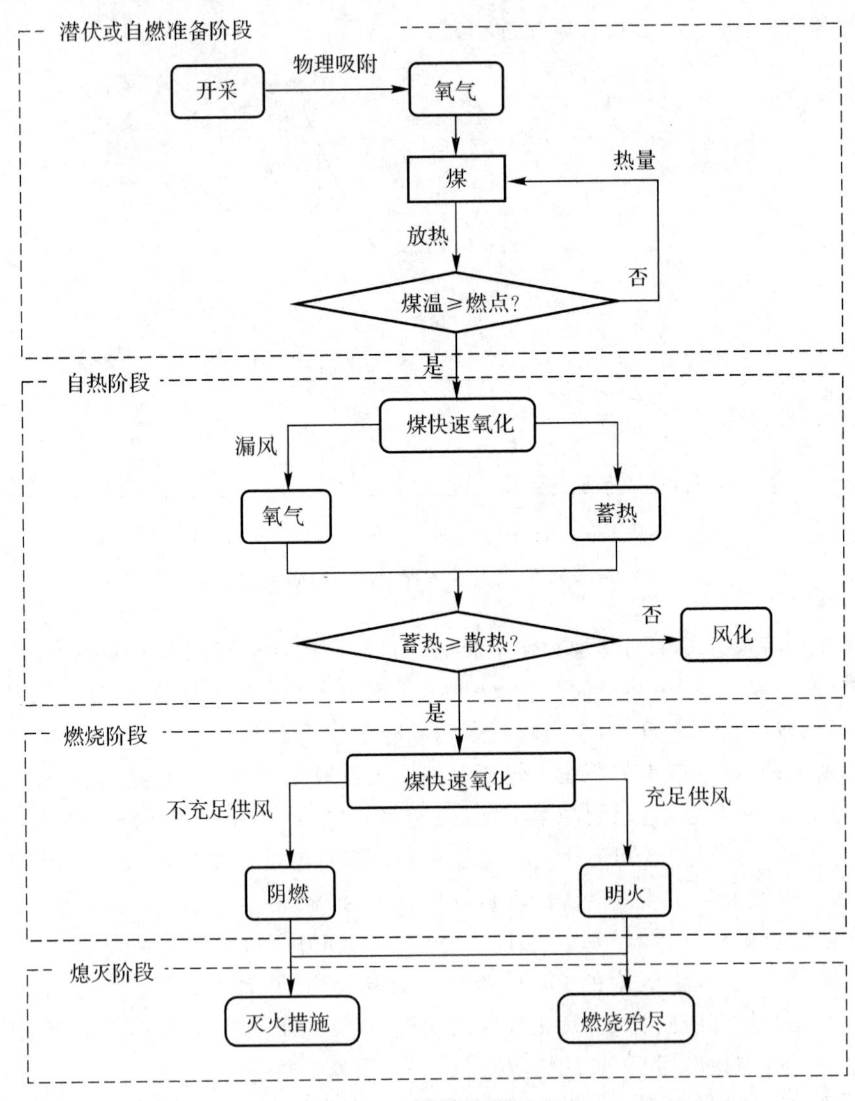

图 3-2-4　煤自燃过程

(3)燃烧阶段。当煤温升高到一定程度时，煤氧化产热量大于环境散热量，使得煤氧化速度加快，煤与环境温度上升，产生更多热量。若持续供氧，会出现明火，生成大量高温烟雾，其中含 CO、CO_2 和 C_mH_n 类化合物。若煤温达到自燃点，但供风不足时，只产生烟雾而无明火，此时达到煤的干馏或阴燃状态，与明火相比，燃烧温度较低，燃烧产物中 CO 多于 CO_2。

(4)熄灭阶段。当采取灭火措施使煤温降至燃点以下,或煤燃烧殆尽时,氧化反应中止,停止燃烧。

煤自燃必须具备 4 个条件才能发生:煤具有自燃倾向性;有连续供氧条件;热量易于积聚;前三个条件的持续时间达到自然发火期。

3.煤自燃影响因素

煤自燃形成火灾是多种因素综合作用的结果,其主要影响因素是煤自燃性能,其他影响因素起促进煤氧化和加剧火灾危险程度的作用。图 3-2-5 为煤自燃影响因素指标体系。

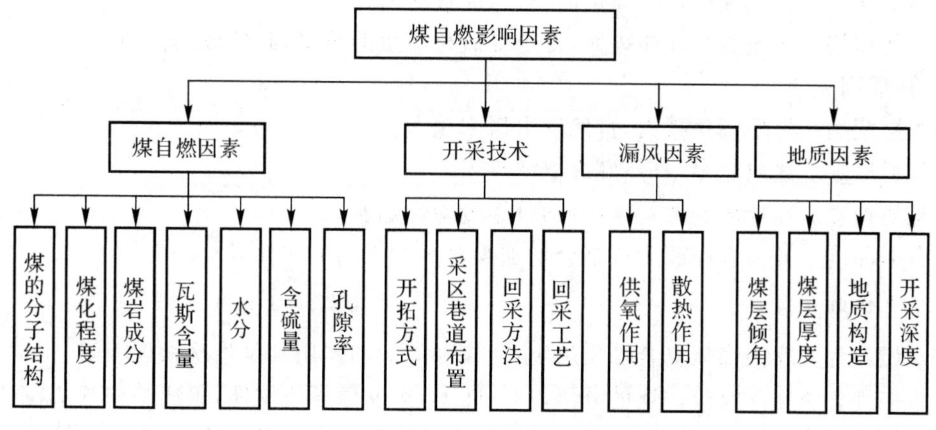

图 3-2-5　煤自燃影响因素指标体系

(1)煤的自燃因素。

1)煤的分子结构。煤含氧官能团的数量和分子结构的疏密程度决定煤的氧化能力。随着煤化程度增高,煤中含氧官能团减少,孔隙度减小,分子结构变得紧密,煤氧化能力增强。

2)煤化程度。煤化程度越高,煤的自燃倾向性越低,其中煤的自燃倾向性从褐煤、长焰煤、烟煤、焦煤至无烟煤逐渐减小;同一煤化程度的煤在不同地区和不同矿井,其自燃倾向性可能有较大差异,表现出煤层自燃倾向性与煤化程度之间的复杂关系。

3)煤岩成分。不同的煤岩成分具有不同的氧化活性,其氧化能力按镜煤、亮煤、暗煤和丝煤的顺序递减。镜煤受力易呈碎屑,含有较多的氢和氧,易氧化自燃;丝煤氧化活性弱,自燃点高,不易自燃,但丝煤组分中的细胞空腔能增大煤的裂隙和反应面,提供氧向深部扩散的裂隙通路,促进煤氧化自燃。在低温下,丝煤吸氧最多,随着温度升高,镜煤吸附氧能力最强,其次是亮煤、暗煤。

4)瓦斯含量。瓦斯或其他气体含量较高的煤,由于其内表面含有大量的吸附瓦斯或其他气体,避免了煤与空气接触,氧气不易与煤表面发生接触,煤氧化概率较低,使煤自燃的准备期加长。当煤中残余瓦斯量大于 5 m^3/t 时,煤中瓦斯含量较高,吸氧减弱,煤难以自燃。

5)水分。煤低温氧化过程中,煤对水蒸气的亲和性大于氧气,水蒸气凝结成水时产生的热量大于氧化产生的热量。因此,增加环境湿度,或增加煤的含水率,可以抑制煤的低温氧化。

6)含硫量。硫相当于催化剂,会加速煤的氧化过程。硫在煤中有 3 种存在形式:硫化铁(黄铁矿)、有机硫和硫酸盐。通常情况下,含硫量大于 3%的煤层为自然发火煤层。

7)孔隙率。煤的孔隙率越大,与氧接触的表面积越大,越容易自燃。

(2)开采技术。

1)矿井开拓方式。开拓方式影响保护煤柱的数量和大小,进而影响煤柱受压与碎裂程度。

2)采区巷道布置。采区巷道布置影响可燃物的分布和集中情况,同时决定了可燃物暴露在充足氧气中的时间。

3)采煤方法。采煤方法影响煤炭采出率。

4)回采工艺。回采工艺影响工作面的推进速度。

(3)漏风因素。

1)供氧作用。漏风提供含氧充足的空气,促进煤氧化。

2)散热作用。风流流经煤体表面,带走煤氧化产生的热量,起到散热作用。

(4)地质因素。

1)煤层倾角。煤层倾角越大,自然发火概率越大。

2)煤层厚度。煤层越厚,自然发火概率越大。

3)地质构造。在地质构造复杂区域,自燃危险性加剧。

4)开采深度。开采太深或太浅都会增加煤自然发火的危险性。

4. 煤自燃特征温度

煤自燃过程主要由煤氧复合性质决定,而煤和氧间的作用则是指从物理吸附、化学吸附开始到发生多种各级化学反应。煤的分子以C、H、O及N原子为主体,组成结构复杂,不同结构部位活性不同。煤的分子在某一特定温度下都能参与煤和氧气间的化学吸附和化学反应,该温度为煤自燃特征温度。

煤自燃特征温度由综合热重分析仪进行测试,得到煤样的热重曲线(Thermo Gravimetry, TG)、微商热重曲线(Derivative Thermogravimetric, DTG)、差示扫描量热曲线(Differential Scanning Calorimetry, DSC)。如图3-2-6所示,以褐煤煤样TG-DTG-DSC曲线为例对煤自燃特征温度特性参数进行介绍。

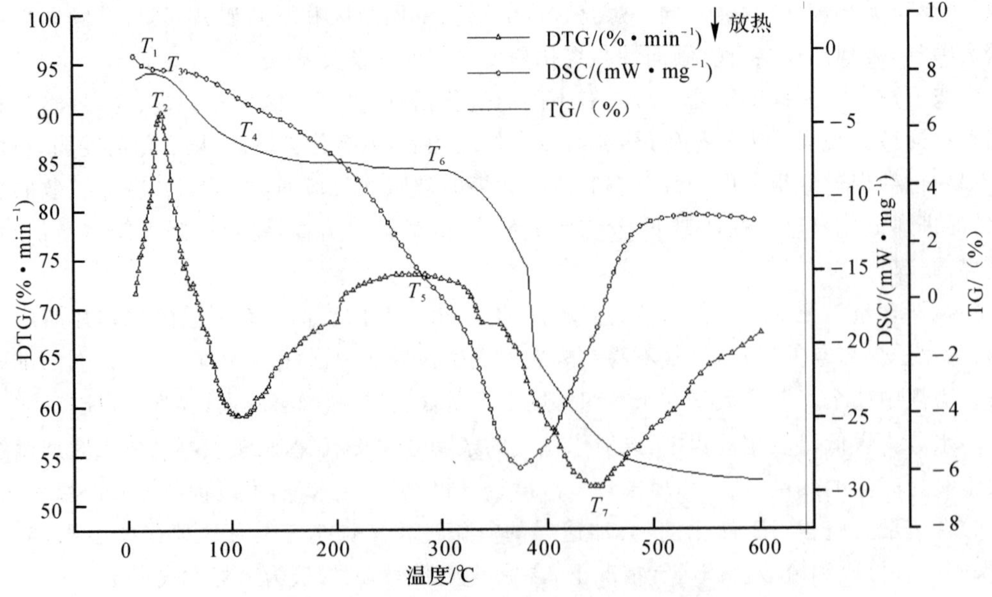

图3-2-6 褐煤煤样TG-DTG-DSC曲线

(1)高位吸附温度 T_1。TG 曲线上初始增重时的温度，此时煤样质量比达到最大值，煤的物理吸附达到平衡。煤在耗氧过程中，物理吸附、化学吸附和化学反应按各自规律进行，其中煤的物理吸附是一个可逆过程，吸附速度相对较快，易达到平衡，同时是放热过程，平衡吸附量随着温度升高而降低，而化学吸附在温度较低时，吸附速率较慢，处于次要地位，此时煤氧复合以物理吸附为主，化学吸附和化学反应较慢，基本没有化学反应气体产生，煤样的物理吸附量大于脱附量，造成煤样增重。

(2)临界温度 T_2。DTG 曲线上第一个失重速率最高点温度，也是煤温由低至高上升过程中引起煤氧复合自动加速的第一个温度点。此时，煤对微孔隙中所吸附和附着的原生气体进行解吸，同时煤与氧的化学反应速度加快，消耗煤体内吸附的氧气，耗氧速率增大，使煤分子部分活性结构发生煤氧复合反应，放出 CO、CO_2 等气体，气体脱附、逃逸量大于吸附量，煤重快速减小，失重速率达到极大值。一般来说，临界温度越低，煤越容易发生自燃。

(3)干裂温度 T_3。煤样在着火温度前失重，即 TG 曲线达到最小值时的温度，是煤样分子结构中稠环芳香体系的桥键、烷基侧链、含氧官能团及一些小分子开始裂解或解聚，并以小分子挥发物释放时的初始温度。在此温度下，煤分子结构中的次甲基醚键、α 位带羟基的次甲基和次乙基键等桥键、甲氧基，以及与芳环相连的边缘醛基等侧链的氧化速度加快，使得活性结构增速加快，化学反应速率加快，出现 C_2H_6、C_2H_4 等气态产物。同时，煤的吸氧性增强，化学吸附量剧增，质量损失速率减缓，氧化反应和裂解产生的气态产物脱附，逸出速度与煤氧的结合速度基本相等，形成一种动态平衡，煤样不再失重。煤的干裂温度表明，在煤的分子结构中侧链从主体结构中断裂，并以气体产物形式逸出。

(4)活性温度 T_4。煤样从干裂温度点保持持质量不变到增重开始点的温度。在此温度下，煤中带有环状结构的大分子断键开始加快，煤的分子结构中吸氧性强的活性结构增速加快，煤对氧气的化学吸附量剧增，动态平衡被打破。由于前一阶段化学反应消耗大量氧，可供反应的氧气量减少，气体产量减少，煤表面空出许多孔隙，可吸附大量氧气，化学吸附量增大，煤样失重速率减缓，质量再次开始增加。

(5)增速温度 T_5。煤样失重速率最低点即煤样增重速率最高点的温度。在此温度下，煤的分子结构中环状大分子断裂速度剧增，活性结构暴露在外的数量剧增，化学反应速度加快，煤样对氧气的吸附量剧增，大于煤脱附和反应产生的气体量，煤重迅速增加，失重速率急剧减小甚至变为正值。

(6)着火温度 T_6。煤样质量比极大值点的温度。温度升高使煤表面活性结构数量剧增，原先在较低温度下没有参与煤氧化过程中的芳环结构也开始参与氧化反应，煤中活性结构数量和对氧的吸附量达到极大值，使煤体质量由急剧下降转为上升趋势，煤的增重量达到最大。此后，煤的芳环结构迅速氧化分解，产生大量 CO、CO_2 和小分子有机气体，放出大量热量，煤的质量开始急剧下降，表明稠环芳香烃的全面裂解，以煤焦油为主的液态挥发物大量排出并开始燃烧，达到样品起始燃烧温度。

(7)最大失重速率点温度 T_7。煤样在自燃着火全过程中的最大失重速率点。此时煤氧化着火速度加快，煤的失重急剧增加，表明煤的分子结构内部发生剧烈化学反应，CO 产生率、耗氧速率急剧增加，升温速度急剧加快，产生大量气体，煤样失重明显。

3.2.3　外因火灾

外因火灾主要发生在井筒、机电硐室及安装有机电设备的巷道或工作面内。代表性外因火灾隐患见表3-2-1。

表3-2-1 代表性外因火灾隐患

火灾隐患	基本说明
电气焊	机械化程度提高，增加了电气焊引发火灾频次；电气焊使用地点的增加，扩大了火灾发生区域
电缆	电缆分布于矿井各个地点，一般采用660 V供电电压等级入井，直接到工作面使用，增加了供电安全电缆管理难度，从而引发火灾，容易造成事故扩大
机电设备	矿井机电设备多，分布范围广，电压等级高，火灾发生可能性剧增，引发火灾极易造成事故扩大
存在明火	井下工作人员吸烟、带火种（如火柴、打火机）等下井，电焊、氧焊、喷灯焊、使用电炉、灯泡取暖等
出现明火	电气设备性能不良、管理不善，引起电火花，进而引燃可燃物
放炮火焰	不按放炮规定和放炮说明书放炮，导致引燃可燃物而发火

井下火灾不同于地面火灾的特征在于：井下火灾发生在受限空间内，一旦发生火灾，受灾害影响范围大，人员受灾害威胁严重，逃生困难；井下火灾发生时通风直接受灾变影响，风流流经路线和方向难以控制，灭火人员的生命受到严重威胁。因此，矿井外因火灾具有严重的灾难性，主要危害见表3-2-2，包括烧伤、中毒或窒息、破坏正常通风状态、阻碍视线、爆燃或爆炸、引发二次灾害等。

表3-2-2 矿井外因火灾主要危害

火灾危害	基本说明
烧　　伤	井下烟流流动受限，燃烧生成的热能不能向周围扩散，烟流温度可达数百摄氏度甚至上千摄氏度，其中火区下风侧几十米甚至几百米范围内烟流温度可达343 K以上。人员进入高温烟流区容易烧伤，长时间在高于身体温度的烟流中滞留容易患热射病
中毒或窒息	火灾时期可燃物燃烧生成大量CO、CO_2和HCl等有毒有害气体。燃烧强度不同，烟流中有毒有害气体浓度不同。燃烧使风流中有毒有害气体浓度升高，O_2体积分数低于12%时，可导致人员在短时间内窒息甚至死亡
正常通风状态破坏	火灾产生的热能转化成火风压，给原通风系统附加通风动力，巷道破坏和产生的节流效应会破坏原有通风系统结构，造成井巷内风流状态紊乱，给人员逃生和灭火救灾带来困难
阻碍视线	燃烧产生大量粉尘和水蒸气，与流过火区风流混合，形成火灾烟流。烟流能见度非常低，烟流中粉尘和有毒有害气体对人的眼睛、鼻子，呼吸系统和皮肤等有强烈刺激作用
爆燃或爆炸	爆燃对周围设施有很大破坏作用。爆燃波传播速度很快，可使火灾范围在短时间内扩大。爆燃产生的热能容易引起瓦斯或粉尘爆炸。可燃物燃烧不完全，烟流中含多种易燃易爆气体和可燃性粉尘，条件适宜，可能发生爆炸
引发二次灾害	煤矿井下受限空间内存在大量瓦斯等易燃易爆气体，火灾燃烧传播过程中有可能造成瓦斯煤尘爆炸

3.2.4　井下气体成分和温度测定

矿井火灾发展过程中的各种物理与化学变化是早期识别和预报的重要基础。识别方法有井下空气和围岩的温度测定、井下气体成分测定等。

1. 井下空气和围岩温度测定

井下空气和围岩的温度测定方法主要包括直接测定方法和间接测定方法两种。直接测定方法是将测温传感器直接放入测温钻孔中或埋在采空区内测定煤岩体温度，常采用温度传感器、热电偶和热敏电阻。测定温度方法操作简便，结果直观可靠，但也存在局限性。间接测温方法主要有无线电测温法、剂气味气法和红外辐射测温法等。无线电测温法是将含有热记录装置的无线电传感器埋入采空区，根据测得的热量发射出无线电信号。气味剂法是将含有低沸点和高蒸气压并具有浓烈气味的液态物质如硫醇和紫罗兰酮等封装在胶囊中，在设定高温下，胶囊破裂发出气味。红外辐射测温法通过测定巷道壁面的红外辐射能量测量煤壁表面温度。

2. 井下气体成分测定与分析

束管监测采用抽气泵通过束管抽取各取样点的气样，用色谱分析仪进行气体成分分析，通过对分析数据的综合处理，从而对自燃火灾进行预测预报。束管敷设在巷道内的高度一般不低于 1.8 m，束管入口处的敷设要平、直、稳，并且与动力电缆之间的距离一般不应小于0.5 m，要避免同其他管线交叉。束管入口处必须安设滤尘器，整条束管一般至少要安设 3 个吸湿器。监测点布置在总回风道、集中回风道、采掘工作面有明显升温征兆的区域、火区密闭等地点。束管检测缺点是管路长，维护工作量大。

煤自热过程中会产生 CO、CO_2、H_2、H_2O、烷烃等气体成分，CO、CO_2 是主要成分，其变化值除以氧气消耗量 Δ_{O_2}，即可排除新鲜空气的稀释影响。矿井火灾气体成分比值常用来分析火灾发展变化趋势，见表 3－2－3。

表 3－2－3　矿井火灾气体成分比值

比　值	名　称
CO/Δ_{O_2}	一氧化碳指数(Index for Carbon Monoxide，ICO)，或 Graham 比值
CO_2/Δ_{O_2}	二氧化碳指数，或 Young 比值
CO/CO_2	碳氧化物比值

Graham 比值判别煤初始自热现象的优点是不因供风量而变化，缺点是在氧气消耗量很小的情况下精度低，如在氧气消耗量 Δ_{O_2} 小于 0.3%(体积分数)时，Graham 比值不可靠。此缺点也存在于其他含氧气消耗量的判别指数中，还受到不是因火灾产生的 CO 的影响，包括从其他采空区运移的 CO，或者进入火区的空气本身就含一定量 CO。Graham 比值一般小于 0.5%，如果 Graham 比值持续上升且超过 0.5%，表明矿井有自热现象发生。

【例 3－1】　某矿工作面采空区回风侧气样分析结果为：N_2＝79.22%，O_2＝20.05%，CO＝0.001 8%，Δ_{O_2}＝0.264 8×79.22%－20.05%＝0.93%。利用 Graham 比值法判断目前采空区的煤自燃状态。

【解】

$$CO/\Delta_{O_2}=(0.0018/0.93\%)\times100=0.19\%<0.5\%。$$

该区域没有发生煤自燃。

3.3 矿井火灾通风防治措施

漏风是矿井火灾发生的必要条件。均压防灭火是矿井火灾时期主要的通风防治措施，指采用风窗、风机、连通管、调压气室等调压手段，改变通风系统的压力分布，降低漏风通道两端压差，减少漏风，从而达到抑制和熄灭火区的目的，具体控风原理包括调节风窗调压原理、风机调压原理、风窗-风机联合调压原理、双调压气室连通管调压原理等。

3.3.1 防止漏风

1. 矿井漏风方式

矿井漏风方式可以分为外部或地面漏风、内部漏风两种。外部漏风相对简单，主要是矿井通风系统通过地面裂隙与地面大气相通形成。根据矿井通风方式和风流方向的不同，抽出式矿井由于矿井内通风系统风流绝对风压小于大气压，因此，漏风风流由地面通过裂隙流向矿井通风系统。压入式通风则相反，矿井通风系统内压力大于大气压，因此风流由矿井内部流向矿井外部。在外部漏风过程中，漏风通道一般会经过煤体。煤相对于岩石来说更容易形成裂隙，且呈一定破碎状堆积。在漏风过程中，氧气沿着漏风通道持续不断输送到破碎煤体中，易引起煤自燃。

内部漏风主要表现为对非需风地点的供风。矿井供风主要是为满足工作面、掘进及其他硐室的需要，但是在风流流经矿井巷道时，如果巷道有裂隙，那么风流会从裂隙处向煤体或岩体内扩散。如果这些裂隙发育同其他通风巷道相连通，且裂隙两端存在压差，就会形成相对稳定的漏风风流，风流流经煤体持续为煤的氧化提供氧气。工作面漏风是内部漏风的主要表现形式。如图 3-3-1 所示，单一煤层开采时工作面向采空区漏风：区域Ⅰ离工作面最近，漏风量大，煤氧化产生的大部分或全部热量带出煤体；区域Ⅲ矿山压力大，受压时间长，压实程度高，风流难漏入，不能充分满足煤氧化需氧量。因此，区域Ⅰ和区域Ⅲ发生煤自燃的可能性不大。由于区域Ⅱ压实程度适中，漏风风量满足煤低温氧化需要，不会带走大量热量，因此该区域浮煤容易发生自燃。将采空区按照煤自燃难易程度分为 3 个区域，称为煤自燃“三带”，分别为“散热带”“自燃带”和“窒息带”。随着工作面推进，采空区三带动态变化，当工作面推进度较快时，“自燃带”存在时间短，发火危险性小。

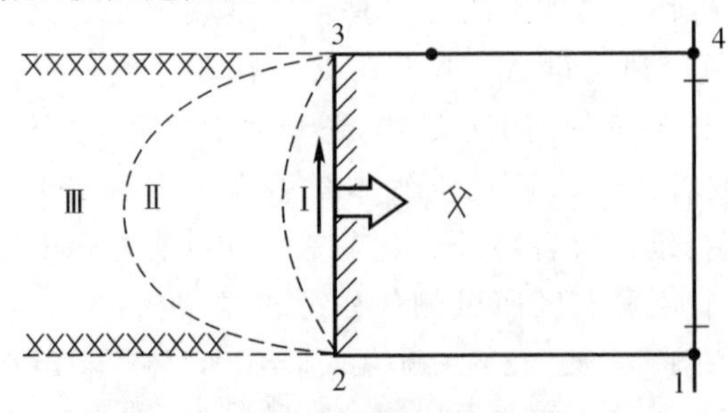

图 3-3-1　采空区煤自燃“三带”示意图

2. 漏风测定方法

漏风测定的目的是找出漏风通道和漏风规律，通常采用示踪技术对漏风通道和漏风量进行探测。示踪技术是指选择具有一定特性的气体作为标志气体，利用风流或漏风作为载气，在压能高的漏风源释放，在可能出现的漏风汇采集气样、分析气体，确定标志气体流动轨迹，判断漏风通道，根据标志气体浓度变化计算风量或漏风量。

示踪气体法是检测漏风常用的方法，通常选用 SF_6 作为示踪气体检测井下漏风通道和漏风量。SF_6 是一种无色、无臭、无毒且不可燃烧的惰性气体，在大气中含量极低，为 10^{-14}～10^{-15} g/mL，其物理活性好，在扰动空气中可迅速混合，均匀分布在检测空间。SF_6 检出灵敏度高，使用带电子捕获器的气相色谱仪或 SF_6 检漏仪均可有效检出，检测精度可达 8×10^{-12}。

(1) SF_6 瞬时释放法。

瞬时释放法是指在漏风通路的主要进风口瞬时释放一定数量的 SF_6 气体，然后在几个预先估计的漏风通路出口采取气样，通过分析气样中是否含 SF_6 以及 SF_6 的浓度来具体确定漏风通道和漏风量。

瞬时释放法简单、易实施，但取样时间难掌握，如果掌握不好可能会错过 SF_6 最高浓度点，使分析结果产生误差，而连续释放法可弥补该缺点。

(2) SF_6 连续释放法。

连续释放法是指在需要检测的井巷风流中连续、定量、稳定地释放 SF_6 示踪气体，然后顺风流方向沿途布点，采取气样分析 SF_6 气体浓度变化。如果沿途向内漏风，则沿途各风流中的 SF_6 浓度变化呈下降趋势。通过分析 SF_6 浓度变化情况即可得到漏风规律。SF_6 连续释放漏风探测释放点及采样点示意图如图 3-3-2 所示。

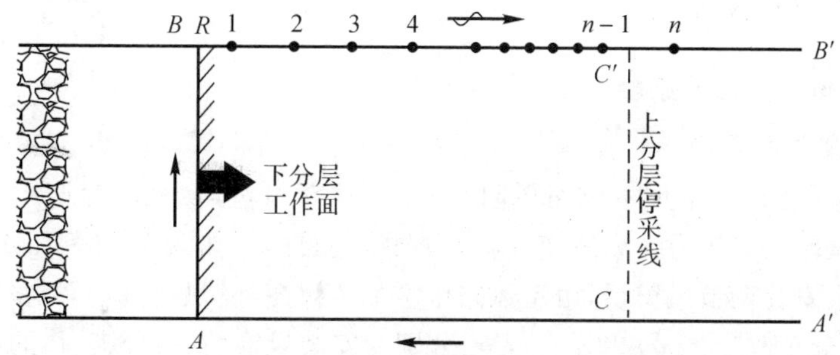

图 3-3-2　SF_6 连续释放漏风探测释放点及采样点示意图

图 3-3-2 所示为测定上分层采空区漏风，设在 R 处释放 SF_6 气体，在 1，2，…，n 点采取气样。若 R 处 SF_6 释放流量为 q，通过释放点的风量为 Q，则示踪气体浓度为

$$C=\frac{q}{Q}\times10^{-6} \tag{3-3-1}$$

式中：Q_i—— 取样点 i 的风量，m^3/min；

C——i 点 SF_6 浓度；

q——SF_6 释放流量，mL/min。

若回风平巷 BB' 不向外漏风，只有进风平巷 AA' 中的风流通过上分层采空区和停采线向 BB' 漏风，且漏风风流中不含 SF_6，则各取样点 SF_6 含量不变，都为 q。通过分析各点气样得出

SF_6 浓度后，计算该点风量及两点间漏入风量。

实际工作中漏风量计算方法为：设取样点 i 的风量为 Q_i，SF_6 浓度为 C_i，与此相邻的下一取样点 $i+1$ 点处 SF_6 浓度为 C_{i+1}，漏入风量中含一定数量 SF_6，两点间漏入风量为 $\Delta Q_{i,i+1}$，浓度为 $\Delta C_{i,i+1}$，则 $i+1$ 点处风量为 $Q_{i+1}=Q_i+\Delta Q_{i,i+1}$。由质量守恒原理可得

$$Q_iC_i=(Q_i+\Delta Q_{i,i+1})C_{i+1}-\Delta Q_{i,i+1}\Delta C_{i,i+1}=Q_iC_{i+1}+\Delta Q_{i,i+1}(C_{i+1}-\Delta C_{i,i+1}) \tag{3-3-2}$$

可推导出 $\Delta Q_{i,i+1}=\dfrac{C_i-C_{i+1}}{C_{i+1}-\Delta C_{i,i+1}}Q_i$，若漏入风量中不含 SF_6，则 $\Delta C_{i,i+1}=0$。

示踪气体定量释放装置一般由贮气钢瓶、减压阀、稳压阀、稳流阀、二级稳流装置、压差监测器和流量计等组成。一般要求释放装置稳定释放量在 10 ～ 100 mL/min 间按需调节，测定 100 ～ 10 000 m^3/min 的风量。

用连续释放法检测漏风时，将取样点选择在有风流漏入的巷道，将释放点选在该巷道的进风口或其主要进风流中。图 3-3-2 所示为检测通过上分层采空区和停采线漏入下分层工作面回风平巷中的漏风，在回风平巷中，沿风流方向选取 1，2，…，n 个取样点，将释放点选在该巷道入风口 R。为了避免示踪气体的释放与采煤工作面相互影响，释放点 R 与工作面出口 B 的距离应大于 15 m。为保证 SF_6 示踪气体在巷道空气中充分扩散，第一个点与释放点 R 的距离一般应大于 40 m，其具体位置取决于 SF_6 在巷道断面中释放的具体位置和巷道风速。当工作面 AB 与上分层停采线 CC' 间的距离较近时，可将释放点 R 选在工作面入口附近。为检测其他情况下的漏风状况，合理确定采样点和释放点，需先进行压能测定，作出压能图，以判定漏风方向，确定释放方案。

3.3.2 均压防灭火

1. 调压设施均压防灭火原理

(1) 调节风窗调压原理。

风窗调压实质是通过增加本风路风阻，减小本风路风量，从而改变调压风路上的压力分布，使风窗前后风路上的压力坡度线变缓，达到调压的目的。如图 3-3-3(a) 所示，在并联风路结构分支 Ⅰ 中安装调节风窗后，由于风路中增加了风阻，其风量减小，风量变化引起本分支和相邻分支压力分布改变。aob 和 $a'c'od'b'$ 分别为安装风窗前、后分支 Ⅰ 的压力坡度线。由图 3-3-3(b) 可知，风窗上风侧风流压能增加，下风侧风流压能降低；A 点风流压能增加，B 点风流压能降低，其增加和降低幅度取决于风窗阻力及该分支风阻变化对矿井通风系统的影响大小。此外，调节风窗调压增大了并联风路分支 Ⅱ 的风量。

(2) 风机调压原理。

在需调压的风路上安装带风门的辅助通风机，利用风机产生的增风增压作用，改变风路压力分布，达到调压目的。如图 3-3-4(a) 所示的并联通风系统，在分支 Ⅰ 上安装带风门的风机，且使其风量大于原来风量。调压前、后分支 Ⅰ 的压力坡度线分别为 afb 和 $a'c'fd'b'$，如图 3-3-4(b) 所示。风机上风侧(AF 段) 风流的压能降低，下风 L 侧(FB 段) 风流的压能增加，其变化的幅度随风机距离的增大而减小。因风路上风量增加，故其压力坡度线变陡，在分支 Ⅰ 上安装风机后，与其并联的分支 Ⅱ 的风量减小，其减小量小于分支 Ⅰ 的风量增加量，减小程度取决于风机安装位置及该分支风阻变化对矿井通风系统的影响，压力坡度线的坡度变缓。

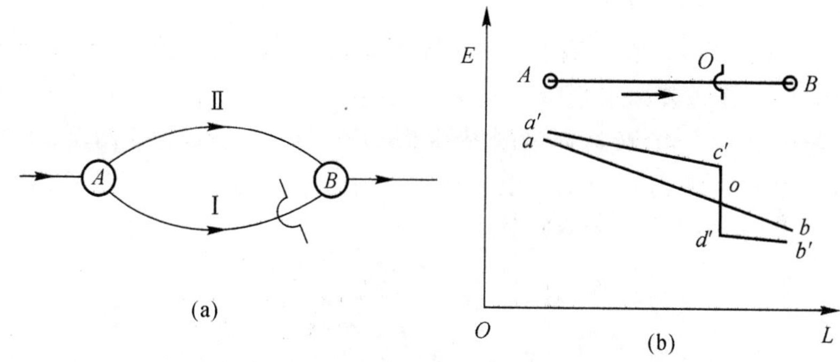

图 3-3-3　调节风窗调压原理

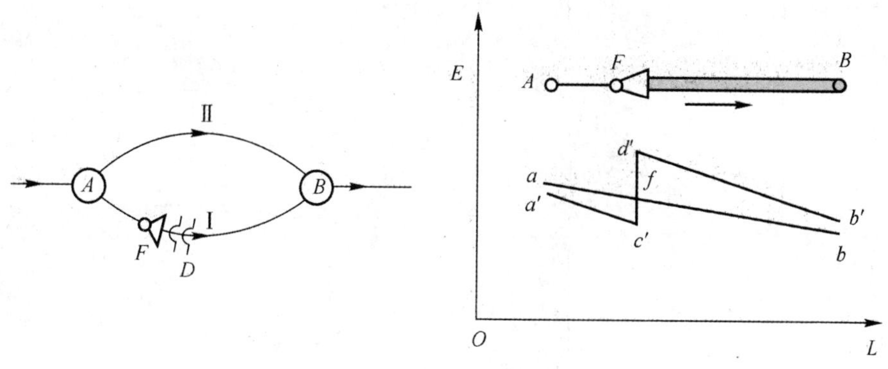

图 3-3-4　风机调压原理

(3) 风窗-风机联合调压原理。

使用风窗和风机联合调压时，有增压调节和降压调节两种方式。增压调节使得两调压装置中间风路上风流压能增加，因此，风机安装在风窗上风侧。图 3-3-5(a)(b) 分别表示风量不变和风量减小时的压力变化曲线。降压调节时，风窗安装在上风侧，风机安装在下风侧。

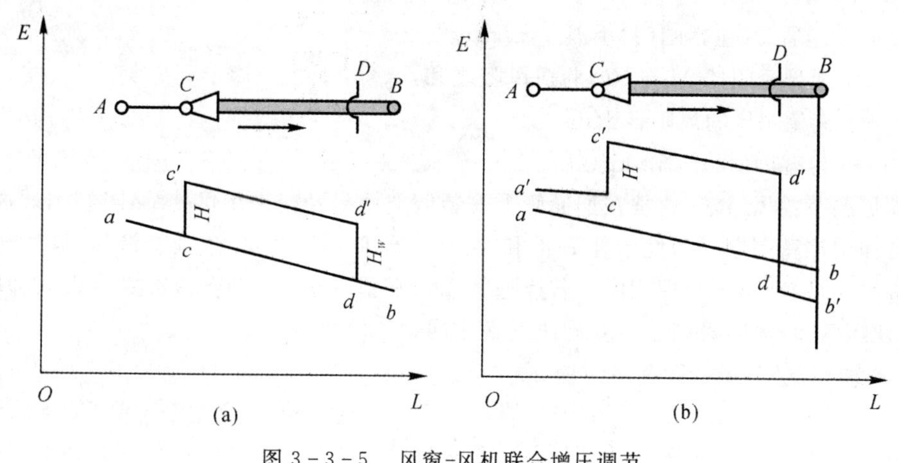

图 3-3-5　风窗-风机联合增压调节

2. 调压气室-连通管调压原理

调压气室-连通管调压一般适用于封闭火区灭火，有单气室与双气室调压两种。

(1) 单调压气室-连通管调压原理。

如图 3－3－6(a) 所示，在火区回风侧密闭墙 K_2 外构筑一道辅助密闭墙 M，M 与 K_2 构成调压气室，同时从调压气室内 C 点铺一根装有调节闸门的金属管至火区进风侧 B 点上风侧的 D 点，其等效拓扑网路如图 3－3－6(b) 所示。

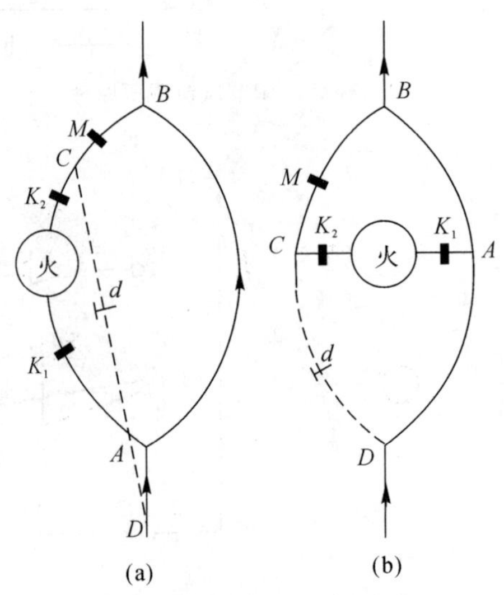

图 3－3－6　单调压气室-连通管调压原理

由于连通管接入，火区所在巷道成为角联分支。根据角联结构分风原理，当 A 和 C 点压力相等时，火区漏风量为 0，即

$$\frac{R_T}{R_M}=\frac{R_{DA}}{R_{AB}} \tag{3-3-3}$$

式中：R_T—— 连通管（包括闸门）风阻，kg/m^7；

R_M—— 辅助密闭墙 M 与 CB 巷道风阻之和，kg/m^7；

R_{AB}—— 巷道 AB 的风阻，kg/m^7；

R_{DA}—— 巷道 DA 的风阻，kg/m^7。

为满足调节控风需求，通常在连通管上安装调节闸门 d 或采用可伸缩连通管，通过调节连通管长度和增加密闭墙气密性改变 R_{DA} 和 R_M。对于单调压气室-连通管调压，调压气室也可构筑在进风侧，两者调压原理相同。若连通管端口只引至节点 A，连通管变为火区并联分支，此时，单调压气室-连通管调压与双调压气室相同。

(2) 双调压气室-连通管调压原理。

如图 3－3－7 所示，在火区两侧密闭墙 K_1、K_2 外分别构筑一道助密闭墙 F_1 与 F_2，与原密闭墙构成两个调压气室，连通两个调压气室与火区形成并联结构，起并联分风和降压作用，增加火区漏风风阻，降低火区漏风压差。把两个调压气室连通的金属管作为连通管。

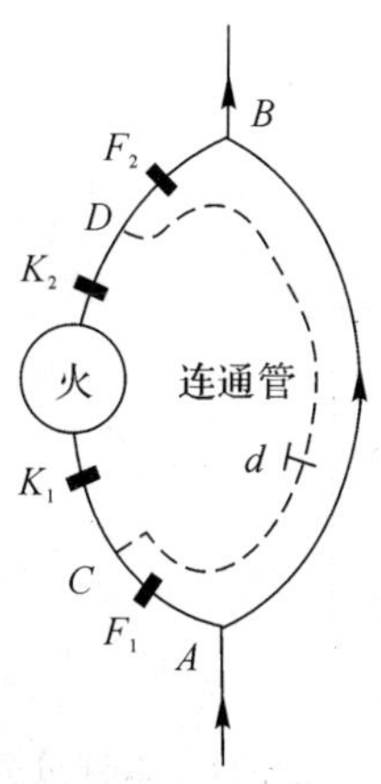

图3-3-7　双气室-连通管调压原理

3.生产工作面采空区自燃火源或高温点调压处理

采空区火源或高温点产生位置取决于采空区堆积的遗煤和漏风分布，采用调压法处理采空区高温点或自燃火源之前，必须首先了解可能产生火源的空间位置及其漏风分布。

(1)采空区漏风形式。

采空区漏风分为并联漏风和角联漏风两种。图3-3-8(a)是采空区并联漏风分布示意图。图3-3-8(b)虚线是等效风路。

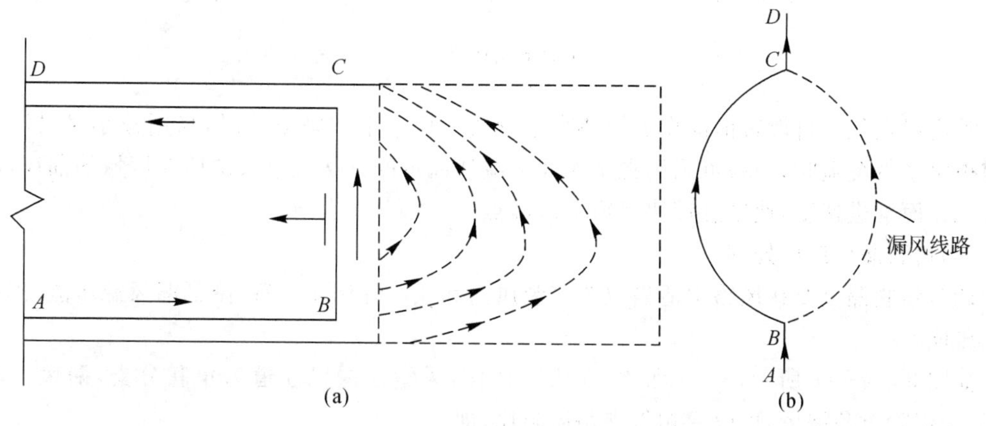

图3-3-8　采空区并联漏风分布示意图

采空区部分漏风与其他风巷相连的漏风是角联漏风。图3-3-9(a)是某矿同时开采层间距较近的两层煤时，因两工作面间错距较小，为20 m左右，使上下工作面采空区相互连通，产生对角漏风。将漏风路线简化为对角支路，如图3-3-9(b)中虚线2→5所示。

(2)并联漏风调压处理。

在采取调压处理前，首先应判断高温点或火源在漏风带的大致位置。如图3-3-10所示，当火源或高温点处于自燃带Ⅱ中后部(靠近窒息带)时，可用降低漏风压差(工作面通风阻力)的方法减小漏风带宽度，使窒息带覆盖高温点。具体措施有：在工作面进风或回风安设调节风窗，或微开启与工作面并联风路中的风门d；在工作面下端设风障或挂风帘，有利于减少采空区瓦斯涌出。

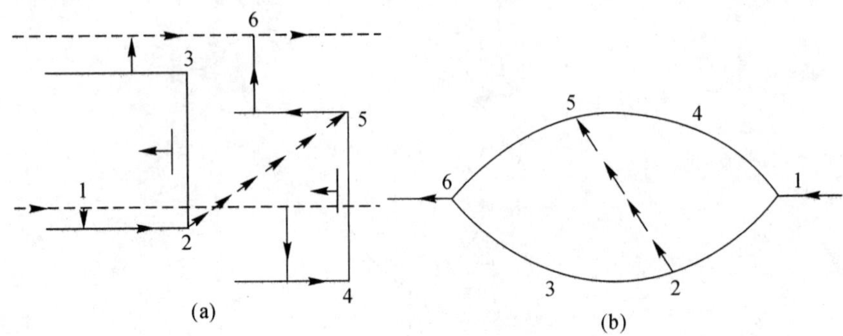

图 3-3-9　采空区角联漏风分布示意图

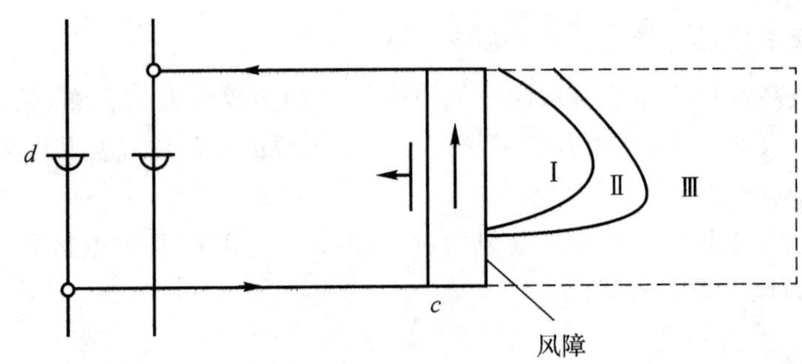

图 3-3-10　工作面下端挂风帘后三带分布示意图

若高温点位于自燃带前部靠近散热带附近或工作面下部采空区时，采用减小风量法不能使其被窒息带覆盖时，一般可采用在工作面下端挂风帘的方法减小火源所在区域的漏风，同时加快工作面推进速度，使窒息带快速覆盖高温点。

(3)角联漏风调压处理。

调节角联漏风要在风路中适当位置安装风门和风机等调压装置，降低漏风源压能，提高漏风汇压能。

如图 3-3-11 所示，3—6 和 4—5 为工作面，采空区漏风通道为角联分支，漏风方向为 3→5。为消除对角漏风，可改变相邻支路风阻比，即

$$\frac{R_{23}}{R_{35}} \approx \frac{R_{24}}{R_{45}} \tag{3-3-4}$$

具体调压方案为：在 5—7 分支安设调节风窗，提高 5 点压能；如果要求工作面风量不变，可在 5—7 分支安设风窗的同时，在工作面进风巷 2—4 分支安设调压风机，采用联合调压；条件允许时可在进风巷 2—3 安设风窗，在回风巷 5—7 安设风机进行降压调节。

调压采用的各种措施应以保证安全生产和现场条件允许为前提。角联漏风调节要注意调节幅度，防止因漏风汇压能增加过高或漏风源压能降得过低，导致漏风反向。为防止盲目调节，可在阻力测定的基础上，根据调节压力预先对调节风窗面积进行估算，并在调压过程中注意火区动态监测，掌握调压幅度。

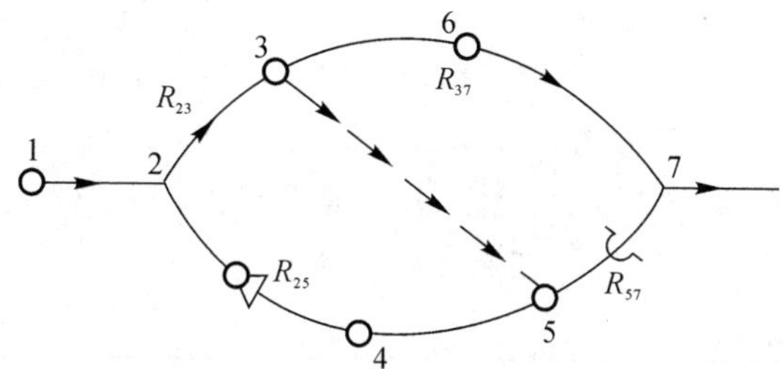

图 3-3-11　角联漏风调压

(4)调整通风系统调节漏风压差。

火区的形成和发展与通风系统不合理有关。在保证采掘工作面按需供风和安全生产的前提下,应针对具体情况合理调整通风系统,使其起到平衡火区漏风压差的作用。从利于防灭火角度出发,一般遵循以下原则调整通风系统:

1)增加火区或采空区并联(低风阻)风路,或减少火区并联分支风阻或风量(不得在该分支增阻)。

2)增加火区所在分支或其漏风流经路线上其他分支风阻,在非漏风流经的路线上减阻。增阻或减阻巷道离火区或采空区越近,效果越好。

3)当火区漏风源与漏风汇分别处于进回风井附近时,应设法降低主要通风机负压。

4)降低火区漏风源压能,增加漏风汇压能。采用局部或全局方式都可调整通风系统,局部调整时利用增设或移动风门、调节风窗等通风设施来实现。

在有漏风源或漏风汇附近的风路上设置增阻型通风构筑物时,应遵循的总原则,一是起风流调节和控制作用,二是不增大火区或采空区漏风压差。具体为:

1)当在有并联漏风的风路上设置风窗等增阻型通风构筑物时,其位置不应选择在漏风源与漏风汇之间。图 3-3-12 为某矿工作面及其附近巷道的通风系统,采空区存在角联漏风,其路线为 2→C。为增加工作面风量,需在 $ABCD$ 风路上设置调节风窗,由于经采空区的漏风路线 2→C 与风路 ABC 呈并联形式,故调节风窗不应设在 ABC 段,而应设在 CD 段和 BE 段,以减小采空区漏风压差。

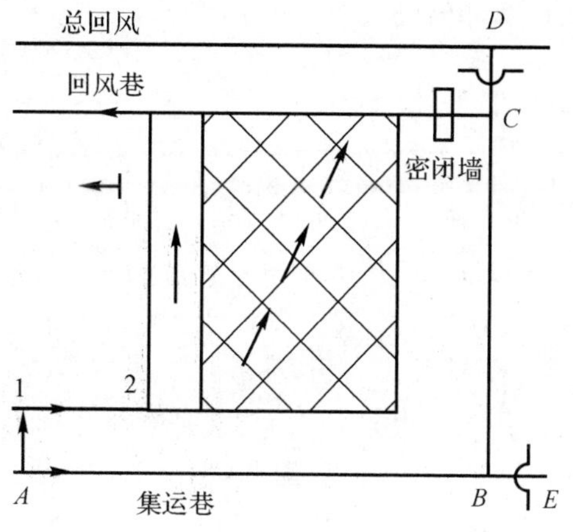

图 3-3-12　有并联漏风时通风构筑物设置

2)在有漏风源或漏风汇附近的风路上安设增阻型通风构筑物时，应将其设在漏风源上风侧，或漏风汇下风侧。如图 3-3-13(a)所示，D 点为漏风汇，欲在风路 EDF 上设置调节风窗时，应设在 DE 段风路上，而不应设在 FD 风路上，否则会降低 D 点压能，增大采空区漏风压差。如图 3-3-13(b)所示，在 ABC 风路上，B 点是漏风源，要在风路上设置调节风窗或风门时，应设在 AB 段，而不应设在 BC 段，这样有利于降低 B 点压能。

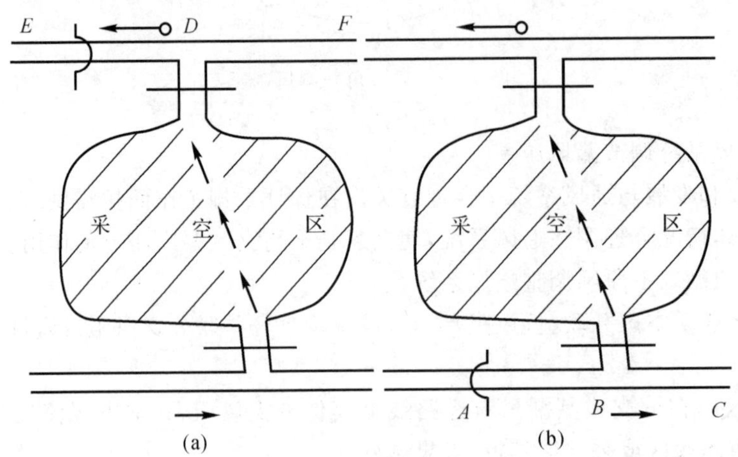

图 3-3-13　漏风源、汇附近通风构筑物设置

3)设置风门、调节风门和密闭墙等风流控制设施后，应使采空区或火区同处于进风或回风侧，以降低其漏风压差。

3.4　矿井灾变时期风流紊乱规律

矿井火灾时期如果不能及时控制火势，在火灾附加热效应的作用下，矿井风流方向和流量将会发生改变，即出现风流紊乱。风流紊乱是灾害扩大的主要原因。因此，矿井火灾时期风流紊乱特性为采取相应措施控制火势提供了理论基础，对减小灾害影响范围意义重大。

3.4.1　火风压的定义、计算和特征

1. 火风压的定义

矿井火灾期间热力作用使空气温度升高而发生膨胀，密度小的热空气途经有高差的倾斜或垂直巷道时会产生浮升力，称为热风压。火风压指通风网络中出现附加热风压，也指高温烟气流经倾斜或垂直井巷时产生的自然风压的增量。

根据作用范围不同，将火风压分为局部火风压和全矿火风压。局部火风压指矿井发生火灾时，燃烧产生的高温烟气经倾斜或垂直巷道，在巷道局部区段上产生热风压，局部区段热风压的代数和为全矿火风压。矿井发生火灾后，火风压会破坏和扰乱矿井通风系统中正常的风流方向，导致原有通风系统压力分布和风量分配发生改变，扩大事故影响范围，造成严重损失。

2. 火风压的计算

图 3-4-1 为模型化的矿井通风系统示意图，进风井筒高于回风井筒，火灾时期局部火风

压计算式为

$$H_f=[Z_1\rho g-(Z\rho_f g+Z_2\rho_2 g)]-[Z_1\rho g-(Z\rho_0 g+Z_2\rho_2 g)]=Z(\rho_0-\rho_f)g \tag{3-4-1}$$

式中：H_f—— 火风压，Pa；

Z—— 高温烟气流经进风井筒的垂直高度，m；

Z_1—— 高温烟气流经回风井筒的垂直高度，m；

Z_2—— 进风井筒与回风井筒之间的垂直高度，m；

ρ—— 矿井进风井筒内风流平均密度，kg/m^3；

ρ_0—— 火灾发生前矿井回风井筒内烟气平均密度，kg/m^3；

ρ_f—— 火灾发生后矿井回风井筒内烟气平均密度，kg/m^3；

ρ_2—— 空气密度，kg/m^3。

假设火灾发生前、后，火区附近压力不变。由图3-4-1可知，$Z=Z_1-Z_2$，记$Z=\Delta Z$，$T_f-T_0=\Delta T$，代入式(3-4-1)得

$$H_f=\frac{\Delta Z\Delta T\rho_f g}{T_0} \tag{3-4-2}$$

式中：ΔZ—— 巷道高程差，m；

T_0—— 火灾发生前矿井回风井筒内风流平均绝对温度，K；

ΔT—— 火灾发生前后烟气温度的增量，K。

巷道的高程差越大，火风压越大；火势越猛烈，烟气温度越高，火风压越大。对于平巷而言，$\Delta Z\approx 0$，几乎无火风压。

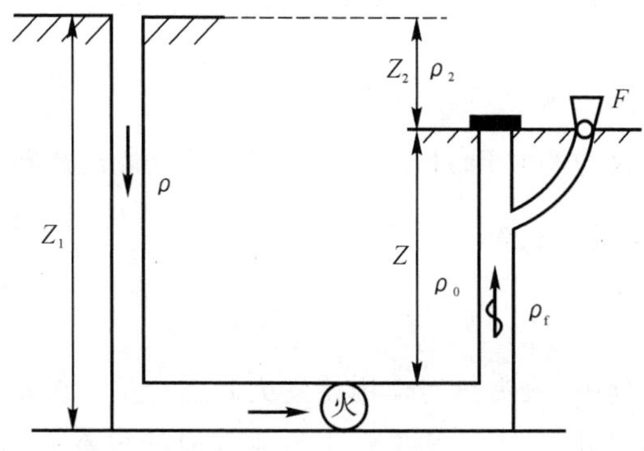

图3-4-1　矿井通风系统示意图

3. 火风压的特征

(1)火风压出现位置。火风压产生于烟流流过有高差的倾斜或垂直巷道中。

(2)火风压作用。火风压对通风系统的影响相当于在高温烟气流经的风路上安装了一系列局部通风机。

(3)火风压作用方向总是向上。火风压产生在上行风巷道时，其作用方向与风流风向相同，下行风巷道中火风压作用方向与风流风向相反，成为通风阻力，称为负火风压。只有当烟流冷却到常温时，即远离火源点后，火灾影响才会消失。

【例3-2】　如图3-4-2所示，在并联风路上行风流中3点发生火灾，已知风机提供的风

压 $h_{14}=200$ Pa，发火前出风井筒内风流的平均温度与平均密度分别为 $T=20℃$，$\rho_0=1.25\ \text{kg/m}^3$，巷道高程差 $\Delta Z=30$ m，g 取 $9.8\ \text{m/s}^2$，当在巷道中测得的火烟平均温度 T_F 为 354.8℃ 时，试计算火烟在 1—3—4 巷道中产生的火风压大小。

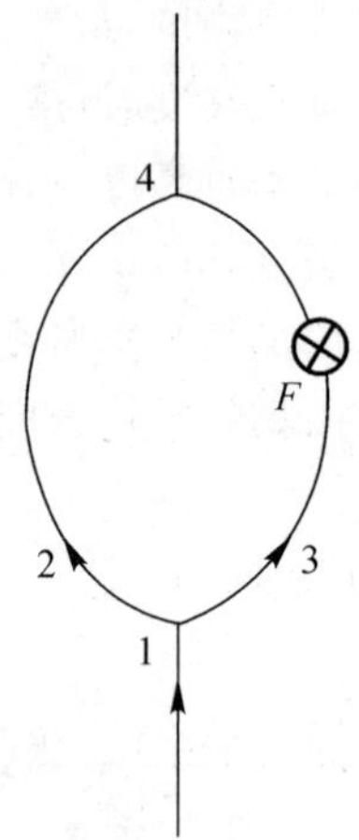

图 3-4-2　并联风路上行风流中发生火灾示意图

【解】

由火风压计算公式得

$$h_F=\rho_0 g\Delta Z\frac{\Delta T}{T}=\rho_0 g\Delta Z\frac{T_F-T}{T}=\rho_0 g\Delta Z\frac{T_F-T}{273+T}$$

$$h_F=1.25\times 9.8\times 30\times\frac{354.8-20}{273+20}\approx 420\ \text{Pa}$$

由于风机提供的风压仅为 200 Pa，1—2—4 巷道将发生风流逆转。

3.4.2　火区阻力的定义、计算

1. 火区阻力的定义

火区阻力指在火灾过程中，火灾热力作用使发火巷道产生一个附加通风阻力，它由火区热阻力和火焰局部障碍阻力组成，是发火巷道产生节流效应的根本原因。火区阻力主要由火灾热力作用引起，故火源强度对其影响较大，一般来说，火源强度越大，则火区阻力越大，节流作用也越明显。火焰局部障碍阻力指矿井火灾时期，巷道中火焰犹如一个柔性障碍物，缩小了巷道有效流动断面，产生对烟流流动较大的局部阻力。

图 3-4-3 为水平巷道火灾分区。$A—A'$ 面为巷道进风断面，$D—D'$ 面为巷道回风断面。假定发火巷道为水平巷道，$B—B'$ 面为燃烧区前端面，$C—C'$ 面为燃烧区后端面。因此，将发火巷道划分为 3 个区：$A—A'$ 面和 $B—B'$ 面之间为新鲜风流区，$B—B'$ 面和 $C—C'$ 面之间为火灾燃烧区，$C—C'$ 面和 $D—D'$ 面之间为火灾烟流区（回风区）。热阻力既可发生在燃烧区，也可发生在火灾烟流区，其大小与进风流初始值关系较大。火焰局部障碍阻力仅与火焰大小与厚度有关。

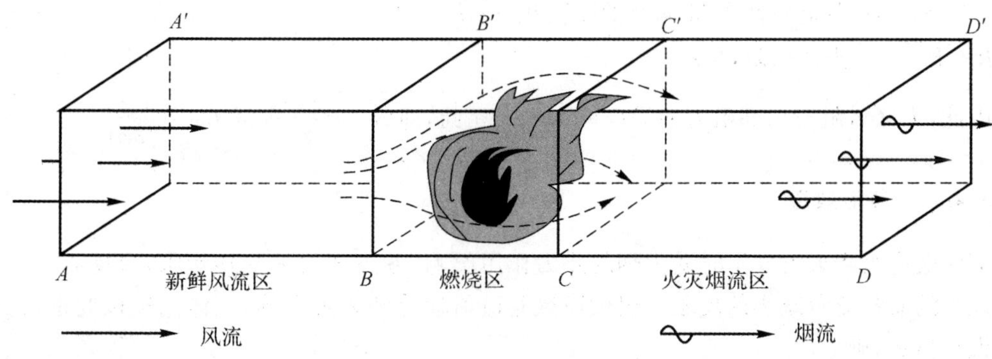

图 3-4-3 水平巷道火灾分区

2. 火区阻力的计算

(1) 火区热阻力计算。

火区热阻力计算见下式，即

$$h_1=\frac{1}{2}C_1\rho_{出}\ v_2^2 \tag{3-4-3}$$

式中：h_1—— 热阻力，Pa；

$\rho_{出}$—— 火区出口密度，kg/m³；

v_2—— 火区出口速度，m/s；

C_1—— 热阻力系数。

(2) 火区局部障碍阻力计算。

火区局部障碍阻力计算见下式，即

$$h_r=\frac{1}{2}\xi\rho_{出}\ v_2^2 \tag{3-4-4}$$

式中：h_r—— 局部障碍阻力，Pa；

ξ—— 局部障碍阻力系数。

(3) 火区阻力和风阻计算。

根据力叠加原理，火区阻力为

$$h=h_1+h_r=\frac{1}{2}C_1\rho_{出}\ v_2^2+\frac{1}{2}\xi\rho_{出}\ v_2^2=\frac{1}{2}(C_1+\xi)\rho_{出}\ v_2^2 \tag{3-4-5}$$

式中：λ_1、λ_2—— 火区阻力系数。

定义 $h=\frac{1}{2}\lambda_1\rho_{进}\ v_1^2=\frac{1}{2}\lambda_2\rho_{出}\ v_2^2$，火区风阻为

$$h=\frac{\lambda_1\rho_{进}}{2S_1^2}Q_1^2=R_{z1}Q_1^2 \tag{3-4-6}$$

或

$$h=\frac{\lambda_2\rho_{出}}{2S_2^2}Q_2^2=R_{z2}Q_2^2 \tag{3-4-7}$$

式中：Q_1、Q_2—— 通过巷道断面 1、断面 2 的风量，m³/s；

$\rho_{进}$—— 火区进口的密度，kg/m³。

S_1、S_2—— 巷道断面 1、断面 2 的断面积，m^2；

R_{z1}、R_{z2}—— 火区风阻，$N \cdot s^2/m^8$。

因此，火区风阻与局部阻力的局部风阻形式相同，即 $R_{z1} = \frac{\lambda_1 \rho_{进}}{2S_1^2}$ 或 $R_{z2} = \frac{\lambda_2 \rho_{出}}{2S_2^2}$。

3.4.3 节流效应

节流效应是指火灾发生时受火烟的热力作用影响，巷道中气体受热膨胀，流动阻力增大，造成风流的质量流量减小的现象。假设通风巷道前端受到火灾影响，气体流经该巷道后克服摩擦做功恒定，则

$$P = HQ = RQ^3 = R\left(\frac{M}{\rho}\right)^3 = \frac{R}{\rho}\frac{M^3}{\rho^2} = R_t\frac{M^3}{\rho^2} \tag{3-4-8}$$

式中：P—— 气体克服摩擦做功，W；

H—— 巷道通风阻力，Pa；

Q—— 风流的体积流量，m^3/s；

M—— 风流的质量流量，kg/s；

ρ—— 空气密度，kg/m^3；

R_t—— 巷道通风阻力系数。

经变形得

$$M = \sqrt[3]{\frac{P}{R_t}\rho^2} \tag{3-4-9}$$

由于 P 和 R_t 都是常数，所以 $M \propto \sqrt[3]{\rho^2}$，又因为 $M = \rho Q$，则有 $Q \propto \sqrt[3]{\frac{1}{\rho}}$。因此，空气密度与风流的质量流量成正比，与风流的体积流量成反比。当矿井发生火灾时，空气密度减小，风流的质量流量减小，体积流量增大。

3.4.4 风流紊乱形式

风流紊乱指当矿井发生火灾时，受火风压和节流效应影响，原有通风的系统压力分布和风量分配发生改变，扰乱风流正常流动，主要形式包括火烟滚退、主干风路烟流逆退和旁侧支路风流逆转。

(1)火烟滚退。

矿井发生火灾期间，受浮力作用影响，燃烧中的火焰和生成的烟气向上流动，如果向上流动的烟流受到顶板阻挡，热烟气将在巷道顶部形成沿巷道进、回两个方向的流动，在巷道顶部逆着巷道进风方向流动的烟流被称为火烟滚退，如图 3-4-4 所示。火烟滚退中热烟气有两种不同的流向，一是逆着新鲜风流方向流动，二是逆风流动的烟气受通风系统压力的影响，经过一定距离后又顺着新鲜风流方向流动。火烟滚退往往是主干风路风流逆退和旁侧支路风流逆转的前兆。

(2)主干风路烟流逆退。

主干风路指火灾发生后，从入风井口经火源点到回风井的通路。矿井火灾发生初期，火风压较小，风机提供的风压大于火风压，烟流流动方向与巷道风流流动方向一致，但是由于火风

压作用力方向与风机提供的风压方向相反，因此主干风路风量减小。随着火势的增大，当风机提供的风压和火风压达到平衡时，风量为 0，发生富燃料燃烧；当火风压大于风机提供的风压时，发生烟流逆退现象。如图 3-4-5 所示，在主干风路 3—5 发生烟流逆退。

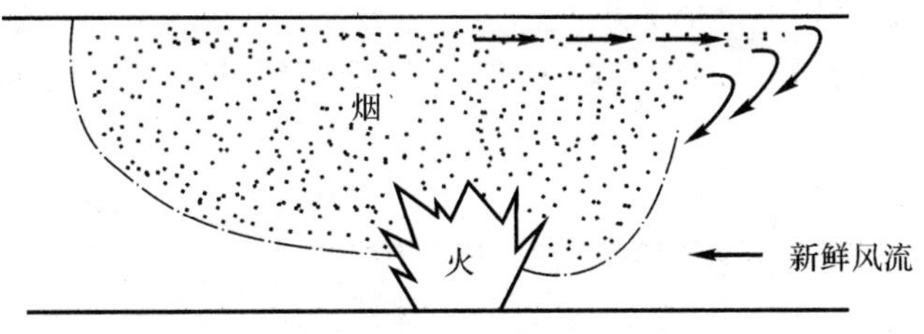

图 3-4-4　火烟滚退示意图

回燃是指富燃料燃烧条件下产生的高温不完全燃烧产物（烟气）遇新鲜空气时发生的快速爆燃现象。如果在风流逆退时有新鲜风流掺入，则可能发生回燃现象，这是主干风路烟流逆退最危险的时期。

(3)旁侧支路风流逆转。

旁侧支路指主干支路以外的其余支路。矿井火灾时期火灾产生的火风压可能会造成某支路压力变化，从而改变风流流动方向。通风网络中某分支风流方向发生改变的现象叫风流逆转，即该分支风流方向与未起火时方向相反。

当火风压作用方向与风机提供的风压方向相同时，主干风路压力增大，风量增加，旁侧支路压差减小，风量减小，造成旁侧支路风流方向改变。如图 3-4-6 所示，假设在主干风路 2—4 分支内发生火灾，正常情况下烟气将随风流从 4—5 分支和 5—6 分支排出地面。随着火势发展，当节点 4 压力大于节点 3 时，3—4 分支风流逆转，烟气将沿着 3—4 分支向旁侧支路 3—5 分支蔓延，扩大了事故影响范围。

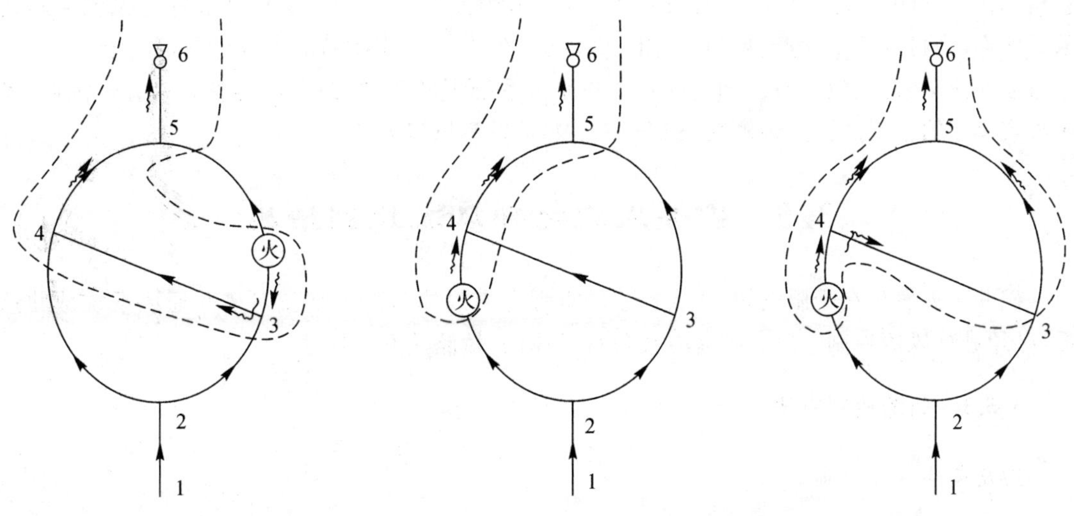

图 3-4-5　主干风路烟流逆退示意图

图 3-4-6　旁侧支路风流逆转示意图

【例 3-3】　某矿井西部采区工作面发生煤自燃内因火灾，如图 3-4-7(a)所示。矿井火灾发生后，为防止受灾区域扩大，在通往火区的进风巷道，即分支 3—6 中构筑了多道密闭墙 T_1，在此期间并未发生风流逆转现象。为了封闭火区，拟从 5—6 平巷进入火区回风侧，在节点 6 上风侧构筑密闭墙。5—6 平巷设有风门 D，当风门打开后不久，进风井底（节点 2）处突然出现了火烟，进而火烟侵袭了整个矿井。

为了清楚表达井下各节点间的拓扑关系，绘制受灾区域矿井通风网络图，如图 3-4-7(b)所示。

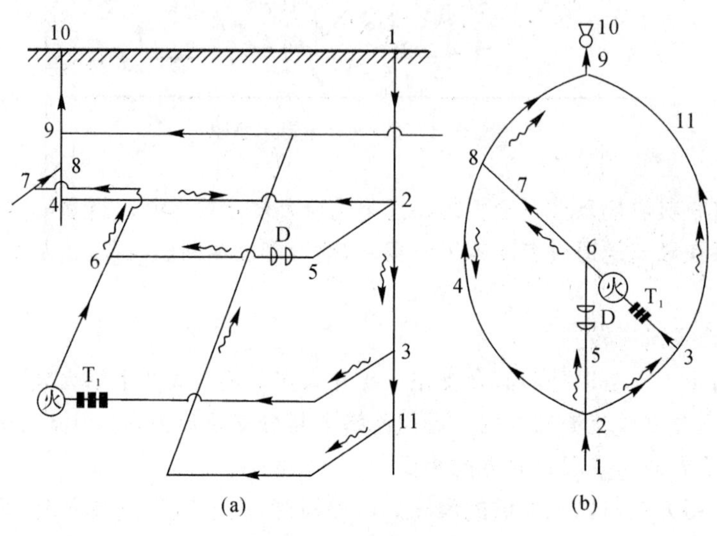

图 3-4-7　风流紊乱示意图

【解】

由图 3-4-7(b)可知，3—6 巷道发生火灾后，受火风压影响，节点 6 压力上升，由于 3—6 巷道已构筑密闭墙 T_1，且 5—6 分支设有风门 D，因此 3—6 及 5—6 巷道未发生风流逆转现象。然而，当打开 5—6 分支风门时，阻力减小，致使 2—4—8 在局部火风压下烟气沿 2—4—8 巷道逆向流动，即风流逆转。烟气随着矿井通风系统不断扩散，最终侵袭整个矿井。因此，本次火灾事故的主要原因是旁侧支路 2—4—8 巷道发生风流逆转。

3.5　矿井火灾时期风流控制措施

矿井火灾发生在受限空间，火灾产生的有毒有害气体与高温烟流对矿井通风系统威胁严重，必须进行风流控制。风流控制方法包括反风法、短路法和调压法。

3.5.1　风流控制方法

1. 反风法

(1)反风技术分类。

当井下发生火灾时，利用反风设备和设施改变火灾烟气流动方向，以使火源下风侧人员处于火源上风侧新鲜风流中。按影响范围可将矿井反风分为全矿反风、区域反风和局部反风。

1)全矿反风。当产生大量有毒有害气体的事故，如火灾、瓦斯或煤尘爆炸，发生在矿井主进风区域,如井底车场、主要进风道等时,必须采取全矿反风措施。一般通过主通风机及其附属设施实现,否则爆炸产生的有毒有害气体或火灾产生的高温烟流会随着进风流侵入井下各个工作场所,使灾害进一步扩大。

优点:防止造成烟流侵袭矿井大部分区域,减小灾变影响程度和范围。

缺点:可能造成井底车场及附近区域人员伤亡及有关设备损失。

2)区域性反风。在多进、多回矿井中某一通风系统的进风大巷发生火灾时,调节一个或几个主通风机反风设施实现矿井部分地区风流反向的反风方式为区域性反风。

3)局部反风。当采区发生火灾时,主要通风机保持正常运行,调整采区内预设风门开关状态,实现采区内部局部风流反向的反风方式为局部反风。局部反风方法适用于采区内部进风侧发生火灾,特别是下行风流工作面的进风侧发生火灾的情况。局部反风可通过专用反风巷道进行。对于多台风机联合工作的矿井,在矿井反风时必须按计划操作,一般是非事故区域的风机先反风,事故区域的风机最后反风。

图 3-5-1 为某矿采区通风系统简化网络,火源处于对角巷道②—③分支。正常通风时,1、2 号风门关闭,3、4 号风门启开,风流方向如实线箭头所示。反风时 1、2 号风门启开,3、4 号风门关闭,风流方向如虚线箭头所示。

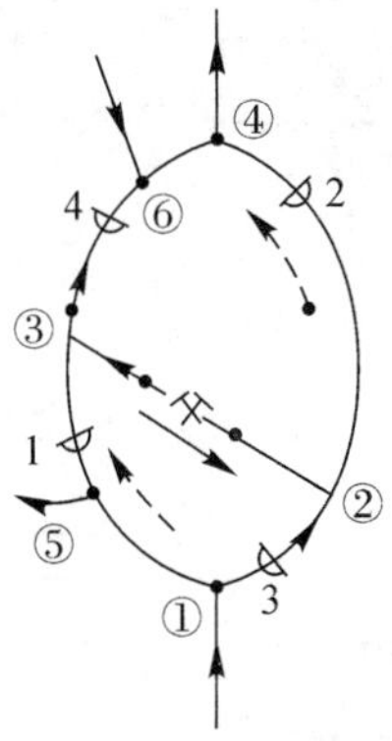

图 3-5-1　采区通风系统简化网络

(2)反风装置。

反风装置是用来使井下风流反向的一种设施,以防止进风系统发生火灾时产生的有害气体进入作业区,此外,为适应救护工作也需进行反风。反风方法因风机类型和结构不同而异。反风方法主要有设专用反风道反风、利用备用风机作反风道反风、风机反转反风和调节动叶安装角反风。

1)设专用反风道反风。图 3-5-2 为轴流式风机抽出式通风时利用反风道反风示意图。反风时,风门 1、5、7 打开,新鲜风流由风门 1 经反风门 7 进入风硐 2,由风机 3 排出,然后经反风门 5 进入反风绕道 6,再返回风硐送入井下。正常通风时,风门 1、7、5 均处于水平位置,井下污浊风流经风硐直接进入风机,然后经扩散器 4 排至大气中。

图 3-5-3 为离心式风机抽出式通风时利用反风道反风示意图。正常工作时反风门 1 和 2 在实线位置。反风时,风门 1 提起,风门 2 放下,风流自反风门 2 进入通风机,再从反风门 1 进入反风道 3,经风井流入井下。

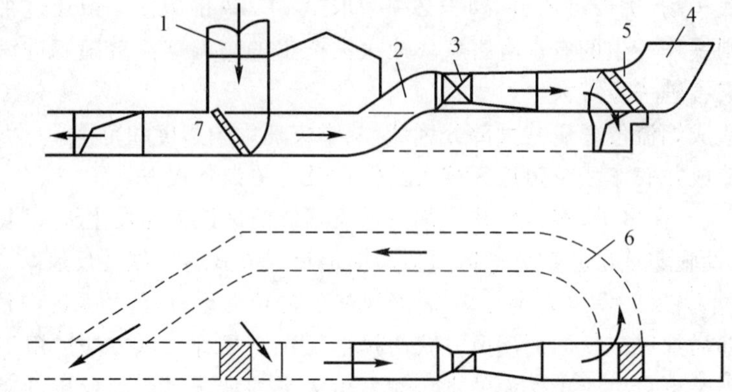

图 3-5-2 轴流式风机抽出式通风时利用专用反风道反风示意图
1—反风进风门； 2—风硐； 3—风机； 4—扩散器； 5,7—反风导向门； 6—反风绕道

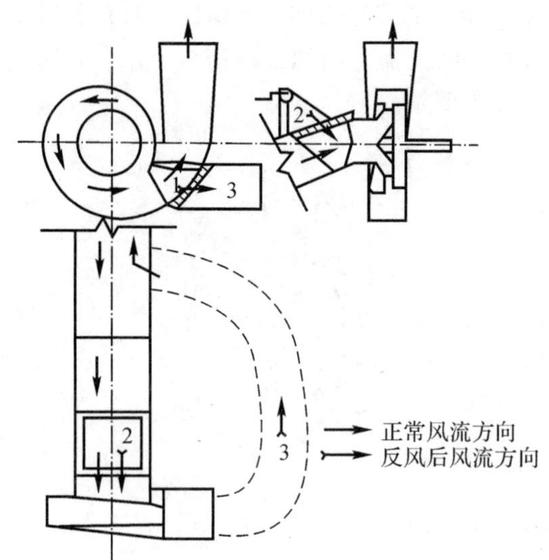

图 3-5-3 离心式风机抽出式通风时利用反风道反风示意图
1—反风控制风门； 2—反风进风门； 3—反风绕道

2)轴流式风机反转反风。调换电动机电源的任意两向接线，使电动机改变转向，从而改变通风机动轮旋转方向，使井下风流反向。此方法基建费较小少，反风方便，但反风量小。

3)利用备用风机风道反风或无地道反风。

如图 3-5-4 所示，当两台轴流式风机并排布置时，工作风机(正转)可利用另一台备用风机风道作为“反风道”进行反风。当Ⅱ号风机正常通风时，分风风门 4、入风门 6、7 和反风门 9 处于实线位置。反风时风机停转，将分风风门 4、反风门 $9_{Ⅰ}$、$9_{Ⅱ}$ 拉到虚线位置，然后开启入风门 6、7，压紧入风门 6、7，再启动 n 号风机实现反风。

4)调整动叶安装角反风。对于动叶可同时转动的轴流式风机，只要把所有叶片同时偏转一定角度(大约为 120°)，不必改变动轮转向就可实现矿井风流反向，如图 3-5-5 所示。

反风装置应定期进行检修，以确保反风装置处于良好状态；动作灵敏可靠，能在 10 min 内改变巷道中的风流方向；结构要严密，漏风少；反风量不应小于正常风量的 40%，每年至少进行一次反风演习。

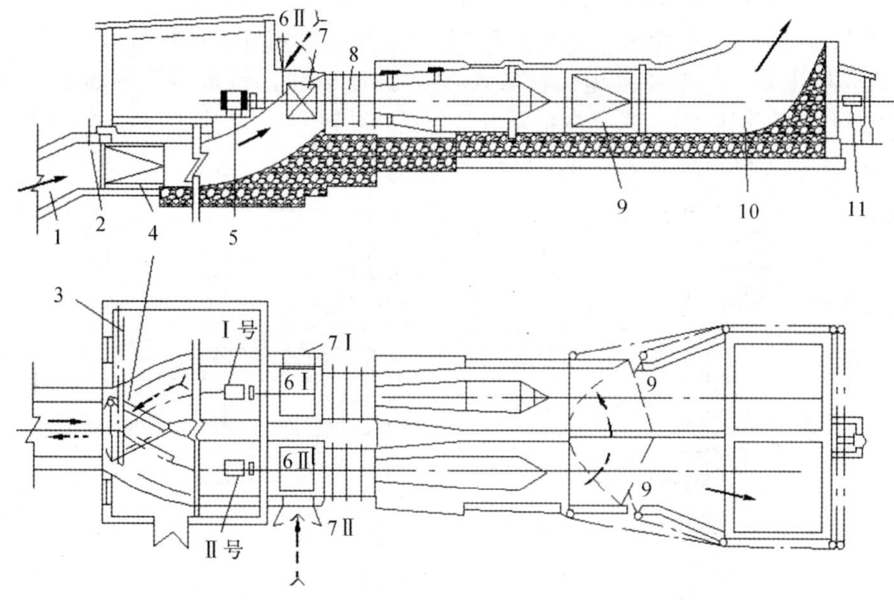

图3-5-4 轴流式通风机无地道反风示意图

1—风硐； 2—静压管； 3—绞车； 4—分风门； 5—电动机； 6—反风入风顶盖门；
7—反风入风侧门； 8—通风机； 9—反风门； 10—扩散器； 11—绞车

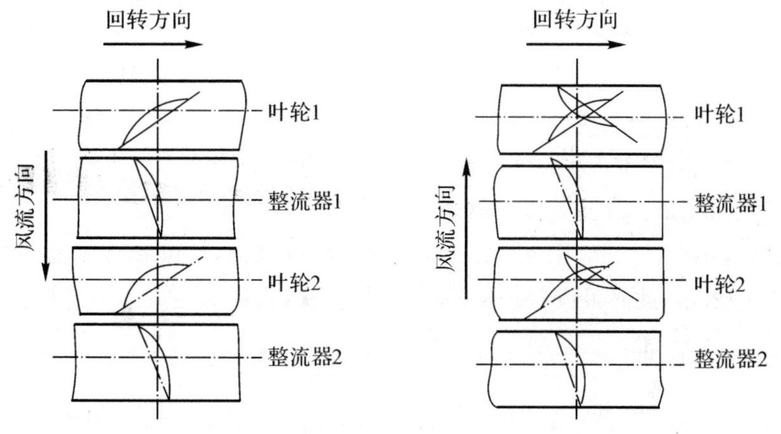

图3-5-5 调动叶安装角反风示意图

2.短路法

风流短路分为新风短路和火烟短路。新风短路的目的是减少火源供风量，降低火源氧气浓度，控制火势。火烟短路是当火源位于矿井主要进风系统，在不能及时进行反风或因条件限制不能进行反风时，通过进、回风系统之间的联络巷，把烟气和有毒有害气体直接排入总回风的过程。

(1)增辟排烟支路。

1)上山采区增辟排烟支路。图3-5-6所示为上山采区巷道布置系统，其回风上山实际是下行风流，如果其中发生火灾，在反向火风压作用下主干风路风流反向，烟流逆退侵袭工作面人员。在布置工作面时开掘一条专用排烟巷道并安设风门[见图 3-5-6(a)]，平时关闭处理，在矿井火灾时期开启。在采区进风上山和回风上山内分别设置常开风门 T_2、T_3，在进风大巷内设常开风门 T_1。当回风上山内发生火灾时，可使采区风流短路以排放烟流，最后关闭 T_2、T_3，风门限制火势发展，用大巷中的常开风门 T_1 调节风量，以冲淡烟流，如图 3-5-6(b)所示。

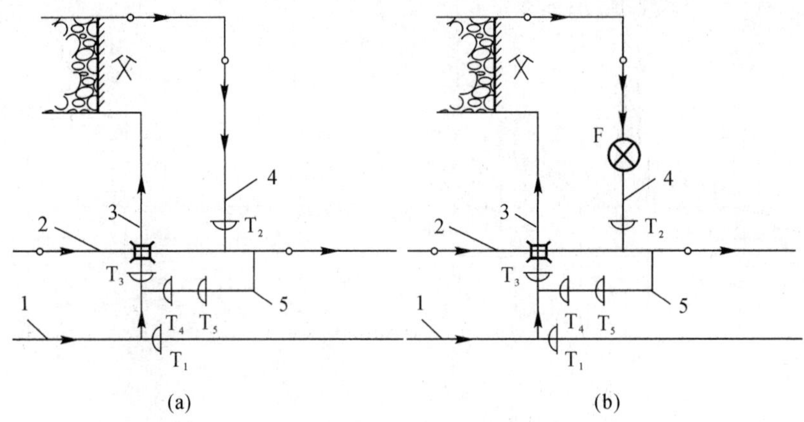

图 3-5-6　上山采区增设专用反风巷布置示意图

1—进风大巷；　2—回风大巷；　3—进风上山；　4—回风上山；　5—专用反风巷

2)下山采区增设专用反风巷。图 3-5-7 是下山采区巷道布置系统，在进风下山的上口增辟排烟专用巷 5，平时设常闭风门 T_4、T_5 以隔离，如图 3-5-7(a)所示，以保证下山采区正常通风。

如果进风下山内发生火灾，高温火烟随风流下行产生局部火风压，其作用方向与原来风向相反。随着火势发展，局部火风压不断增大，进风下山主干风路可能发生烟流逆退时，立即开启专用反风巷的常闭风门 T_4、T_5，使采区进风短路，而逆退烟流将通过专用反风巷排入回风大巷，同时关闭常开风门 T_1、T_2，限制火势发展，启用常开风门 T_3 以调节风量冲淡专用巷烟流，如图 3-5-7(b)所示，此时可派救护队从回风系统进入火区对遇灾人员施救和处理火灾。

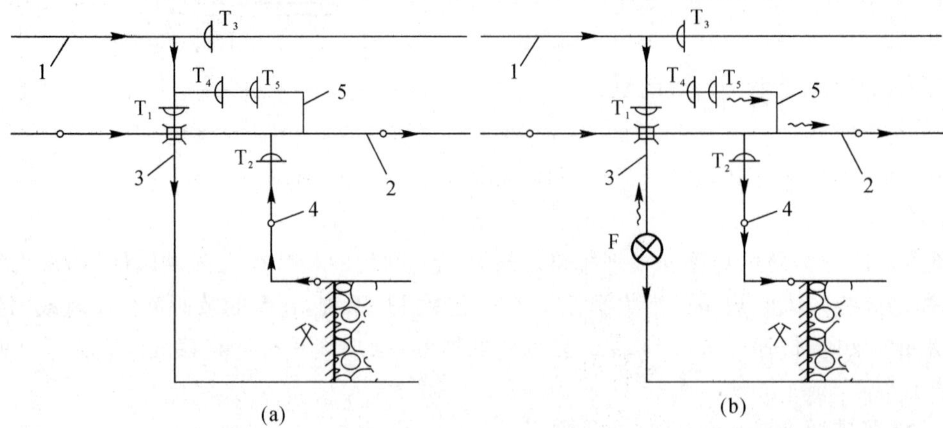

图 3-5-7　下山采区增设专用反风巷布置示意图

1—进风大巷；　2—回风大巷；　3—进风下山；　4—回风下山；　5—专用反风巷

(2)利用上、下山联络巷。

1)利用进回风上山的联络巷。图 3-5-8 是采区上山巷道布置系统，在进回风上山的联络巷中设置常闭风门 T_3、T_4，平时隔断风流，如图 3-5-8(a)所示，以保证工作面通风，设常开风门 T_1、T_2 和调节风门 T_5，以备发生火灾时启用。

一旦回风上山内发生火灾，如图 3-5-8(b)所示，可采取如下措施：

首先，将工作面人员撤至进风大巷，如撤退时风流已反向，则必须使用自救器；其次，打开常闭风门 T_3、T_4，使风流短路，并排放火烟；最后，关闭常开风门 T_1 和 T_2，抑制火势发展。使用常开风门 T_5 对风量进行调节不仅能防止火灾气体进入进风大巷，还能增大通过联络巷的风量以冲淡烟流浓度。

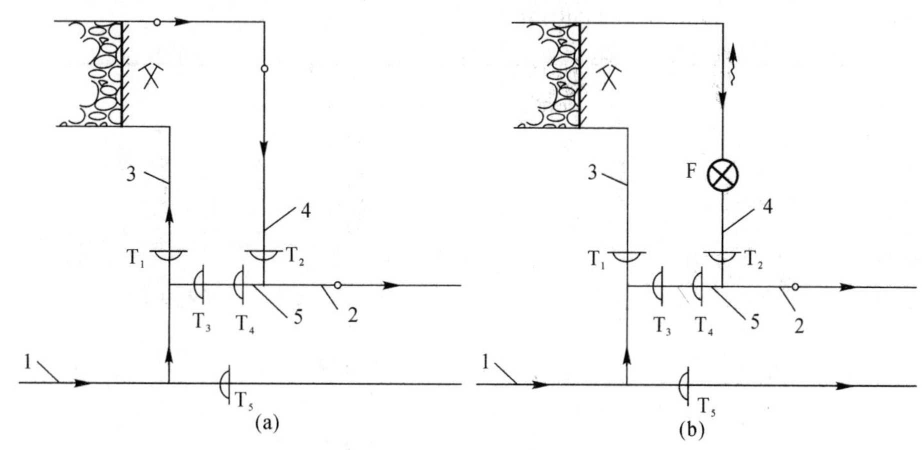

图 3-5-8　用进回风上山联络巷作反风巷布置示意

1—进风大巷；　2—回风大巷；　3—进风上山；　4—回风上山；　5—联络巷

2)利用进回风下山的联络巷。图 3-5-9 是采区下山巷道布置系统。在进回风下山的联络巷中设常闭风门 T_3、T_4 以保证采区供风；在进回风下山中设常开风门 T_1、T_2 以保证采区供风；大巷中设常开风门 T_5，以备调节风量使用。当进风下山发生火灾后，可采取如下措施实现采区反风：

首先，打开联络巷中的常闭风门 T_3、T_4，使采区风流短路，在风压作用下，下山风流反向；其次，关闭常开风门 T_1、T_2，抑制火势发展，并使用常开风门 T_5 以调节风量，防止烟流侵入进风大巷，加大联络巷中风流冲淡火灾气体，如图 3-5-9(b)所示。

(3)设双上山回风。

图 3-5-10(a)是采区设双上山回风的巷道布置示意图。在联络巷中设常闭风门 T_3、T_4，在两条回风上山中设常开风门 T_5、T_6、T_7、T_8，在进风大巷中设常开风门 T_1，平时两条上山均作回风用。假设在左边一条回风上山中发生火灾，如图 3-5-10(b)所示，则立即打开常闭风门 T_3、T_4，关上常开风门 T_5、T_6 以抑制火势的发展。将火烟从右边一条回风上山排出，同时采取其他灭火措施扑灭火灾。

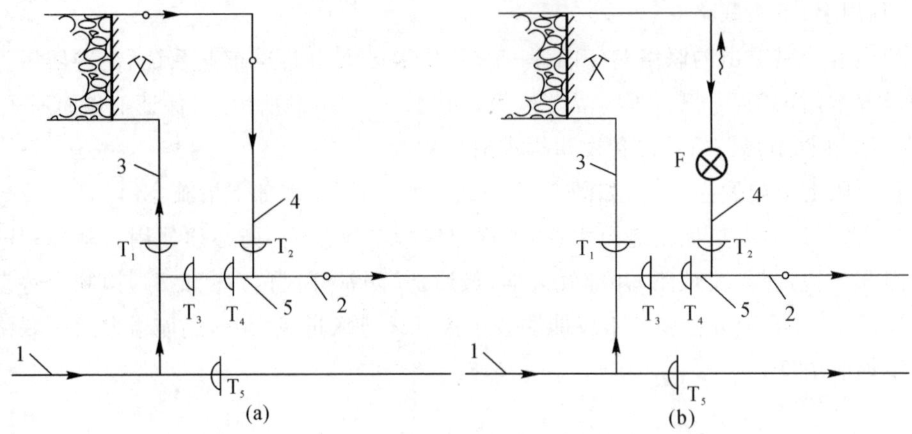

图 3-5-9 用进回风下山联络巷实现反风示意图

1—进风大巷； 2—回风大巷； 3—进风下山； 4—回风下山； 5—联络巷

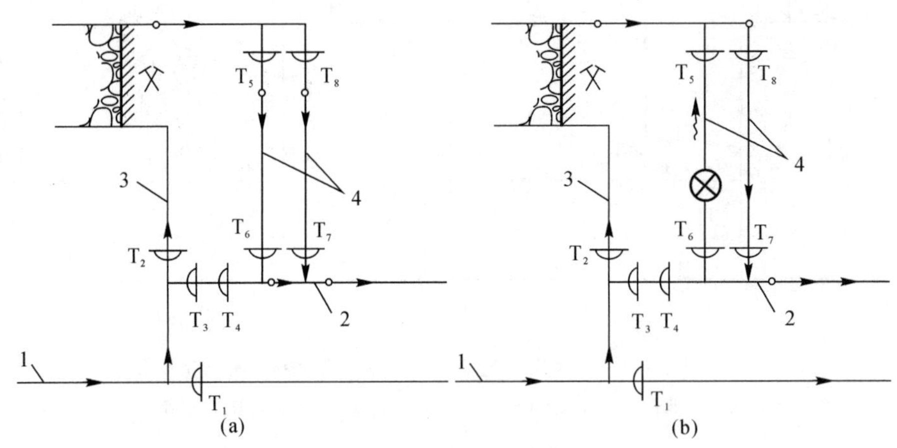

图 3-5-10 双回风上山布置

1—进风大巷； 2—回风大巷； 3—进风上山； 4—回风上山

3.调压法

通过增加或降低发火巷道或有高温烟流流经的巷道及与之相关巷道的阻力，以阻止发火巷道风流逆转，防止其下风侧与进风巷道相连接的联络巷道风流逆转而造成烟流侵袭大面积区域，同时可控制火势发展。

优点：可控制火势，防止风流逆转和减小灾变影响范围。

缺点：难以掌握调压大小。

适用条件：必须与短路法配合使用，而且需要进行一定计算。

与着火巷道平行或者相邻的通风巷道如果没有受到污染，则表明这些巷道的风压大于着火巷道风压，可以通过这些巷道避灾，也可在这些巷道交叉点修建或加固防火墙，或用水喷向着火巷道。在有多个口的空间，控制不同入口处压力差，可采取在相应通风巷道设风障的方法，即使无法完全通过控制压力差从而控制烟流，但是能减小有毒气体泄漏速率，为人员逃生提供时间。

(1)降低内部分系统局部火风压。

1)在火源上风头挂风帘或构筑临时防火墙以控制向火源供风,阻止火势进一步发展。

2)采取直接灭火措施控制火势发展,扑灭火灾。

(2)提高或保持通风外部分系统风压值。

1)确保使火区通风的主要通风机正常运转。

2)决不允许停止主要通风机运行,更不能放下主要通风机中的闸门。

3)轴流式风机可通过调整叶片角度来提高主要通风机风压。

4)离心式风机可通过调整前导器来提高主要通风机风压。

(3)增大内部分系统风阻值。

1)在火源进风侧挂风帘。

2)在火源进风侧构筑临时密闭。

(4)减小通风外部分系统的风阻值。

1)提起排烟主要通风机中的闸门。

2)开启排烟道路调节风门。

3)防止局部冒顶事故发生,以免造成排烟通道堵塞。

4)在日常通风管理中,要切实加强回风系统巷道维护工作,尽量杜绝局部堵塞现象发生。

3.5.2　火灾时期风流控制技术措施

1.水平巷道火灾时期风流控制措施

水平巷道发生火灾时,即使还没有发生风流逆转,也应考虑火灾巷道下风侧已受到烟流侵袭,需要采取增大火灾巷道风压、减小火灾巷道风阻等措施使火势减小,为火灾救援工作创造最佳条件。若已发生风流停滞现象,应采取措施使火烟迅速排出;若发生烟流滚退现象,说明风流逆转会很快发生,此时应尽快设置临时风帘或风墙,防止发生风流逆转。

2.上行通风巷道火灾时期风流控制措施

(1)上行风流旁侧支路发生逆转控制措施。

1)在火源进风侧挂风帘,构筑临时密闭及采取直接灭火措施阻止火势发展,从而降低通风内部分系统的局部火风压。

2)火灾发生时可采取向火灾巷道喷雾、洒水、增大供风量等措施,使火灾巷道温升不太高,以有效减小火风压。

3)在救人、灭火过程中,应维持矿井通风机原工作状况,不能采取停止主要通风机运转或降低通风机风压和风量的措施,更不能打开风井的防爆门,也不能随便开闭矿井或采区的主要控制风门,以防降低风流风压,防止风流逆转现象发生。

4)提高通风机风压,如轴流式通风机可增大动轮叶片安装角或提高转速,离心式通风机可调整前导器角度或提高转速。

5)通过提起排烟主要通风机风硐中的闸门,开启排烟道路上的调节风门,防止排烟通道发生局部冒顶事故以及维护好回风巷道使其不发生堵塞的方法,来降低火区进风风路和回风风路风阻。矿井发生火灾时,应设法清理矿井总进风、总回风以及火灾巷道的分区总进风、总回风风路中的杂物,以最大限度降低其风阻,特别是不能打密闭,否则会使井下或采区风流混乱,发生局部风流逆转，造成烟火反向弥漫井巷，致使井下人员无法安全撤出。

(2)上行风流风路发生烟流逆退控制措施。

1)减少供风，控制火势发展。

2)尽量不采取停通风机、降压措施，同时要适当增加旁侧支路风阻，以增强主要通风机对主干风路的作用。

3)若主干风路烟流逆退趋势不可避免，则尽可能利用火源附近巷道(或旧巷)，将烟气直接短路导入总回风巷道中从而排至地面。

4)在不得已的情况下，上行通风巷道发生火灾时可增大火区巷道风阻。一般可在火源进风侧修筑临时防火密闭或建立控制风门、挂风帘等，以控制或切断流向火源的风量，从而减少火烟生成量并减弱火风压。

3. 下行通风巷道火灾时期风流控制措施。

(1)下行风流主干风路发生逆转控制措施

1)若火灾发生在进风侧，应在火灾初期通过调节通风机以及专用的反风巷道进行反风，至少应将主要通风机停转。

2)若火灾发生在回风侧，应保证回风侧巷道不发生堵塞；调节风机增大风机的风压，尽量使风机风压大于火灾产生的局部火风压。

(2)下行风流风路发生烟流逆退控制措施。

下行风流风路烟流逆退是下行风流主干风路发生风流逆转的先兆，因此，除采取防止下行风流主干风路发生风流逆转的措施外，对于已经逆退的烟流，主要通过采用短路及局部反风方法，将其排回回风系统。

在不得已的情况下，下行通风巷道发生火灾时可增加火区并联巷道风阻。一般可在火区并联巷道进风侧修筑临时防火密闭或建立控制风门、挂风帘等，以控制或切断其风量，从而避免下行通风火灾巷道风流反向。

3.5.3 胶带火灾事故风流控制实例

某矿发生一起特大井下胶带火灾事故，造成 27 人死亡，烧毁胶带 850 m，全部抢险救灾工作历时 20 多天，胶带火灾事故示意图如图 3－5－11 所示。

1. 事故救灾过程

在安排绝大多数人员撤离的同时，该矿采取了如下灭火和控风措施：

救灾时打开了位于进风系统的两道风门，使进风流短路，减少了着火点供风量，同时还决定在火源位置东侧 2 号胶带大巷设风障锁风并试图割断 2 号胶带，阻止烟雾气体向东翼蔓延，但由于火势太大，人员无法接近，均未获得成功。

随着火势发展，又引燃了 7314 溜煤斜巷浮煤，为进一步减少火区供风量，调整东风井主要通风机前导器角度，排风量由 2 000 m^3/min 降至 1 500 m^3/min。随着火灾范围扩大，东大巷烟流发生非控制性蔓延，故又采取打开一条胶带联络巷和一道通风道风门，疏通排烟通道的方案。

当救护队行至胶带中部联络巷时，由于烟雾浓度大，巷道能见度极低，无法深入而被迫终止。为消除着火点以东大巷高温烟雾对人员的威胁，救护队采取了砸开封盖、拿掉调节板墙等一系列措施，并将进风增至约 2 000 m^3/min，使部分巷道风流反向，救护队逐段打开东大巷轨道与胶带之间的联络风门，使大巷烟雾沿联络巷风门快速排放至地面。

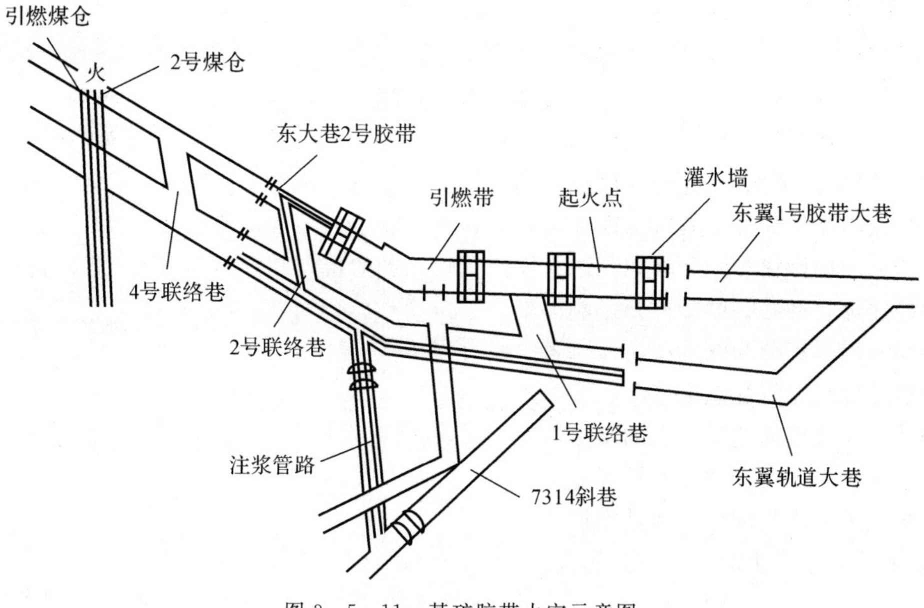

图 3－5－11　某矿胶带火灾示意图

经过 4 h 的紧张营救，灾区内仍有 27 人被困，生死不明。为营救这些人员，救护队员先后两次深入灾区，但由于巷道内烟雾弥漫，温度很高，能见度极低，队员被迫中途返回。整个矿井火灾经过一番艰苦跟踪灭火和残存火区的成功注浆处理后，火终于全部熄灭。

2. 事故分析

(1)矿井使用非阻燃胶带与浮矸摩擦起火是事故的直接原因。

(2)本次救灾过程中采取的救灾策略和实施方案基本正确。为了控制火势，主要采取了风流短路措施。风流短路措施主要有两种：一是在进风侧打开风门使进风流短路，实现发火巷道进风量控制，从而控制火势；二是在回风侧打开风门使风流短路，缩短排烟路径，有利于迅速排除巷道内的烟雾。本次救灾采用的风流短路措施情况见表 3－5－1。

表 3－5－1　救灾中采取的风流短路措施

风门位置	作　用
进风系统的通风门	使副井进风短路，减少发火巷道进风量
东大巷胶带消火道风门；胶带联络巷和一道通风风门(未成功)	缩短排烟路径，减少排烟阻力，尽快将发火烟气排入回风道

(3)矿井易发火地段的风门应设置为远程自动控制风门。为疏通排烟通道，救护队员曾试图打开一条胶带联络巷和一道手动通风道风门，但由于巷道内烟雾浓度很高，能见度低，无法深入而被迫放弃。在灾区还有 27 人被困时，救护队员曾数次深入营救，但由于烟雾浓度过高没有成功。若在联络巷中安设远程自动控制风门，会很方便打开风门，从而有利于巷道中烟雾的排除，给救灾工作和人员逃生带来极大便利。

(4)胶带巷一般不要作为主要进风巷,可作辅助进风,最好布置成独立回风,其供风量应能保证正常通风时风流的稳定性,并有利于降低煤尘浓度和气温,风量在 300～800 m^3/min 为宜。

复习思考题

(1)简述燃烧、火焰、多孔介质燃烧及其机理。

(2)什么是矿井火灾?其分为哪几类?矿井火灾发生三要素是什么?

(3)什么叫内因火灾?什么叫外因火灾?比较二者的特点。

(4)简述煤自燃必备的条件及影响因素。

(5)煤自燃过程分为哪几个阶段?各阶段有何特征?

(6)简述煤自燃特征温度。

(7)从通风角度简述煤自燃的防治措施。

(8)简述火风压的特性以及计算方法。

(9)简述风流紊乱的原因及基本形式。

(10)简述矿井火灾时期风流控制方法。

第 4 章　建筑火灾防排烟理论

本章学习目标：了解建筑火灾类别、耐火等级、蔓延途径；掌握建筑火灾烟气流动特点、烟气流动驱动力；熟悉建筑防火防烟分区基础知识；掌握建筑火灾防烟、排烟控制原理。

4.1　建筑火灾烟气流动理论

建筑是住宅、厂房、仓库等建筑物和塔、桥、烟囱、隧道、井池、堤坝等构筑物的总称。了解建筑物的类型特点、构造组成，掌握建筑火灾发展蔓延规律，对于提高建筑火灾扑救能力至关重要。

4.1.1　建筑类别及耐火等级划分

1. 建筑分类

建筑高度直接影响火灾扑救、救援和疏散。按建筑高度可将建筑分为普通、高层、超高层和地下建筑四类。

(1)普遍建筑，指建筑高度 10 层及以下的建筑。此类建筑物存在潜在火灾危险：多未设置室内消火栓；电气线路没有穿管保护；电气线路容载偏低；单元住宅与单元住宅之间无防火分隔；垃圾道从地面直通楼顶；屋顶采用木质结构；使用液化气罐或安装燃气管线；安装封闭式防盗门窗等。

(2)高层建筑，指 10 层及以上或住宅建筑 27 m 以上、公共建筑 24 m 以上的建筑。此类建筑存在火灾荷载大、火灾危险源多、建筑功能复杂、火灾扑救难度大、人员集中难以疏散逃生等危险因素，尤其是建筑内部装修和外部保温后使原有建筑防火设计的耐火等级降低、建筑原有防火分隔被破坏等，为火灾扩大蔓延提供了条件。

(3)超高层建筑，指建筑高度 100 m 及以上的建筑。

(4)地下建筑，指建筑的顶面低于室外地平面的建筑，如城市地铁、地下人防工程、建筑楼层的地下车库(室)、交通隧道等。此类建筑出口少，不便于疏散逃生，没有门窗不能自然排烟。一旦发生火灾，后果将特别严重，尤其是地下铁路、交通隧道等由于客流量大，车流密集，容易发生踩踏等事故。

根据建筑使用功能的不同，可将民用建筑分为住宅建筑和公共建筑，具体分类见表4-1-1。

表 4-1-1　民用建筑分类

<table>
<tr><th rowspan="2">名称</th><th colspan="2">高层民用建筑</th><th rowspan="2">单、多层民用建筑</th></tr>
<tr><th>一类</th><th>二类</th></tr>
<tr><td>住宅建筑</td><td>建筑高度大于 54 m 的住宅建筑，包括设置商业服务网点的住宅建筑</td><td>建筑高度大于 27 m，但小于 54 m 的住宅建筑，包括设置商业服务网点的住宅建筑</td><td>建筑高度小于 27 m 的住宅建筑，包括设置商业服务网点的住宅建筑</td></tr>
<tr><td>公共建筑</td><td>1. 建筑高度大于 50 m 的公共建筑；
2. 建筑高度在 24 m 以上的任一楼层建筑面积大于 1 000 m^2 的商店、展览、电信、邮政、财贸金融建筑和其他多种功能组合的建筑；
3. 医疗建筑、重要公共建筑；
4. 省级及以上广播电视和防灾指挥调度建筑、网局级和省级电力调度建筑；
5. 藏书超过 100 万册的图书馆、书库</td><td>除一类外的非住宅高层民用建筑</td><td>1. 建筑高度大于 24 m 的单层公共建筑；
2. 建筑高度小于 24 m 的其他民用建筑</td></tr>
</table>

2. 建筑耐火等级

耐火等级是衡量建筑物耐火程度的分级标度，由柱、梁、楼板、墙等建筑构件的燃烧性能和耐火极限决定。建筑耐火等级判定标准为：一级耐火等级建筑是钢筋混凝土结构或砖墙与钢混凝土结构组成的混合结构；二级耐火等级建筑是钢结构屋架、钢筋混凝土柱或砖墙组成的混合结构；三级耐火等级建筑是木屋顶和砖墙组成的砖木结构；四级耐火等级建筑是木屋顶、难燃烧体墙壁组成的可燃结构。

根据民用建筑高度、使用功能、重要性和火灾扑救难度等确定民用建筑耐火等级，其应符合以下规定：

(1) 地下、半地下建筑或室，一类高层建筑的耐火等级不应低于一级；单层、多层重要公共建筑和二类高层建筑的耐火等级不应低于二级。

(2) 建筑高度大于 100 m 的民用建筑的楼板，其耐火极限不应低于 2 h。一、二级耐火等级建筑的上人平屋顶，其屋面板的耐火极限分别不应低于 1.5 h 和 l h。

(3) 不加保护的钢结构的耐火极限一般为 15 min 左右。2～3 mm 的一般薄型钢结构建筑主要构件的防火涂料耐火时间不应超过 1.5 h，如超过 1.5 h 应采用 8 mm 以上厚型防火涂料。

4.1.2　建筑火灾蔓延途径

1. 水平蔓延

(1) 内墙门蔓延。内墙门主要为木板门和胶合板门，是房间外壳阻火的薄弱环节。当火烧穿内墙门时，内墙门失去阻挡作用，火焰窜至走廊，通过相邻房间开敞出口进入邻间区域。若相邻房间的门窗紧闭，走廊没有可燃物，火灾蔓延速度会减慢。

(2)隔墙蔓延。当房间隔墙为木板等可燃材料时,火焰易穿过木板缝,窜到隔墙另一面。当隔墙为板条抹灰墙时,受热后内部发生自燃,背火面抹灰层破裂,火灾蔓延至另一面;当隔墙为非燃烧体但耐火性能差时,在火灾高温作用下易被烧坏,失去隔火作用,导致火灾蔓延至相邻房间或区域。

(3)吊顶蔓延。装设吊顶的建筑,分隔墙体只能阻隔吊顶下部空间,吊顶上部仍为连通空间,一旦起火则极易在吊顶内部空间蔓延,难以及时发现,导致灾情扩大。如果未设吊顶房间的隔墙留有孔洞或连通空间,也可能发生火灾蔓延和烟气扩散。

2. 竖直蔓延

(1)楼梯蔓延。当建筑物楼梯未按防火要求分隔处理,发生火灾时,烟火快速通过楼梯间向上蔓延。

(2)电梯井蔓延。当电梯未用防烟前室、防火门分隔时,发生火灾时,易在电梯井道形成"烟囱效应",烟火沿电梯井迅速向上蔓延。

(3)空调系统管道蔓延。建筑通风空调系统未按规定设置防火阀、未采用可燃材料风管或可燃材料作为保温层等,容易造成火灾蔓延。空调系统管道主要火灾蔓延方式有两种:一是通风管道本身起火,向连通空间蔓延;二是通风管道将火源房间烟火送至其他空间,在远离火场的其他空间喷吐而出。因此,在通风管道穿通防火分区处必须设置具有自动关闭功能的防火阀门。

(4)竖井和孔洞蔓延。建筑物内管道井、电缆井、排烟井等各种竖井和开口部位,当未进行周密完善的防火分隔和封堵时,烟火可通过竖井和孔洞蔓延至建筑其他楼层,引起立体燃烧。

(5)窗口蔓延。室内火灾温度高达 250℃左右时,窗户玻璃膨胀、变形。受窗框限制,玻璃自行破碎,火焰窜出窗口,向外蔓延。从起火房间窗口喷出的烟气和火焰沿窗间墙及上层窗口向上窜,蔓延至上部楼层。若建筑物采用带形窗,则火灾房间喷出的火焰会被吸附在建筑物表面,甚至卷入上层房间。

4.1.3　建筑火灾烟气流动特点

1. 烟气羽流

燃烧火源上方火焰及燃烧生成的流动烟气为烟气羽流。烟气羽流,又称浮力羽流,指火焰区上方的燃烧产物即烟气羽流区的流动完全由浮力效应控制的现象,如图 4-1-1 所示。受浮力作用烟气流会形成一个热烟气团向上运动,在上升过程中卷吸周围新鲜空气与原有烟气发生掺混。

根据烟气蔓延不同形态,烟气羽流可分为对称羽流、阳台羽流和窗口羽流。

(1)对称羽流。

火灾烟气生成量主要由火焰上方烟羽流卷吸的空气量决定。空气卷吸量与火源直径、热释放速率及距离火源燃烧面的高度有关。烟羽流模型主要有 Heskestad 模型、Thomas 模型及 Thomas 改进模型。此处以 Heskestad 模型为例展开介绍。

1) 平均火焰高度。

平均火焰高度为

$$L = -1.02D + 0.235\sqrt[5]{Q^2} \qquad (4-1-1)$$

式中：L—— 平均火焰高度，m；

　　D—— 有效燃烧直径，m；

　　Q—— 总热释放速率，kW。

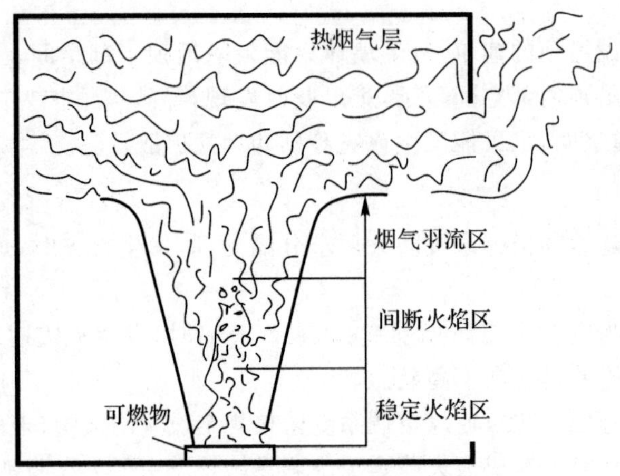

图 4-1-1　火源上方烟气羽流示意图

2）虚点源。

对于点火源，羽流起始点即为火源处。面火源存在一个虚火源点，表示烟气羽流有效源点，火焰上方烟气羽流从该点开始形成。火源点可位于燃烧面上方或下方。图 4-1-2 为对称羽流简化模型示意图。虚点源距离燃烧面的高度为 $z_0 = 0.083\sqrt[5]{Q^2} - 1.02D$。

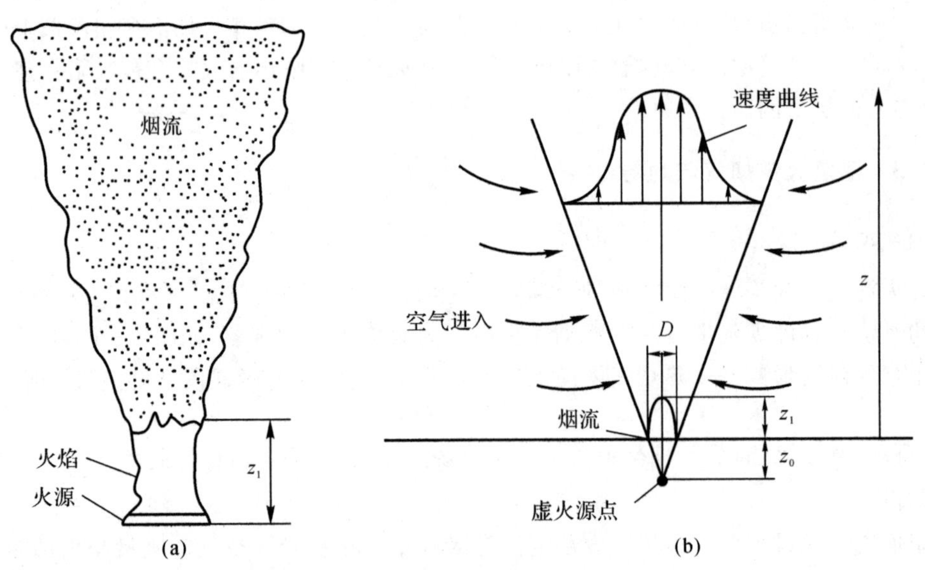

图 4-1-2　对称羽流简化模型示意图

3）羽流流量。

火焰高度高于或低于烟层分界面与羽流质量流量相关。当平均火焰高度 L 低于分界面，$z > z_1$（火焰极限高度）时，对称羽流质量流量为

$$m_p = \left[0.071\sqrt[3]{(z-z_0)^5} + 0.00193\right]\sqrt[3]{Q_c} \tag{4-1-2}$$

式中：m_p—— 羽流质量流量，kg/s；

Q_c—— 对流热释放速率，kW；

z—— 距离燃烧表面的高度，m。

当平均火焰高度 L 低于分界面，$z \leqslant z_1$ 时，对称羽流质量流量为 $m_p = 0.0056Q_c z/L$。对称羽流体积流量为

$$V = \frac{m_p}{\rho_0} + \frac{Q_c}{\rho_0 T_0 c_p} \tag{4-1-3}$$

式中：V—— 羽流体积流量，m^3/s；

ρ_0—— 环境空气密度，kg/m^3；

T_0—— 环境温度，K；

c_p—— 空气比定压热容，kJ/(kg・K)。

4）温度。

根据热力学第一定律，可得对称羽流平均温度为 $T_p = T_0 + Q_c/m_p c_p$。对称羽流中心温度为

$$T_1 = T_0 + 9.1\sqrt[3]{\frac{T_0 Q^2}{g c_p^2 \rho_0^2 z^5}} \tag{4-1-4}$$

式中：T_p—— 高度 z 处烟羽流平均温度，K；

T_1—— 高度 z 处羽流中心线绝对温度，K；

g—— 重力加速度，m/s^2。

5）羽流半径。

$$b = 0.12\sqrt{\frac{T_1}{T_0}}(z - z_0) \tag{4-1-5}$$

式中：b—— 羽流半径，m。

在不受限空间或大空间内，羽流一直向上扩展，直至其浮力微弱或无法克服黏性阻力高度。随着烟气温度降低，不再上升的烟气弥散性沉降。火源靠近墙壁或墙角时，固体壁面边界会对空气卷吸状况产生限制。由于空气只能从没有固体壁面方向进入羽流，因此火焰将向壁面一侧偏斜，火焰在竖直壁面的扩展加强。此外，受限空间中羽流与空气混合速率小于不受限空间，故随着羽流高度增加，其温度下降缓慢。若壁面材料是可燃的，则可形成竖直于壁面的燃烧。

(2)阳台羽流。

当火源上方存在短挡板，类似阳台时，烟气在挡板下流动蔓延，直至从开口处向上流出，所形成的烟羽流为阳台羽流。如图 4-1-3 所示，阳台羽流中烟气流动包括烟气从火焰上方上升到达屋顶、水平蔓延到阳台边缘、流出阳台 3 个部分。阳台羽流模型主要有 NFPA 模型、BRE 模型、Thomas 模型(1998 年)和 Poreh 模型等。下面以 NFPA 模型为例解释。

阳台羽流流量为

$$m_p = 0.36\sqrt[3]{QW^2}(z_b + 0.25H_b) \tag{4-1-6}$$

式中：z_b—— 阳台下边缘至烟气层底部的高度，m；

H_b—— 阳台距离燃烧面的高度，m；

W—— 阳台溢出羽流宽度，m。

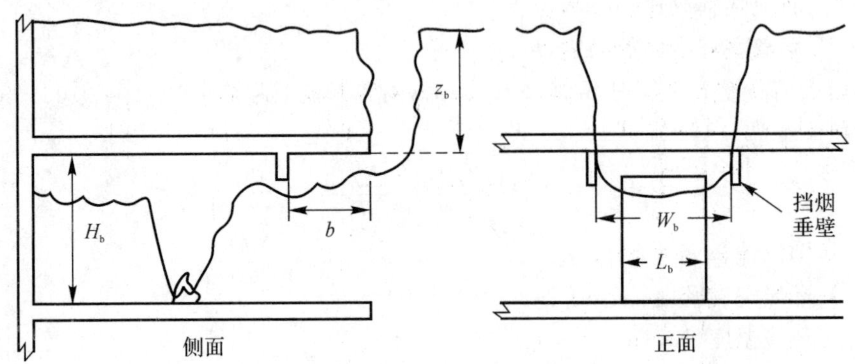

图 4-1-3　阳台羽流示意图

羽流宽度 W 是挡烟垂壁或其他任何限制羽流水平蔓延的障碍物间的距离。若阳台下面没有任何障碍物，则

$$W = W_b + L_b \tag{4-1-7}$$

式中：W_b—— 火源区域开口宽度，m；

L_b—— 阳台边缘到开口间的距离，m。

如图 4-1-4 所示，当裙房起火，烟气层高度下降到房间开口上沿时，火烟从房间溢出至中庭，形成烟气溢流并在中庭沉降，随后进入与中庭相连的其他楼层。烟气溢流高度 z 处羽流质量流率可由烟气从起火房间溢出的质量流量表示，即

$$m_a = K\left(z + D_b + \frac{m_b}{K\sqrt[3]{Q_1}}\right)\sqrt[3]{Q_1} \tag{4-1-8}$$

式中：m_a—— 高度 z 处的质量流量，kg/s；

Q_1—— 火源功率，kW；

K—— 系数，与中庭形状、空气密度有关；

D_b—— 从起火房间溢出的烟气厚度，m；

m_b—— 从起火房间溢出的烟气质量流量，kg/s。

(3) 窗口羽流。

窗口羽流指从门、窗等开口直接流进大空间的羽流，如图 4-1-5 所示。羽流流量为 $m_p = 0.071\sqrt[3]{Q_c(z_w + a)^5} + 0.001\,82Q_c$。其中，$z_w$ 为距离窗户顶的高度，m；a 为有效高度，m，即

$$a = 2.4\sqrt[5]{A_w^2 H_w} - 2.1H_w \tag{4-1-9}$$

式中：A_w—— 开口面积，m²；

H_w—— 开口高度，m。

上述 3 种烟气羽流模型适用于建筑空间高，烟气羽流能充分发展的情况。当建筑空间低或火源强度大时，扩散火焰直接撞击顶棚，浮力羽流受到顶棚阻挡，热烟气形成沿顶棚下表面水平流动的顶棚射流。

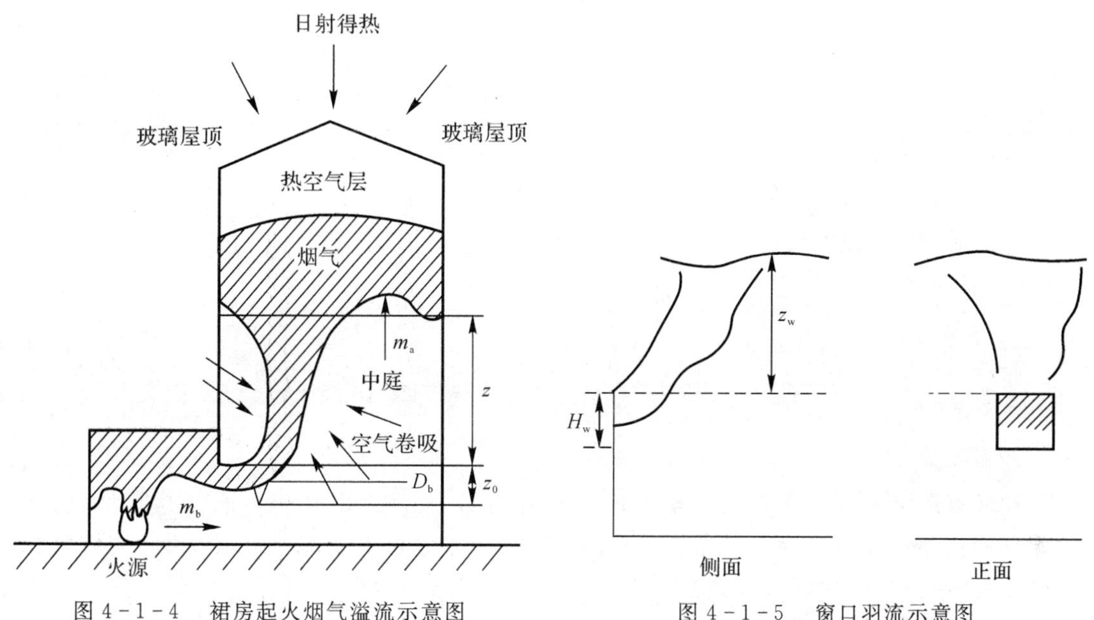

图 4-1-4　裙房起火烟气溢流示意图　　图 4-1-5　窗口羽流示意图

2. 顶棚射流

当烟气羽流撞击顶棚后，沿顶棚水平运动，形成一个较薄的顶棚射流层。图 4-1-6 为顶棚射流发展过程。顶棚射流是一种半受限重力分层流，当烟气在棚下积累到一定厚度时开始发生水平流动，由于高温烟气在低温空气之上流动，两者结构形式稳定，导致顶棚射流对下方空气卷吸速率低，烟气中可燃气体运动较长距离后燃烧殆尽。当烟气水平流动不受限，热烟气未在顶棚下积累时，在离开羽流轴线的任意径向距离 r 处，竖直分布的温度最大值在顶棚下方 $Y \leqslant 0.01H_d$ 区域内，但并不紧贴顶棚壁面；在 $Y \leqslant 0.125H_d$ 区域内，温度急剧下降至环境值。

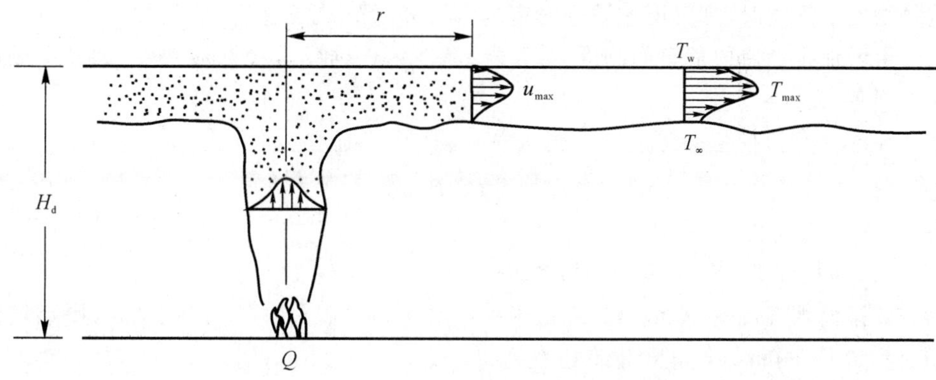

图 4-1-6　顶棚射流发展过程示意图

顶棚射流最大温度为

$$T_{max}-T_{\infty}=\begin{cases}16.9\sqrt[3]{\dfrac{Q^2}{H_d^5}}, & \dfrac{r}{H_d}\leqslant 0.18\\ \dfrac{5.38}{H_d}\sqrt[3]{\left(\dfrac{Q}{r}\right)^2}, & \dfrac{r}{H_d}>0.18\end{cases} \tag{4-1-10}$$

式中：H_d—— 顶棚高度，m；

r—— 顶棚射流半径，m。

顶棚射流最大速度为

$$u_{max}=\begin{cases}0.96\sqrt[3]{\dfrac{Q}{H_d}}, & \dfrac{r}{H_d}\leqslant 0.15\\ 0.195\sqrt[3]{\dfrac{Q}{H}}\sqrt[6]{\left(\dfrac{H_d}{r}\right)^5}, & \dfrac{r}{H_d}>0.15\end{cases} \tag{4-1-11}$$

3. 烟气层

在浮力作用下，高温烟气上升至房间上部，在房间顶棚与壁面阻挡下形成逐渐加厚的烟气层，可分为上部热烟气层和下部冷空气层两个区域，双区火灾模型基于此情况建立。室内烟气层界面如图 4-1-7 所示。在高温烟气层与低温空气层间存在过渡区，而不是在某一位置发生“突变”或“阶跃式”变化。该过渡区域底部为烟气前沿，中间位置为烟气层界面。

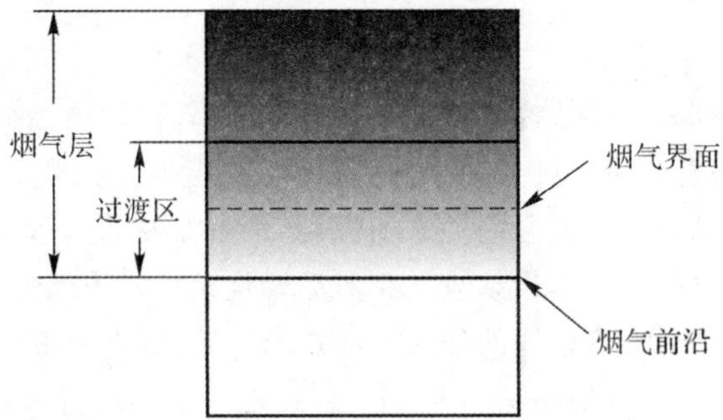

图 4-1-7　室内烟气层界面(NFPA 92B)

建筑物发生火灾时，烟气层过厚会对室内人员和物品造成危害，应及时将烟气排到室外，防止烟气层增加至能造成危害的高度。烟气层高度可根据建筑物几何条件、烟气生成速率和排烟速率确定。

由 Thomas 羽流模型确定烟气生成速率 $\dot{m}$，即

$$\dot{m}=0.188P_f\sqrt{Y_s^3} \tag{4-1-12}$$

式中：P_f—— 火区周长，m；

Y_s—— 地板到烟气层下表面的距离，m。

为有效排出烟气，假设排烟口始终处于烟气层中，烟气层有害高度取 2 m，则烟气生成速率为 $\dot{m}=0.53P_f$，可得烟气体积生成速率为

$$\dot{V}_s=0.53\frac{P_f}{\rho_s} \tag{4-1-13}$$

式中：$\dot{V}_s$—— 烟气体积生成速率，m^3/s；

ρ_s—— 排烟口处(或烟道内) 烟气密度，kg/m^3。

由于气体密度与温度成反比，因此通过排烟口的烟气体积流率必须大于 $\dot{V}_s$。如图4-1-8所示，根据室内烟气体积生成过程及建筑物尺寸，烟气体积生成速率为

$$\dot{V}_s = A_s(H_s - Y_s) \tag{4-1-14}$$

式中：A_s—— 房间底板面积，m^2；

H_s—— 房间高度，m。

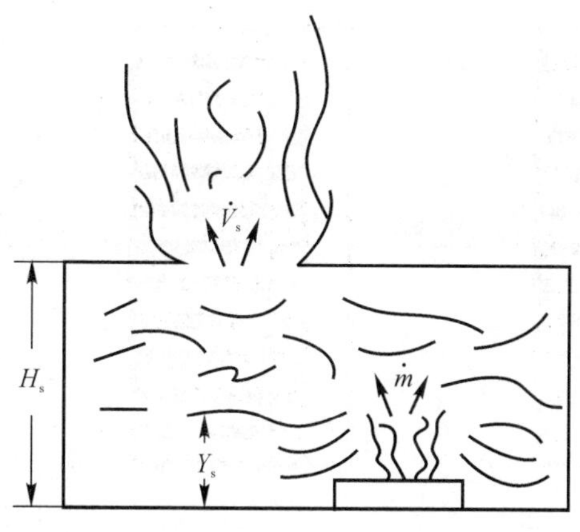

图4-1-8　室内烟气体积生成示意图

4.1.4　建筑火灾烟气流动驱动力

烟气驱动力受烟囱效应、燃气浮力与膨胀力、自然风、HVAC系统、电梯活塞效应等影响。

1. 烟囱效应

烟囱效应指室内空气沿着有垂直坡度的空间向上升或下降，加强空气对流的现象。当建筑物室外冷、室内热时，室内空气密度小于室外空气密度，产生使气体向上运动的浮力，尤其在高层建筑中楼梯井、电梯井及竖直机械管道等竖井内，气体上升运动显著。

图4-1-9中建筑物内所有垂直流动都发生在竖井内。对于仅有下部开口的竖井，如图4-1-9(a)所示，设竖井高 H，内、外温度分别为 T_a 和 T_b，空气在对应温度下的密度为 ρ_a 和 ρ_b。设地板平面的大气压力为 p_0，则建筑内部和外部高 H 处的压力差为 $\Delta p_{ab} = p_b(H) - p_a(H) = (p_0 - \rho_b gH) - (p_0 - \rho_a gH) = (\rho_b - \rho_a)gH$。

当竖井内部温度高于外部温度时，其内部压力比外部高。若竖井上部和下部都有开口，会产生纯向上流动现象，在 $p_0 = p_s$ 高度形成压力中性面，如图4-1-9(b)所示。中性面指着火房间内、外压力相等处的水平面。多数建筑开口截面积较大，相对于浮力引起的压差而言，气体在竖井内流动的摩擦阻力可忽略不计，因此，竖井内气体流动的驱动力为静压差。

当建筑物外部温度高于内部温度时，建筑内气体向下运动，如图4-1-9(c)所示。此外有外竖井的建筑，外竖井内温度往往低于建筑物内温度。将内部气流上升的现象称为正烟囱效应，将内部气流下降的现象称为逆烟囱效应。

在正烟囱效应下，低于中性面火源产生的烟气将随建筑物内空气沿竖井上升，经过中性面后，烟气便从竖井流入上部楼层。楼层间缝隙也可使烟气流向着火层上部楼层。若忽略楼层间的缝隙，则中性面以下楼层，除着火层外都没有烟气；若楼层间的缝隙很大，则流进着火层上一层的烟气量大于流入中性面以下楼层的烟气量，如图4-1-10(a)所示。若中性面以上楼层

发生火灾，正烟囱效应产生的空气流动可限制烟气流动，空气从竖井流进着火层阻止烟气流进竖井，如图 4-1-10(b)所示。如果着火层燃烧强烈，热烟气的浮力克服竖井内烟囱效应，则烟气仍可进入竖井并流入上部楼层，如图 4-1-10(c)所示。逆烟囱效应的空气流可驱使比较冷的烟气向下运动，但在烟气温度较高的情况下，浮力变大，即使楼内存在逆烟囱效应，随着烟气温度升高，烟气也会向上运动。

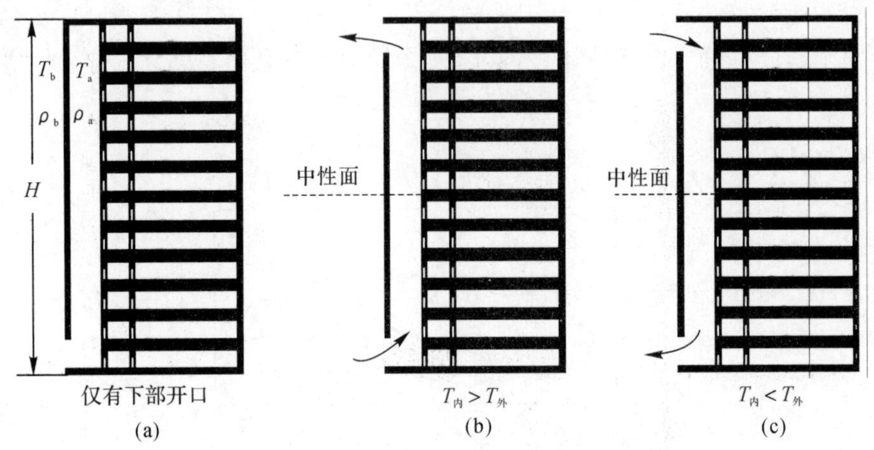

图 4-1-9　建筑物烟囱效应气体流动示意图

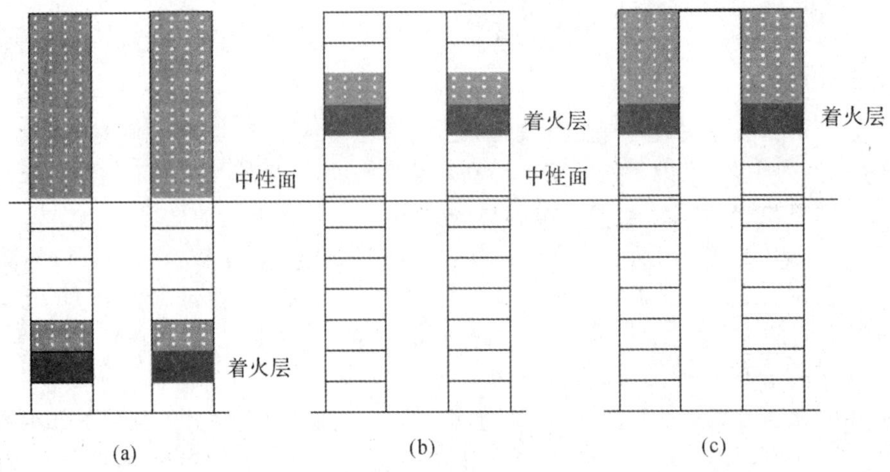

图 4-1-10　建筑物正烟囱效应烟气流动示意图

2. 燃气浮力与膨胀力

燃气指由燃烧生成的高温烟气，位于火源区附近，密度比常温气体低，浮力较大。燃烧释放的热量使燃气膨胀，引起气体运动。若着火房间只有一个小的墙壁开口与建筑物其他部分相连，燃气将从开口上半部流出，外界空气将从开口下半部流进。假设燃气的热性质与空气相同，则燃气流出与空气流入的体积流量之比可表达为绝对温度之比，即

$$\frac{Q_{out}}{Q_{in}} = \frac{T_{out}}{T_{in}} \tag{4-1-15}$$

式中，Q_{out}—— 流出着火房间的燃气体积流量，m^3/s；

Q_{in}—— 流进着火房间的空气体积流量，m^3/s；

T_{out}—— 燃气的绝对温度，K；

T_{in}—— 空气的绝对温度，K。

当燃气温度达到 600℃ 时，其体积可膨胀 3 倍。着火房间门窗打开时，流动面积较大，燃气膨胀引起的开口处压差较小，可忽略。但着火房间没有开口或开口很小时，在氧气充足的情况下，燃烧时间长，燃气膨胀引起的压差变化大。在火灾充分发展阶段，着火房间与外界环境的压差为

$$\Delta p_{fi}=\frac{ghp_{atm}}{R}\left(\frac{1}{T_i}-\frac{1}{T_f}\right) \tag{4-1-16}$$

式中：Δp_{fi}—— 着火房间与外界的压差，Pa；

h—— 中性面以上距离，m；

T_i—— 着火房间外气体的绝对温度，K；

T_f—— 着火房间内燃气的绝对温度，K；

p_{atm}—— 标准大气压，101.325 kPa；

R—— 理想气体常数，8.314 J/(mol·K)。

此方程适用于着火房间内温度恒定的情况。当外界压力为标准大气压时，有

$$\Delta p_{fi}=K_s h\left(\frac{1}{T_i}-\frac{1}{T_f}\right) \tag{4-1-17}$$

式中：K_s—— 修正系数，一般取 3 460。

3. 自然风

建筑物外部压力分布受多种因素影响，包括风的速度和方向、建筑物高度和几何形状等。风的影响可超过其他驱动烟气运动的力的影响，使建筑物迎风侧产生较高压力，烟气向下风侧方向的流动增强。压力与风速的二次方成正比，即

$$p_w=\frac{1}{2}C_w\rho_0 v_w^2 \tag{4-1-18}$$

式中：p_w—— 风作用到建筑物表面的压力，Pa；

C_w—— 无量纲风压系数；

v_w—— 风速，m/s。

风压系数 C_w 的值取决于建筑物的几何形状、挡风状况以及在墙壁表面的不同部位。表 4-1-2 为附近没有障碍物时矩形建筑物前、后壁面压力系数平均值。

表 4-1-2　矩形建筑物前后壁面压力系数平均值

建筑物高宽比	建筑物长宽比	风向角 α/(°)	不同墙壁风压系数			
			正面	背面	侧面	侧面
$\frac{D_H}{D_W}\leqslant 0.5$	$1.0<\frac{D_L}{D_W}\leqslant 1.5$	0	+0.70	−0.20	−0.50	−0.50
		90	−0.50	−0.50	+0.70	−0.20
	$1.5<\frac{D_L}{D_W}\leqslant 4.0$	0	+0.70	−0.25	−0.60	−0.60
		90	−0.50	−0.50	+0.70	−0.10

续 表

建筑物高宽比	建筑物长宽比	风向角 $\alpha/(°)$	不同墙壁风压系数			
			正面	背面	侧面	侧面
$0.5<\frac{D_H}{D_W}\leqslant 1.5$	$1.0<\frac{D_L}{D_W}\leqslant 1.5$	0	+0.70	−0.25	−0.60	−0.60
		90	−0.60	−0.50	+0.70	−0.25
	$1.5<\frac{D_L}{D_W}\leqslant 4.0$	0	+0.70	−0.30	−0.70	−0.70
		90	−0.50	−0.50	+0.70	−0.10
$1.5<\frac{D_H}{D_W}\leqslant 6.0$	$1.0<\frac{D_L}{D_W}\leqslant 1.5$	0	+0.80	−0.25	−0.80	−0.80
		90	−0.80	−0.80	+0.80	−0.25
	$1.5<\frac{D_L}{D_W}\leqslant 4.0$	0	+0.70	−0.40	−0.70	−0.70
		90	−0.50	−0.50	+0.80	−0.10

注：D_H 为建筑物高度，D_L 为建筑物长边，D_W 为建筑物短边。

由风引起的建筑物两侧面压差为

$$\Delta p_w=\frac{1}{2}(C_{w1}-C_{w2})\rho_0 v^2 \tag{4-1-19}$$

式中：C_{w1}—— 迎风墙压力系数；

C_{w2}—— 背风墙压力系数。

风速随距离地面高度的增加而增大，当增加到一定高度，风速不再随高度增加时，此高度以上是等速风。地面到等速风之间的气体流动是一种大气边界层流动，建筑物、树木等地势或挡风物体均会影响边界层的均匀性。通常风速与高度的关系用指数方程表达，即

$$v_w=v_0\left(\frac{Z}{Z_0}\right)^e \tag{4-1-20}$$

式中：v_0—— 参考高度的风速，m/s；

Z—— 测量风速为 v 时的高度，m；

Z_0—— 参考高度，m；

e—— 无量纲风速指数。

图 4-1-11 为不同地形条件下的风速分布，其中图 4-1-11(a)为湖泊等平坦地带的风速分布，图 4-1-11(b)为市区等不平地带的风速分布。一般把当地最大风速作为建筑安全设计参考值，常取 30～50 m/s。由于发生火灾的同时又遇到大风的概率太小，在烟气控制系统设计时，将参考风速取为当地平均风速的 2～3 倍。

4. HVAC 系统

供热通风与空调系统(Heat Ventilation and Air Condition，HVAC)的作用是取暖、通风和空气调节。在烟气驱动力作用下，烟气沿管道流动，在整个楼内蔓延。若 HVAC 系统工作，通风网络的影响将加强。当火灾发生在建筑物无人区域时，HVAC 系统能将烟气传至有人员流动的区域。

图 4-1-12 为装有 HVAC 系统建筑气流流动示意图，其中图 4-1-12(a)(b)分别为无

火灾和发生火灾情况下的气体流动状况。在无火灾情况下，空气从送风口流向回风口形成闭环。当建筑物局部区域发生火灾时，火灾烟气会通过 HVAC 系统送至建筑其他部位，使尚未发生火灾的空间也受到烟气影响。关闭 HVAC 系统可避免烟气扩散以及中断向着火区供风，但只能防止向着火区供氧及在机械作用下烟气进入回风管，并不能避免由于压差等因素引起的烟气沿通风管道的扩散。

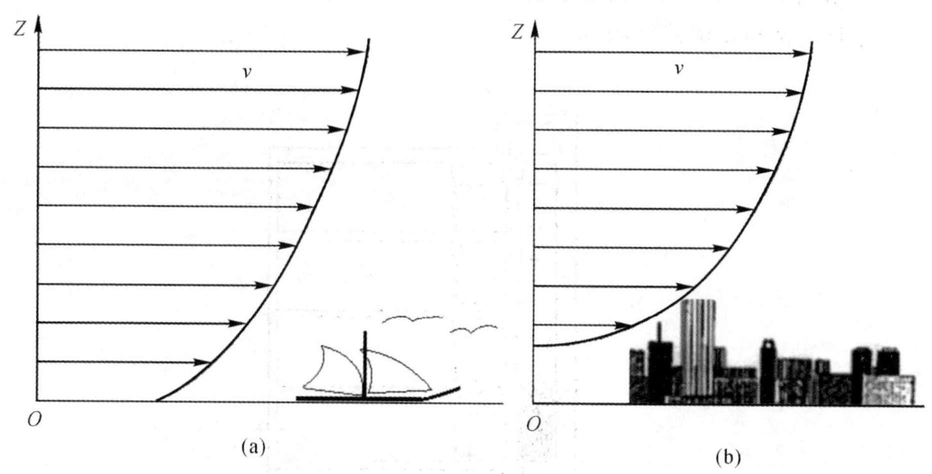

图 4-1-11　不同地形条件下的风速分布

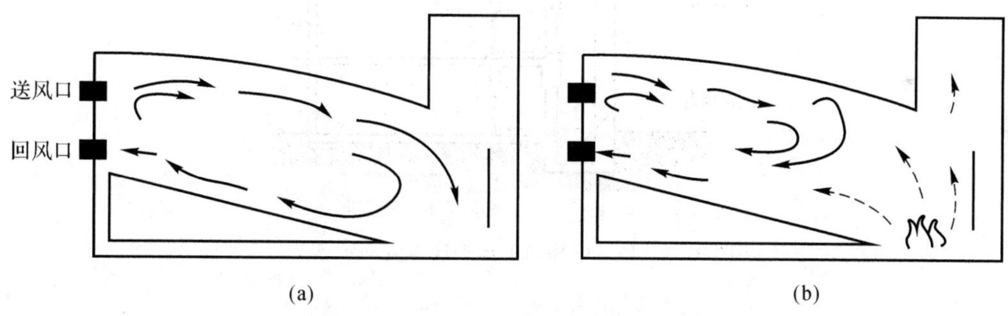

图 4-1-12　装有 HVAC 系统建筑气体流动示意图

5. 电梯活塞效应

电梯活塞效应指电梯在电梯井中运动时井内出现瞬时压力变化的现象。如图 4-1-13 所示，向下运动的电梯使电梯以下空间向外排气，电梯以上空间向内吸气。

忽略浮力、风、烟囱效应及通风系统的影响，由活塞效应引起电梯上方与外界的压差 Δp_{S0} 为

$$\Delta p_{S0}=\frac{\rho}{2}\left[\frac{A_c v_3}{N_a C A_e + C_c A_a\sqrt{1+\left(\frac{N_a}{N_b}\right)^2}}\right]^2 \tag{4-1-21}$$

式中：ρ—— 电梯井内空气密度，kg/m^3；

A_c—— 电梯井截面积，m^2；

v_3—— 电梯速度,m/s;

N_a—— 电梯以上楼层数;

N_b—— 电梯以下楼层数;

C—— 建筑物缝隙流通系数;

A_e—— 每层电梯井与外界的有效流通面积,m^2;

C_c—— 无量纲电梯周围流体流通系数;

A_a—— 电梯周围自由流通面积,m^2。

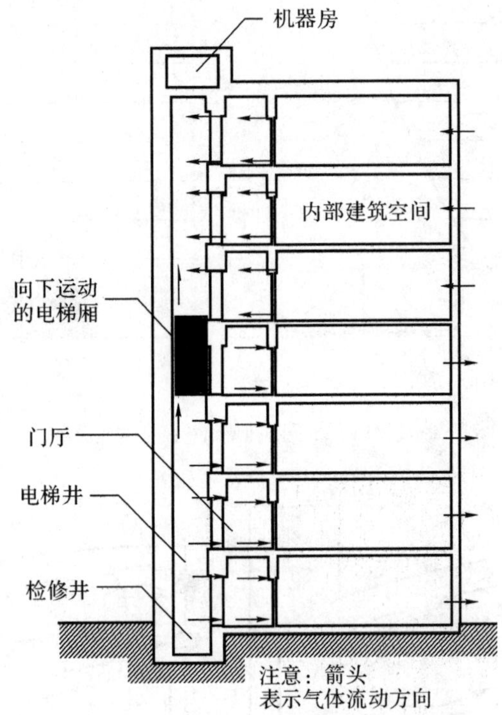

图 4-1-13　电梯向下运动气体流动示意图

4.2　建筑防火防烟分区

火灾烟气的主要成分为CO,其中毒窒息致死率高、烟气减光作用强、能见度降低,影响疏散方向辨别,尤其是高层建筑。在烟囱效应作用下,烟气扩散蔓延速度极快。因此,火灾发生后应立即使防排烟系统投入工作,将烟气迅速排出,并防止烟气窜入防烟楼梯、消防电梯及非火灾区域。

4.2.1　建筑防火分区及分隔设施

1. 建筑防火分区

建筑防火分区指在建筑内部采用防火墙和楼板及其他防火分隔设施分隔而成,能在一定时间内阻止火势向同一建筑的其他区域蔓延的防火单元。《建筑设计防火规范》(GB 50016—

2014)规定,一类建筑、二类建筑和地下室,每个防火分区允许最大建筑面积分别为 1 500 m^2、1 000 m^2 和 500 m^2,当设置自动灭火系统时,可按上述面积增加 1 倍;一类建筑的电信楼防火分区允许最大建筑面积可按上述面积增加 50%。

通过在建筑物内划分防火分区,能有效控制和防止火灾沿水平或垂直方向向同一建筑物内的其他空间蔓延,把火势控制在一定范围内,减少火灾损失,同时为人员安全疏散、消防扑救提供有利条件。

从空间位置上,建筑防火分区包括水平防火分区和竖向防火分区。

(1)水平防火分区指用一定防火分隔设施,如防火墙、防火门、防火窗、防火卷帘、防火幕和防火水幕等,将面积大的建筑物在水平方向上分隔成两个及以上的防火分区,防止火灾在水平方向蔓延、扩大。水平防火分区应采用防火墙分隔,若布设困难,可采用防火卷帘加冷却水幕或闭式喷水系统、防火分隔水幕分隔。

(2)垂直防火分区指上下楼层分别用耐火性能较好的楼板、含窗下墙的窗间墙进行防火分隔,并要求对各种孔洞缝隙用不燃烧材料进行填塞封堵,将火灾控制在一定楼层范围内,防止火灾向其他楼层垂直蔓延。垂直防火分隔设施主要有楼板、避难层、防火挑檐、功能转换层等。对于建筑物中的电缆井、管道井等竖向管井,除井壁材料和检查门有防火要求外,在建筑高度不超过 100 m 的高层建筑井内,每隔 2～3 层在楼板处用相当于楼板耐火极限的不燃烧体作防火分隔。对于建筑高度超过 100 m 的高层建筑,在每层楼板处作相应防火分隔。

2. 建筑防火分隔设施

(1)防火墙。防火墙是分隔水平防火分区或防止火灾蔓延的重要分隔构件,对减少火灾损失具有重要作用。在火灾初期和灭火过程中,可将火灾有效地控制在一定空间内,阻断火灾从防火墙一侧蔓延到另一侧。根据防火墙在建筑中所处的位置和构造形式,可分为横向防火墙、纵向防火墙、内防火墙、外楼防火墙和独立防火墙等。

(2)防火门。防火门指在规定时间内,能满足耐火稳定性、完整性和隔热性要求,在发生火灾时能自行关闭的门,具有通行、防火、隔烟等功能,能阻止或延缓火灾蔓延,确保人员安全疏散。防火门的耐火极限主要取决于门扇的材料、构造、抗火烧能力,门扇与门框之间的间隙、门扇的热传导性能,以及所选用的铰链等附件。按所用材料可分为木质防火门、钢质防火门和复合材料防火门;按开启方式可分为平开防火门和推拉防火门;按门扇结构可分为镶玻璃防火门和不镶玻璃防火门,带亮窗和不带亮窗防火门;按门扇数量可分为单扇防火门和双扇防火门。

(3)防火卷帘。防火卷帘是一种活动的防火分隔物,平时卷起置于门窗上口的转轴箱中,起火时将其展开,以阻止火势从门窗洞口蔓延。防火卷帘一般设置在电梯井、自动扶梯周围、中庭与楼层走道、过厅相通的开口部位,以及生产车间中大面积工艺洞口。对于设置防火墙或防火门有困难的场所,可采用防火卷帘对防火分区进行分隔,按制作材质可分为单片型钢防火卷帘、复合或夹芯型钢防火卷帘、无机型防火卷帘;按耐火性能可分为普通防火卷帘、特级防火卷帘;按展开方向可分为竖向防火卷帘、侧向防火卷帘和水平防火卷帘。

(4)防火阀。防火阀指在规定时间内,能满足耐火稳定性和耐火完整性要求,用于管道内阻火的活动式封闭装置。防火阀安装在通风、空调系统的送、回风管上,平时处于开启状态。当火灾时期管道内气体温度达 70℃时,可自动关闭,起到隔烟阻火作用。防火阀可手动或自动关闭,也可与火灾报警控制系统联动使用。

(5)防火窗。防火窗指在一定时间内,连同框架能满足耐火稳定性和耐火完整性要求,起到隔离和阻止火势蔓延的窗。防火窗一般设置在防火间距不足的建筑外墙上的开口或天窗部位、建筑内的防火墙或防火隔墙上需要观察等部位以及需要防止火灾蔓延的外墙开口部位。按安装方法,可将防火窗分为固定窗扇防火窗和活动窗扇防火窗。设置在防火墙、防火隔墙上的防火窗应采用不可开启的窗扇或具有火灾时能自行关闭功能的窗扇。

(6)排烟防火阀。排烟防火阀是安装在排烟系统管道上,在一定时间内能满足耐火稳定性和耐火完整性要求,起阻火、隔烟作用的阀门。排烟防火阀的组成、形状和工作原理与防火阀相似,具有手动、自动功能,其工作温度为 280℃。

4.2.2 防火间距

防火间距指为防止建筑物间火势蔓延,在各幢建筑物之间留出的安全距离。

1. 防火间距基本原则

(1)考虑热辐射作用。一、二级耐火等级的低层民用建筑,应保持 7～10 m 防火间距,在有消防队扑救情况下,一般不会蔓延到相邻建筑物。

(2)考虑灭火的实际需要。建筑物高度不同,救火使用的消防车也不同。对于低层建筑,普通消防车即可。对于高层建筑,则要使用曲臂、云梯等登高消防车。防火间距应满足消防车最大工作回转半径的需要。最小防火间距的宽度应能通过 1 辆消防车,一般为 4 m。

(3)有利于节约用地。在有消防队扑救的条件下,以能阻止火灾向相邻建筑物蔓延为原则。

(4)防火间距计算。防火间距应按相邻建筑物外墙的最近距离计算,若外墙有凸出可燃结构,则应从其凸出部分外缘算起,如储罐或堆场应从储罐外壁或堆场的堆垛外缘算起。

2. 防火间距影响因素

热辐射、热对流、风向、风速、外墙材料的燃烧性能及其开口面积、室内堆放的可燃物种类及数量、相邻建筑物的高度、室内消防设施情况、着火时的气温及湿度、消防车到达的时间及扑救情况等因素都会影响防火间距。

(1)热辐射。当火焰温度达到最高数值时,热辐射强度最大,若伴有飞火则更危险。

(2)热对流。无风时,热对流温度在离开窗口后会大幅降低,其对相邻建筑物的影响不大。

(3)建筑物外墙门窗洞口的面积。当建筑物外墙开口面积较大时,在可燃物的种类和数量都相同的条件下,由于通风好、燃烧快、火焰温度高,热辐射增强,此时,相邻建筑物接受的热辐射较多,当累积到一定程度时便会起火。

(4)建筑物的可燃物种类和数量。可燃物种类不同,在一定时间内燃烧火焰的温度有差异,如汽油、苯、丙酮等易燃液体,燃烧速度比木材快,发热量比木材大,热辐射比木材强。一般情况下,可燃物数量与发热量成正比关系。

(5)风速。风能够促进可燃物燃烧,加速火灾蔓延。露天火灾中,燃烧的颗粒和燃烧着的碎片等被吹散至较远处,给火灾扑救带来困难。

(6)相邻建筑物的高度。高度较高的建筑物着火时对较低的建筑物威胁较小,反之则较大,特别是当屋顶承重构件毁坏塌落、火焰穿出房顶时威胁更大。着火的较低建筑物对较高建筑物辐射角在 30°～45°时,辐射强度最大。

(7)建筑物内消防设施。建筑物内设有火灾自动报警装置和较完善的其他消防设施时,能将火灾扑灭在初期阶段，减少火灾蔓延。

(8)灭火时间。建筑物发生火灾后，其温度通常随着火灾延续时间的长短而变化。火灾延续时间延长，则火场温度相应升高，对周围建筑物的威胁增大。当可燃物数量逐渐减少时，火场温度逐渐降低。

4.1.3　建筑防烟分区与防排烟设施

建筑防烟分区是在建筑内部采用挡烟设施分隔而成，能在一定时间内防止火灾烟气向同一防火分区的其余部分蔓延的局部空间。火灾发生时的首要任务是把火场产生的高温烟气控制在一定区域内，并迅速排出室外。建筑物必须划分防烟分区：一是在火灾发生时将烟气控制在一定范围内；二是提高排烟口的排烟效果，减小火灾损失。

1. 防烟分区划分原则

防烟分区一般应结合建筑内部功能分区和排烟系统设计要求进行划分。根据《建筑设计防火规范》(GB 50016—2014)规定，设置排烟设施的走道和净高不超过 6 m 的房间要求划分防烟分区，地下室等不设排烟设施的部位可不划分防烟分区。

设置排烟系统的场所或部位应划分防烟分区。防烟分区面积不宜过大，否则会使烟气波及面积扩大，增加受灾面，不利于安全疏散和扑救。防烟分区的面积过小时，会使排烟系统或垂直烟道数量增多，提高系统和建筑造价。设置防烟分区应遵循以下原则：

(1)防烟分区应采用挡烟垂壁、隔墙、结构梁等进行划分。

(2)防烟分区不应跨越防火分区。对有特殊用途的场所，如地下室、防烟楼梯间、消防电梯、避难层(间)等应单独划分防烟分区。

(3)防烟分区一般不应跨越楼层，若一层面积过小，允许一层以上的楼层，但以不超过三层为宜。

(4)采用隔墙等形成封闭的分隔空间时，该空间宜作为一个防烟分区。

(5)储烟仓高度不应小于空间净高的 10%，且不应小于 500 mm，同时应保证疏散所需的清晰高度，由计算确定最小清晰高度。

(6)对于有特殊用途的场所，应单独划分防烟分区。

2. 防烟分区划分方法

根据建筑物的不同种类和要求，可将防烟分区按其用途、面积、楼层划分。

(1)按用途划分。对于建筑物各个部分，根据不同用途可划分为居住或办公用房、疏散通道、楼梯、电梯、停车库等防烟分区。按此种方法划分防烟分区时，应注意对通风空调管道、电气配管、给排水管道等穿墙和楼板处，用不燃烧材料填塞密实。

(2)按面积划分。按面积将建筑物划分为若干个基准防烟分区，这些防烟分区在各个楼层的形状、尺寸和用途相同。每个楼层的防烟分区可采用同一套防排烟设施，排烟风机的容量应按最大防烟分区的面积计算。

(3)按楼层划分。在高层建筑中，底层部分和上层部分用途不相同，底层发生火灾的机会较多，上部主体发生火灾的机会较小。因此，应尽可能根据房间的用途沿垂直方向按楼层划分防烟分区。

3.防排烟分隔措施

建筑火灾烟气控制方式分为防烟和排烟两种。防烟指用具有一定耐火性能的物体或材料把烟气阻挡在某些限定区域，或防止烟气流至可对人和物产生危害的地方。排烟指使烟气沿着对人和物没有危害的渠道排至建筑外，消除烟气的有害影响。

划分防烟分区的构件主要有屋顶挡烟隔板、挡烟垂壁、隔墙、防火卷帘、建筑横梁等。屋顶挡烟隔板指设在屋顶内，能对烟和热气的横向流动造成障碍的垂直分隔体。挡烟垂壁指用不燃烧材料制成，从顶棚下垂不小于 500 mm 的固定或活动的挡烟设施。活动挡烟垂壁指火灾时因感温、感烟或其他控制设备的作用，自动下垂的挡烟设施。隔墙为非承重、只起分隔作用的墙体。

4.3 建筑火灾防烟原理

建筑火灾防烟主要运用自然通风与设备加压送风方式，避免毒性烟气进入室内楼梯及安全疏散通道中。防烟系统设备应当设置在建筑物、楼梯间、火灾避难间、防火通道以及前厅等重要位置。在防烟系统实际设计过程中，应与区域结构特征、窗体布置实际情况相结合，再采用机械加压送风或自然通风设计方案。对于空间开放、窗体相对较多，可和外部形成充分对流的开放区域，运用自然通风手段，通过空气快速流通达到持续减少烟雾的效果，而在狭小密闭空间，且很难和外部产生优良通风的区域，应运用设备加压送风手段。

4.3.1 固体壁面防烟

固体壁面是防止烟气从起火房间或浓烟区向外蔓延的主要建筑构件，如隔墙、隔板、楼板、梁、挡烟垂壁等，材质主要为砖、水泥和薄板等材料。固体壁面无缝隙、无漏洞或无其他开口，可增加防烟效果。固体壁面是一种被动式防烟方式，能使离火源较远的空间不受或少受烟气影响，常与其他挡烟和排烟方式配合使用。

1.缝隙间流率与压差

固体壁面本身存在一定烟气泄漏，泄漏量由缝隙的大小、形状及两侧压差决定。缝隙两侧存在压差可引起气体流动。假设流通路径内气体密度是定常的，路径进、出口的压力和高度都不变，依据路径的几何尺度和雷诺数 Re 不同，压差为

$$\Delta p = p_i - p_c + \rho_c g(Z_i - Z_c) \tag{4-3-1}$$

式中：p_i—— 路径的进口压力，Pa；

p_c—— 路径的出口压力，Pa；

ρ_c—— 路径内气体密度，kg/m^3；

Z_i—— 路径的进口高度，m；

Z_c—— 路径的出口高度，m。

雷诺数 Re 为

$$Re = D_h \frac{v_1}{\nu} \tag{4-3-2}$$

式中：D_h—— 特征直径，m；

v_1—— 流体平均速度，m/s；

ν—— 流体运动黏度，m^2/s。

当 $Re = 2\ 500 \sim 4\ 000$ 时是动力控制的流动，流率与路径压差的二次方根成正比，则缝隙流率与压差的关系为

$$Q_k = CA\sqrt{\frac{2\Delta p}{\rho_a}} \tag{4-3-3}$$

式中：Q_k—— 体积流率，m^3/s；

C—— 流通系数；

A—— 流通面积(或泄漏面积)，m^2。

式(4-3-3)以伯努利方程为基础，引入流通系数 C，可计算存在黏性摩擦损失和动力损失的情况，C 取决于 Re 和路径几何特性。对于通过门缝和建筑缝隙内的流动，C 一般在 $0.6 \sim 0.7$ 之间。若空气密度 $\rho_0 = 1.2\ kg/m^3$，流通系数 $C = 0.65$，则标准温度和标准大气压下的流率公式为 $Q_k = 0.839A\sqrt{\Delta p}$。

当 $Re = 100 \sim 1\ 000$ 时是黏性控制的流动，流率与压力损失成正比。对于两块无限长平行平板间的泊松流，两板间的速度分布呈抛物线型，流体速度仅在与流动垂直的方向上变化，其流动为层流，平均速度 v_1 与压力损失 dp/dX 成正比，即

$$v_1 = -\frac{s^2}{12\mu}\frac{dp}{dX} \tag{4-3-4}$$

式中：s—— 平板间距离(或缝隙宽度)，m；

μ—— 流体绝对黏性系数，$N \cdot s/m^2$；

p—— 压力，N；

X—— 气体流通方向。

速度分布形成抛物线型需要一定距离，而建筑物实际缝隙不可能无限深。入口段压力损失要比在充分发展段损失大。由于缝隙外存在流动，还存在进、出口压力损失，因此，实际流动与平板泊松流存在一定偏差。在建筑物中还存在大量介于黏性力控制和动力控制之间的流动，即

$$Q_k = C_e\ (\Delta p)^n \tag{4-3-5}$$

式中：C_e—— 指数方程流通系数，$m^3/(s \cdot Pa^{-n})$；

n—— 流通指数，取 $0.5 \sim 1.0$。

式(4-3-5)近似给出流率与压差间的关系，适用于计算低压差下通过建筑物多个小缝隙流动的情况，C_e 和 n 依赖于 Δp 的范围。

2. 缝隙流动计算

Gross 和 Haberman 通过无量纲流率和无量纲压差之间的函数关系计算流过不同形状缝隙的泄漏量，即

$$Q_N = \frac{1}{x}Rey \tag{4-3-6}$$

$$p_N = \frac{\Delta p D_h^2}{\rho \nu^2}\left(\frac{D_h}{x}\right)^2 \tag{4-3-7}$$

式中：Q_N—— 无量纲流率；

p_N—— 无量纲压差；

y—— 垂直于流动方向的缝隙宽度，m；

x—— 平行于流动方向的缝隙深度，m。

对于直通狭缝进口部分，当流动尚未达到充分发展段之前，无量纲流率与压差的关系如图 4-3-1 所示，其函数关系可分为 3 段，即

$$Q_N=\begin{cases}0.010\,42p_N, & p_N\leqslant 250\\ 0.016\,984p_N^{\alpha}, & 250<p_N<10^6\\ 0.555\sqrt{p_N}, & p_N\geqslant 10^6\end{cases} \tag{4-3-8}$$

Ⅰ段：黏性力控制段 $p_N\leqslant 250$；Ⅱ段：过渡段 $250<p_N<10^6$，其中，$\alpha=1.017\,46-0.044\,181\lg(p_N)$；Ⅲ段：动力控制段，$p_N\geqslant 10^6$。Ⅰ、Ⅲ两段方程由 Gross 等人提出，Ⅱ段较为复杂。在此选用 Forney 导出公式，与 Gross 原公式误差不超过 6%，且在端点处与其他两段连接较好。

门缝通常有一个或多个弯折。对于一个或两个弯折的狭缝，其无量纲流率 Q_N 可由直通缝的 Q_N 乘 F_1 或 F_2 的流通系数得到，如图 4-3-2 所示。F_1 和 F_2 计算值见表 4-3-1。

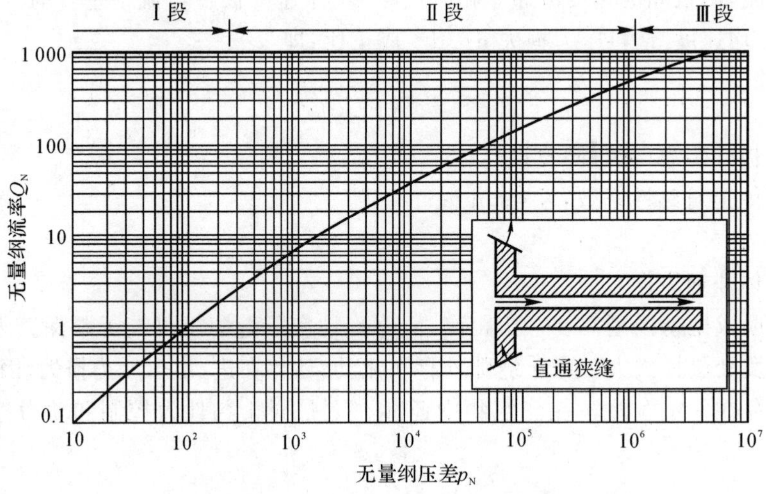

图 4-3-1　直通狭缝流率和压差关系

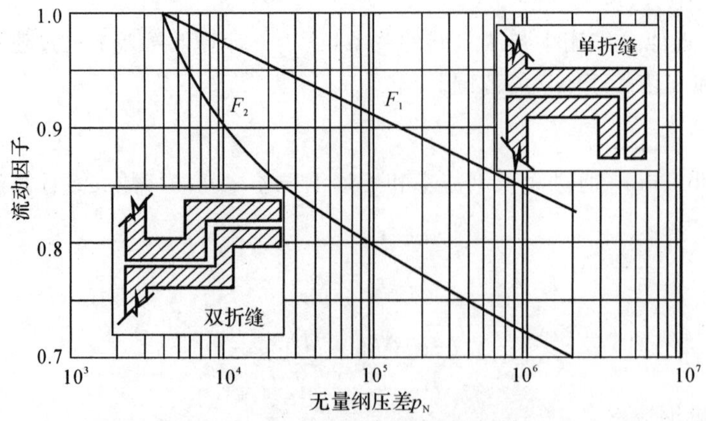

图 4-3-2　单折缝和双折缝流通系数

表 4-3-1　单折缝和双折缝流通系数

无量纲压力 p_N	单折缝 F_L	双折缝 F_2	无量纲压力 p_N	单折缝 F_L	双折缝 F_2
4 000	1.000	1.000	100 000	0.910	0.793
7 000	0.981	0.939	200 000	0.890	0.772
10 000	0.972	0.908	400 000	0.872	0.742
15 000	0.960	0.880	1 000 000	0.848	0.720
20 000	0.952	0.862	2 000 000	0.827	0.700
40 000	0.935	0.826			

3. 缝隙流通面积

烟气控制设计时需确定流通路径并估算流通面积。裂缝流通面积取决于施工水平，如门的装配质量、有无防风雨条件等。通向外界的通风管道内往往存在阻挡物，若开口装有百叶窗或滤网，则实际流通面积小于路径面积。

4.3.2　加压送风防烟

加压送风防烟主要使用风机在防烟分隔物两侧造成压差控制烟气流过，从而控制烟气穿过分隔物的缝隙进入防烟区域。采用机械加压送风的防烟楼梯间及其前室、消防电梯前室和合用前室，应保持正压，且楼梯间压力应等于或略高于前室，如图 4-3-3 所示。

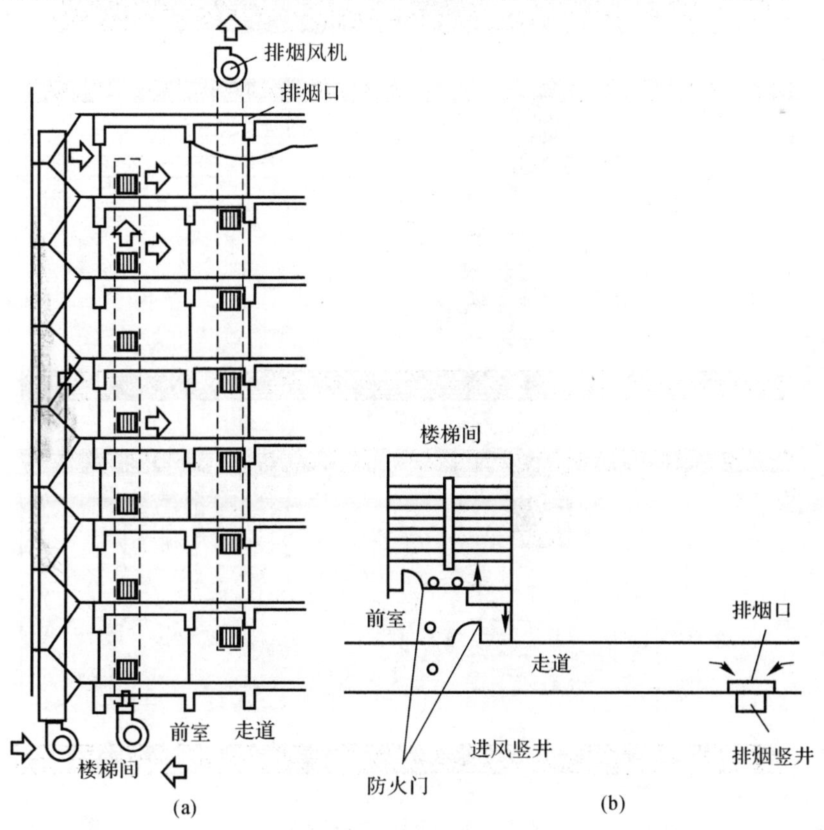

图 4-3-3　防烟楼梯间机械加压送风防烟系统示意图

1. 正压送风

防烟楼梯间、前室或合用前室要求具有一定正压，以防止烟气扩散。楼梯间压力应大于前室或合用前室的压力，前室和合用前室的压力要大于走道压力。为使人员疏散时不致造成开门困难，其部位压差值需控制在一定范围内。

假设建筑物某隔墙上的门关闭，其左侧为疏散通道或避难区，使用风机使该侧形成高压。若门右侧存在热烟气，则穿过门缝和隔墙裂缝的空气流能够阻止烟气渗透至高压侧，如图 4-3-4(a)所示。若门打开，流过门道的空气流速较低时，烟气将经门道上半部逆着空气流进入避难区或疏散通道，如图 4-3-4(b)所示。但如果空气流速较大，烟气逆流则全部被阻止，如图 4-3-4(c)所示。阻止烟气逆流所需空气量由火灾释热速率决定。可利用分隔物两侧压差或者较大流速的空气流进行烟气控制。

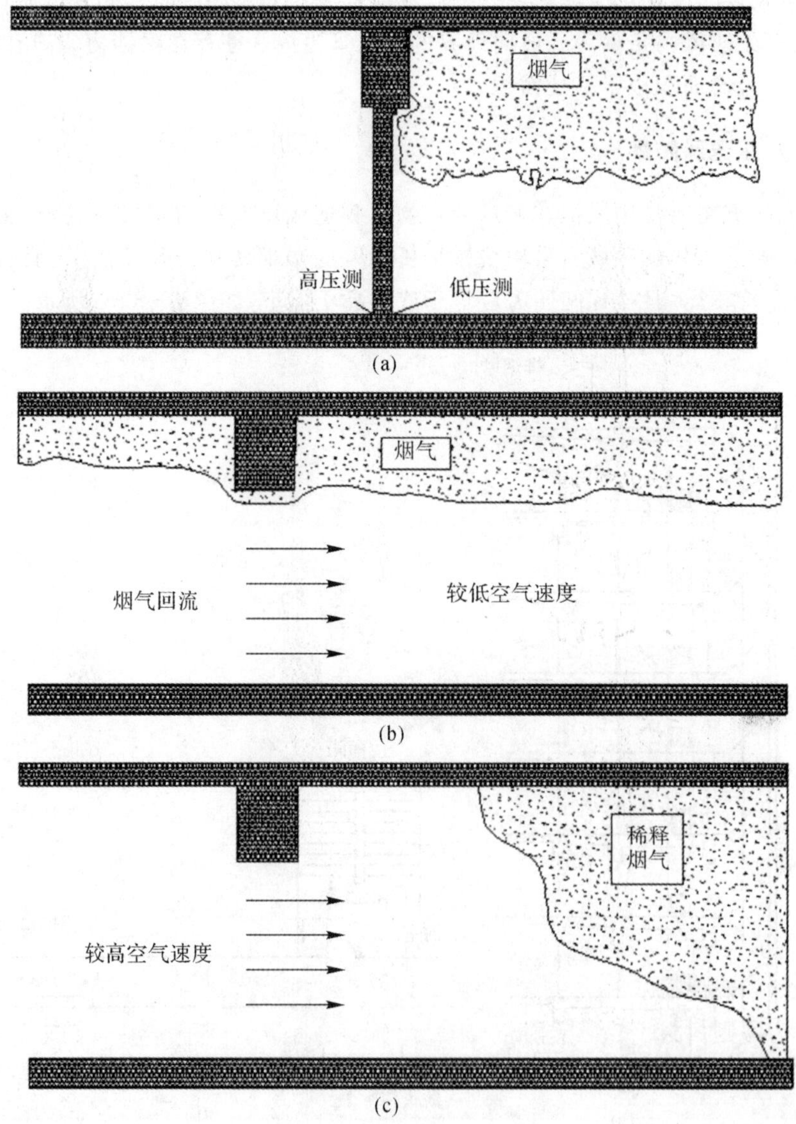

图 4-3-4　正压送风示意图

为了减小加压膨胀对烟气流动的影响，可在加压系统中采用增加电梯竖井等排烟通道、加压送风装置等措施。防烟楼梯间的正压值为 40～50 Pa，前室、合用前室、消防电梯间前室、封闭避难层(间)的正压值为 25～30 Pa。

2. 开门力

为维持加压空间的压力，在其与失火区之间应安装挡烟门。加压空间压力越高，防烟效果越好，但压力会对人员进出产生影响。若挡烟门的开门力过大，将导致开门困难，影响逃生效率。加压空间的防烟门受力情况如图 4－3－5 所示。

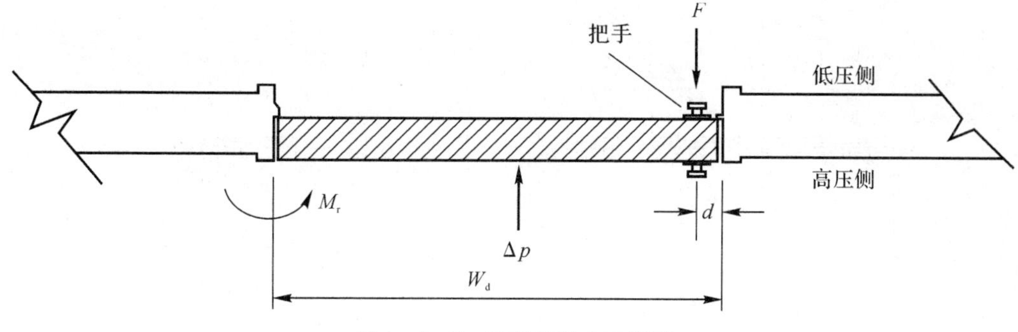

图 4－3－5　防烟门受力示意图

门轴总力矩为

$$F=\frac{M_r}{W_d-d}+\frac{A_d\Delta pW_d}{2(W_d-d)}=F_r-F_p \tag{4-3-9}$$

式中：F—— 门所受合力，N；

M_r—— 关门器和其他摩擦力的力矩，N·m；

W_d—— 门宽度，m；

A_d—— 门面积，m^2；

d—— 拉手到门边的距离，m；

F_r—— 克服关门器和其他摩擦的分力，N；

F_p—— 克服空气压差的分力，N。

M_r 包括关门器力、门轴摩擦、门和门框的摩擦等所有对门轴的力矩，与门的装配质量有关。门拉手用来克服门轴摩擦的力一般是 2.3 ～ 9 N。由于门关闭时关门器产生的力与打开门所要克服的关门器的力不同，开门初期克服关门器所需力较小，中后期阶段所需力较大。由压差产生的开门分力可由图 4－3－6 查出。该图中假定门高为 2.13 m，拉手安装在离门边 0.076 m 的位置。

若某门尺寸为 2.13 m×0.91 m，其两侧压差为 62 Pa，克服关门器和摩擦力的分力为 44 N，拉手安装在离门边 0.076 m 的地方，计算可得此门的开门力是 110 N。

在计算挡烟门两侧压差时，应兼顾考虑最大与最小容许压差。最大容许压差应以不产生过大的开门力为原则。根据美国消防协会《Life Safety Code》(NFPA 101—2000)中对生命安全的规定，打开安全逃生设施任意门的力不应超过 133 N。

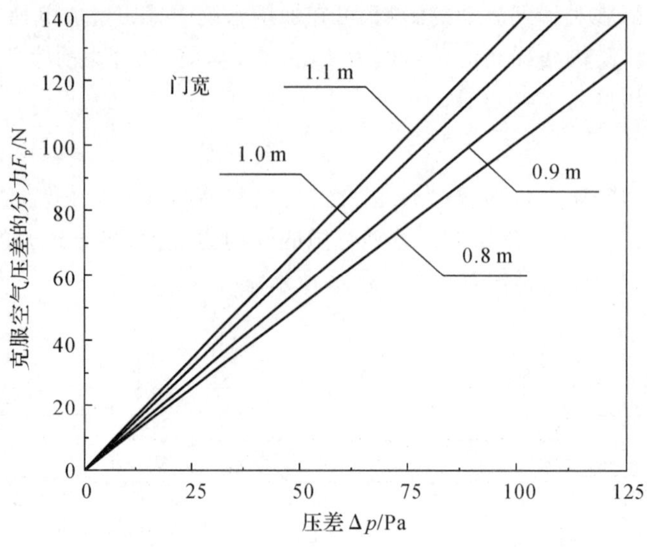

图 4-3-6 压差与开门分力的关系

3. 风量

在疏散过程中，当着火层前室或楼梯间防火门打开时，为能有效阻止烟气进入前室和楼梯间，在该门洞断面处应形成一股与烟气扩散方向相反且有足够大流速的气流。机械加压送风最大允许风速比一般通风风速大一些。金属风道风速不大于 20 m/s，一般控制在 14 m/s 左右。内表面光滑的混凝土等非金属材料风道风速不大于 15 m/s。建筑风道风速一般控制在 12 m/s 左右。加压送风口风速不宜大于 7 m/s。

综合考虑维持楼梯间及前室等要求的正压值、维持门的开启风速不小于 0.7 m/s 以及门缝漏风量等因素确定加压送风系统的送风量。加压送风量计算通常采用压差法或流速法，通过计算或按《建筑设计防火规范》(GB 50016—2014)中给出的值确定。

4. 风口设置

在防烟楼梯间每隔 2～3 层设一个加压送风口，风口应采用自垂式百叶风口或常开百叶式风口，当采用后者时，加压风机压出管上应设置止回阀。应每层设置前室送风口。每个风口有效面积按 1/3 系统总风量确定。当设计为常闭型，发生火灾时开启着火层及相邻层风口。风口应设手动和自动开启装置，并应与加压送风机起动装置连锁。每层风口也可选常开百叶式风口，此时应在加压送风机的压出管上设置止回阀。

4.3.3 空气流防烟

空气流防烟是一种特殊的防烟措施，在门被打开或者在没有门的通道中，空气和烟气会发生逆向流动。若空气流速较低，烟气可经过通道的上部逆着空气流进避难区或疏散通道，但如果空气流速足够大，烟气逆流受阻。由于阻止烟气运动时需要较大空气流率，而空气流又提供氧气，因此控制较为复杂。在铁路和公路隧道、地下铁道的火灾烟气控制中，空气流广泛使用，但在建筑物内主要应用于大火已被抑制或燃料已被控制的少数情况。

图 4-3-7 为走廊内空气流防烟示意图。烟气与进入的空气流形成一定夹角，分子扩散

造成微量烟气传输，不会对上游构成危害，但可闻到烟气味道。空气流必须保持某一最小速度，若低于此速度，烟气会流向上游。

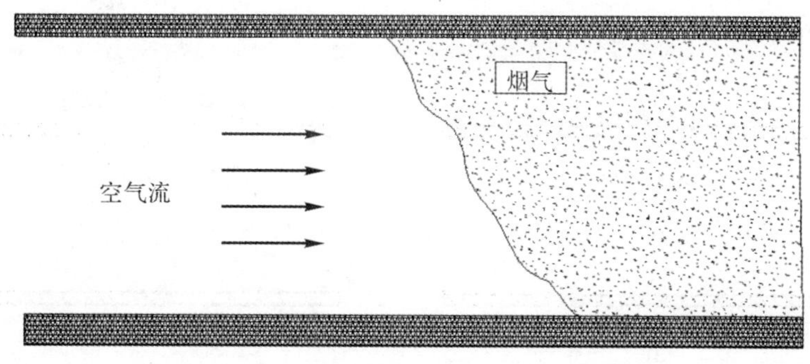

图 4-3-7　走廊内空气流防烟示意图

Thomas 得出的临界速度公式为

$$v_k = k\sqrt[3]{\frac{gE}{L_w \rho_1 cT}} \tag{4-3-10}$$

式中：v_k—— 阻止烟气逆流的临界空气速度，m/s；

E—— 对走廊释放热量的速率，kW；

L_w—— 走廊宽度，m；

ρ_1—— 上游空气密度，kg/m^3；

c—— 下游气体比热，T/K；

T—— 下游气体绝对温度；

k—— 量级为 1 的常数。

此公式适用于走廊内有火源或烟气可通过敞开门道流入走廊的情形。

4.4　建筑火灾排烟原理

建筑物排烟多运用机械排烟和自然排烟两种方式，其功能在于把建筑物内走廊、房间等一些较为密闭空间内的氧气排出室外。排烟系统一般分布于长度相对较长的走廊、大面积房间以及地下停车场、车库等场所。排烟设施主要是自然通风排烟设施与设备强制排烟设施。其中，自然排烟一般是通过建筑窗体排烟，适合运用在窗体相对较多的宽敞区域，而机械排烟设备应当与排烟井位置相结合，选择相应设计方案展开布置，可采用水平排烟或竖向排烟方式。

4.4.1　自然排烟

1. 自然排烟原理

自然排烟是充分利用建筑物构造，在自然力作用下，利用火灾产生的热烟气流的浮力和外部风力作用通过建筑物房间或走道的开口把烟气排至室外的排烟方式。

室内积累的烟气层必须具有一定厚度，烟气才具有足够的浮力进行自然排烟，当上部热烟层较薄时，自然排烟系统不能有效工作，如图 4-4-1(a)所示。因此应当在建筑物顶棚设计蓄烟池。图 4－4－1(b)为一种上凸式蓄烟池。烟气流入池内后，容易积累形成足够深(＞1 m)的烟气层，从而提供自然排烟所需浮力。

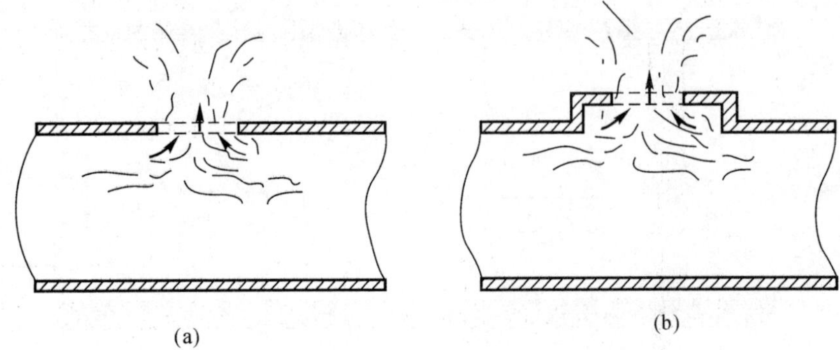

图 4－4－1　自然排烟

当建筑物与较高建筑相连时，必须注意其顶棚上方的压力分布。若外部压力高于室内压力，自然排烟无法进行，应当使用风机加强排烟。

2. 自然排烟方式

排烟窗、排烟口、排烟井是建筑物常用的自然排烟形式。图 4－4－2 为自然排烟典型形式，其中图 4－4－2(a)为窗户自然排烟，图 4－4－2(b)为竖井自然排烟。

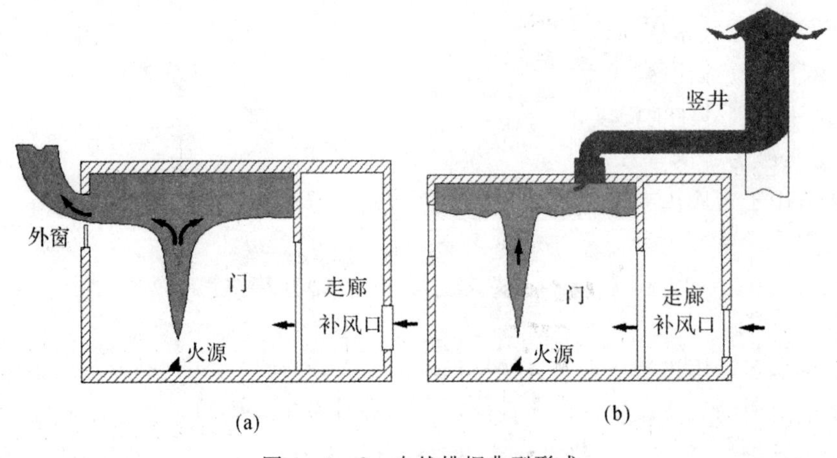

图 4－4－2　自然排烟典型形式

(1)利用建筑的阳台、凹廊或在外墙上设置便于开启的外窗或排烟窗进行无组织的自然排烟。其优点是不需要专门排烟设备，火灾发生时不受电源中断影响，构造简单、经济，平时可兼作换气使用。其缺点是排烟方式受室外风向、风速和建筑本身密封性或热压作用影响，排烟效果不稳定。

(2)利用竖井进行自然排烟。在防烟楼梯间前室、消防电梯前室或合用前室内设置专用排烟竖井，依靠室内火灾时产生的热压和室外空气的风压形成“烟囱效应”，进行有组织的自然排烟。着火层所处高度与烟气排放口高度差越大，排烟效果越好。其优点是不需要能源，设备简单，仅用排烟竖井；缺点是竖井占地面积大。

(3)利用挡烟垂壁或挡烟帘联合排烟。当建筑难以设置较深蓄烟池时,可采用挡烟垂壁或挡烟帘。设计有效自然排烟时不仅要考虑通风口的数目、大小和位置,还要考虑火区规模、建筑物高度、屋顶形式和屋顶上压力分布等影响因素。挡烟帘可在建筑物顶棚下形成小的蓄烟池,如图 4-4-3(a)所示。若在失火区域附近构成如图 4-4-3(a)所示的蓄烟池,将有利于加强直接排烟,但是由此排出的烟气量必须足够大才能防止烟气进入大面积区域。如果屋顶上方压力为正值,则自然排烟效果大幅降低。当外界压力过大时,可能出现逆向进风现象,如图 4-4-3(b)所示。

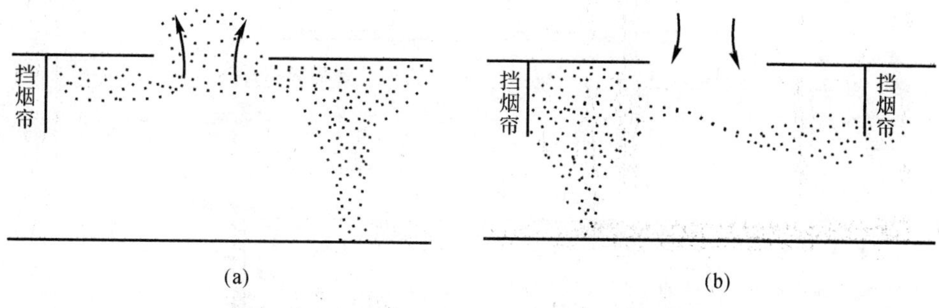

图 4-4-3　自然排烟与挡烟帘配合使用示意图

3. 自然排烟的优缺点

优点:经济、简单、易操作,不需要使用动力及专用设备,无复杂的控制过程,可兼作平时换气使用。

缺点:排烟效果受室外气温、风向、风速的影响,特别是排烟口设置在迎风面,排烟效果不理想。

4.4.2　机械排烟

1. 机械排烟形式

机械排烟指利用风机造成烟气流动的排烟现象。机械排烟可单独应用,也可与自然排烟配合使用,主要有正压送风与自然排烟、负压排烟与自然补风、负压排烟与机械补风 3 种组合形式。

(1)正压送风与自然排烟组合。如图 4-4-4 所示,起火房间或蓄积烟气房间内有自然排烟口,房门可打开。通过风机向起火房间附近的走廊或房间送风,增加该区域压力,新鲜空气可通过门进入有烟房间,驱使烟气从排烟口流出。对于起火房间,新鲜空气会因提供氧气而助燃,加剧火灾发展。当新鲜空气流速较大时,烟气层稳定性受到影响。因此,对于仍然存在火焰的房间不宜过早送风,送风口面积不宜过小。

(2)负压排烟与自然补风组合。如图 4-4-5 所示,在需要排烟上部安装排烟风机,风机启动可使进烟管口处形成低压,排出烟气,房间的门、窗等开口作为新鲜空气补充口。

负压排烟与自然补风组合方式需要在进烟管口附近形成相当大的负压。如果负压程度不够,在室内远离进烟管口区域的烟气往往无法排出。如果烟气生成量较大,烟气仍会沿门窗上部蔓延出去。由于风机直接接触高温烟气,因此风机需耐高温,同时在进烟管中安装防火阀,以防烟气温度过高损坏风机。此排烟方式设计、安装较方便,是目前常用的机械排烟方式。

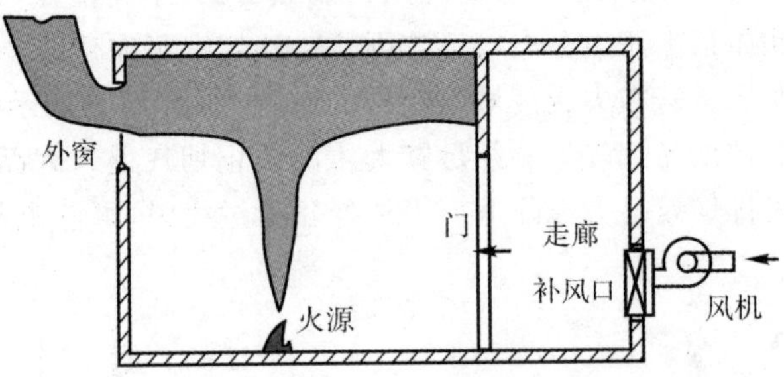

图 4-4-4　正压送风与自然排烟组合排烟示意图

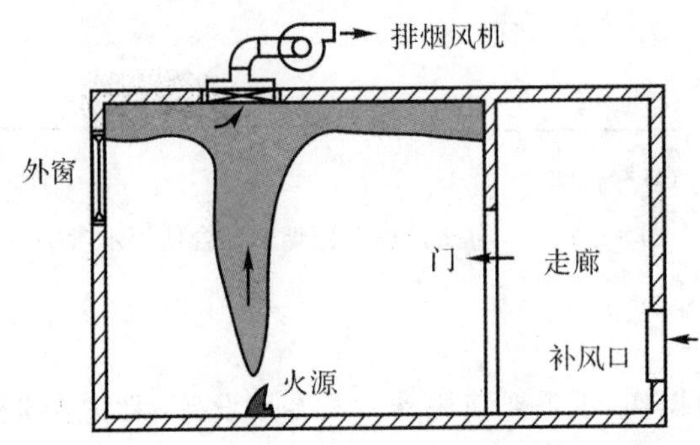

图 4-4-5　负压排烟与自然送风组合排烟示意图

(3)负压排烟与机械补风组合。如图 4-4-6 所示,负压排烟与机械补风组合方式为全面通风排烟方式,使用该方法时,通常让送风量略小于排烟量,让房间内保持一定负压,从而防止烟气外溢或渗漏。

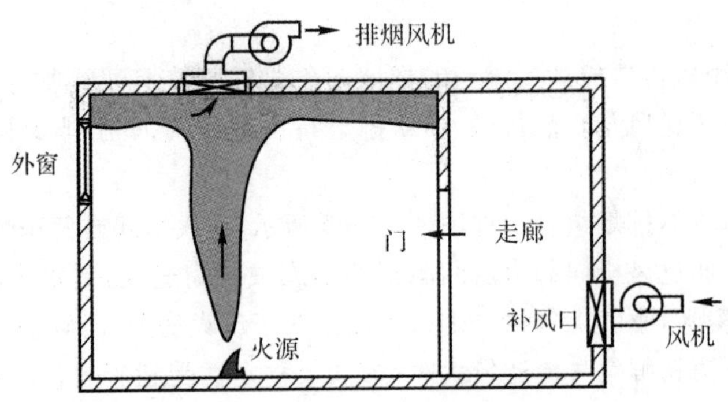

图 4-4-6　负压排烟与机械补风组合排烟示意图

全面通风排烟方式防排烟效果好,运行稳定,不受外界气候影响。其缺点是使用两套风机造价偏高,在风压配合方面设计复杂。

2.烟气层吸穿

为有效排除烟气,通常要求负压排烟口浸没在烟气层中。当排烟口下方存在足够厚烟气层或排烟口速度较小时,烟气能顺利排出,如图 4-4-7(a)所示,这样也会对烟气与空气交界面产生扰动，加剧烟气与空气掺混。当排烟口下方无法聚积较厚烟气层或排烟速率较大时，排烟时可能发生烟气层吸穿现象，如图 4－4－7(b)所示，此时部分空气被直接吸入排烟口，导致机械排烟效率下降。同时，风机对烟气与空气界面处具有扰动作用，使得较多空气被卷吸入烟气层内，增大烟气体积。

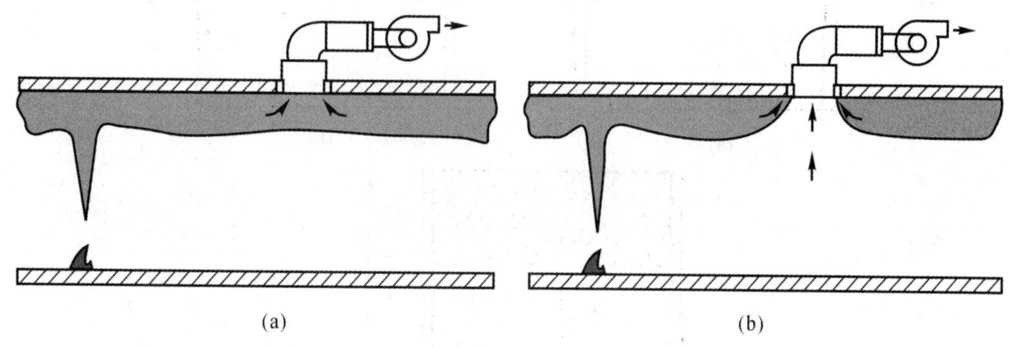

(a)　　(b)

图 4－4－7　机械排烟排烟口下方烟气流动示意图

3. 排烟口和补风口

在高层建筑排烟设计中，排烟口、补风口、排烟风道和进风道的位置应以保证人员安全疏散和气流组织合理为前提，使进入前室的烟气能顺利排出，避免受进风气流干扰。

(1)排烟口。

烟气控制原则是设法保持烟气体积最小，尽量避免烟气发生大范围扩散和长距离流动，排烟口应当有合理的分布和数量。

排烟口布置应遵循下述原则：

1)当用隔墙或挡烟壁划分防烟分区时，每个防烟分区应分别设置排烟口。

2)排烟口应尽可能设在防烟区中心部位，排烟口至防烟区最远点的水平距离不应超过 30 m。

3)排烟口必须设置在距顶棚 800 mm 以内的高度。对于顶棚高度超过 3 m 的建筑物，排烟口可设在距地面 2.1 m 以上高度，如图 4－4－8 所示。

4)防烟楼梯间及其前室排烟口与进风口设置高度如图 4－4－9 所示。

5)为防止顶部排烟口处烟气外溢，需在排烟口一侧上部安设防烟幕墙，如图 4－4－10 所示。

6)根据烟气通过排烟口有效断面时的速度不大于 10 m/s 计算排烟口尺寸。排风速度越高，排出气体中空气所占比例越大。排烟口最小面积一般不应小于 0.04 m^2。

7)同一分区内设置数个排烟口时，要求做到所有排烟口能同时开启，排烟量等于各排烟口排烟量的总和。

8)排烟口形状对排烟也有较大影响。图 4－4－11(a)为长条形排烟口，4－4－11(b)为方形排烟口，左图为对应排烟口形状立面图，右图为俯视图。与方形排烟口相比，长条形排烟口更有利于排出烟气。以方形排烟口为例，如果在排烟口下游安装挡烟垂壁，排烟效果加强。图 4－4－12(a)为挡烟垂壁立面图，图 4－4－12(b)为挡烟垂壁俯视图。

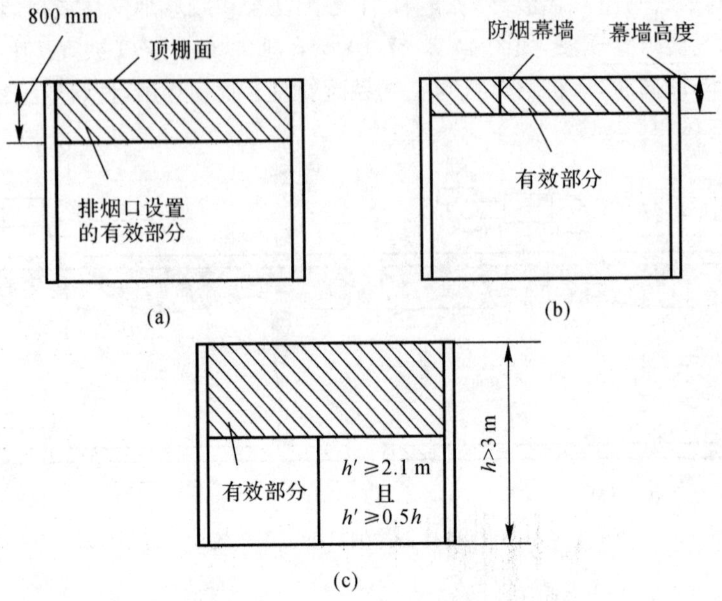

图 4-4-8　排烟口设置有效高度示意图

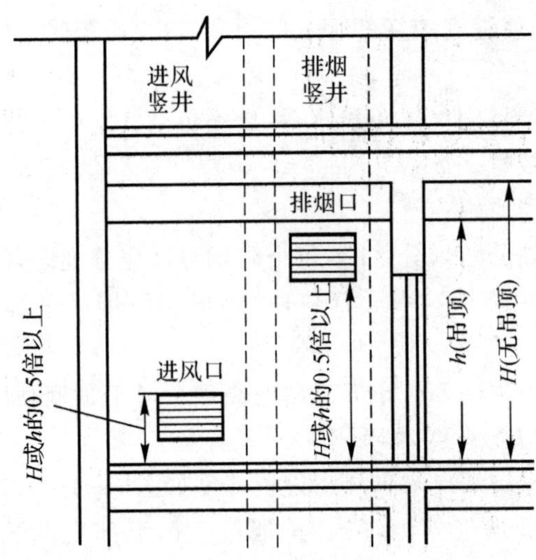

图 4-4-9　排烟口与进风口设置高度示意图

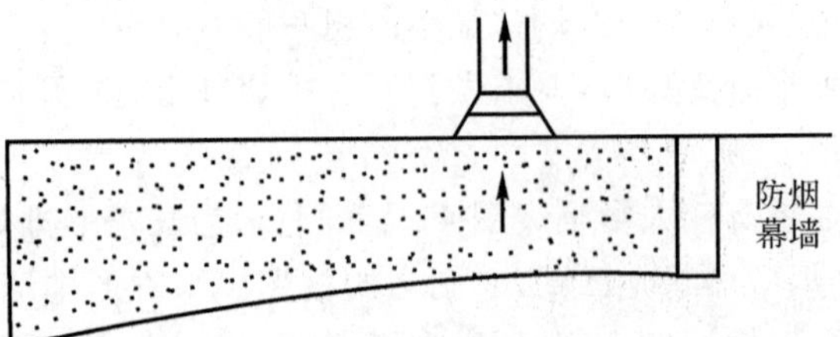

图 4-4-10　防烟幕墙和排烟口位置示意图

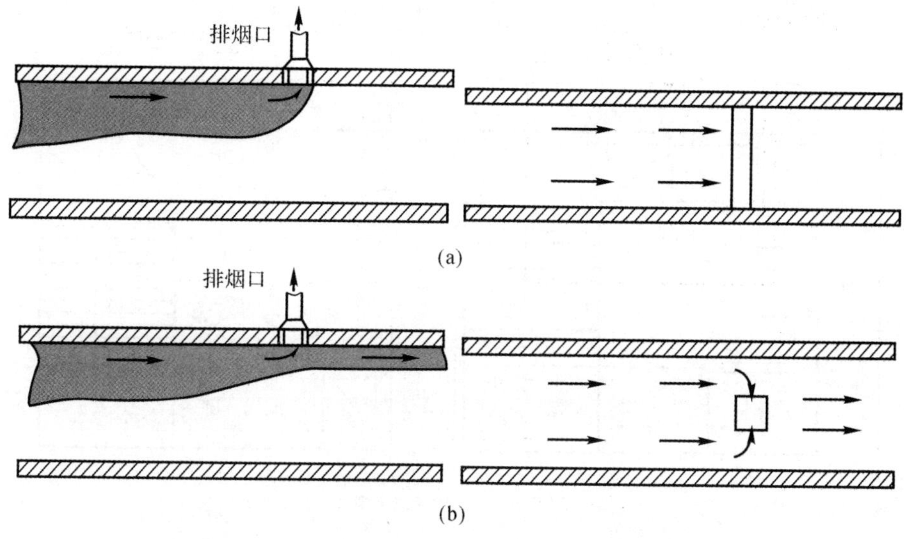

图 4-4-11　排烟口形状对排烟效果的影响示意图

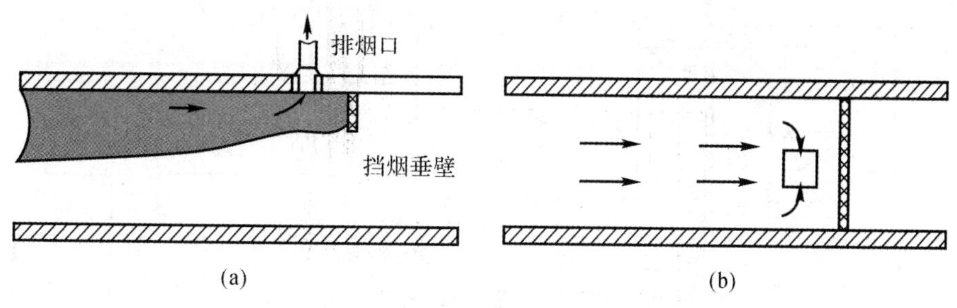

图 4-4-12　挡烟垂壁对排烟效果的影响示意图

(2)补风口。

补风口指室外新鲜空气进入室内的入口。对于机械送风,通常称其为送风口。对于自然补风,通常称其为进风口。为减少新鲜空气与烟气层混合,补风口应布置在离烟气层较远的地方,一般应靠近地面。补风口应当有足够流通面积、适当的数量,并合理分布在建筑物不同位置。

(3)风道位置。

进、排风道位置不同,排烟效果不同。图 4-4-13(a)(c)排烟效果好,前室内烟气少;图 4-4-13(b)(d)排烟效果差,前室内烟气多。因此,要根据建筑物特点设计排烟口,补风口,以及进、排风道的位置、数量和大小。

4. 机械排烟系统设计要求

机械排烟系统由活动式或固定式挡烟壁、排烟口或带有排烟阀的排烟口、防火排烟阀、排烟风机和排烟出口组成,如图 4-4-14 所示。

为确保系统在火灾时能有效工作,设计时应充分考虑系统划分、分区确定、排烟口位置、风道设计等。排烟系统设计要点如下:

(1)机械排烟可分为局部排烟和集中排烟两种。局部排烟是在每个房间内设置风机直接进行排烟；集中排烟是将建筑物划分为若干个区，在每个区内设置排烟风机，通过风道排出各房间烟气。

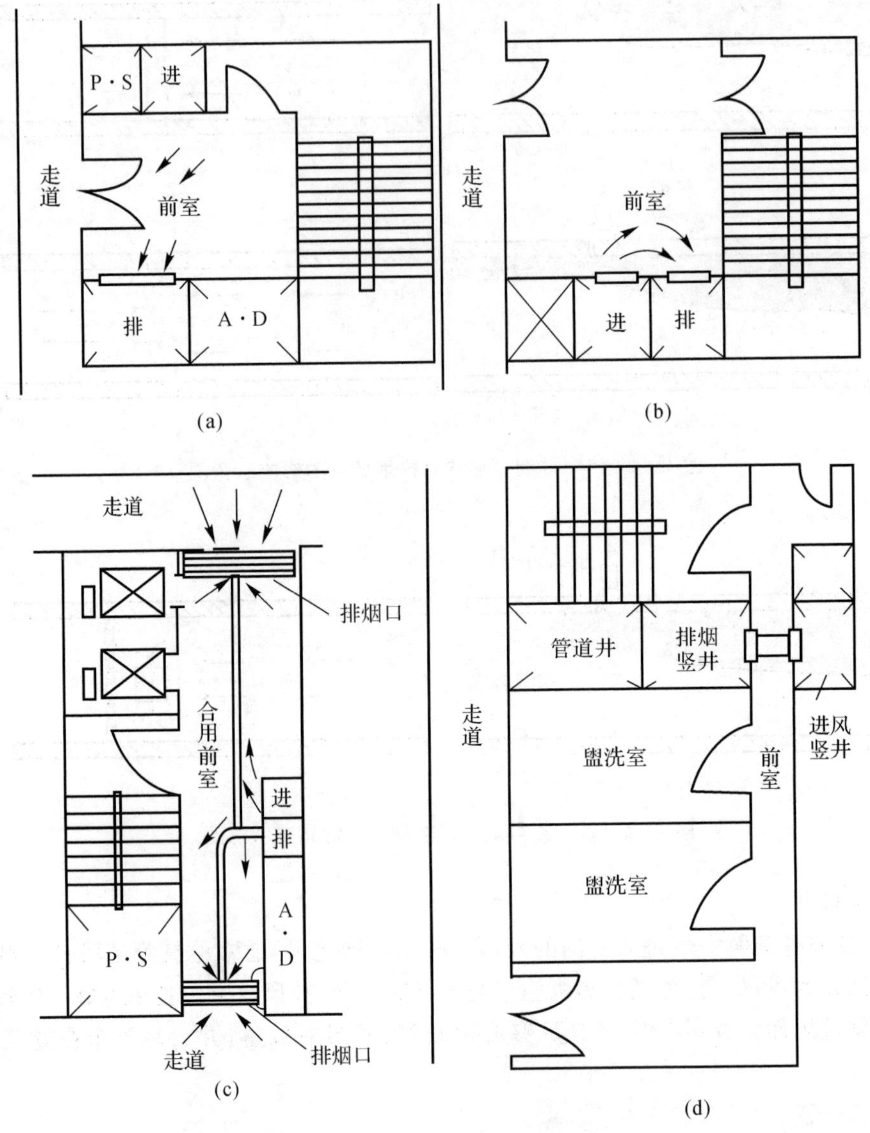

图 4-4-13　排烟设备相对位置示意图

(2)机械排烟系统排烟量按建筑防烟分区面积进行计算，而建筑中庭的机械排烟量按中庭体积进行计算。

1)当系统担负一个防烟分区排烟或净空高度大于 6 m、不划分防烟分区的房间排烟时，机械排烟量应按每 1 m^2 不小于 60 m^3/h 计算，且单台风机最小排烟量不应小于 7 200 m^3/h。当系统担负两个及以上防烟分区排烟时，机械排烟系统排烟量应按最大防烟分区面积每 1 m^2 不小于 120 m^3/h 计算。

2)中庭体积小于 17 000 m^3 时，排烟量按其体积的 6 次/h 换气计算；中庭体积大于 17 000 m^3 时，排烟量按其体积的 4 次/h 换气计算，但最小排烟量不应小于 102 000 m^3/h。

3)按《汽车库、修车库、停车场设计防火规范》(GB 50067—2014)规定，车库排烟量应按换气次数不小于 6 次/h 计算。

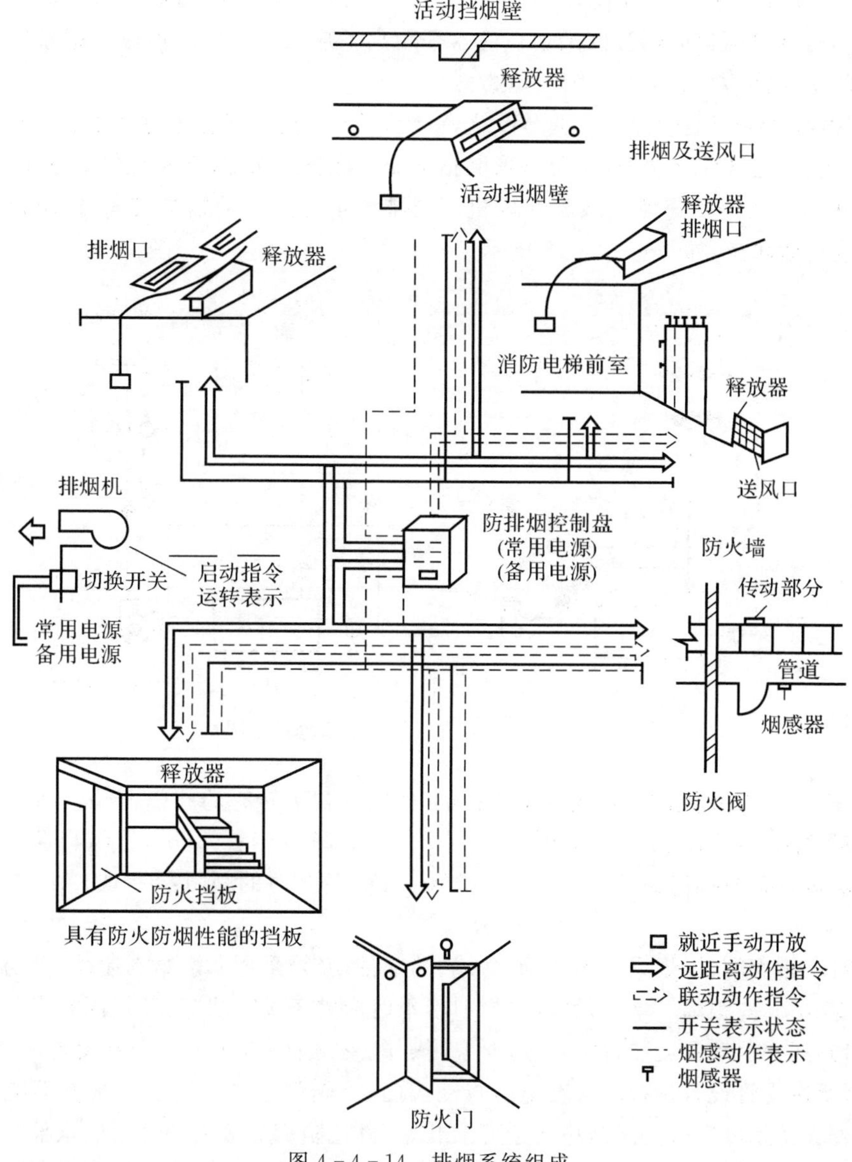

图 4-4-14　排烟系统组成

(3)机械排烟设计应考虑补风途径。当补风通路阻力不大于 50 Pa 时，可自然补风；当补风通路空气阻力大于 50 Pa 时，可使用补风的机械送风系统或单独机械补风系统，补风量不宜小于排烟量的 50%。

(4)机械排烟系统合理布置。

1)走道的机械排烟系统宜竖向设置，房间的机械排烟系统宜按防烟分区设置。每个排烟系统，排烟口数量不宜多于 30 个。

2)每个防烟分区内必须设置排烟口，排烟口应设在顶棚上或靠近顶棚的墙面上，且与附近安全出口沿走道方向相邻边缘之间的最小水平距离不应小于 1.5 m。设在顶棚上的排烟口，距可燃物件或可燃物的距离不应小于 1 m。

3)在水平方向上，排烟口宜设置于防烟分区居中位置。排烟口与疏散出口的水平距离应为 2 m 以上，排烟口至该防烟分区最远点的水平距离不应大于 30 m，还应注意排烟出风口与正压入风口的间隔距离，以免发生烟气短路。

4)机械排烟系统与通风和空气调节系统，一般应分开设置，当有条件利用通风和空气调节系统进行排烟时，也可综合利用，但必须采取相应安全措施。例如，当机械排烟系统与通风、空调系统共用时，可采用变速风机或并联风机。当排风量与排烟量相差较大时，应分别设置风机，火灾时能自动切换，如图 4-4-15 所示。

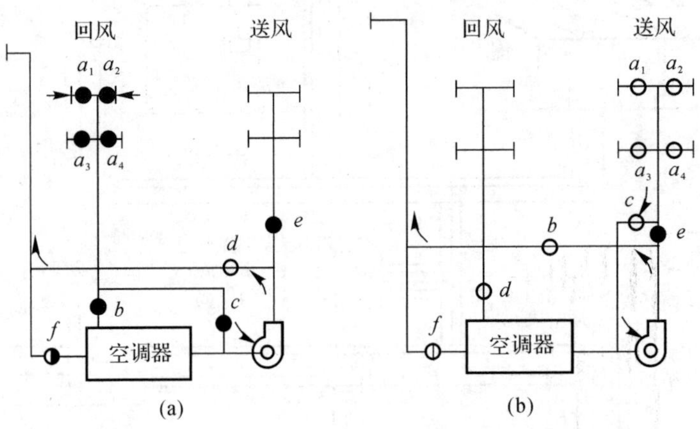

图 4-4-15　通风和空气调节系统示意图

如图 4-4-15(a)所示，当回风口作为排烟口时，正常运转时的阀门：开 a_1～a_4、e、b、f，闭 c、d。排烟时的阀门：开 a_1、a_2、c、d，闭 a_3、a_4、e、b、f。如图 4-4-15(b)所示，当送风口作为排烟口时，正常运行时的阀门：开 a_1～a_4、e、b、f，闭 c、d。排烟时的阀门：开 a_1、a_2、c、d，闭 a_3、a_4、e、b、f。

5)排烟口、排烟阀、排烟风道等与烟气接触的部件，必须采用非燃材料制作，并与可燃物保持不小于 150 mm 的距离。单独设置的排烟口，平时应处于关闭状态，其控制方式可采用自动或手动开启方式。手动开启装置的位置应便于操作。排烟口与排风口合并设置时，应在排风口或排风口所在支管设置具有防火功能的自动阀门，该阀门应与火灾自动报警系统联动。发生火灾时，着火防烟分区内的阀门应处于开启状态，其他防烟分区内的阀门应全部关闭。

(5)机械排烟系统的风速与前述加压送风系统的要求相同。机械排烟系统的排烟口风速不宜大于 10 m/s。

复习思考题

(1)简述建筑火灾蔓延途径。

(2)简述烟气羽流的分类及特征。

(3)简述建筑火灾烟气流动的驱动力。

(4)简述控制火灾烟气在建筑物内蔓延的基本方式。

(5)设空气参数取值为：$T_0=21℃$，$\rho_0=1.20\ kg/m^3$，$v=1.52\times10^6\ kg/m^3$，门两侧压差 $\Delta p=37.3\ Pa$。结合图 T-4-1 估算空气流过门缝的流率。

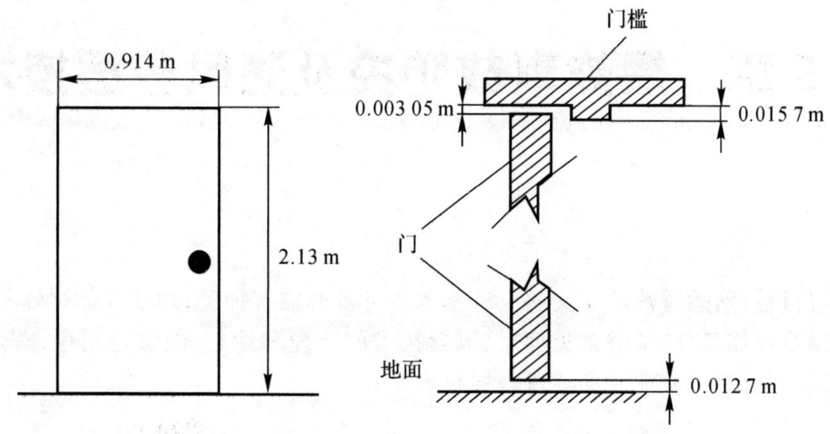

图 T-4-1　复习思考题(5)图

(6)简述自然排烟典型形式、机械排烟和自然排烟的 3 种组合形式。

第5章　爆炸事故防控及通风救援技术

本章学习目标：熟悉爆炸的定义、分类、基本特征及其灾害种类；理解气体爆炸与粉尘爆炸的过程机理以及爆炸条件；了解常见抑爆、隔爆技术的原理和特点；能够运用爆炸救援时期的通风理论知识，开展矿井救灾时期通风救援技术工作。

5.1　爆炸事故致灾机理

爆炸是一种极为迅速的物理或化学的能量释放过程，空间内的物质以极快的速度将其内部所含能量转变成机械功、光和热等能量形态。由于构成爆炸的体系内存有高压气体或爆炸瞬间生成的高温高压气体，发生急剧的压力突变，使得爆炸产生巨大的破坏作用。

5.1.1　爆炸概念

1.爆炸分类

(1)按爆炸发生原因分类。

1)物理爆炸。物质因状态或压力发生突变而形成的爆炸现象为物理爆炸，如暖水瓶、蒸汽锅炉爆炸，闪电及地震等。

2)化学爆炸。物质化学结构发生剧烈变化而引起的爆炸现象为化学爆炸，如矿井瓦斯爆炸、煤矿粉尘爆炸及炸药爆炸。

3)核爆炸。由原子核裂变或聚变释放能量引起的爆炸现象为核爆炸，如原子弹爆炸和氢弹爆炸。

(2)按爆炸反应相分类。

1)气相爆炸。气相爆炸包括可燃性气体和助燃性气体混合物的爆炸、气体的分解爆炸、液体被喷成雾状物在剧烈燃烧时引起的爆炸和飞扬悬浮于空气中的可燃性粉尘引起的爆炸等。

2)液相爆炸。液相爆炸包括蒸发爆炸及不同液体混合引起的爆炸，如熔融的矿渣与水接触或钢水包与水接触，由于过热发生快速蒸发反应引起的蒸汽爆炸；硝酸和油脂、液氧和镁粉等混合引起的爆炸。

3)固相爆炸。固相爆炸包括爆炸性化合物及其他爆炸性物质的爆炸，如乙炔铜的爆炸导线电流过载，由于过热导致金属迅速气化而引起的爆炸等。

(3)按爆炸瞬时反应速度分类。

1)轻爆。瞬时反应速度为数米每秒，轻爆无较大破坏力及震耳声响，如无烟火药在空气中的快速反应和可燃气体混合物在接近爆炸浓度上限或下限时的爆炸。

2)爆炸。瞬时反应速度为十几米至数百米每秒,爆炸点压力激增,产生较大破坏力及震耳的声响,如可燃性气体混合物爆炸、火药遇火源引起的爆炸等。

3)爆轰。瞬时反应速度为数千米每秒。爆轰的特点是在具备相应条件后突然发生,同时产生高速、高温、高压、高能及高冲击波。

2.爆炸破坏作用

爆炸引起的破坏作用主要表现为爆炸冲击波、碎片或飞石、地震波、有毒气体和二次爆炸等。

(1)爆炸冲击波。爆炸冲击波是一种通过空气传播的压力波,其产生的气体产物以极高速度向周围膨胀,强烈压缩周围静止的空气,使其压力、密度和温度突然升高,像活塞运动一样向前推进,产生波状气压向四周扩散冲击。这种冲击波能造成附近建筑物破坏,其破坏程度与冲击波能量的大小、建筑物的坚固程度及距离冲击波中心的远近有关。

(2)碎片或飞石。爆炸的机械破坏效应会使容器、设备、装置以及建筑材料等物体的碎片四处飞散,其距离一般可达 100～500 m,在相当大范围内造成伤害。在工程爆破中,特别是进行抛掷爆破和裸露药包爆破时,个别岩石块飞散较远,常造成人员伤亡、设备和建筑物损坏。

(3)地震波。地震波由若干种波组成,爆炸引起的地震波常造成爆源附近地面及以上物体颠簸和摇晃。当震动达到一定强度时,可破坏爆炸区周围构筑物。

(4)有毒气体。某些化学物质在爆炸反应中产生 CO、NO_x、H_2S 和 SO_2 等有毒气体,特别是在受限空间内发生爆炸时,有毒气体会导致人员中毒或死亡。

(5)二次爆炸。发生爆炸时,如果车间、库房存放可燃物质会造成火灾或二次爆炸;粉尘作业场所轻微的爆炸冲击波会使积存于地面的粉尘扬起,造成更大范围的二次爆炸。

3.爆炸事故特点

(1)严重性。爆炸事故对所在单位的破坏往往是毁灭性的,会造成人员和财产等方面的重大损失,以及使工矿企业停产。例如,某亚麻厂爆炸事故,造成 57 人死亡,178 人受伤,13 000 m^2 的建筑物被炸毁,3 个车间成为废墟。

(2)复杂性。爆炸事故的发生原因、灾害范围及后果各不相同,如机械点火源、热点火源、电点火源和化学点火源等是导致事故发生的条件。可燃物质包括各种可燃的气体、液体和固体,特别是化工企业的原材料、化学反应的中间产物和最终产品,大多属于可燃物质。

(3)突发性。爆炸事故发生时间和地点难以预料。

5.1.2　气体爆炸

1.气体爆炸分类

按爆炸危险性可将气体分为可燃性气体、助燃性气体、分解爆炸性气体和惰性气体。气体爆炸主要分为可燃性气体和助燃性气体的混合气体爆炸、分解爆炸性气体的分解爆炸、可燃性蒸气云爆炸。

(1)混合气体爆炸。可燃性气体按一定比例与空气混合均匀,一经点燃,化学反应瞬间完成并形成爆炸。火焰以一层层同心球面的形式向各方向传播,火焰速度在距着火点 0.5～1 m 处不变,之后从数米每秒逐渐加速到数百米每秒,甚至数千米每秒。可燃性气体与其他助燃性气体混合也可以发生爆炸,如氯与氢按一定比例混合时具有爆炸性。当混合气体中 H_2 浓度为 50%时,反应爆炸最强烈。在常温常压条件下,其爆炸下限为 5%,爆炸上限为 85%,最大爆炸压力为 850 kPa。

(2)气体分解爆炸。分解爆炸性气体在温度、压力等作用下发生分解反应,会释放相当数量的热量,从而给燃爆提供所需能量。生产中常见的 C_2H_2、C_2H_4、C_2H_4O 和 NO_2 等气体都具有发生分解爆炸的风险。

(3)蒸气云爆炸。大量可燃液体因泄漏而流至大气中产生大量蒸气并与空气混合形成可燃性混合气体,遇到点火源发生爆炸,这种爆炸称为蒸气云爆炸,是一种危害极大的化学爆炸。

2. 气体爆炸条件

可燃性混合气体的爆炸可以用热自燃理论解释。可燃物与氧化剂发生化学反应,当系统温度升高到一定程度时,反应速率迅速加快,从而引发爆炸。有些爆炸现象无法用热自燃理论解释,如 H_2 与 O_2 混合物的爆炸。图 5-1-1 是氢和氧按完全反应的浓度($2H_2+O_2$)组成混合气体发生爆炸的温度和压力区间。

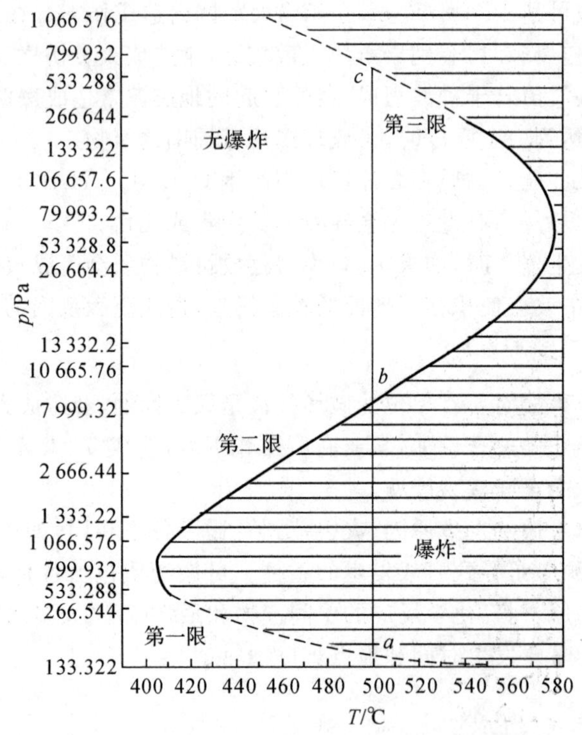

图 5-1-1 氢氧混合物(2∶1)爆炸温度和压力区间

根据着火的链锁反应理论,当压力很低且温度不高时,如在温度 500℃、压力不超过 200 Pa 时,游离基很容易扩散到器壁上销毁,此时链中断速度超过支链产生速度,反应较慢,混合物不会发生爆炸;当温度为 500℃、压力升高到 200 Pa(a 点)和 6 666 Pa(b 点)之间时,产生支链速度大于销毁速度,链反应加速导致爆炸发生。随着温度升高,爆炸极限变宽,链分支反应速度随温度的升高而增大,而链终止反应速度随温度的升高而降低,故升高温度对产生链反应有利,使爆炸极限变宽,在图中呈现半岛形。

当压力超过 b 点以后,由于混合物内分子浓度增高,容易发生链中断反应,致使游离基销毁速度超过链产生速度，链反应速度趋于缓和，混合物不会发生爆炸。当压力超过 c 点(大于666 610 Pa)时，混合物发生反应，产生游离基和热量。反应释放的热量超过从器壁散失的热量，混合物温度升高，进一步加快反应，释放更多热量，导致热爆炸发生。

3. 气体燃爆形式

气体爆炸前期进行燃烧反应，当燃烧速度增大到一定程度时转变为爆炸。气体燃爆形式可分为扩散燃爆和预混合燃爆。

(1)扩散燃爆：可燃性气体流入大气，在可燃性气体和助燃性气体的接触面上发生的燃爆，如可燃性气体从高压容器或装置中泄漏喷出后燃爆、由喷管喷出的煤粉在空气中点燃。受可燃性气体与空气或氧气之间的混合扩散速度影响，反应速度随着可燃性气体扩散速度或气体紊流程度加大而增加。

(2)预混合燃爆：可燃性气体和助燃性气体预先混合成一定浓度的混合气体引起的燃爆，是一种由点火源产生的火焰在混合气体中向前传播的现象。火焰在未燃的混合气体中传播的速度称为燃爆速度。已燃爆气体因高温体积膨胀，未燃爆气体沿火焰行进方向流动。外部可见的火焰速度多呈加速状态。

4. 气体爆炸极限

(1)爆炸极限理论。

可燃性混合气体使火焰蔓延的最低浓度为混合气体的爆炸下限，使火焰蔓延的最高浓度为爆炸上限。爆炸极限一般可用可燃性混合气体的体积分数来表示。当混合物浓度大于爆炸上限时，火焰不会蔓延；当补充空气使浓度降到爆炸极限范围内时，仍有发生火灾或爆炸的危险。因此，浓度在爆炸上限以上的混合气体认为是不安全的。

(2)爆炸极限计算。

1)计算1 mol可燃气体在爆炸反应中所需氧原子数。

某些单纯有机化合物(气体或蒸气)的爆炸极限可用下述经验公式估算，即

$$L_{下}=\frac{1}{4.76(N-1)+1}\times 100\% \tag{5-1-1}$$

$$L_{上}=\frac{4}{4.76N+4}\times 100\% \tag{5-1-2}$$

式中：N——1 mol可燃气体对应的氧原子数。

以乙烷为例，其爆炸反应为 $C_2H_6+3.5O_2 \longrightarrow 2CO_2+3H_2O$。由乙烷爆炸反应方程式可知 $N=7$，代入式(5-1-1)和式(5-1-2)得，$L_{下}=3.38\%$，$L_{上}=10.72\%$。

2)组成复杂的可燃性混合气体的爆炸极限。

两种及以上的可燃性气体或蒸气的混合物爆炸极限为

$$L_{m}=\frac{1}{\dfrac{V_1}{L_1}+\dfrac{V_2}{L_2}+\cdots+\dfrac{V_i}{L_i}}\times 100\% \tag{5-1-3}$$

式中：　L_m—— 混合气体的爆炸极限，%；

L_1、L_2、…、L_i—— 形成混合气体的各单独组分的爆炸极限，%；

V_1、V_2、…、V_i—— 单独组分在混合气体中的浓度，%。

实际混合气体的爆炸极限需通过实验测定。表5-1-1是 H_2、CO、CH_4 混合气体的爆炸

极限计算值和实测值。

表 5-1-1 H_2、CO、CH_4 混合气体的爆炸极限计算值和实测值

可燃气体积组成/(%)			爆炸极限/(%)	
H_2	CO	CH_4	实测值	计算值
75.0	25.0	—	4.7～	4.9～
50.0	50.0	—	6.05～	6.2～
25.0	75.0	—	8.2～	8.3～
—	75.0	25.0	9.5～	9.5～
—	25.0	75.0	6.4～	6.5～
25.0	—	75.0	4.7～	5.1～
50.0	—	50.0	4.4～	4.75～
75.0	—	25.0	4.1～	4.4～
33.3	33.3	33.3	5.7～26.9	6.6～32.4
48.5	—	51.5	～33.6	～24.5

【例 5-1】 某天然气组成为:甲烷 80%,乙烷 15%,丙烷 4%,丁烷 1%。求此混合气体的爆炸极限。

【解】

已知甲烷、乙烷、丙烷、丁烷的爆炸极限分别为 5%～15%、3%～12.4%、2.1%～9.5%、1.8%～8.4%,由式(5-1-3)可得

$$L_{下}=\frac{1}{\frac{80}{5.0}+\frac{15}{3.0}+\frac{4}{2.1}+\frac{1}{1.8}}\times 100\%=4.26\%$$

$$L_{上}=\frac{1}{\frac{80}{15.0}+\frac{15}{12.4}+\frac{4}{9.5}+\frac{1}{8.4}}\times 100\%=14.1\%$$

3)可燃性气体和惰性气体混合物爆炸极限。

在计算可燃性气体混合物中混入 N_2、CO_2 等惰性气体的爆炸极限时,可将可燃性气体和惰性气体混合物分成若干组,每一组由一种可燃组分与另一种非可燃组分组成,分别进行计算。例如,在进入净化系统的烟气中,除含有 CO、H_2 等可燃性气体外,还含有 CO_2、N_2 等非燃性气体成分,对此类混合气体的爆炸极限进行计算时,可先将烟气分成若干混合组分,根据各混合组分的混合比计算烟气爆炸极限。由图 5-1-2 查得各混合组分的爆炸极限。

(3)爆炸极限影响因素。

1)可燃性混合物初始温度。初始温度越高,爆炸极限范围越大,即爆炸下限降低而爆炸上限升高。系统温度升高,其分子内能增加,使原来不易燃烧的混合物达到可燃烧和爆炸的状态。

2)环境压力。一般情况下,系统压力增高,其分子间距减小,碰撞概率增大,使爆炸极限扩大。爆炸下限与上限重合时的压力称为爆炸的临界压力,密闭容器中可通过减压操作避免爆

炸发生。当压力降至临界压力以下时，系统不会发生爆炸。

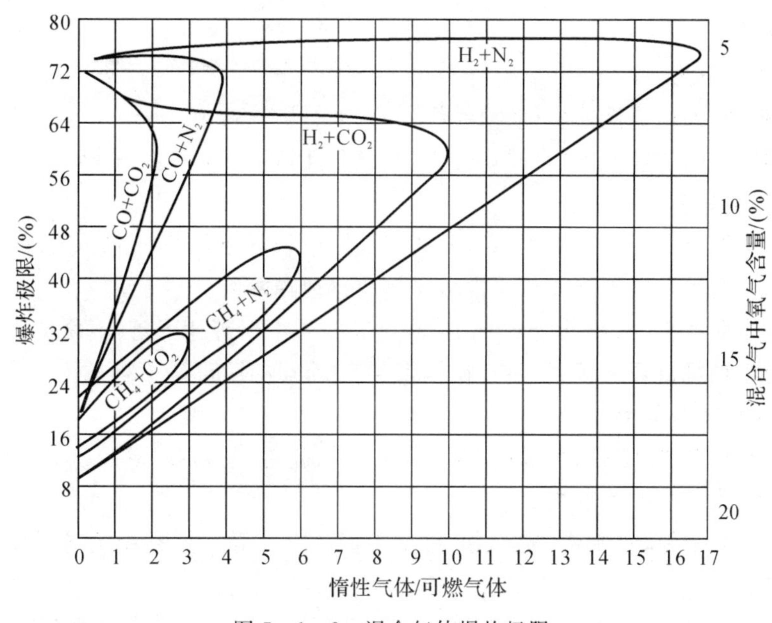

图 5－1－2　混合气体爆炸极限

3）惰性介质及杂质。混合物中惰性气体越多，爆炸极限范围越小。当惰性气体浓度升高至一定值后，混合物无法发生爆炸。对于气体参与的反应，微量杂质对反应会产生较大影响，如干燥的氯没有氧化能力，适量的水会急剧加速臭氧和氯氧化物的分解。

4）容器。容器尺寸对爆炸极限的影响主要是器壁效应。随着管道直径的减小，自由基与管道壁的碰撞概率增大。管道尺寸越小，火焰蔓延速度越小，自由基销毁多于自由基产生，爆炸反应停止。将管道直径小到火焰不能通过的距离称为临界直径或最大灭火间距。

容器材质对爆炸极限也有影响，如氢气和氟气在玻璃器皿中混合，处于液态空气的温度下，即使在黑暗中也会发生爆炸，在银质器皿中只有在常温下才能发生反应。

5）点火源。点火源的性质，如火花能量、热表面面积、点火源与混合物的接触时间等均会对爆炸极限产生影响。一般情况下，点火源能量越大，持续时间越长，爆炸极限范围越宽。各种爆炸性混合物都有一个最低引爆能量。如当电压为 100 V、电流强度为 2 A 时，甲烷爆炸极限为 5.9％～13.6％，而当电流强度为 3 A 时，爆炸极限为 5.85％～14.8％。

除上述因素外，光、表面活性物质等也会对爆炸极限产生影响。如：在黑暗中 H_2 和 Cl_2 反应十分缓慢，但在强光照射下会发生连锁反应导致爆炸；在球形器皿内，530℃时 H_2 和 O_2 完全不反应，但如果向器皿中插入石英、玻璃、铜或铁棒等物质，则会发生爆炸。

5.1.3　粉尘爆炸

粉尘爆炸指可燃性粉尘在受限空间内与空气混合形成的粉尘云，在点火源作用下快速燃烧，并引起温度压力急骤升高的化学反应。颗粒极微小，遇火源能够发生燃烧或爆炸的固体物质叫作可燃性粉尘。可燃性粉尘普遍存在于冶金、煤炭、粮食、轻工、化工等企业，如金属粉尘、煤粉尘、粮食粉尘、饲料粉尘、烟草粉尘及火炸药粉尘等。

1.粉尘特征

(1)粉尘分类。

按粉尘性质可分为:

1)有机性粉尘,如植物性粉尘、动物性粉尘、人工有机性粉尘。

2)无机性粉尘,如金属性粉尘、矿物性粉尘、混合性粉尘。

按颗粒大小可分为:

1)烟尘:粉尘颗粒直径小于 0.1 μm,因其大小接近于空气分子,受空气分子冲撞呈不规则运动的布朗运动,几乎完全不沉降或非常缓慢而曲折地降落。

2)尘雾:粉尘颗粒直径为 0.1 ~10 μm,在静止空气中以等速降落,不易扩散。

3)灰尘:粉尘颗粒直径大于 10 μm,在静止空气中以加速沉降,不扩散。

按火灾危险程度可分为:

1)易燃粉尘,如糖粉、淀粉、可可粉、木粉、小麦粉、硫粉、茶粉、硬橡胶粉等。易燃粉尘需要的点火能量很小,火焰蔓延速度快。

2)可燃粉尘,如米粉、锯木屑、皮革屑、石墨粉、丝、虫胶等。可燃粉尘需要较大点火能量,火焰蔓延速度较慢。

3)难燃粉尘,如炭黑粉、木炭粉、石墨粉、无烟煤粉等。难燃粉尘燃烧速度慢,不易蔓延。

(2)可燃粉尘特性。

1)分散度。粉尘分散度是衡量粉尘颗粒尺寸构成的一个重要指标。各种粒径范围的粉尘所占百分比称为粉尘分散度。粉尘分散度越高,危害性越大,越难捕获。

2)粉尘的比表面积。粉尘的比表面积主要取决于粉尘的粒度。粒度越小,比表面积越大。1 cm^3 固体物质逐渐粉碎为小颗粒时,其表面变化情况见表 5-1-2。粉尘的比表面积增加,反应速度增大。

表 5-1-2 固体物质粉碎时表面变化情况

立方体棱角的长度/cm	立方体形颗粒数量	表面积/cm^2
1	1	6
0.1	10^3	60
0.01	10^6	600
0.001	10^9	6 000
0.000 1	10^{12}	60 000

3)吸附性和化学活性。任何物质表面都具有把其他物质吸向自己的吸附作用,剩余力是表面吸附的主要原因。粉尘具有较大的比表面积,可吸附空气中的氧气,表现出很大的化学活性和较快的反应速度,如铝、镁、锌等在块状时一般不能燃烧,而呈粉尘状时可燃烧和爆炸。

4)自燃点。固体物质粉碎得越细,自燃点越低。悬浮粉尘粒子间距比沉积粉尘粒子间距大。在氧化过程中热损失增加导致悬浮粉尘的自燃点远高于沉积粉尘的自燃点。

5)动力稳定性。粒子始终保持分散状态而未向下沉积的稳定性称为动力稳定性。粉尘悬浮在空气中同时受重力作用与扩散作用,重力作用使粉尘发生沉降,在密度一定的条件下,粉尘质量越大，体积越大，重力作用越显著，这种过程称为沉积。而扩散作用有使粉尘在空间均匀分布的趋势。

2. 粉尘爆炸条件

粉尘爆炸的必要条件如下：

(1)一定粉尘浓度。粉尘爆炸所采用的化学计量浓度单位与气体爆炸不同，气体浓度用体积分数表示，而粉尘浓度用单位体积所含粉尘粒子的质量来表示，单位是 g/m^3 或 mg/L。粉尘浓度较低，粒子间距过大，火焰难以传播。

(2)一定氧含量。氧含量是粉尘燃烧的基础。

(3)足够能量的点火源。粉尘爆炸所需点火能量比气体爆炸大 1～2 个数量级，大多数粉尘云的最小点火能量在 5～50 mJ 量级范围。

充分条件：粉尘处于悬浮状态，即粉尘云状态，可增加气固接触面积，加快反应速度；当粉尘云处在相对封闭空间中时，压力和温度才能急剧升高，进而发生爆炸。

3. 粉尘爆炸机理

(1)气相点火机理。粉尘点火过程分为颗粒加热升温、颗粒热分解或蒸发气化、蒸发气化与空气混合形成爆炸性混合气体并发火燃烧 3 个阶段，如图 5-1-3 所示。

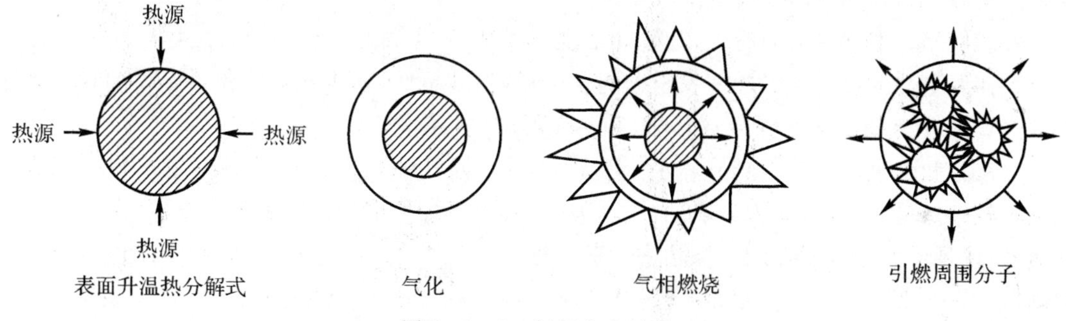

图 5-1-3　气相点火过程

用气相点火机理描述粉尘爆炸过程，具体如下：

1)粒子表面受热，表面温度上升；

2)粒子表面分子发生热分解或干馏，生成气体排放在粒子周围；

3)气体与空气混合成爆炸性混合气体，点火产生火焰；

4)火焰产生热量，进一步促进粉尘分解，不断放出可燃气体，与空气混合后点火、传播。

因此，粉尘爆炸实质上是气体爆炸，可以认为粉尘本身包含可燃性气体。

(2)表面非均相点火机理。表面非均相点火机理将粉尘点火过程分为 3 个阶段：

1)氧气与颗粒表面直接发生反应，使颗粒发生表面点火；

2)挥发组分在粉尘颗粒周围形成气相层，阻止氧气向颗粒表面扩散；

3)挥发组分点火，并促使粉尘颗粒重新燃烧。

对于表面非均相点火过程，氧分子首先通过扩散作用到达颗粒表面，并吸附在颗粒表面发生氧化反应，反应产物离开颗粒表面扩散到周围环境。

4. 粉尘爆炸影响因素

(1)粉尘理化性质。

1)粉尘粒度。多数爆炸性粉尘粒度为 1～150 μm,粒度越大,粒子带电性越强,使得体积和质量极小的粉尘粒子在空气中的悬浮时间越长,燃烧速度越接近可燃气体混合物的燃烧速度。随着粉尘粒径的增大,颗粒表面积及其与氧气的接触面积减小,颗粒表面燃烧放热速率减慢。此外,颗粒与周围气体对流换热速率随粒径增大而减慢,导致粉尘颗粒点火弛豫时间延长。不同种类粉尘在不同粒径下的爆炸压力见表 5-1-3。

表 5-1-3 不同种类粉尘在不同粉尘粒径下的爆炸压力

粉尘种类	粉尘粒度					
	22 μm	25 μm	30 μm	40 μm	50 μm	60 μm
木材	1.24	—	1.23	—	1.05	0.69
马铃薯淀粉	0.98	—	0.94	—	0.86	0.74
石炭	—	—	0.84	—	0.70	0.26
小麦粉	—	1.01	—	0.94	—	0.65

2)粒子形状和表面状态。扁平状粒子爆炸危险性最大,针状粒子次之,球形粒子最小。粒子表面新鲜,暴露时间短,爆炸危险性高。

3)燃烧热。燃烧热高的粉尘,其爆炸浓度下限低,发生爆炸呈现高温且爆炸威力极大。

4)挥发组分。粉尘含可燃挥发组分越多,热解温度越低,爆炸危险性和爆炸产生的压力越大。当煤尘可燃挥发组分小于10%时,基本无爆炸危险性。

5)灰分和水分。粉尘中灰分和水分增加,爆炸危险性降低。一方面,灰分和水分可以从系统吸收较多热量,从而减弱粉尘爆炸性能;另一方面,灰分和水分增加了粉尘密度,加快了其沉降速度,使悬浮粉尘浓度降低。煤尘中含灰分达 30%～40%时,不爆炸,如岩粉棚和布撒岩粉抑爆法。

6)燃烧速度。燃烧速度高的粉尘,最大爆炸压力较大。

(2)外部条件。

1)含氧量。氧含量是粉尘爆炸敏感的因素。随着空气氧含量增加,最小点燃能降低,爆炸浓度范围扩大,爆炸上限增大。在纯氧中,粉尘爆炸浓度下限只占空气中爆炸浓度下限的 1/3～1/4,发生爆炸的最大颗粒尺寸可增大 5 倍。

2)空气湿度。空气湿度增加有利于消除粉尘静电和加速粉尘的凝聚沉降,降低粉尘爆炸危险性。此外,水分蒸发消耗体系的热能,稀释了空气中的氧,降低了粉尘燃烧反应速度。

3)可燃气体含量。当粉尘与可燃气体共存时,粉尘爆炸浓度下限、最小点燃能量减小,这些均增加了粉尘的爆炸危险性。

4)惰性气体含量。当可燃粉尘和空气的混合物中混入惰性气体时,粉尘环境的含氧量降低,粉尘爆炸的压力和升压速度降低,起到抑爆效果。

5)温度和压强。当温度升高或压强增大时,粉尘爆炸浓度范围扩大,所需点燃能量下降,爆炸危险性增大。

6)点火源温度与最小点燃能量。点火源的温度越高、强度越大,与粉尘混合物接触时间越长,爆炸范围和爆炸危险性越大。粉尘的最小点燃能量越小,其爆炸危险性越大。

5.2 抑爆阻爆隔爆技术及装置

爆炸事故破坏力的形成一般要同时具备5个条件:可燃物、助燃剂或氧化剂、可燃物与助燃剂均匀混合、爆炸性混合物处于相对封闭空间内(包围体)和足够能量的点火源。预防爆炸事故发生的根本技术措施是防止物理或化学爆炸发生条件同时出现。

5.2.1 爆炸防控基本原理

1.爆炸控制因素

(1)控制可燃物浓度。适当控制可燃物浓度,可有效预防爆炸事故发生,或将爆炸事故破坏程度降至最小。可燃物浓度与爆炸超压关系如图5-2-1所示。当可燃物浓度处于氧化反应化学当量配比浓度(*B*点)时,反应放热量最多,爆炸超压最大;当可燃物浓度减小到爆炸下限(*A*点)或者浓度增大到爆炸上限(*C*点)时,反应热释放不能维持火焰自行传播的最低温度,可燃物不发生燃烧。

(2)控制氧浓度。在可燃气体(粉尘)与空气的混合物中加入惰化介质,可降低混合物中氧气浓度,隔离可燃物组分与氧分子,活化分子因失去活化能而不能发生反应。爆炸反应产生的游离基在与惰性介质作用时失去活性,可中断爆炸连锁反应。此外,惰性介质吸收大量反应热,可有效防止热量聚积,抑制爆炸作用。

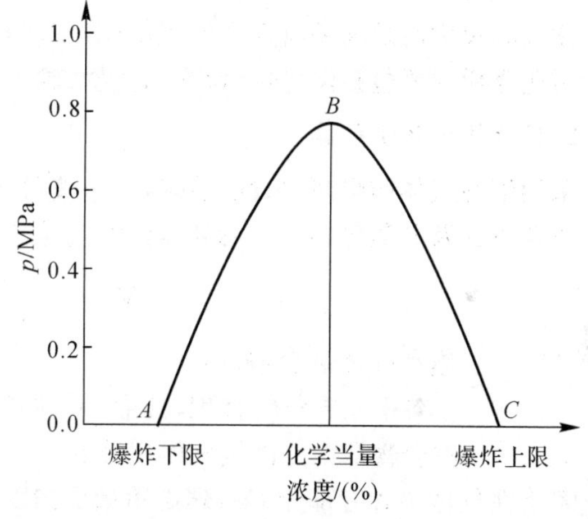

图5-2-1 可燃物浓度与爆炸超压关系

(3)控制点火源。浓度是爆炸性物质发生爆炸反应的基本前提。点火源是加快反应速率、引起火灾和爆炸事故的促进因素。爆炸性物质从点火源获得能量后发生点火反应,并发展为火灾或爆炸事故。控制或消除点火源是防止火灾或爆炸事故发生的重要技术措施之一。

(4)控制爆炸破坏效应。爆炸事故发生时,包围体的爆炸碎片高速飞散与空气冲击波共同形成爆炸事故破坏力。因此,应避免包围体相对封闭,防止包围体内压力剧增,或减弱其压力程度,或通过弱化空气冲击波强度,使用抗爆型包围体或隔爆墙设计等防爆技术原理,降低爆炸破坏力和灾害程度。

2.爆炸防控技术选择原则

根据生产过程的爆炸危险程度,通过确定爆炸性物质的类别、级别、组别及爆炸危险环境区域,选择相应防爆技术措施。爆炸防控技术选择原则如下:

(1)动态控制原则。在有爆炸性物质存在和参与的各种生产过程中,温度、压力、反应速率等各种工艺参数变化较大。采取动态控制原则及相应的技术措施可有效达到防爆效果。

(2)分级控制原则。包括子系统、分系统等爆炸危险系统的规模、范围、危险程度和特点各不相同。因此,必须根据生产工艺过程的特点及爆炸性物质危险程度,采取分级控制原则及相应技术措施,以达到安全、经济的防爆效果。

(3)多层次控制原则。按爆炸事故危险程度不同,采取多层次控制原则,一般可分为预防性控制、补充性控制、防止事故扩大性控制、维护性控制、经常性控制以及紧急性控制。

5.2.2 惰化防爆技术

惰化防爆是一种通过向混合物中人为加入惰化介质,使混合物中氧浓度低于其不发生爆炸所允许的最大氧含量,从而确保爆炸危险场所安全的一种防爆技术措施。

1. 惰化防爆原理

(1)降温缓燃型惰化介质防爆原理。降温缓燃型惰化介质不参与燃烧反应,主要作用机制是夺走一部分爆炸反应热,使爆炸反应速度减慢,从而导致爆炸反应温度急剧降低。当温度降至维持爆炸反应火焰传播所需的极限温度以下时,爆炸反应火焰传播停止。惰化介质主要包括 Ar、He、CO_2、水蒸气和矿岩粉类固体粉末等。

(2)化学抑制型惰化介质防爆原理。化学抑制型惰化介质利用分子或分解产物与爆炸反应活化核心及中间游离基团发生剧烈反应,使之转化为稳定化合物,从而中断爆炸过程连锁反应。惰化介质主要包括卤代烃、卤素衍生物、碱金属盐类及铵盐类化学干粉等。

2. 惰性气体用量计算

采用惰性气体防爆时,惰性气体需用量按可燃物系统不发生爆炸的最高允许氧浓度估算。对于不含氧气及其他可燃组分的纯净惰性气体,其理论用量为

$$V_N=\frac{21-c_{ON}}{c_{ON}}V \tag{5-2-1}$$

式中:V_N—— 惰性气体最少用量;

V—— 设备中原有空气容积,其中 O_2 体积分数为 21%,m^3;

c_{ON}—— 混合物最大允许氧气体积分数,%。

若惰性气体中含有部分 O_2,理论用量可按以下修正公式估算,即

$$V_N=\frac{21-c_{ON}}{c_{ON}-c'_{ON}}V \tag{5-2-2}$$

式中:c'_{ON}—— 惰性气体中所含氧气体积分数,%。

【例 5-2】 设某可燃气体与空气的混合物中最大允许氧体积分数为 12%,设备内原有空气容积为 200 L,使用前必须向设备中输入多少纯净气体才能保证生产安全?若输入惰性气体中氧气体积分数为 6%,则在保证生产安全前提下所需惰性气体输入量为多少?

【解】

需要输入纯净惰性气体量为:$V_N=\frac{21-12}{12}\times 200=150(L)$;

需要输入非纯净惰性气体量为:$V_N=\frac{21-12}{12-6}\times 200=300(L)$。

5.2.3 爆炸抑制技术

爆炸抑制或抑爆是在爆炸火焰显著加速的初期,通过喷洒抑爆剂抑制爆炸作用范围及猛

烈程度，使设备内爆炸压力不超过其耐压强度，避免设备损坏或人员伤亡的一种防爆技术措施。爆炸抑制技术可用于装有在气相氧化剂中可能发生爆炸的气体、油雾或粉尘的任何密闭容器。特点如下：

(1)可避免有毒或易燃易爆物料及灼热气体、明火等窜出设备。

(2)对设备强度要求相对较低，一般只需在 0.1 MPa 以上即可。

(3)对设备位置无依赖性，可适用于泄爆过程易发生二次爆炸或无法开设泄爆口的设备，同样适用于所处位置不利于泄爆的设备。

1. 抑爆系统组成及工作原理

抑爆系统基本工作原理是，由高灵敏度传感器探测爆炸发生瞬间的危险信号，通过控制器启动爆炸抑制器，把抑爆剂喷入被保护的设备或系统内，扑灭爆炸火焰。其主要由爆炸探测器、爆炸抑制器和爆炸控制器 3 部分组成。

(1)爆炸探测器。爆炸探测器一般由若干个响应于爆炸发展过程的传感器组成，主要作用是在爆炸发生瞬间探测出爆炸危险信号。由于爆炸过程伴有热辐射、温度和压力升高及气体电离等现象，通过爆炸探测器对这些现象的探测，人员可判断设备内是否发生爆炸。探测爆炸信号的传感器主要有热敏传感器、光敏传感器及压力传感器等类型。

(2)爆炸抑制器。爆炸抑制器是自动抑爆系统的执行机构，主要功能是把储罐内的抑爆剂迅速、均匀地喷洒到整个设备空间内部。抑爆剂储罐内压可以是存储压力，也可以是爆炸化学反应的产物。按抑爆器动作分，爆炸抑制器主要有爆囊式、高速喷射式和水雾喷射式等。

1)爆囊式抑爆器。爆囊式抑爆器分为半球形、球形和圆筒形 3 种结构形式，如图 5-2-2 所示。爆囊一般用于装填液体抑爆剂，丝堵具有堵塞装料孔的作用。起爆管外部设有密封套管，外电源通过接线盒引入。爆囊材料可以是玻璃、金属或塑料，为使爆囊均匀、充分破碎，爆囊表面一般要做出刻槽。为防止爆炸碎片飞散，刻槽的布置应能使爆囊破裂成花瓣形，且每一瓣根部向上翻起，不妨碍抑制剂均匀向外飞散。

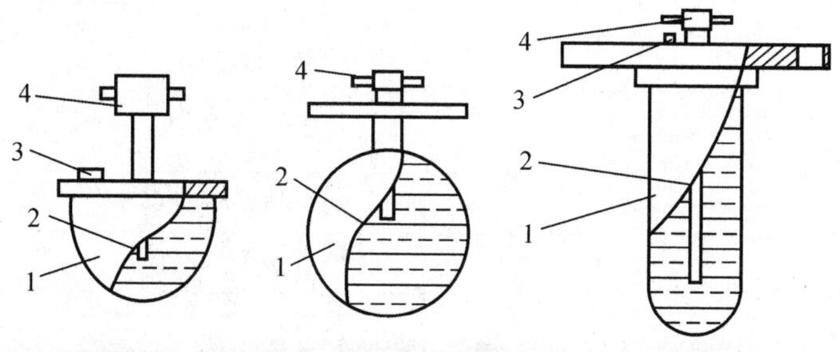

图 5-2-2　爆囊式抑爆器结构原理

1—爆囊；　2—起爆管；　3—丝堵；　4—接线盒

2)高速喷射抑爆器。高速喷射抑爆器主要由抑爆剂贮罐、喷头、电雷管启动阀门、抑爆剂以及喷射推动剂等部分组成。抑爆剂储罐一般安装在设备外部，通过短管与喷头将抑爆剂喷入设备内，阀门接到动作信号后在毫秒时间量级内使整个横断面完全开启，并在极短时间内释放全部抑爆剂。高速喷射抑爆器一般适用于体积较大的设备，允许抑爆时间较长，抑爆剂可以是液体或粉剂，有效作用范围为 4～10 m。

(3)爆炸控制器。爆炸控制器主要用于接收探测器输送的信号，并对信号进行分析，最后向爆炸抑制器发射开启指令，要求控制器响应快。

2. 抑爆剂类型

常用抑爆剂主要有卤代烷、粉末及水抑爆剂等类型。

(1)卤代烷抑爆剂。卤代烷抑爆剂对可燃气体与空气的混合物具有较强抑爆灭火能力，也可用于抑制可燃液体及粉尘等爆炸，如粮食、饲料和纤维等。常用卤代烷抑爆剂主要有二氟一氯一溴甲烷、三氟一溴甲烷、二氟二溴甲烷以及四氟二溴乙烷等。卤代烷有毒性，破坏臭氧层，已逐渐被其他抑爆剂取代。

(2)粉末抑爆剂。粉末抑爆剂是一种干燥、易流动并具有良好灭火、防潮、防结块等性能的固体微细粉末，对粉尘爆炸有良好的抑爆效果。粉末抑爆剂主要可分为以下两类：

1)全硅化小苏打干粉抑爆剂，主要由碳酸氢钠、活性白土、云母粉、抗结块添加剂以及有机硅油等成分组成。

2)磷酸铵盐粉末抑爆剂，主要由磷酸二氢铵、硫酸铵、催化剂以及防结块添加剂等组成。其中，碳酸氢钠粉末主要用于抑制各种非水溶性及水溶性可燃液体、可燃粉尘及气体爆炸等。磷酸铵盐粉末除具有以上抑爆功能外，还可用于木材、纸张和纤维粉尘等爆炸抑制，在容器强度合适的条件下，磷酸铵盐粉末的动作压力选择范围较大，在启动压力大于 0.01 MPa 情况下仍具有良好的抑爆效果。

(3)水抑爆剂。粉尘爆炸，尤其是粮食和饲料粉尘爆炸，可以用水作抑爆剂。为提高水的喷射和灭火能力，水抑爆剂往往含有多种添加剂，以获得防冻、防腐、减阻和润湿等性能。在强点火源作用下，水对粉尘爆炸抑制效果见表 5-2-1，其中，实验容器容积为 1 m^3，抑爆系统动作压力 p_A=0.04 MPa，抑爆器口径为 76 mm。由表 5-2-1 可知，在动作压力较高的条件下，水抑爆剂仍可显著降低粉尘爆炸压力和压力上升速率。

表 5-2-1 水对粉尘爆炸的抑爆效果

无抑爆系统		有抑爆系统	
最大爆炸压力/MPa	最大爆炸压力上升速率/(MPa·s^{-1})	最大爆炸压力/MPa	最大爆炸压力上升速率/(MPa·s^{-1})
0.60	8.0	0.058	0.8
0.64	8.0	0.060	1.2
0.90	12.0	0.068	1.6
0.86	13.3	0.065	1.6
0.95	18.0	0.095	2.4

5.2.4 爆炸阻隔装置

爆炸阻隔或隔爆是一种利用隔爆装置将设备内发生的燃烧或爆炸火焰实施阻隔，使之无法通过管道传播到其他设备的防爆技术措施，一般通过阻隔装置来实现。

1. 阻火装置

阻火装置的作用是防止火焰窜入设备、容器与管道内，或阻止火焰在设备和管道内扩展，其作用原理是在可燃气体进、出口两侧之间设置阻火介质。当一侧着火时，火焰传播被阻而不会烧向另一侧。

(1)敞开式安全水封阻火器。敞开式安全水封阻火器适用于压力较低的燃气系统，结构如图 5－2－3 所示。在正常工作状态下可燃气体从进气管进入罐内，从出气管逸出，管内气体压力与安全管内水柱保持平衡。当火焰发生倒燃时，罐内压力增大、由于安全管长度比进气管短，插入水面的深度较浅，因此安全管首先离开水面，从而使倒燃火焰被水阻隔而无法进入另一侧。

(2)封闭式安全水封阻火器。封闭式安全水封阻火器适用于压力较高的燃气系统，结构如图 5－2－4 所示。在正常工作状态下，可燃气体从进气管进入罐体，再经逆止阀、分气板、分水板和分水管，从出气管退出。当火焰发生倒燃时，罐内压力增大，压迫水面使逆止阀瞬时关闭，进气管暂停供气。同时，倒燃火焰气体冲破罐顶防爆膜后散发到大气中，能有效防止倒燃火焰进入另一侧。在火焰倒燃过程中，必须关闭可燃气总阀，并在更换防爆膜后才能继续使用。

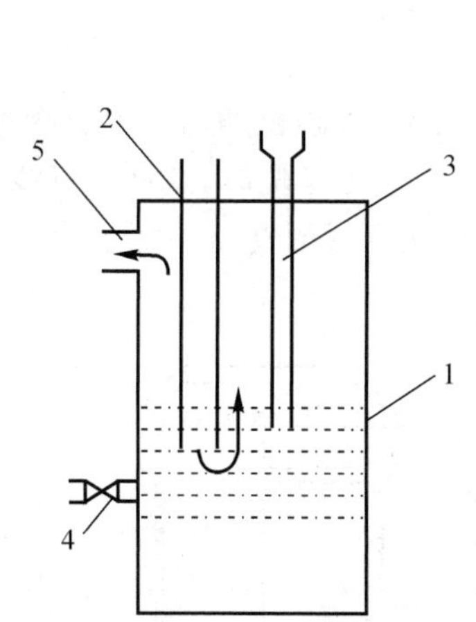

图 5－2－3　敞开式安全水封阻火器

1—罐体；2—进气管；3—安全管；4—水位阀；5—出气管

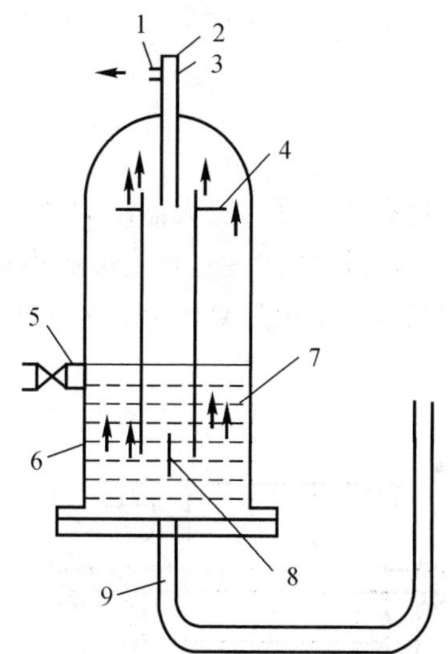

图 5－2－4　封闭式安全水封阻火器

1—出气管；2—防爆膜；3—分水管；4—分水板；5—水位阀；6—罐体；7—分气板；8—逆止阀；9—进气管

安全水封阻火器使用的注意事项如下：

1)随时注意水位，不得低于水位计标定位置，也不应过高。在发生火焰倒燃后，应随时检查水位并补足，使安全水封保持垂直位置。

2)在冬季使用后应把水全部排出、洗净，以免发生冻结。

3)可燃气中可能带有黏性油质杂质，使用一段时间后应经常检查逆止阀的气密性。

(3)料封阻火器。料封阻火器是一种专用于螺旋输送机的隔爆装置，去掉螺旋输送机轴上中间一段的叶片，使可燃粉尘填满空间，以有效阻断火焰传播，如图 5－2－5 所示。

(4)金属网阻火器。金属网阻火器结构如图 5－2－6 所示，用一定孔径的金属网把中间分隔成许多小孔隙。对于一般有机溶剂，采用 4 层金属网即可阻止火焰蔓延，通常采用 6～

12层。

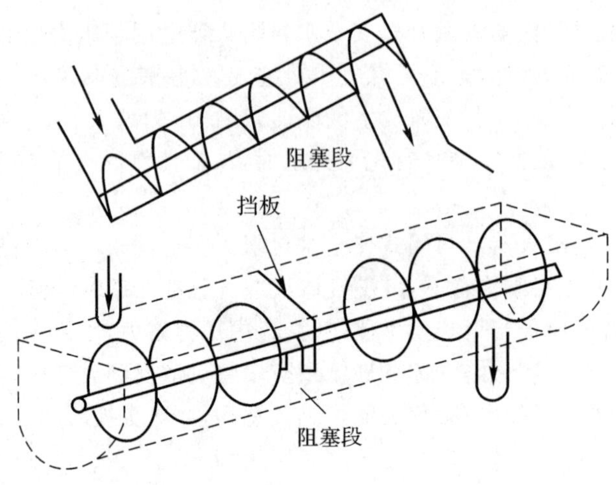

图 5-2-5　料封阻火器

(5)砾石阻火器。砾石阻火器结构如图 5-2-7 所示，以砂粒、卵石、玻璃球等作为填料，使阻火器空间被分隔成许多非直线形的小孔隙。当可燃气体燃烧时，这些非直线形微孔能有效阻止火焰蔓延，其阻火效果比金属网阻火器更好。阻火介质的直径一般为 3～4 mm。

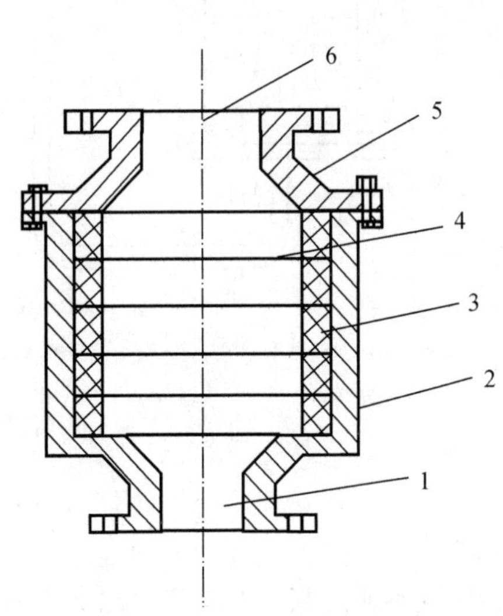

图 5-2-6　金属网阻火器

1—进口；　2—壳体；　3—垫圈；
4—金属网；　5—上盖；　6—出口

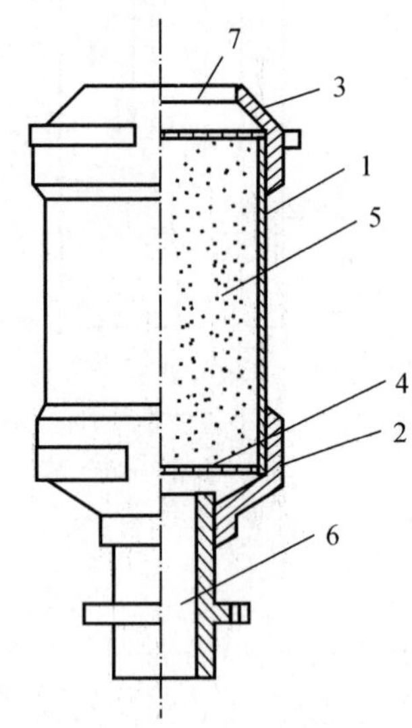

图 5-2-7　砾石阻火器

1—壳体；　2—下盖；　3—上盖；　4—网格；
5—砂粒；　6—进口；　7—出口

(6)阻火闸门。阻火闸门是为防止火焰沿通风管道蔓延而设置的阻火装置。正常情况下，阻火闸门受易熔合金元件控制处于开启状态。着火后温度高，金属熔化，所以闸门失去控制，在重力作用下自动关闭。部分阻火闸门需手动操作，在遇火警时由工作人员迅速关闭。

2. 主动式隔爆装置

主动式隔爆装置通过灵敏的传感器探测爆炸信号，经过放大，输出给执行机构，控制隔爆装置关闭阀门或闸板，从而阻隔爆炸火焰的传播。主动式隔爆装置包括自动灭火剂阻火装置、快速关闭阀、爆炸制动塞式切断阀以及料阻式速动火焰阻断器等。

(1)自动灭火剂阻火装置。自动灭火剂阻火装置适合在输送可燃粉尘管道尤其是狭窄管道中使用，可在预先确定的位置上切断粉尘爆炸火焰传播。爆炸发生时，装置内的火焰探测器可探测到爆炸火焰信号，经放大后引爆灭火剂储罐出口的活门雷管，喷出灭火剂以扑灭管道内火焰，使爆炸火焰得以阻隔。自动灭火剂阻火装置的优点是关闭管道不影响生产进度。

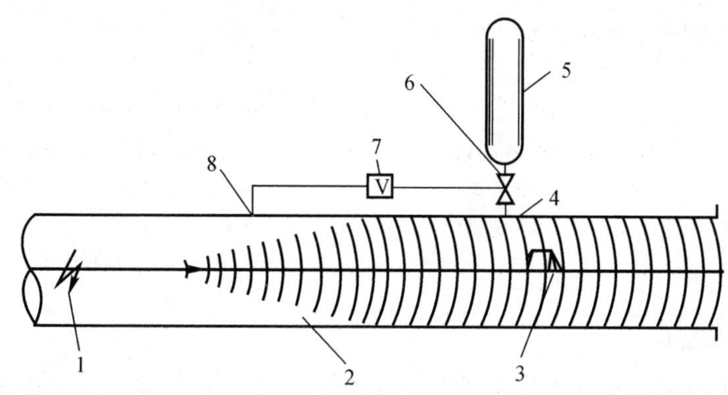

图 5-2-8　自动灭火剂灭火装置

1—点燃源；2—火焰前部；3—喷洒灭火剂；4—扇形喷嘴；5—灭火剂容器；6—雷管启动的阀门；7—放大与控制器；8—火焰探测器

(2)快速关闭阀。快速关闭阀分为闸阀和叠阀两种类型。快速关闭闸阀的基本工作原理为：当探头探测到爆炸信号后，通过雷管爆炸来开启储气罐活门，喷出高压气体，推动闸板迅速关闭管道，阀门关闭一般只需 50 ms。快速关闭叠阀的基本工作原理为：储气罐活门被放大后，爆炸信号开启喷出高压气体，通过推动闸板快速转动实现管道封闭，从而阻隔火焰传播。

(3)爆炸制动塞式切断阀。爆炸制动塞式切断阀结构如图 5-2-9 所示，切断阀本体内腔呈圆锥形，腔内切断机构是一个截锥形塞，上部凸缘起密封作用。当关闭信号输入时，发火药包爆发，凸缘在爆发气体压力作用下被剪断，锥形塞坠入锥形阀座堵死通道，隔断进出口通道与发火药包。锥形塞应采用塑性材料制作，使锥形塞能同时隔断进出管口和爆发腔。

(4)料阻式速动火焰阻断器。料阻式速动火焰阻断器主要用于阻隔输送管道中产生的火焰。如图 5-2-10 所示，其由本体、储桶和顶盖等组成，阻断物采用砂子等粒状物料，阻断物上部设有膜片，下部依次为膜片和两个可弯折支撑板及保护膜，顶盖上方设有发火药包。当有电脉冲输入时，火药包爆发，爆发气体迅速冲破膜片，将粒状物料往下压，支撑板受粒状物料压力作用向下弯曲，堵住阻断器进出口，粒状物料填实阻断器腔膛。

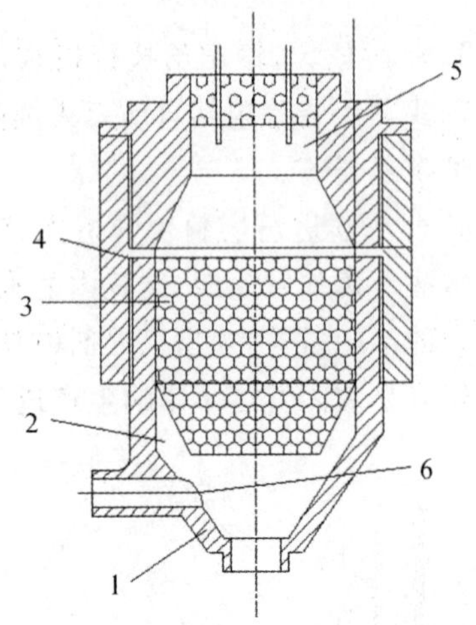

图 5-2-9 爆发制动塞式切断阀结构

1—本体； 2—内腔； 3—截锥形塞；

4—凸缘； 5—发火药包； 6—通道

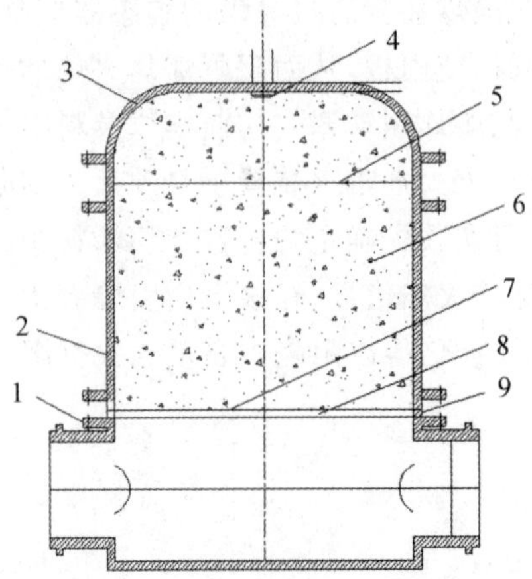

图 5-2-10 料阻式速动火焰阻断器结构

1—本体； 2—储桶； 3—顶盖；

4—火药包； 5—上部膜片； 6—阻断物；

7—下部膜片； 8—支撑板； 9—保护膜

3.被动式隔爆装置

被动式隔爆装置通过爆炸波推动隔爆装置的阀门或闸板，阻隔火焰，包括自动断路阀、岩粉棚、芬特克斯活门和管道换向隔爆装置等。

(1)自动断路阀。自动断路阀主要由阀体和切断机构组成，如图 5-2-11 所示。阀体带有进、出口短节，切断机构由驱动和换向构件构成，换向构件由传动件和换向滑阀组成，换向滑阀借助弯管将驱动机构本体内腔与阀体内腔连通或与大气相通。

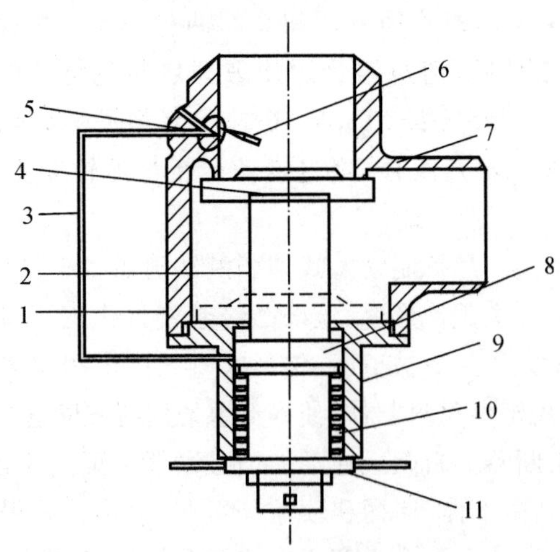

图 5-2-11 自动断路阀结构

1—阀体； 2—阀杆； 3—弯管； 4—阀芯； 5—换向滑阀； 6—传动件；

7—阀座； 8—活塞； 9—本体； 10—弹簧； 11—螺母

在正常情况下，活塞压住弹簧，本体内活塞上方空间经弯管及换向滑阀与阀体内腔连通，弹簧处于压缩状态，断路阀处于开路状态。在弹簧弹力作用下，工艺介质从本体内腔中挤出，切断机构处于闭路状态。当爆炸发生时，传动件带动换向滑阀动作，活塞上方空间与大气连通，压力急速下降，断路阀随即关闭。排除事故后，将断路阀打开，换向滑阀复位，待工艺管线压力恢复正常后，再将螺母拧至最低位置，断路阀重新处于动作前的状态。

(2)岩粉棚。岩粉棚是由安装在巷道靠近顶板处的若干块岩粉台板组成的，台板间距稍大于板宽，每块台板上放置一定数量的惰性岩粉。当发生煤尘爆炸事故时，火焰前的冲击波将台板震倒，岩粉弥漫于巷道中。火焰到达时，岩粉从燃烧的煤尘中吸收热量，使火焰传播速度迅速下降，直至熄灭。岩粉棚分为轻型和重型两类，重型岩粉棚作为主要岩粉棚，而轻型岩粉棚作为辅助岩粉棚。

(3)芬特克斯活门。芬特克斯活门是一种常用隔爆安全装置。当管道中出现爆炸压力时，活门迅速自动闭合，以阻止爆炸从两个方向传播。

(4)管道换向隔爆装置。管道换向隔爆装置由进口管、出口管和泄爆盖组成，其结构如图 5-2-12 所示。气体在进口管和出口管间的流动方向改变了 180°或 90°。如果爆炸火焰由进口管进入，则爆炸波向前传播时会由于惯性将泄爆盖打开，火焰基本上泄放至管外。应用时应考虑“吸火”现象，即出口管产生负压时会将可燃气体或粉尘由进口管吸入出口管，爆炸火焰也会被吸入出口管。因此，管道换向隔爆装置应与自动灭火剂阻火器联合使用，如图5-2-13所示。

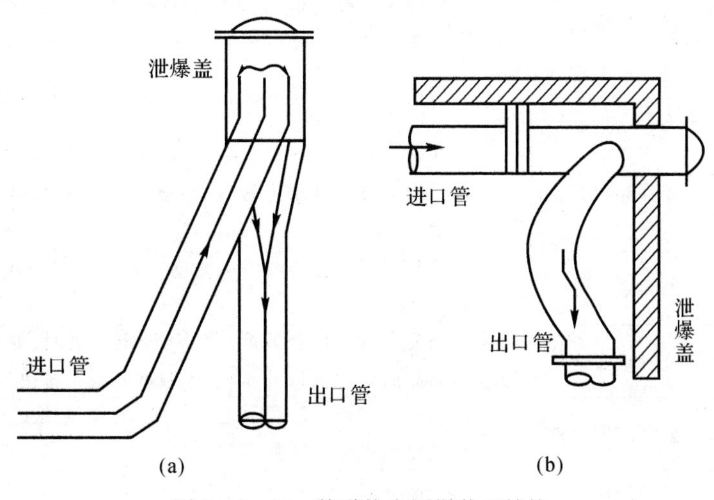

图 5-2-12　管道换向隔爆装置结构

(a)转向 180°；(b)转向 90°

5.2.5　爆炸泄压装置

1. 安全阀

安全阀可防止因设备或容器内非正常压力过高而引起的物理性爆炸。当设备或容器内部压力升高到超过一定限度时，安全阀能自动开启，排放部分气体，当压力降至安全范围内再自行关闭，从而实现设备和容器内压力的自动控制，防止设备和容器发生破裂、爆炸。安全阀分类见表 5-2-2。

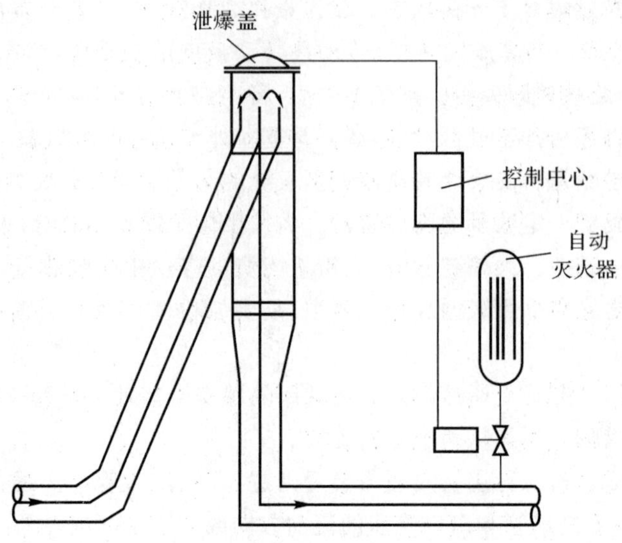

图 5-2-13　管道换向隔爆装置与自动灭火剂阻火器联用

表 5-2-2　安全阀分类

<table>
<tr><th>分类方法</th><th>类　型</th><th>说　明</th></tr>
<tr><td rowspan="4">按作用原理</td><td>直接载荷式</td><td>直接用机械载荷，如重锤、杠杆加重锤或弹簧来克服由阀瓣下介质压力产生的作用力</td></tr>
<tr><td>带动力辅助装置式</td><td>借助一个动力辅助装置，可以在低于正常的开启压力下开启</td></tr>
<tr><td>带补充载荷式</td><td>在进口处压力达到开启压力前始终保持增强密封的附加力，该附加力可由外来能源提供；安全阀达到开启压力时应可靠地释放</td></tr>
<tr><td>先导式</td><td>依靠从导阀排出介质来驱动或控制的安全阀。导阀应为直接载荷式</td></tr>
<tr><td rowspan="2">按阀瓣开启高度与喷嘴直径的关系</td><td>微启式安全阀</td><td>当安全阀入口处的静压达到设定压力时，阀瓣位置随入口压力升高而成比例地升高，最大限度地减少排出的物料</td></tr>
<tr><td>全启式安全阀</td><td>安全阀的静压达到设定压力时，阀瓣迅速上升到最大高度，最大限度地排出超压物料</td></tr>
<tr><td rowspan="8">按结构</td><td>封闭弹簧式</td><td rowspan="2">一般可燃、易爆或者有毒介质应选用封闭式；蒸气或惰性气体等可选用不封闭式</td></tr>
<tr><td>不封闭弹簧式</td></tr>
<tr><td>带扳手</td><td rowspan="2">扳手的作用主要是检查阀瓣的灵活程度，也可用于紧急泄压</td></tr>
<tr><td>不带扳手</td></tr>
<tr><td>带散热片</td><td rowspan="2">介质温度大于 300℃时应选用带散热片的安全阀</td></tr>
<tr><td>不带散热片</td></tr>
<tr><td>有波纹管</td><td rowspan="2">一般安全阀没有波纹管，有波纹管结构的安全阀为平衡型安全阀，适用于介质腐蚀性较强或背压波动较大的情况</td></tr>
<tr><td>没有波纹管</td></tr>
</table>

安全阀设置注意事项：

(1)压力容器的安全阀直接安装在容器本体上。容器内有气、液两相物料时，安全阀加装于气相部分，防止排出液相物料而发生事故。

(2)一般安全阀可就地放空，放空口应高出操作人员1 m以上且不应朝向15 m以内的明火或易燃物。室内设备、容器的安全阀放空口应引出房顶，并高出房顶2 m以上。

(3)安全阀用于泄放可燃和有毒液体时，应将排泄管接入事故储槽、污油罐或其他容器；用于泄放与空气混合能自燃的气体时，应接入密闭放空塔或火炬。

(4)当安全阀的入口处装有隔断阀时，隔断阀应为常开状态。

(5)合理进行安全阀选型、规格及排放压力设定。

2. 泄爆门

泄爆门又称防爆门、泄爆窗，在爆炸时能够掀开泄压，以保护设备完整。泄爆门通常安装在燃油、燃气和燃煤粉的加热炉燃烧室外壁四周，防止燃烧室或加热炉发生爆炸或爆炸时设备遭到破坏。对于容积较大的燃烧室，可安装数个泄爆门，泄爆门总面积一般按燃烧室内部净容积不少于250 cm^2/m^3设计。为防止燃烧气体喷出伤人或掀开的盖子伤人，泄爆门或窗应设置在人员流动较少区域，高度不低于2 m，泄爆门的门盖与门座的接触面宽度一般为3～5 m，并应定期检修、试动，保证严密不漏，并且防锈死、失效。

3. 呼吸阀

呼吸阀是安装在轻质油品储罐上的一种安全附件，有液压式和机械式两类，如图5-2-14所示。

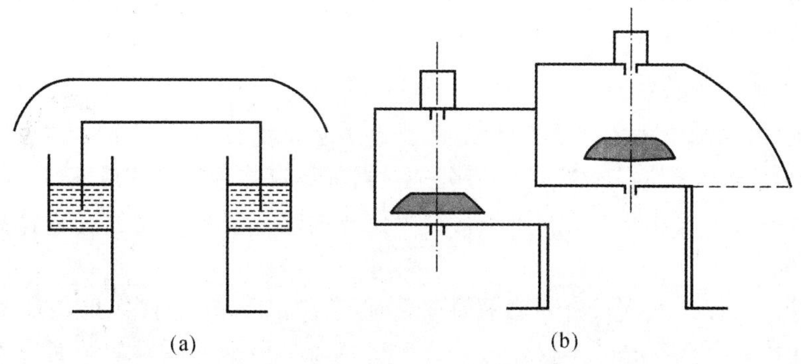

图5-2-14　呼吸阀

(a)液压式呼吸阀；(b)机械式呼吸阀

液压式呼吸阀由槽式阀体和带有内隔壁的阀罩构成，在阀体和阀罩内隔壁的内外环空间注入沸点高、蒸发慢、凝点低的油品，作为隔绝大气与罐内油气的液封。机械式呼吸阀结构包含铸铁或铝铸成的盒子，盒子内有真空阀和压力阀、吸气口和呼气口。

呼吸阀的作用是保持密闭容器内外压力经常处于动态平衡。当储罐输入油品或气温上升时，罐内气体受液体压缩或升温膨胀而从呼吸阀排出，此时呼吸阀处于呼气状态，可以防止储罐鼓胀或形成高压而爆裂。当储罐输出油品或气温下降时，大气由呼吸阀吸入罐内，此时呼吸阀处于吸气状态，可以防止储罐憋压或形成负压而抽瘪。

在气温较低地区宜同时设置液压式和机械式呼吸阀，液封油的凝固点应低于当地最低气温，以确保油罐呼吸，保证安全运行。呼吸阀下端应安装阻火器，并处于避雷设施保护范围内。

4.爆破片

爆破片也叫防爆片，属于断裂型防爆装置，通过法兰装在受压设备或容器中。当设备或容器内因化学爆炸或其他原因产生过高压力时，爆破片自行破裂，高压流体通过爆破片从放空管排出，从而保护设备或容器的主体免遭损坏。爆破片装置是由爆破片或爆破片组件、夹持器或支撑圈等装配组成的压力泄放安全装置。当爆破片两侧压力差达到预定值时，爆破片应立即破裂或脱落。爆破片具有密封性较好、卸压较快、受气体内含的污物影响较少等特点。按爆破片在断裂前受力变形形式可分为拉伸破坏型、剪切破坏型和弯曲破坏型等结构。为确保压力容器正常运行，应合理选用爆破片。

5.3 爆炸事故应急通风技术

爆炸发生后需对整个受限空间进行通风换气，即用清洁空气稀释空间内部的有害物，将有毒有害的污染空气排至空间外部，降低或减轻危险物质的危险性，保证作业空间具备正常的安全条件。应急通风处置对象是大量有毒气体或有燃烧、爆炸危险的气体、粉尘或气溶胶物质，处置过程包括送风和排风。

5.3.1 应急通风需风量计算

《爆炸危险环境电力装置设计规范》(GB 50058—2014)对爆炸性气体环境爆炸危险区域通风规定：爆炸危险区域通风的空气流量能使易燃物质稀释到爆炸下限值的25%以下时，认为其通风良好。

1.应急需风量计算依据

爆炸后应急需风量指在合理气流组织下，将有害物浓度稀释到卫生标准规定的最高容许浓度以下所必须的通风量。应急需风量应分别根据稀释爆炸毒害气体或蒸气、余热、余湿等计算各自所需风量后，再取其最大值。正确计算单位时间进入受限空间的有害物数量是确定应急需风量的基础。

(1)散热量。进行受限空间内部热平衡计算时，需确定受限空间内的热量。为使设计安全可靠，应分别计算受限空间的最小得热量和最大得热量。根据不同时间段对应不同得热量区间计算。

(2)散湿量。散湿量指进入受限空间内部的空气中水蒸气的量，主要包括敞开水槽表面、地面长期积水、化学反应、人体散发的水蒸气量等。

(3)散发量。物质燃烧时散发的有害气体和蒸气是确定应急需风量的重要因素。受限空间内有害气体和蒸气的来源主要有：燃烧过程产生的有毒有害甚至爆炸性气体，如 SO_x、NO_x、CO 等；从生产设备或者管道泄漏进入室内的气体；容器中化学物品蒸发的气体；喷涂过程中散发的有毒有害蒸气，如 HCHO、苯蒸气。有害气体和蒸气产生过程具有多样性，扩散机理非常复杂，一般通过现场测定、参考经验数据来确定。

2.全面通风换气量计算

全面通风换气量计算可分为室内存在有害发散源、室内存在余热、室内存在余湿 3 种情况。

(1)室内存在有害物发散源。假设:有害物在室内均匀散发;有害物质散发出来后立即散布于整个室内,稀释过程处于稳定状态;送风气流和室内空气的混合在瞬间完成;送排风气流等温。建立室内有害物排放模型,如图 5-3-1 所示,室内得到的有害物量与排出的有害物量之差等于房间内变化的有害物量。

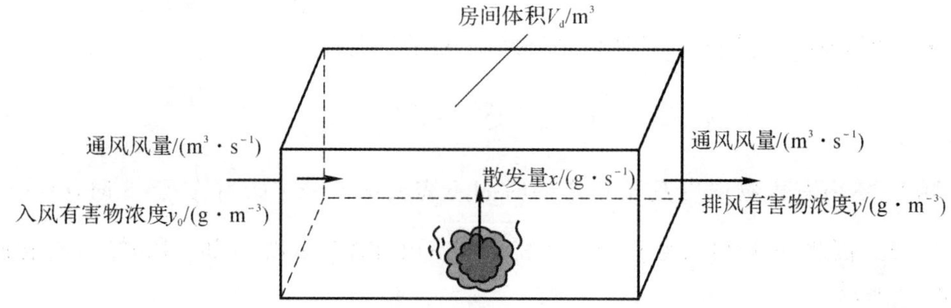

图 5-3-1　室内有害物排放模型

1)全面通风排放微分方程式。

$$Ly_0\mathrm{d}\tau+x\mathrm{d}\tau-Ly\mathrm{d}\tau=V_f\mathrm{d}y \tag{5-3-1}$$

式中:L—— 全面通风量,m^3/s;

y_0—— 入风有害物浓度,g/m^3;

x—— 有害物散发量,g/s;

y—— 排风有害物的浓度,g/m^3;

V_f—— 房间的体积,m^3;

$\mathrm{d}\tau$—— 某一段无限小的时间间隔,s;

$\mathrm{d}y$—— 在 $\mathrm{d}\tau$ 时间内房间内浓度的增量,g/m^3。

式(5-3-1)反映了任何瞬间室内空气中有害物浓度 y 与全面通风量 L 之间的关系。经变换得

$$\frac{\mathrm{d}\tau}{V_f}=\frac{\mathrm{d}y}{Ly_0+x-Ly}=-\frac{1}{L}\frac{\mathrm{d}(Ly_0+x-Ly)}{Ly_0+x-Ly} \tag{5-3-2}$$

如果在 τ(秒)内,室内空气中有害物浓度从 y_1 变化到 y_2,则

$$\int_0^{\tau}\frac{\mathrm{d}\tau}{V_f}=-\frac{1}{L}\int_{y_1}^{y_2}\frac{\mathrm{d}(Ly_0+x-Ly)}{Ly_0+x-Ly} \tag{5-3-3}$$

对式(5-3-3)积分,并作适当变换得

$$\frac{Ly_1-x-Ly_0}{Ly_2-x-Ly_0}=\exp\left(\frac{\tau L}{V_f}\right) \tag{5-3-4}$$

当 $\tau<\frac{V_f}{L}$ 时,级数 $\exp\left(\frac{\tau L}{V_f}\right)$ 收敛,将式(5-3-4)用级数展开近似方法求解。近似地取级数的前两项可得在规定时间 τ 内,达到要求浓度 y_2 时所需的全面通风量,称为不稳定状态下全面通风量,即

$$\frac{Ly_1-x-Ly_0}{Ly_2-x-Ly_0}=1+\frac{\tau L}{V_f}\quad 或\quad L=\frac{x}{y_2-y_0}-\frac{V_f}{\tau}\frac{y_2-y_1}{y_2-y_0} \tag{5-3-5}$$

当通风量 L 一定时，任意时刻室内的有害物浓度 y_2 为

$$y_2 = y_1 \exp\left(-\frac{\tau L}{V_f}\right) + \left(\frac{x}{L} + y_0\right)\left[1 - \exp\left(-\frac{\tau L}{V_f}\right)\right] \tag{5-3-6}$$

若室内空气中初始的有害物浓度 $y_1 = 0$，则

$$y_2 = \left(\frac{x}{L} + y_0\right)\left[1 - \exp\left(-\frac{\tau L}{V_f}\right)\right] \tag{5-3-7}$$

$\tau \to \infty$ 时，$\exp\left(-\frac{L\tau}{V_f}\right) \to 0$，室内有害物浓度趋于稳定，其值为

$$y_2 = y_0 + \frac{x}{L} \tag{5-3-8}$$

实际上，室内有害物浓度趋于稳定的时间不需要 $\tau \to \infty$，如当 $\frac{\tau L}{V_f} \geqslant 3$ 时，$\exp(-3) = 0.049\,7 \leqslant 1$。因此，可近似认为 y_2 已趋于稳定。室内有害物浓度 y_2 随通风时间 τ 变化曲线如图 5-3-2 所示。

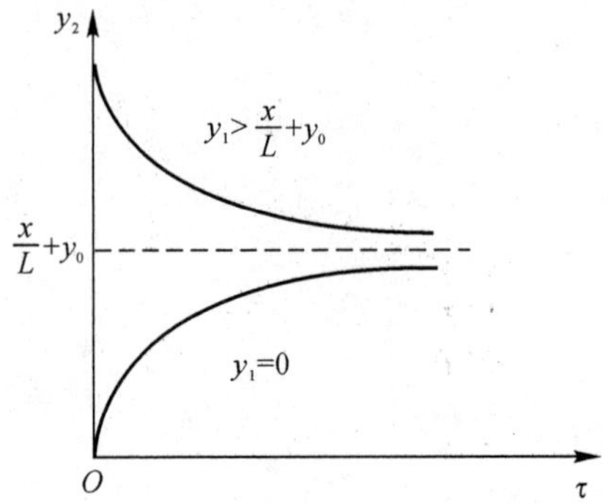

图 5-3-2　室内有害物浓度随通风时间变化曲线

由图 5-3-2 可知，当室内有害物浓度按指数规律增加或减少时，其增减速度取决于$\frac{L}{V_f}$。

2) 排除有害物的全面通风量方程式。

室内有害物浓度 y_2 处于稳定状态时所需的全面通风量为

$$L = \frac{kx}{y_2 - y_0} \tag{5-3-9}$$

式中：k—— 安全系数，一般取 3 ～ 10。

(2) 室内存在余热。如果受限空间产生的有害物是余热，则根据热平衡原理可得到所需全面通风量为

$$G = \frac{Q}{c(t_p - t_0)} \tag{5-3-10}$$

式中：G—— 全面通风质量流量，kg/s；

c—— 空气的比热容，1.01 kJ/(kg・℃)；

Q—— 室内余热量，kJ/s；

t_p—— 排出的空气温度，可按室内设计温度给出，℃；

t_0—— 进入的空气温度，可按室外设计温度给出，℃。

(3) 室内存在余湿。如果受限空间产生的有害物是余湿，则根据湿平衡原理可得到所需全面通风量为

$$G=\frac{W}{d_p-d_0} \tag{5-3-11}$$

式中：W—— 余湿量，kg/s；

d_p—— 排出空气的含湿量，g/kg；

d_0—— 进入空气的含湿量，g/kg。

使用式(5-3-11)的注意事项如下：

1) 当受限空间内同时存在有害物源、热源和蒸气源时，应分别计算后取最大值作为通风量。

2) 当有苯及其同系物，醇类或醋酸类的蒸气等几种溶剂，或有三氧化二硫、氟化氢及其盐类等刺激性气体同时散发时，全面通风量按稀释各有害物至容许浓度所需的通风量总和计算。

3) 受限空间同时散发数种其他有害物时，针对人体受伤害性质不同，全面通风量应按消除各种有害物所需最大通风量计算。

(4) 按受限空间换气次数的需要风量。

换气次数 n 是指按受限空间中换气次数的需要风量 Q_{k_i} 与通风房间体积 V_f 的比值。若已知换气次数 n，则全面通风量为

$$Q_{k_i}=n\cdot V_f \tag{5-3-12}$$

在实际计算时，如果无法具体确定产生的爆炸毒害气体或蒸气、余热、余湿量，全面通风量可按类似房间换气次数经验值确定，见表 5-3-1。

表 5-3-1　房间换气次数

房　间	换气次数 / 次	房　间	换气次数
办公室	1	小型喷漆室	6 ～ 10
教室	3 ～ 6	煤气排送机房	12
化学实验室	3	小型易燃油库	3
暗室	5	化学品库	2
变压器室	6	储酸室	3

【例 5-3】　某生产车间内同时散发着二甲苯气体和二氧化硫气体，其安全允许浓度分别为 100 mg/m^3、10 mg/m^3，单位时间内散发量分别为 80 mg/s、30 mg/s，求稀释气体所需的全面通风量。

【解】

由于该生产车间散发着刺激性气体，故按各种气体分别稀释至最高容许浓度所需风量的总和计算，取安全系数 $k=7$，进风中刺激性气体浓度 $y_0=0$。则稀释二甲苯所需风量为：$L_a=\frac{kx}{y_2-y_0}=\frac{7\times 80}{100-0}=5.6\ (\mathrm{m^3/s})$；稀释二氧化硫所需风量为：$L_b=\frac{kx}{y_2-y_0}=\frac{7\times 30}{10-0}=21\ (\mathrm{m^3/s})$。

因此，全面通风量为刺激性气体各自所需通风量之和，即 $L = L_a + L_b = 5.6 + 21 = 26.6\ (m^3/s)$。

3. 气流组织

气流组织是指对气流流向和均匀度按一定要求进行组织，其目的是通过合理选择和布置送、排风口的形式、数量和位置，优化风口的风量，使送风和排风能以最短流程进入工作区或排出，以最小风量获得最佳效果。一般通风房间的气流组织形式有上送下排、下送上排及中间送上下排等。

综合考虑操作人员位置、有害物源分布情况、有害物性质及其浓度分布、有害物运动趋向等因素，确定气流组织形式原则如下：

(1)清洁空气必须先经过人的呼吸区。送风口应尽量靠近操作地点，清洁空气送入通风房间后，应先经过操作地点，再经过污染区然后排出房间。被污染的空气禁止经过操作地点。

(2)车间内污染空气必须及时排出。排风口应尽量靠近有害物源或有害物浓度高的地区，以便有害物能够迅速被排出室外，必要时进行净化处理。

(3)车间内气流分布均匀。受限空间进、排风系统气流分布均匀，避免在房间局部地区出现涡流，使有害物聚集。

(4)机械送风系统室外进风口的布置。尽可能选择空气洁净的地方，进风口应低于排风口，并设置在排风口上风处，进风口底部应高出地面 2 m，当设有绿化带时，不宜低于 1 m；进风口与排风口设于同一高度时的水平距离不应小于 20 m。当水平距离小于 20 m 时，进风口应比排风口至少低 6 m。降温用的进风口宜设在建筑物的背阴处。

(5)机械送风系统送风方式。在放散热或同时放散热、湿和有害气体的房间采用上部或下部同时全面排风时，送风宜送至工作地带，放散粉尘或密度比空气大的蒸气和气体，而不同时放散热的车间及辅助建筑物中，当从下部地带排风时，宜送至上部地带；当固定工作地点靠近有害物质放散源，且不可能安装有效局部排风装置时，应直接向工作地点送风。

(6)风量分配。

1)有害物和蒸气的密度比空气密度小，或比室内空气密度大，但建筑内散发的显热全年均能形成稳定上升气流时，宜从房间上部区域排出。

2)当散发有害气体和蒸气的密度比空气大，建筑物内散发的显热不足以形成稳定的上升气流而沉积在下部区域时，宜从房间上部区域排出总风量的 1/3 且不小于每小时一次换气量，从下部区域排出总排风量的 2/3。

3)当人员活动区有害气体与空气混合后的浓度未超过卫生标准，且混合后气体的相对密度与空气密度接近时，可只设上部或下部区域排风。

4)送排风量受建筑物的用途和内部环境影响。在生产厂房、民用建筑要求清洁度高的房间，室内压力应为正压，送风量应大于排风量；对于产生有害气体和粉尘的房间，室内压力应为负压，应使送风量略小于排风量。

4. 应急通风要求

(1)对可能突然放散大量有毒气体、有爆炸危险气体或粉尘的场所，应根据工艺设计要求设置事故通风系统。

(2)事故通风系统设置应符合下列规定：

1)放散有爆炸危险的可燃气体、粉尘或气溶胶等物质时,应设置防爆通风系统或诱导式事故排风系统;

2)具有自然通风的单层建筑物,所放散的可燃气体密度小于室内空气密度时,宜设置事故送风系统;

3)事故通风可由经常使用的通风系统和事故通风系统共同保证。

(3)事故通风量宜根据工艺设计条件通过计算确定,且换气次数不应小于 12 次/h。房间计算体积应符合下列规定:

1)房间高度小于或等于 6 m 时,应按房间实际体积计算;

2)当房间高度大于 6 m 时,应按 6 m 的空间体积计算。

(4)事故排风的吸风口应设在有毒气体或爆炸危险性物质放散量可能最大或聚集最多的地点。对事故排风的死角处应采取导流措施。

(5)事故排风的排风口应符合下列规定:

1)不应布置在人员经常停留或经常通行的地点;

2)排风口与机械送风系统的进风口的水平距离不应小于 20 m;当水平距离不足 20 m 时,排风口应高于进风口,不得小于 6 m;

3)当排气中含有可燃气体时,事故通风系统排风口距可能火花溅落地点应大于 20 m;

4)风口不得朝向室外空气动力阴影区和正压区。

(6)工作场所设置有毒气体或有爆炸危险气体监测及报警装置时,事故通风装置应与报警装置连锁。

(7)事故通风的通风机应分别在室内及靠近外门的外墙上设置电气开关。

(8)设置有事故排风的场所不具备自然进风条件时,应同时设置补风系统,补风量宜为排风量的 80%,补风机应与事故排风机连锁。

5.3.2　矿井分区通风技术

1. 分区通风概念

分区通风又称并联通风,是指一个矿井划分成若干个区域,每个分区均独自构建专用的进风、用风和回风井巷,拥有一套专为本分区服务的通风动力与调控设施,使得各分区独立进风、独立回风、独立用风,各分区之间风流互不联通,避免相互干扰。分区通风的优点包括:网络结构简单,风流易于调节控制,通风效果容易得到保障;进、出风口增多,风路长度缩短,通风阻力减小,通风电耗随之减少;风阻减小,风压降低,漏风减少,有效风量增多。分区通风适用于矿体埋藏较浅且分散的矿山或矿井开采浅部矿体时。

图 5-3-3 所示的矿井通风系统,辅运大巷和主运大巷的新鲜风分别进入一采区和二采区,一采区和二采区的乏风流各自进入矿井回风大巷,即一采区和二采区的进风和回风均是相对并联独立的,互不影响。

在一个采区内实现分区通风,必须掘进采区专用回风巷,保证采区通风系统稳定,为采区内的采掘工作面布置独立通风系统以及抢险救灾创造条件,提高采区抗灾能力。

2. 分区通风方法

(1)基于矿体分区。

当一个矿井只有几个大矿体或有几个矿量比较集中的矿群时，将邻近矿体或矿群划为一个通风区，将全矿划分为若干个通风区。图 5-3-4 为基于两个矿体构建的分区通风系统。

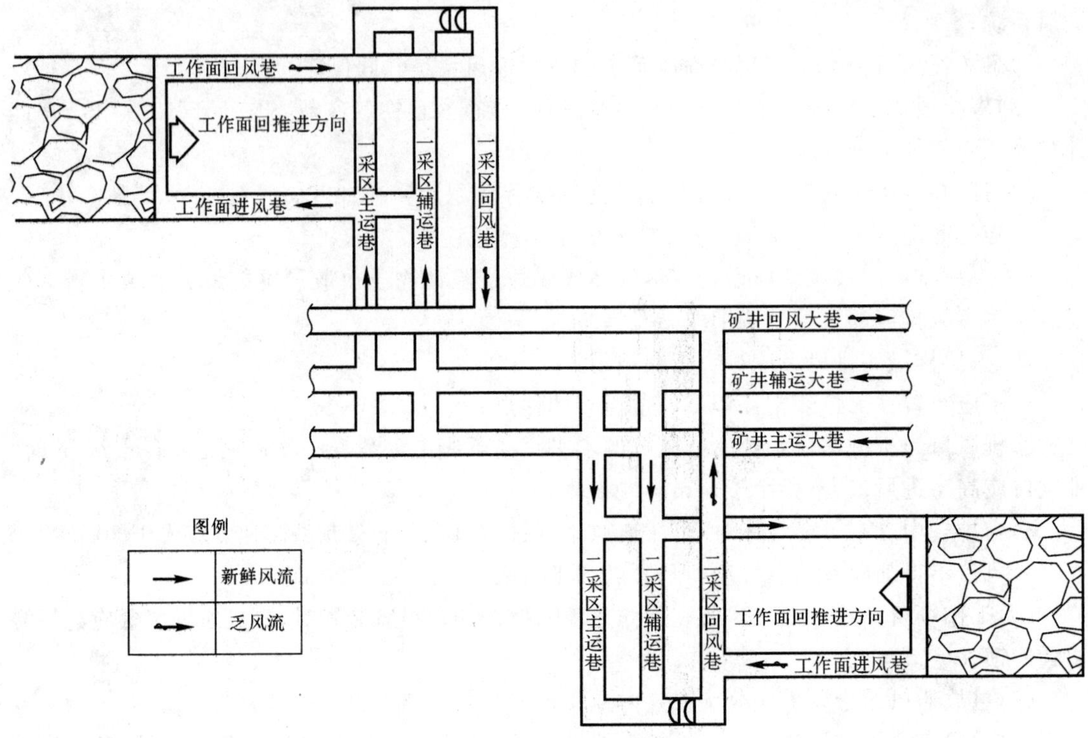

图 5-3-3　分区通风示意图

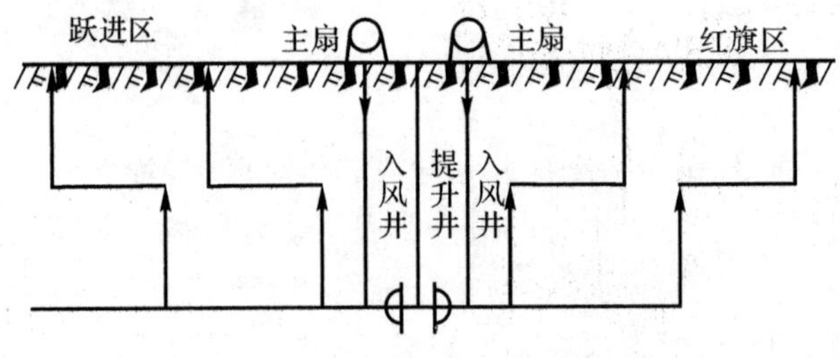

图 5-3-4　矿体分区通风系统示意图

(2)基于中段分区。

沿山坡分布的平行密集脉状矿床，一般距地表较近，开采时常有旧巷或采空区与地表贯通。若上下中段之间联系较少，可按中段划分通风区域，如图 5-3-5 所示。

(3)基于采区分区。

对于矿体走向长，开采范围很大的矿井，可沿走向划分成若干个采区，每个采区建立一个独立的通风系统，如图 5-3-6 所示，矿体走向长 9 000～12 000 m，共分 5 个回采区，各区之间联系较少，分别构成一个独立通风系统。

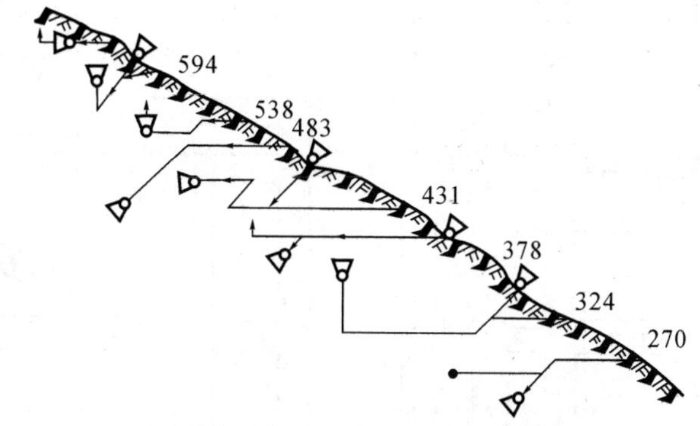

图 5-3-5　中段分区通风示意图

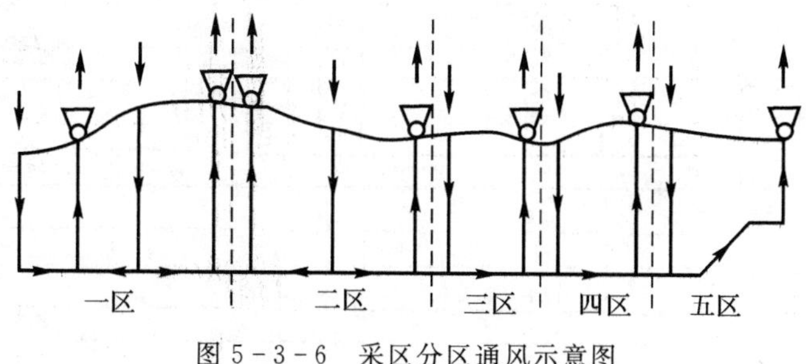

图 5-3-6　采区分区通风示意图

3. 分区通风案例分析

分区通风是矿井设计及生产过程中容易疏漏的事项。若未实现分区通风，则不仅违反相关规程规范，且容易造成安全事故。根据中华人民共和国应急管理部制定印发的《煤矿重大事故隐患判定标准》(应急管理部令 4 号)，“生产水平和采区未实现分区通风”属通风系统不完善、不可靠重大事故隐患。

如图 5-3-7 所示，二采区回风巷与矿井回风大巷相连，乏风流可直接进入矿井回风大巷，但二采区回风巷与一采区回风巷也连通，部分二采区乏风流进入一采区回风巷，一并进入矿井回风大巷，从而导致串联回风，不满足采区分区通风。改正方法是：封堵一采区回风巷与二采区回风巷的联络巷，如图 5-3-8 所示。

如图 5-3-9 所示，一采区和二采区共用一组采区主运巷、辅运巷、回风巷，按照系统布置划分属于一个采区，但由于上部划分为一采区，下部划分为二采区，从而也导致两个采区串联通风。

当重新进行采区或盘区划分命名，将之合并为一个采区后，可确认为分区通风的，不判定为重大事故隐患。但当两个采区合成一个采区时，采掘工作面个数必须符合相关规定。

5.3.3　矿井救灾时期强制通风技术

合理的矿井通风保障是井上救援工作展开的必要条件，也是维持井下被困人员生命体征、降低毒气侵蚀的基础要素。针对矿井爆炸事故中突出的原通风系统损坏、毒害气体超标、井筒能见度低、新风送给困难等实际通风问题，可采取快速组织局部通风、抽调负压风筒优化通风方案、测算被困处可用氧气量、强送新风及利用钻孔组建自然通风网络等强制通风措施。

工作面回风巷
工作面回风巷
工作面回
推进方向
工作面回
推进方向
工作面进风巷
工作面进风巷
二采区主运巷
二采区辅运巷
二采区回风巷
一采区主运巷
一采区辅运巷
一采区回风巷
一个采区全部或部分进入另一个采区，不符合《煤矿安全规程》规定
图例
新鲜风流
乏风流
矿井回风大巷
矿井辅运大巷
矿井主运大巷

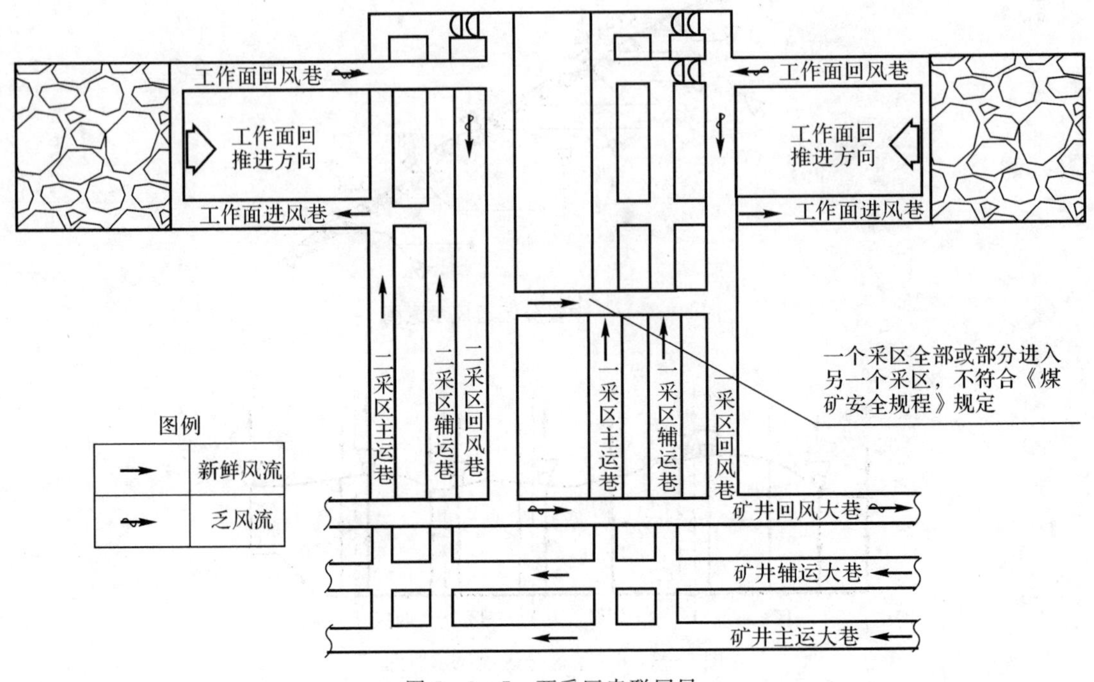

图 5-3-7　两采区串联回风

工作面回风巷
工作面回风巷
工作面回
推进方向
工作面回
推进方向
工作面进风巷
工作面进风巷
二采区主运巷
二采区辅运巷
二采区回风巷
一采区主运巷
一采区辅运巷
一采区回风巷
图例
新鲜风流
乏风流
矿井回风大巷
矿井辅运大巷
矿井主运大巷

图 5-3-8　分区通风修正

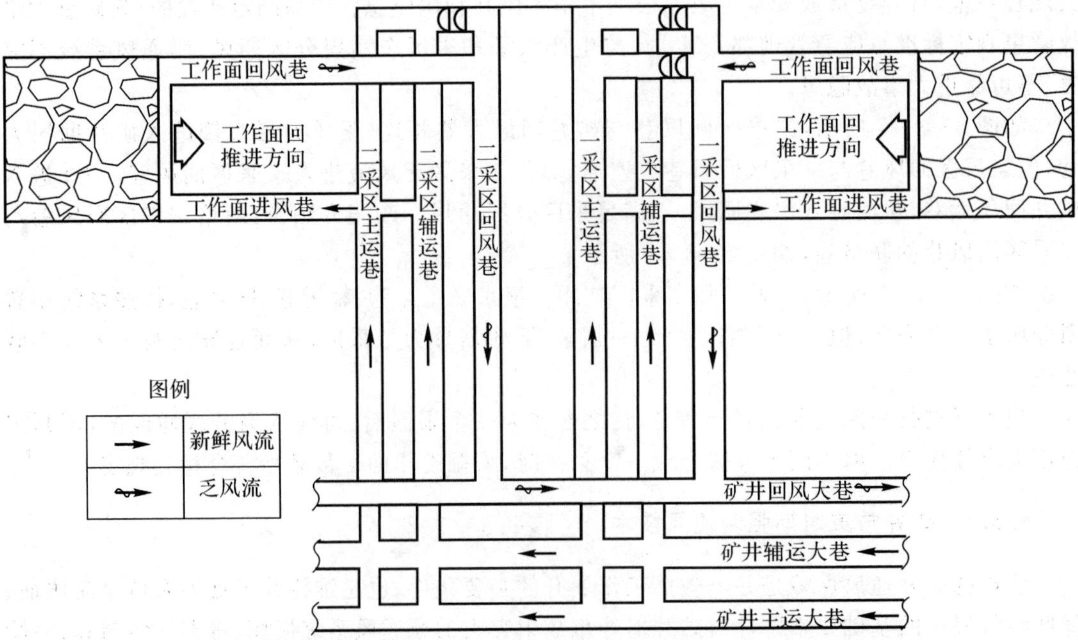

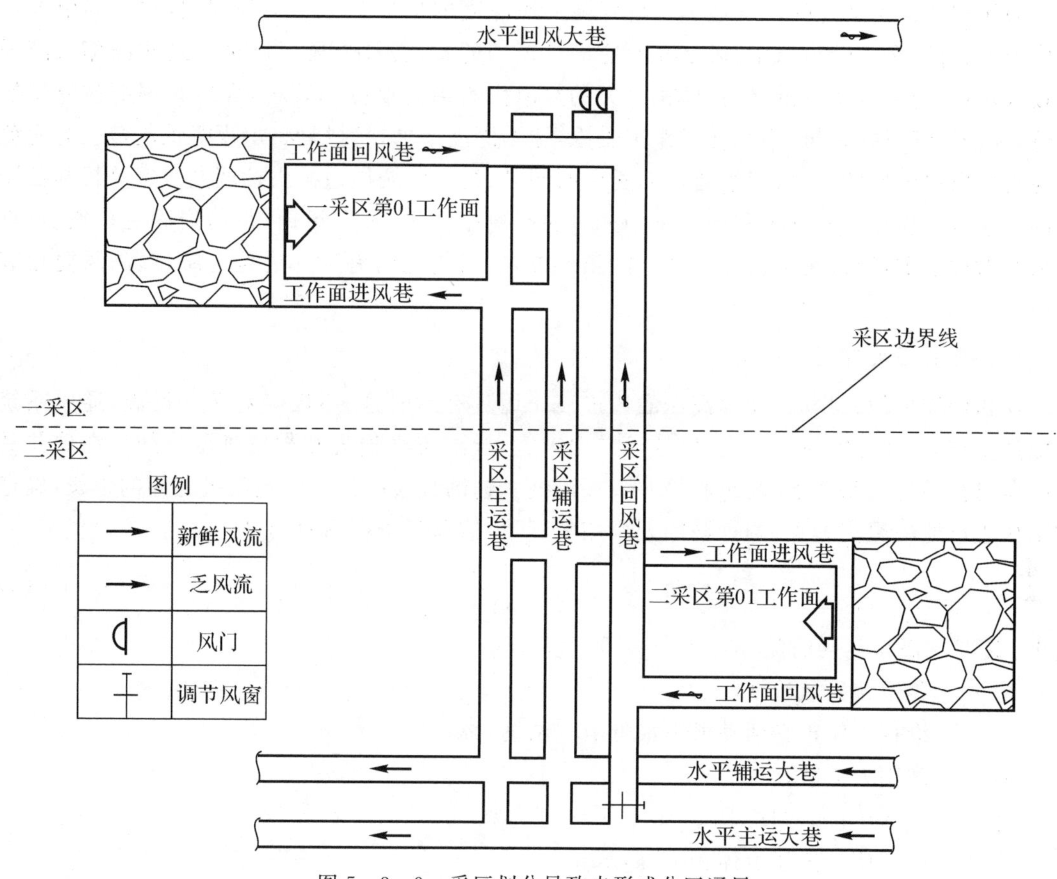

图 5-3-9　采区划分导致未形成分区通风

1. 快速组织局部通风

根据矿井灾变理论，爆炸瞬间高能量释放会在极短时间内对井下原有设备和各项生产系统造成严重破坏，伴随而来的高温、高压气流可能在较大范围内造成风流逆转，导致有毒有害气体扩散，给救援工作带来困难。

当事故风井机械通风系统完全损毁，不能正常进行矿井通风时，现场应以快速施救为中心，依托最先到位的柔性风筒和局扇等通风设备，迅速组织局部通风方案。考虑到风筒向下延伸长度有限、井下被困矿工具体位置不明、柔性风筒无法负压作业、风筒下探容易被爆破杂物刮伤等实际状况，可设计以罐笼作为侧壁尖锐物抵挡装置，沿罐笼顶部中心位置固定局扇，并反接柔性风筒实施抽出式通风。改造后的局部通风装置沿风井逐渐下放，柔性风筒末端设置在地表空旷处，在下放至距井口一定距离处进行首次强制通风，使用多功能气体检测仪测排出气体中的 CO 浓度。矿山救援大队下井侦查人员反馈距井口炮烟高度富集区域等信息。

2. 抽调负压风筒进行通风优化

根据《全国安全生产应急救援体系总体规划方案》(安监管办字〔2004〕163 号)要求，通过建立快速有效的抢险、救援和应急机制，完善区域响应，就近支援、就近调配，能很好地解决因矿山自身储备不足而造成的困境，在救援初期以最快速度满足物资保障、设备技术升级等方面的需求。

救援初期快速搭建的应急通风系统伴随通风深度的增加存在一系列问题，包括局扇本身工作效率较低，理论峰值风压、风量并不能满足迫切的救援需求；风筒反接方式使深部风筒固定较为困难，施工效率较低；依托体积庞大的空罐作为尖锐物抵挡装置，容易在深部被障碍物卡住，无法继续下探风机；系统通风距离受限，伴随深度增加，排风量将出现降低趋势。为避免上述可能出现的问题，在快速组建局部通风的同时，组织协调周边矿山抽调高效率风机与负压风筒支援救援现场。救灾过程中可采用抽调的高效率风机、负压风筒，将局扇固定在地表，首节风筒对称配重，通过逐渐向井下延伸的正接方式，以优化已有局部通风系统，提高风筒加装效率。

3.测算被困处可用氧气量

矿山爆炸事故发生时，高温高压的冲击波作用具有瞬时性，不仅会对矿井设施、通风系统造成严重破坏，还可能诱发火灾、冒顶等二次灾害，导致灾害损失和救援难度增加。在矿井具备一定可视条件的基础上，及时利用井下探测技术辅助救援决策。伴随救援时间的延长，确定被困矿工可能的聚集地点，测算被困处可用氧气量，估算其可存活时间，即

$$T=\varepsilon\frac{V(\alpha_0-\alpha)-mT_0\gamma}{m\gamma} \tag{5-3-13}$$

式中：T—— 尚可存活时间，h；

α_0—— 巷道初始氧浓度，%；

α—— 维持人体正常活动所需最低氧气浓度，%；

m—— 被困人员数；

γ—— 个人单位时间耗氧量，m^3/h；

V—— 已完成开拓巷道体积的和，m^3；

ε—— 考虑扩散作用的修正系数，取 1.15。

4.强送新风

矿井爆炸事故发生后，唯一的升井通道极有可能被截断，被困人员更容易被置于断水、断电、断联系、断绝给养的极端生存环境下。若在黑暗中完全感受不到风流存在，被困人员容易迷失方向并产生绝望心理。此时强送新风是维持被困人员良好生命体征、稳定心理情绪的重要手段。

利用空气压缩机、输气管路和终端用气装置组成的压风自救系统可为井下发生事故遇险的人员提供新鲜空气，赢取救援时间，保障生命安全。空气压缩机的主要作用是提供压缩空气。作为一种动力源，空气压缩机也为压风自救装置提供了安全可靠的气源，是井下避难人员实现自救的供气气源。

矿井生产压缩空气消耗量为

$$Q=\alpha_1\alpha_2\gamma\sum m_iq_ik_i \tag{5-3-14}$$

式中：Q—— 用风设备压缩空气消耗量，m^3/min；

α_1—— 沿管路全长的漏气系数；

α_2—— 风动工具机械磨损耗气量增加系数；

γ—— 海拔修正系数；

m_i—— 同种用气设备同时使用台数；

q_i—— 每台用气设备耗气量，m^3/min；

k_i—— 同种类用风设备同时使用系数。

井下压风自救系统需要的压缩空气供给量为

$$Q_{自救}=knq \tag{5-3-15}$$

式中：$Q_{自救}$—— 井下压风自救需要的压缩空气供给量，m^3/min；

k—— 备用系数；

n—— 人数；

q—— 单个人员供气量。

空气压缩机的出口压力为

$$p=p_{np}+\sum_{i=1}^{n}p_i+0.1 \tag{5-3-16}$$

式中：p_{np}—— 风动工具所需工作压力，MPa；

$\sum_{i=1}^{n}p_i$—— 压风管路中最长一路管路压力损失之和；

0.1—— 考虑管网中软管、连接不良及上下山静压影响等其他各种压力损失值。

地面空气压缩机站的供气量在满足井下风动设备用气量的基础上，还必须满足井下发生灾变期间所有人员用气量的要求，选择合适的空气压缩机。在事故矿山具体操作过程中，通过实施应急通风方案，井下有毒有害气体指标基本达到正常范围后，允许实施送风作业，如以现场备用的车载钻机与高性能空压机为设备依托，加载中空钻杆，直接由事故风井向下钻探，在钻机持续作业的情况下，作为正常通风补充方案的钻机-空压机组合可突破杂物网封堵，实现矿井深部新风的压入。

5. 利用钻孔组建自然通风网络

钻孔救援技术可通过从地面打小直径钻孔探测井下被困人员，并提供风量与生命资源，若发现被困人员，可通过大直径钻孔将被困人员提升至地面。当爆炸事故发生时，通过锤击钻杆传递联系信息，获得井下回应，初步确定部分被困人员的基本位置与存活情况。在完成钻孔套管护壁、投放给养、线缆架设的同时，利用钻孔技术实现贯穿风流的给入，如图 5-3-10 所示。

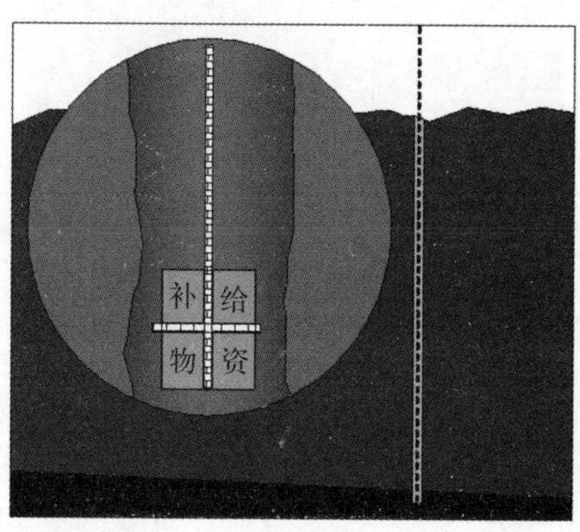

图 5-3-10　救生孔打穿

根据钻孔距离巷道口的沿程距离、巷道设计坡度、救援季节及地表温度等条件判断是否有利于自然通风网络的组成，自然通风网络组建后，可实时监测进风风量。

复习思考题

(1)简述爆炸的定义及其基本特征。
(2)简述爆炸的分类及气体燃爆形式。
(3)简述粉尘爆炸的条件及影响因素。
(4)简述惰化防爆基本原理。
(5)抑爆系统一般由哪些部分组成？各部分起到了什么作用？
(6)简述常见爆炸泄压装置及其特点。
(7)简述受限空间爆炸后进行通风换气风量计算的依据。
(8)如何保障受限空间内部具有合理的通风气流？
(9)简述分区通风的定义及方法。
(10)简述矿井灾变时期强制通风技术措施。

第 6 章　灾变环境检测与监控

本章学习目标：了解安全检测、安全监测的类型和分析方法，掌握安全检测、安全监控基本概念；了解可燃性气体、有毒气体、危险物质泄漏的检测仪器和方法；熟悉通风监测监控系统的结构及功能；掌握火灾信息检测的基本原理，熟悉火灾参量及火灾信息数据处理的方法，了解火灾探测器的分类；掌握感烟式、感温式、火焰和气体探测器的工作原理；掌握火灾自动报警系统的组成，了解火灾报警控制器的工作原理和消防自动灭火系统。

6.1　安全检测与监控技术

检测或监测是人类认识世界的重要技术手段，人们通过各种检测或监测方式、技术来获得信息，以了解周围环境，实现对环境参数的控制。安全监测的目的是控制和消除事故隐患，保护人民生命和财产安全。目前安全监测已作为一种工程监督、监察手段，广泛应用于各行各业，为各行各业的健康发展及科学研究奠定了重要基础。

6.1.1　安全检测和安全监测

1. 安全检测

检测主要包括检验和测量两方面含义。检验是分辨出被测参数量值所归属的范围带，以此来判别被测参数的合格性或现象是否存在。测量是把被测未知量与同性质标准量进行比较，确定被测量对标准量的倍数，并用数字表示倍数的过程。测量有直接测量和间接测量两类。直接测量是在对被测量进行测量时，对仪表读数不经任何运算，直接得出被测量的数值，如用温度计测量温度、用万用表测量电压。间接测量是测量几个与被测量有关的物理量，通过函数关系式计算出被测量的数值，如功率 P 与电压 V 和电流 I 有关，即 $P=I\cdot V$，通过测量的电压和电流计算功率。

安全检测是借助仪器、仪表、探测设备等工具，准确了解生产系统与作业环境中危险、有害因素的类型、危害程度、危害范围及其动态变化活动的总称。安全检测的对象是劳动者作业场所空气中可燃、有毒气体或蒸气、漂浮的粉尘、物理危害因素以及反映生产设备和设施安全状态的温度、压力、流速、壁厚等参数，其作用是获取有害气体、可燃气体、粉尘浓度及噪声分贝值等安全状态信息，为安全管理决策提供数据，或为控制系统提供基础参数。安全检测由两部分组成：一是以保证人员不受职业伤害为目的的职业危害因素检测；二是以保证生产设备、设施正常运行为目的的设备运行参数的检测。

2. 安全监测

安全监测为监视性的检测，包括以下含义：

(1)政府执法部门委托从事作业场所作业环境监测的机构定期对企业某些指标所进行的检测，或是对压力容器等特种设备、防雷装置接地电阻等安全设施的检测，目的是监督企业作业场所工作环境的质量，检查职业卫生设施或措施的有效性，属于强制性质的第三方检测。监测结果作为评判是否满足国家行业要求的依据。检测所用的设备及检测方法都要严格执行国家标准或行业标准，检测结果具有法律效力。对于特大型企业，上级对所属企业的检测也属于安全监测。

(2)本企业对内部场所或设备的监控性检测，如气体检测报警系统、气体检测报警控制系统。

除实施检测的部门有区别外，安全检测与安全监测使用的设备及方法没有本质区别。

3. 安全监测与检测类型

(1)安全监测类型。

根据暴露毒害物质的种类、分析与评估的需要，监测可分为长周期监测、连续监测和快速测量。长周期监测用于评估个人在给定时间间隔内的平均暴露情况。连续监测用于了解可以造成急性暴露的高浓度有害物质的短期暴露情况。如果已知确切的暴露时间点，可使用快速测量方法，对慢性危害进行评价。

根据安全监测的目的，可将安全监测分为研究性监测、监视性监测、事故性监测。

1)研究性监测：以科学研究和调查为目的，包括科研监测、健康影响监测、资源监测，除需要化学分析、物理测量、生物和生理、生化检验技术外，还涉及大气化学、大气物理、水化学、水文学、生物学、流行病学、毒理学、病理学等学科。

2)监视性监测：以了解生产生活环境现状和趋势为目的，包括基线监测、环境现状监测、污染源监测。

3)事故性监测：对突发性事故或事件发生后对环境产生的影响进行监测，确定其对环境造成污染的严重程度和范围，评价事故发生后应急处置的效果。

(2)安全检测类型。

根据检测结果显示的地点和目的，安全检测可分为实时检测、实验室检测和应急检测。

1)实时检测，又称实时监测，指能够随时跟踪显示被检测物质浓度或物理参数数值的检测，其作用是随时能了解被测量的数值。特点是传感器或检测器固定在被检测场所或设备的现场，检测输出信号或显示数值与被检测量的数值几乎同时变化，如工厂采用的固定式气体检测报警系统。

2)实验室检测，指在被检测现场采集含有毒气体、可燃气体的气体样品，带回实验室，通过实验室检测仪器对被测物浓度进行测定的检测。因不能实时显示检测结果，所以此检测方式仅适合于例行的定期检测。

3)应急检测，指在发生泄漏、火灾、爆炸等生产安全事故时，为完成对某种特定危险物质在空气或水体中浓度的检测任务，采用快速检测技术手段进行的检测。实施检测的地点是事故现场或受影响的区域，要能够实时给出检测结果。事故发生释放的有毒有害或易燃易爆气体等危险物质进入空气，或液态、固态有毒物质进入水体后，需要检测人员检测危险气体或溶质的危害范围、浓度的变化趋势、气体扩散的主要方向，为制定疏散人员、戒严范围等应急决策提供依据。

4.监测分析方法

监测分析方法包括化学分析法、物理化学分析法和生物法。

(1)化学分析法，包括酸碱滴定、氧化还原滴定、沉淀滴定和铬合滴定等容量法和质量法。化学分析法主要特点是：准确度高，相对误差一般为0.1%～0.2%；所需仪器设备简单，成本低，保养维修方便；灵敏度较低，仅适用于高含量组分测定，不适用于对微量组分进行测定。其缺点是分析方法比较复杂，选择性差。

(2)物理化学分析法，又称仪器分析法，其灵敏度高、选择性好，对试样预处理要求简单，响应速度快，容易实现连续自动测定，但与化学分析法相比，相对误差较大，一般可达3%～5%，所用仪器成本较高，维修保养比较复杂。物理化学分析法可分为光学分析法、电化学分析法和色谱分析法。

1)光学分析法包括分光光度法、紫外分光光度法、红外分光光度法、原子吸收分光光度法、荧光分析法、非色散红外吸收法、火焰光度法、化学发光法和发射光谱法等。

2)电化学分析法包括电导法、极谱法、库仑滴定法、离子选择性电极法、电位溶出法等。

3)色谱分析法是以色谱分离为基础，配合各种方式鉴定化合物的方法，如气相色谱法、高效液相色谱法、离子色谱法、纸层析法和薄板层析法、质谱法、中子活化分折法以及两种方法的联用技术，如色谱-质谱联用(GC－MS)、色谱-红外联用(GC－IR)等。

(3)生物法。把整个地球上的生物圈看作一个最大的生态系统，同时其中还有无数个小的生态系统。一旦条件发生变化，如环境受到污染，许多动植物会出现各种症状，破坏原有生态平衡关系。由安全状况变化所致的生物学过程的变化能更直接、更综合地反映环境安全对生态系统的影响，比用理化方法监测得到的有限参数更具有说服力。然而，生物法在不同自然条件下没有可比性，在季节和地理条件方面也有较大限制。

5.测定方法选择原则

随着现代技术的发展，有害因子测定方法多种多样。为了最大限度利用由安全监测所得到的信息，在选择有害因子的测定方法时应遵循下列基本原则：

(1)标准化。为了使不同情况下测得的监测结果具有可比性，应尽可能采用标准方法。

(2)专用化。有害因子往往和其他成分混杂在一起。为了提高监测工作效率，在条件允许时应选用专用仪器测定。

(3)自动连续化。在经常性测定中应尽量采用连续自动测定装置，但在使用连续自动监测系统时必须注意用标准试样对系统的跨度和灵敏度进行定期校核，以保证所得结果的正确性。

6.1.2 安全监控

安全监控是探索在安全工程中如何用技术手段准确可靠地处理安全监测、安全识别、安全控制和安全管理等相关问题的一门综合性新兴技术学科，主要是监测与控制两功能的结合。监测设备提供被检测设备或场所的某一特征数据，由控制设备或人对检测数据进行分析，根据已设定的标准来判断是否需要改变被控制设备的运行状态，需要时对被控制设备发出启动信号、启动被控制设备或改变运行参数。

1. 安全监控分类

安全检测与控制技术学科中所称的控制可分为以下两种：

(1)过程控制。在现代化工业过程中，一些重要的工艺参数多由变送器、工业仪表或计算机来测量和调节，以保证生产过程及产品质量的稳定，称为过程控制。在比较完善的过程控制设计中，会考虑工艺参数的超限报警、可燃气体、有毒气体在环境中的浓度、烟雾、火焰信息等外界危险因素、紧急停车等联锁系统。然而，这种设计思想仍然着眼于表层信息捕获的习惯模式，如车间内可燃气体或有毒气体达到报警浓度时，通风设备根据变送器发出的指令性信号自动启动。用空气氧化某种气态物料的合成工艺过程中，检测系统的监测数据发现氧气浓度达到或超过设定的临界浓度时，控制系统调整空气输送速度，将氧气浓度调整至安全浓度范围。

(2)应急控制。在对危险源的可控性进行分析之后，选出一个或几个能将危险源从事故临界状态调整到相对安全状态，以避免事故发生或将事故的伤害和损失降至最小程度，这种具有安全防范性质的控制技术称为应急控制。将安全监测与应急控制结合为一体的仪器仪表或系统，称为安全监控仪器或安全监控系统。

从安全科学的整体观点出发，现代生产工艺的过程控制和安全监控功能应融为一体，集过程控制、安全状态信息监测、实时仿真、应急控制、自诊断以及专家决策等各项功能于一体的综合系统，既能够对生产工艺进行比较理想的控制，又能够在出现异常情况时及时给出预警信息，避免事故的发生或将事故危害和损失降到最低程度。

2. 安全监控发展方向

(1)监控网络集成化。将被监控对象按功能划分为若干系统，每个系统由相应监控系统实行监控，所有监控系统都与中心控制计算机连接，形成监控网络，从而实现对生产系统的全方位安全监控或监视。

(2)预测型监控。控制计算机根据检测结果，按照一定预测模型进行预测计算，根据计算结果发出控制指令。

(3)监控系统智能化。监控系统由大型化、简单化向小型化和智能化方向发展，由单一系统向综合系统发展，由单体化向网络化方向发展。

6.2 可燃性气体和有毒气体检测

在工业生产环境中，可燃性气体或有毒气体引起的工业事故主要有：可燃性气体引起的燃烧和爆炸事故，有毒气体引起的急性或慢性中毒事故，缺氧引起的缺氧窒息事故。为防止事故发生，有必要对环境中的 CO、H_2S、SO_2 等可燃、有毒气体进行监测。

6.2.1 检测标准

1. 可燃性气体监测标准

可燃性气体监测标准取决于可燃物质的危险特性，主要由可燃性气体的爆炸下限决定。从监测和控制两方面来看，监测应做到当可燃性气体与空气混合物中可燃气体浓度达到阈值时，给出报警或预警指示，以便采取相应措施。一般取爆炸下限的 10%左右作为报警阈值。当可燃性气体浓度继续上升，达到其爆炸下限的 20%～25%时，监控功能中的联动控制装置将产生动作，以免形成火灾及爆炸事故。

2. 有害气体监测标准

有害气体即有毒气体，其监测标准由多种气体的环境卫生标准来确定，此处的多种气体指氧气和各种有害气体。我国《环境空气质量标准》(GB 3095—2012)中规定了空气污染物二级标准浓度限值。《工业企业设计卫生标准》(GBZ 1—2010)中列出了居住区大气有害气体及工矿车间环境有害气体的最高允许浓度值。《煤矿安全规程》对煤矿井下环境也作了必要规定。

6.2.2　气体测量仪表工作原理

为实现对可燃性气体和多种有害气体的测量和事故预防，由各种气体传感器构成的测量仪表种类繁多，其结构原理、测定范围、性能、操作使用方法等各不相同。

1. 催化燃烧式气体传感器

催化燃烧式气体传感器利用可燃性气体在足够氧气和一定高温条件下发生催化燃烧或无焰燃烧，放出热量，从而引起电阻变化的特性，以达到测量可燃性气体浓度的目的。代表性气体传感材料包括 Pt 丝＋催化剂(Pd^-、Pt^-、Al_2O_3、CuO)，其具有体积小、质量轻的特点。

催化燃烧式气体传感器属高温传感器，常采用 Wheatstone 电桥测量电路，如图 6－2－1 所示。电桥中黑元件是检测元件，白元件为补偿元件。与黑元件相比，白元件缺少催化剂层，遇到可燃气体时不能燃烧。当空气中有可燃气体时，检测元件由于燃烧而电阻值上升，电桥失去平衡，由电压输出，起检测作用。与直接燃烧相比，催化燃烧温度低，燃烧较完全。

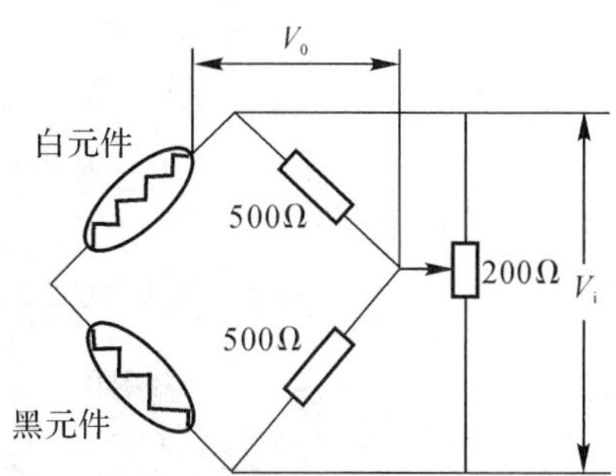

图 6－2－1　催化燃烧式气体传感器检测电路示意图

2. 热传导式气体传感器

热传导式气体传感器利用被测气体与纯净空气的热传导率之差和在金属氧化物表面燃烧的特性，将被测气体浓度转换成热丝温度或电阻的变化，以达到测定气体浓度的目的。热传导式气体传感器可分为气体热传导式和固体热传导式两种。

(1)气体热传导式气体传感器。利用被测气体的热传导率与发热体 Pt 丝的热传导率之差所引起的温度变化测定气体浓度，主要用于测定 H_2、CO、CO_2、N_2、O_2 等气体浓度，多制成携带式仪器。

(2)固体热传导式气体传感器。利用不同浓度的被测气体在金属氧化物表面燃烧引起电阻变化的特性测定浓度，主要用于测定 O_2、CO、NH_3 等气体浓度。

热传导式气体传感器检测电路的原理与催化燃烧式气体传感器相同。其优点是在测量范围内具有线性输出，不存在催化元件中毒问题，工作温度低，使用寿命长，防爆性能好。其缺点是背景气会干扰测量结果，在环境温度骤变时输出受影响，低浓度检测时有效信号较弱。

3. 半导体式气敏传感器

半导体式气敏传感器利用待测气体与半导体(主要是金属氧化物，如 SnO_2 系列、ZnO 系列及 Fe_2O_3系列)表面接触时产生的电导率等物性变化来检测气体。半导体式气敏传感器适用于检测低浓度的可燃性气体及毒性气体，如 CO、H_2S、NO_x 及 C_2H_5OH、CH_4等碳氢气体。

半导体式气敏传感器的基本工作电路如图 6-2-2 所示。负载电阻 R_L串联在传感器中，其两端加工作电压，加热丝 f 两端加加热电压 U_f。在洁净空气中，传感器的电阻较大，在负载电阻上的输出电压较小。当遇到待测气体时，传感器的电阻变小(N 型半导体型气敏传感器检测还原性气体)，则 R_L上的输出电压较大。气敏传感器的报警器超过规定浓度时发出声光报警。

4. 湿式电化学气体传感器

湿式电化学气体传感器有恒电位电解式、燃料电池电解式、隔膜电池式气体传感器等。

(1)恒电位电解式气体传感器：利用定电位电解法原理，在电解池内安置工作电极、对电极和参比电极 3 个电极，并施加一定极化电压，用薄膜同外部隔开，被测气体透过此膜到达工作电极，发生氧化还原反应，从而使传感器有一输出电流，该电流与被测气体浓度呈正比关系。由于该传感器具有三个电极，因此也称为三端电化学传感器。恒电位电解式气体传感器结构和测量电路如图 6-2-3 所示，通过选择不同催化剂，将电解电位控制为一定数值，可测定不同气体浓度。

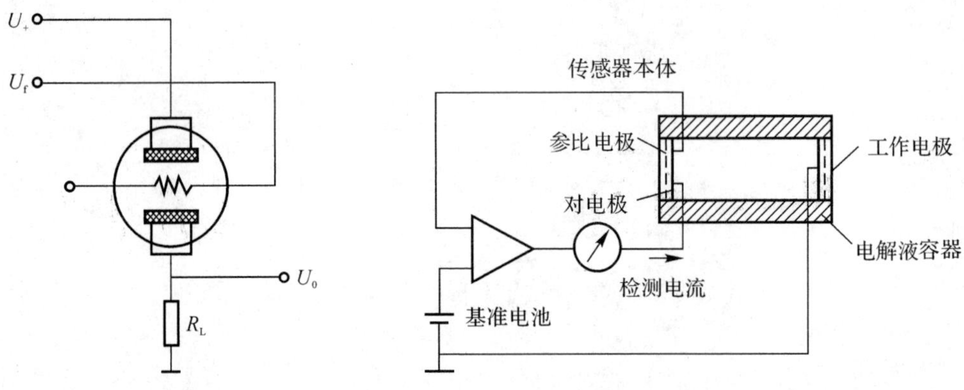

图 6-2-2　半导体式气敏传感器基本工作电路　　图 6-2-3　恒电位电解式气体传感器结构示意图

恒电位电解式气体传感器主要用于测定可燃气体混合物的爆炸下限和 NO_2、CO、H_2S、NO 等气体浓度，具有选择性强、干扰气体影响小等优点，缺点是寿命较短。

(2)燃料电池电解式气体传感器：利用被测气体可引起电流变化的特性测定气体浓度，主要用于测定 H_2S、HCN、$COCl_2$ 等气体浓度。

(3)隔膜电池式气体传感器：利用电池与 O_2 或被测气体接触产生电流的特性来测定气体浓度。如图 6-2-4 所示，隔膜电池式气体传感器由两个电极、隔膜和电解液构成。阳极是 Pb，阴极是 Pt 或 Ag 等贵金属，电解池中充满电解质溶液 KOH，在阴极上覆盖一层有机氟材料薄膜(聚四氟乙烯薄膜)。被测气体溶于电解液中，在电极上产生电化学反应，从而在两极间形成电位差，产生与被测气体浓度成正比的电流。隔膜电池式气体传感器测 O_2 浓度时，不需任何外接电源，是较理想的便携式测氧仪器，也可测其他多种气体。

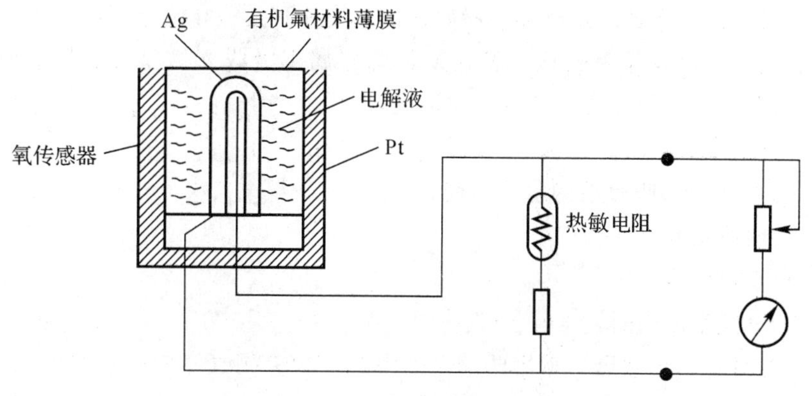

图 6-2-4　隔膜电池式气体传感器构造示意图

6.2.3　可燃性气体和有毒气体检测仪表

1. 气体检测警报仪分类

(1)按使用方式分类。有限空间气体检测设备可分为便携式和固定式，便携式气体检测警报仪根据检测气体的方式分为扩散型和泵吸型。

便携式气体检测警报仪，又称为手持式气体检测警报仪，以蓄电池为电源，加装采气泵，可在有限空间内进行气体检测，多用于工作人员：进入有毒有害物质隔离操作间；输油气管线的巡回检测；进入危险场所的下水道、大型设备内；设备检修后检测残留有害气体或可燃气体。固定式气体检测警报仪一般用于在特定监测点或最有可能发生泄漏的部位对特定气体进行检测，由中央控制器、气体探头和二次显示警报装置组成，在作业现场安装好检测探头，对检测场所进行连续、实时监测。

(2)按检测原理分类。气体检测警报仪分为催化燃烧型气体检测仪、电化学型气体检测仪、热传导型气体检测仪、红外气体型气体检测仪、半导体型气体检测仪、光致电离型气体检测仪、顺磁型气体检测仪和激光型气体检测仪。

(3)按被测气体分类。气体检测警报仪分为可燃性气体检测警报仪、有毒气体检测警报仪、复合式气体检测警报仪等。气体检测警报仪能检测的气体种类由其配备的探头决定，因此特定气体检测报警设备能检测的有毒有害气体种类有限。便携式气体检测警报仪支持同时检测多种气体，检测气体种类可根据实际需要搭配并向厂家订制。固定式气体检测报警装置大多只检测一种气体，如需检测多种气体，需使用不同类别的气体检测仪。

2. 常见气体检测报警仪表

(1)煤气报警控制器。煤气报警控制器由探测器与报警控制主机构成，用以检测室内外危险场所的泄漏情况。当被测场所存在有毒气体时，探测器将气信号转换成电压信号或电流信号传送到报警仪表，仪器显示有毒气体爆炸下限的浓度值。当有毒气体浓度超过报警设定值时发出声光报警信号提示，值班人员及时采取安全措施，避免燃爆事故发生。

(2)瓦斯检测仪。瓦斯检测仪主要检测甲烷在空气中的体积浓度，主要有两种：一是利用瓦斯气体的光谱吸收检测浓度；二是利用瓦斯浓度和折射率的关系以及干涉法测折射率。

1)单波长吸收比较型瓦斯传感器。吸收法的基本原理是基于光谱吸收。不同物质具有不同特征的吸收谱线。单波长吸收比较型瓦斯传感器属于吸收光谱型传感器。根据 Lambert 定律，通过透射和入射光强度之比计算气体浓度，即

$$I = I_0 e^{\mu CL} \tag{6-2-1}$$

式中：I、I_0—— 吸收后和吸收前的射线强度；

μ—— 吸收系数；

L—— 介质厚度；

C—— 介质浓度，%。

2)干涉型光纤瓦斯传感器。采用两束光干涉的方法检测气室中折射率的变化，其与浓度直接相关。我国普遍使用的便携式瓦斯检测仪均是基于此原理。此类传感器需经常调校、易受其他气体干涉，可靠性及稳定性较差。

(3)感烟探测器。火灾发生往往伴随着烟雾、火光、高温及有害气体。常见感烟探测器包括透射式感烟探测器、散射式感烟探测器和离子式感烟探测器。

1)透射式感烟探测器利用烟雾颗粒降低光透射强度的原理进行浓度测定，通过测定发光管和光敏元件间的光强度进行检测(如果有烟雾，接收的光强就会减少)，适合于长距离的直线段自动监测。

2)散射式感烟探测器利用烟雾微粒对光的散射作用进行探测，其结构如图 6-2-5 所示，图中虚线圆圈代表金属丝网或多孔板。由于在纯净空气中有遮挡屏，所以光敏元件接收不到发光管信号。当含有烟雾时，光敏元件接收信号，经过放大后驱动报警电路。为避免环境可见光引起错误报警，选用红外光谱或采取避光保护措施。

3)离子式感烟探测器是点型探测器，在电离室内放置少量放射性物质(镅 241)。当周围空气中无烟雾时，镅 241 放射出微量的 α 射线，使附近的空气电离。在平板电极间的直流电压作用下，空气中产生离子电流。当周围空气中有烟雾时，微粒将吸附部分离子和吸收 α 射线，使得离子电流减小，烟雾浓度越高，离子电流越小，如图 6-2-6 所示。

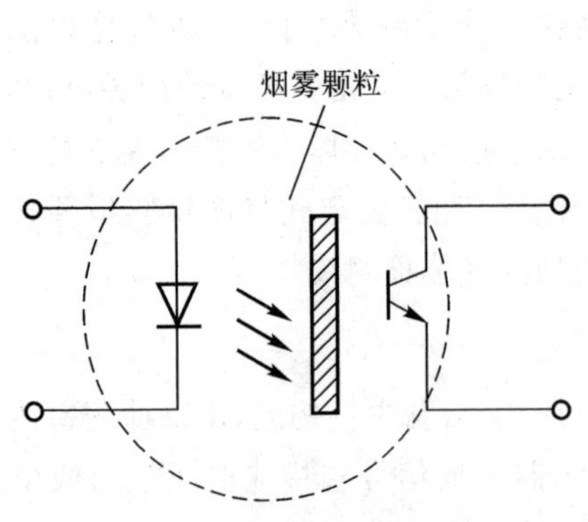

图 6-2-5　散射式感烟探测器结构示意图

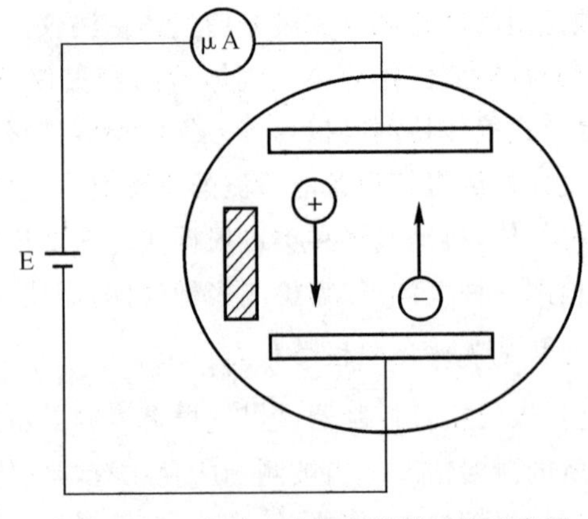

图 6-2-6　离子式感烟探测器结构示意图

(4)其他气体检测报警仪。

1)光干涉式气体测量仪器。利用被测气体与新鲜空气光干涉形成的光谱测定气体浓度，主要用于测定 CH_4、CO_2、H_2 以及其他多种气体浓度。

2)红外线气体分析仪。利用选择性检测器测定气体试样中特定成分引起的红外线吸收量的变化求出气样浓度，主要用于测定 CO、CH_4 和 CO_2 等气体浓度。

3)气相色谱仪。在色谱柱内，用载气把气体试样展开，使气体各组分完全分离，对气体进行全面分析。该类仪器较笨重，只适于在实验室环境中使用。

4)气体检定管与多种气体采样器组合类型仪器。利用填充于玻璃管内的指示剂与被测气体发生反应来测定气体浓度。

3. 气体检测警报仪选型

气体检测仪种类繁多，效果不一。在仪器选型时需结合实际情况正确选用气体检测仪。

(1)根据使用场合决定检测方式。根据检测环境和检测目的决定是使用固定式检测装置还是使用便携式检测装置。长期运行的监测点一般使用固定式，若需检修、应急检测和巡回检测等，则应使用便携式气体检测仪。

(2)根据检测气体种类和浓度范围决定仪器型号。

1)催化燃烧式可燃气体检测报警仪可检测石油化工行业中各种可燃气体，如烯烃、烷烃等有机可燃气体或蒸气。

2)对于可燃气体或蒸气危险性大、检测报警要求高的场合，可选用红外可燃气体检测报警仪器。当可燃气体浓度太低不能被催化燃烧传感器检测时，或当一些可燃气体检测点含有硫化物、卤素化合物或铅(对催化剂有中毒作用)时，可选择红外气体检测器和报警器。

3)当有限空间内存在不同气体时，可使用气体检测仪器进行气体监测，见表 6-2-1。

表 6-2-1　气体检测仪选型表

序号	气体种类	气体检测仪
1	可燃气体	BW 可燃气体检测仪、英思科 M40 可燃气体检测仪、华瑞可燃气体检测仪等
2	CO	威尔格 PAC5500 一氧化碳检测仪、梅思安 ALTAIR Pro 天鹰一氧化碳检测仪等
3	CO_2	IQ-350 便携式二氧化碳检测仪、7515 二氧化碳检测仪等
4	H_2S、O_2	英思科四合一检测报警仪、BW 公司四合一检测报警仪等
5	CO、NO、SO_2、CS_2 等烟气、尾气和熏蒸气	德尔格 PACLL 一氧化氮气体检测仪、华瑞 PGM-1150 二氧化氮报警仪、GAXT-S 二氧化硫检测仪等
6	N_2、Ar 等惰性气体	XP-314 氩气气体检测仪、SZYL-HE-C 便携式氮气纯度检测仪等

6.3 危险物质泄漏检测

工业生产过程中泄漏现象普遍存在。可燃气体、液化烃或可燃液体等危险物质泄漏遇点火源会引起燃烧或爆炸，有毒物质泄漏会直接危及人身安全。危险物质泄漏一般是在异常情况下，容器或装置的部分构件被破坏或人为误操作造成的。研究危险物质泄漏的原因和危险性，采取有效泄漏监测和预防措施，对于减少工业企业生产中灾害事故的发生尤为重要。

6.3.1 危险物质泄漏的原因及危险性

1. 危险物质泄漏原因

容器构件破坏引起危险物质泄漏的原因有 3 个方面。

(1)容器内压异常上升。容器内压异常上升的原因有物理原因和化学原因两种。

1)物理原因主要是容器内物料温度上升产生的热膨胀、机械压缩、冲击压等。

2)化学原因主要是反应体系内反应热蓄积或过热流体液体急剧蒸发，使容器内气体或空气急剧热膨胀或使液体蒸气压剧增。当容器无法承受这些内压异常上升时，其薄弱部分最先被破坏，高压气体或过热液体向外喷出，形成泄漏的同时发生火灾及爆炸，瞬间造成严重灾害。

(2)容器构件受到异常外部载荷作用。外部载荷异常的主要原因包括强烈的震动、地基下沉、剧烈摇晃、事故相撞或施工不慎等，可造成裂纹、穿孔、管道弯曲或折断等机械破坏，导致危险物质泄漏而形成灾害。

(3)容器或管道构件材料强度降低。构件材料强度降低的主要原因有物料腐蚀或摩擦、材料低温脆性、反复应力或静载荷作用和高温等。

此外，人为因素造成的泄漏多是人对管道中阀门或容器上孔盖的操作失误引起的，主要发生在生产装置的断流阀、采样阀、排泄阀、空气管道阀等位置。

2. 泄漏危险性

(1)可燃气体泄漏的火灾爆炸危险性。当可燃气体泄漏时，一般会形成体积不大的可燃气云或爆炸性混合气。比空气轻的可燃气体随扩散范围增大而逐渐稀薄、上升，潜在火灾危险性较小。比空气重的可燃气体向下风方向和低洼处扩散、积蓄，潜在火灾危险性较大，并具有隐蔽性。

(2)液化烃或可燃液体泄漏的火灾爆炸危险性。液化烃或可燃液体在空气中会快速汽化蒸发形成较大的蒸气云，火灾爆炸危险性强，与泄漏环境的液体沸点、泄漏量、汽化量等有关。

3. 泄漏事故危害

(1)突发性强，有毒物质泄漏量大。泄漏事故一般突然发生，常在意想不到的时间、地点突发，这种突然性与危险物质及其生产过程的特殊性有关。此外，有毒物质泄漏量一般很大，会迅速造成严重危害。

(2)危害范围广，伤害途径多。事故发生后，有毒物质以多种形式向空气、水源、地表和物体扩散，有毒物质形成云团向四周尤其是下风方向扩散，造成大范围污染，伤害效应增强。

(3)侦检不易，救援难度大。有毒物质种类多，准确侦检难度较大，同时泄漏和爆炸可能形成“高温、高压、缺氧、有毒”的小环境，给救援带来很大难度，对个人防护装备和器材的要求较高。

(4)污染环境，洗消困难。事故发生后，有毒有害物质可污染空气和物体表面，甚至有毒液体可渗透进入地表造成深度污染，后期治理难度较大。

(5)涉及面广，社会影响大。为控制和消除重特大事故所造成的严重危害，救援行动将围绕切断或控制事故源、警戒、疏散等环节展开。这些行动可能会造成局部地区居民的生活失衡、社会秩序混乱，甚至在国际上产生负面影响。

6.3.2　泄漏检测方法

泄漏检测方法一般用来检测管道完整性。国外从 20 世纪 70 年代末开始对油气长输管道泄漏检测技术进行研究，到 80 年代末，相关检测技术和设备已商品化。目前，国内外常用输气管道泄漏检测与定位方法很多。

1. 直接检漏法

(1)红外线成像检漏法：当管道发生泄漏时，泄漏点周围土地的温度场发生变化，通过红外线遥感摄像装置记录输气管道周围的地热辐射效应，再利用光谱分析检测泄漏位置。此方法可以较精确地定位泄漏点，灵敏度较高，但不适用埋设较深的管道检漏。

(2)纹影成像技术检漏法：由于泄漏到大气中的天然气比周围空气的折射率高，光栅之间的泄漏天然气会使光线到达摄像机时产生位移，形成纹影图像，因此可根据拍摄的纹影图像提供的信息估算泄漏量。此方法具有敏度高、设备轻巧、使用方便等优点，但不能实时检测泄漏。

(3)智能爬行机检漏法：智能爬行机是基于超声波、漏磁、声发射等无损伤原理检测和录像观察的仪器，四周装有多个探头，可进入管道内部边爬行边检测管道内外腐蚀、机械损伤程度和位置，为预测和判断是否泄漏提供依据，如超声波检测器在爬行中不断通过探头发射超波，可以检测壁厚，从而估计管道受腐蚀程度。

(4)嗅觉传感器检漏法：利用特殊化学物质，传感器对天然气中某种化学物质作出反应，输出信号，通过计算机处理信号，检测泄漏的天然气。可将嗅觉传感器沿管道按一定间距布置，对管道进行实时监控。

(5)打压检漏法：新建管道必须进行静水压试验，管道在高于正常运行压力下维持 24 h，一般设置为设计压力的 1.25 倍。这种检测方法对于暴露各种初始缺陷非常有效，但只能检测出管道不能承受试验压力的部位，检测成本较大。

(6)气体检漏法：采用基于接触燃烧原理的可燃性气体检测器检漏气体，其受温度、污染或机械运行的影响较小、灵敏度较高，但易引发燃烧或爆炸事故，不能长距离连续检测。

(7)探地雷达检漏法：探地雷达将脉冲电磁波发射到管道附近的地下，当管道内气体发生泄漏时，管道周围介质的介电性质发生变化，发射信号的时域波形也发生变化，可根据波形变化检测管道泄漏点。

2. 间接检漏法

间接检漏法是指利用泄漏造成的流量、压力、声音等物理参数发生变化而进行间接检测的方法。

(1)光纤管道检漏法。分布式光纤监测技术能用单一光缆实现温度、外力破坏等多参量探测，可对全网管线状态进行实时、无盲点监测，具有施工简便、抗干扰性强、测量精度高等特点，可以检测很宽范围的物理和化学特性以及管道泄漏，也可以确定泄漏点位置。

(2)流量或质量平衡检漏法。根据质量守恒定律，在同一时间间隔内，流入管道中的流体流量－流出的量＝管道内流体变化量。如果发生泄漏，那么流出管道的流体质量小于流入质量。管道泄漏多采用流量差检测法，即在管道的流体输入和输出端分别设置流量计，通过监测两端流体的流量差来判断管路是否遗漏。管道泄漏监测过程如图 6－3－1 所示。

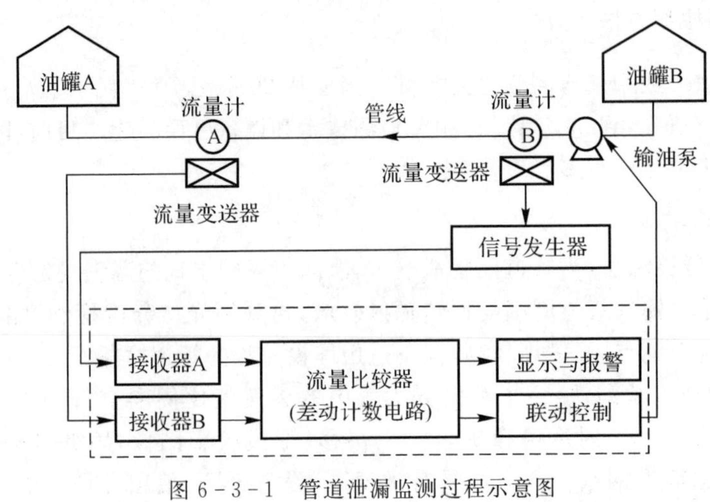

图 6－3－1　管道泄漏监测过程示意图

(3)负压波检漏法。当泄漏发生时，泄漏处因流体物质损失而引起局部流体密度减小，产生瞬时压力降和速度差形成负压波。负压波自泄漏点向两端传播到上下游的压力传感器，通过分析压力传感器捕捉到的瞬时压力降的波形和上下游压力传感器接收到压力波信号的时间差定位泄漏点。

(4)实时瞬变模型检漏法。通过建立管内流体流动的数学模型，在一定边界条件下利用计算机求解管内流场。将模型输出值与实际检测值相比较，若两者偏差较大，即认为发生泄漏，进一步分析管道内压力梯度变化，从而确定泄漏点位置。该方法建立在稳定流假定的基础之上，对于非稳定流的情况其检测效果不好。

(5)统计决策检漏法。使用序贯概率比检测的方法，根据管道出入口的流量和压力，连续计算发生泄漏的概率，确定发生泄漏后，利用最小二乘法对泄漏点进行定位。该方法使用统计决策论观点，较好地解决了瞬变模型中的报警问题，计算复杂性降低。

(6)分段密封检漏法。沿管线安装多个截止阀，关闭相邻两个截止阀，通过监测各管段压力下降的情况来检漏。这种方法能够检测出较小泄漏量，可靠性高，但只能在管道停输时使用，且需要安装较多截止阀，实时性和经济性较差。

(7)其他检漏法，如压力梯度检漏法、背景吸收气体成像检漏法、放射线示踪物检漏法、神经网络检漏法、生物检漏法等。主要检漏方法和技术比较见表 6－3－1，这些检测技术各具优缺点，单一检漏装置很难满足检测要求。在实践中要结合工程实际，正确分析工况条件和最终性能要求，明确各性能要求的主次关系，综合应用多种检测方法，组成可靠性及经济性俱佳的泄漏检测系统。

表 6－3－1　主要的几种检漏方法和技术比较

泄漏检测方法	检漏检测灵敏度	泄漏点定位能力	操作条件改变	实用性评估	误报警率	技术维护要求	检测费用消耗
生物方法	高	好	好	差	低	中	高
光纤方法	高	好	好	差	中	中	高
声学方法	高	好	不好	好	高	中	中
蒸气检测	高	好	好	差	低	中	高
负压方法	高	好	不好	好	高	中	中
流量变化	低	差	不好	好	高	低	低
质量平衡	低	差	不好	好	高	低	低
实时模型	高	好	好	好	高	高	高
遥感技术	中	好	好	好	中	高	高

6.3.3　事故应急检测方法

在含有可燃气体、易燃液体、有毒气体、有毒挥发性液体的生产设备或储存装置发生事故泄漏时，检测气态物质扩散的范围及扩散速度，划定安全区域，为应急救援行动提供信息的检测过程属于事故应急监控。

1. 泄漏追踪检测

气体泄漏时从泄漏点开始向四周扩散。如果空气不流动，且无其他障碍，则向四周各方向扩散的速度相等，如果有风，则在顺风方向扩散得快。共同点是从泄漏源向四周存在浓度梯度，泄漏点处空气中的泄漏物浓度最高。检测人员手持检测仪，检测仪随时显示被测物浓度。当发现危险气体时，如果能初步确定气体种类，则泄漏源应处于存在该种气体的设备或管道处，检测人员手持检测仪，观察显示数据，顺着浓度增大的方向寻找泄漏点。如果是检漏，则需使用内有吸气泵的手持式检测仪，可在可能发生泄漏的接头处、法兰连接处等部位利用采样头采气进行快速检测。

2. 事故应急检测方法

事故应急监控的地点是发生危险气态物质泄漏的场所及其周围区域，只能使用手持式或袖珍式检测仪。事故应急监控要求近乎实时显示被测地点危险气态物质的浓度及其变化情况。当为应急救援行动提供信息支持时，检测速度要更快。

可能发生大量危险气体泄漏的单位在制定应急救援预案时，要考虑可能泄漏的设备及其部位，同时要根据已有数学模型估算泄漏速度、泄漏量及不同气象条件下扩散覆盖的范围与浓度分布。由于预测数据与实际情况可能有较大差别，不同时刻的危险区域也不好界定，因此需要通过实际检测来界定危险区域。在应急行动结束后，需根据实际检测数据来决定某区域是否恢复到人员安全的程度。

总之，事故应急监控的方法与其他快速检测的方法相同，只是检测的地点、目的及对速度的要求不同。

6.4 环境通风参数监控系统

随着监测监控技术的日益成熟,安全监控设备在安全生产中的作用和地位不断提升。为及时、准确获得通风巷道风流基础参数,可通过监控系统实时监测巷道风量和两端压差,利用阻力定律计算巷道风阻。相关法律法规已规定监控系统设计的基本规范,但对风速、压力等风流参数传感器布置地点的要求尚不足以获得通风网络的全部信息,即存在监控盲区问题。优化布置风流参数监测传感器是实时获得通风基础数据,实现通风网络风流监测必须解决的关键问题。

6.4.1 通风监测监控系统

1. 系统组成

通风监测监控系统由早期的单微机监控发展成网络化监控以及不同监控系统的联网监测。图 6-4-1 为典型计算机安全监测监控示意图。硬件主要由计算机、输入/输出装置或模块、检测变送装置和执行机构组成。软件主要分为系统软件、开发软件与应用软件。对于较简单的计算机监控系统,系统软件为一个监控程序。开发软件包括高级语言、组态软件和数据库等。应用软件包括输入/输出处理模块、控制算法模块、逻辑控制模块、通信模块、报警处理模块、数据处理模块或数据库、显示模块、打印模块等。

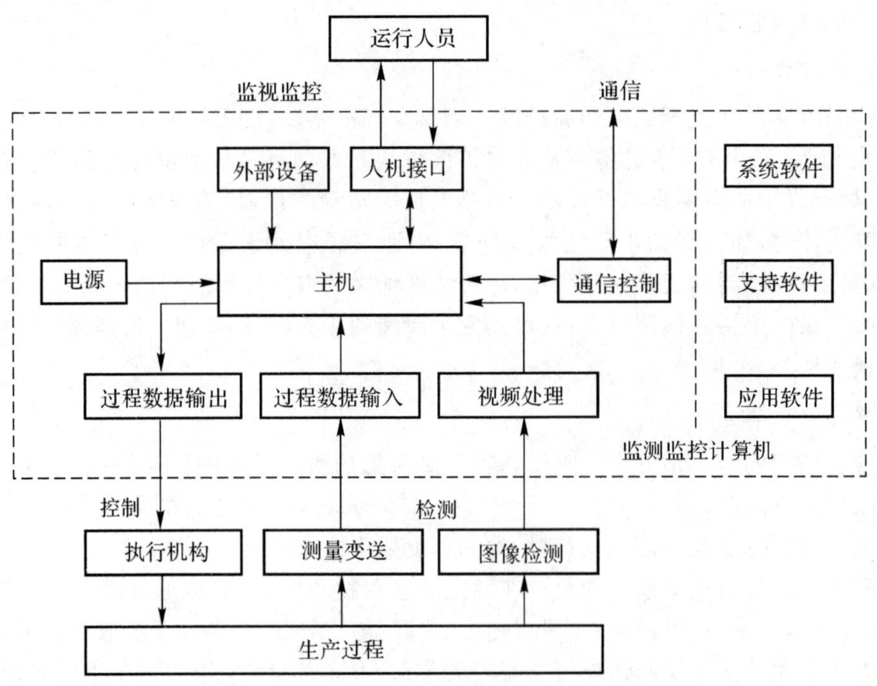

图 6-4-1 典型计算机安全监测监控示意图

通风监测监控系统监测参数包括环境参数监测(H_2、CO 等可燃气体成分和浓度、可燃粉尘浓度、可燃液体泄漏量、温度、压力、压差、风速、烟、温度、光等火灾特征)、电量参数监测以及机电设备保护信号监测，其可使监测模拟量和开关量高达数千个，巡检周期短，能同时完成信号自动处理、记录、报警、连锁动作、打印、计算等。根据连续监测数据、屏幕显示的图形和经过数据处理得到的各种图表，可及时掌握整个生产过程的过程参数、环境参数和生产设备状态。

2. 系统分站与线缆优化布置模型

根据图论理论，将通风网络监测设备转化成网络图形式，将监控分站和测控中心站看作节点，连接中心站、分站和传感器之间的监控线缆看作分支。在计算线缆长度时，为降低模型复杂度，假设监控分站、风流压差传感器安装在节点处，风速传感器安装在距节点 20 m 处。在布置实施监控系统时，需根据实际条件进行调整。监控分站与监控总线布置方式如下：

(1)监控分站布置。监控分站是连接监测传感器和监控主机的纽带，通常被安置在监控对象相对集中的地点，具有数据采集、临时数据处理、信息传递和控制设备等功能。监控分站的投资成本、故障率、维修费用明显高于通信线缆，所以应优先确保监控分站的最优数目，使其安装数量达到最少。

监测系统监控分站的布置与传感器的数量、安装位置密切相关。根据相关标准规程的要求，在技术参数上必须保证监控分站与传感器之间的最大传输距离小于 2 km，监控分站至监控主机、其他分站的最大传输距离小于 10 km。

设 $\boldsymbol{B}=\{b_{ij}\}$ 表示通风网络分支监测传感器与监控分站关系矩阵，其表示第 i 个传感器监测点与第 j 个分站的最短距离。若矩阵 $\boldsymbol{B}$ 某行向量中只有 1 个有效数字，即该传感器监测点只在有效数字列所对应监控分站的监控区域中，而位于其他监控分站的盲区，此时，该监控点不参与优化分配，直接隶属于当前监控分站。确定出矩阵 $\boldsymbol{B}$ 中监控分站必须监测的传感器数目 n_1。若 n_1 大于监控分站的最大容量，则应在该监控附近增加新的监控分站。

(2)监控总线布置。监控中心与监控分站通过监控主线进行数据传输，主要监控系统网络拓扑结构包括星形结构、全部互连结构、环形结构、总线结构、树形结构和不规则形结构，如图 6-4-2 所示。各种形状布置方式具有不同性质：星形结构简单，建网容易，但可靠性差；全部互连结构能快速通信，可靠性高，但初始投资高；环形结构实现简单，但传输信息量较小；总线结构扩展容易，可靠性高；树形结构通信线路较短，成本低；不规则形结构适用于节点地理分散的情况。

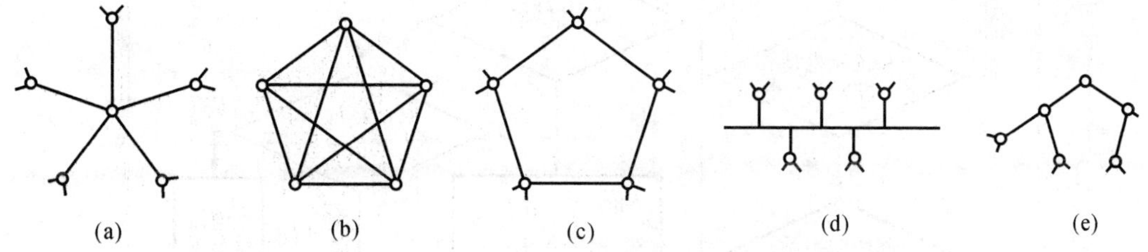

图 6-4-2　监控系统网络拓扑结构示意图

(a)星形结构；(b)全部互连结构；(c)环形结构；(d)总线结构；(e)树形结构

由于监控分站与总站、其他分站之间采用相同的线缆连接，可将监控分站与总站均看作类似的节点，为区分通风网络节点，将其称为监控站布置点。若已知总线的布置方式，监控主线的优化布置问题可描述为，针对通风网络拓扑结构，在保证需要铺设线缆的监控站布置点之间的最大长度不超过 10 km 的前提下，使所需线缆总长度最短。以监控总线最短为目标的数学

模型为

$$\left.\begin{aligned}\min\quad D_{\mathrm{L}}&=\sum_{i=1}^{m}(L_{ij})x_{ij}^{\mathrm{T}}\\ \text{s. t.}\quad x_{ij}&=\begin{cases}1, & \text{监控站 } i \text{ 隶属于监控站 } j\\ 0, & \text{监控站 } i \text{ 不隶属于监控站 } j\end{cases}\end{aligned}\right\}\tag{6-4-1}$$

式中：D_{L}——监控总线最短长度，m；

$\boldsymbol{L}=(L_{ij})$——距离矩阵，m，表示第 i 个监控站布置点与第 j 个监控站布置点之间的最短距离，当 $b_{ij}>2$ km 时，其数值无意义，用 -1 表示；

m——监控站布置点数目；

x_{ij}——监控站布置点之间的隶属关系，$x_{ij}=1$ 表示监控站布置点 i 隶属于监控站布置点 j，$x_{ij}=0$ 表示监控站布置点 i 不隶属于监控站布置点 j。

通常采用广度优先搜索法（Breadth First Search，BFS）计算监控站布置点之间的最短距离矩阵 $\boldsymbol{L}$，算法流程图如图 6-4-3 所示。

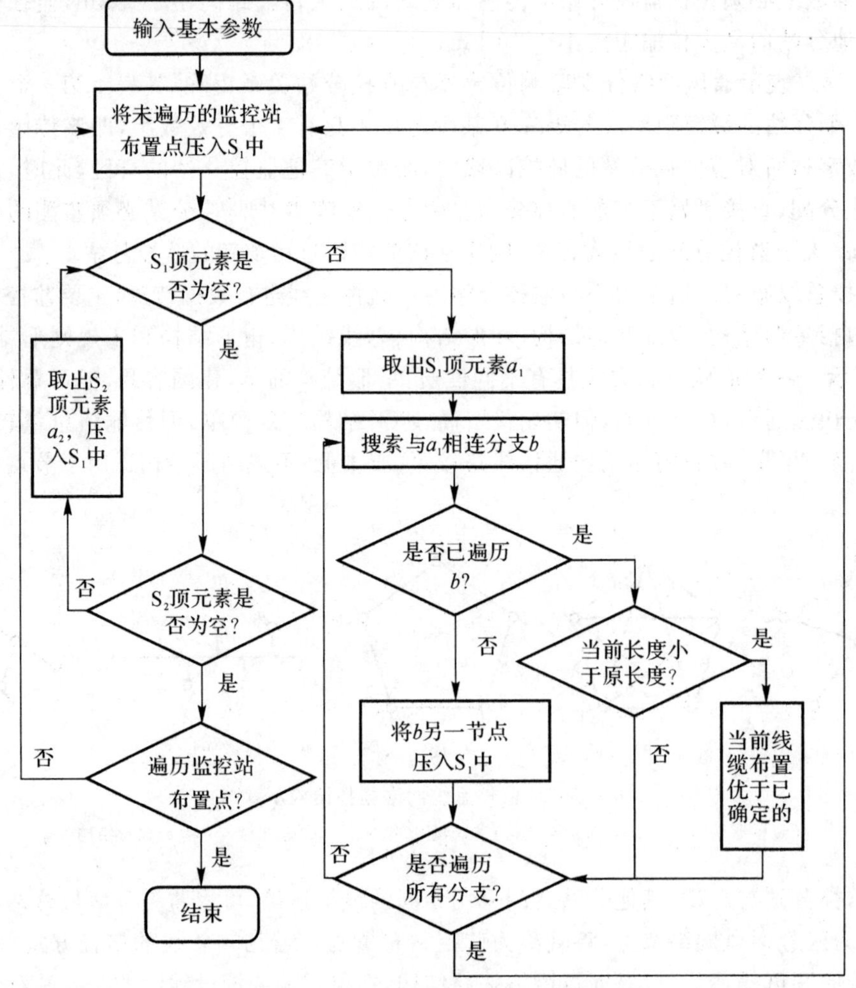

图 6-4-3　计算线缆最短长度的 BFS 算法

算法步骤如下：

1)输入算法所需基本参数，主要包括通风网络拓扑关系、分支信息、节点信息、分站设置信息等。

2)确定未遍历的监控站布置点，并将所在节点号压入 S_1 中。

3)若 S_1 的顶元素不为空，取出 S_1 的顶元素 a_1，搜索与 a_1 相连的所有分支 b。若未遍历分支 b，则将 b 另一节点压入 S_1 中；若已经遍历分支 b，则选择分支 b 另一节点到分站的最短距离，但应保证距离小于 10 km。

4)若 S_1 的顶元素为空，S_2 的顶元素不为空，取出 S_2 顶元素 a_2，将其压入 S_1 中，返回步骤 3。

5)若 S_1 和 S_2 的顶元素均为空，且已遍历所有监控站布置点，则程序结束，否则返回步骤 2)继续循环。

当传感器和监控分站位置确定后，需要布置传输线缆进行传感器与分站的数据交换。监控分站受监控容量、监控范围等因素影响，传感器和监控分站的隶属关系存在多种分配方案。充分考虑监控系统初期投资的经济性，可将线缆优化布置问题描述为在已知传感器和监控分站位置、满足分站参数要求的前提下，确定传感器所隶属的监控分站，使所需线缆总长度最短。

当传感器监测点多个监控分站均能传输时，先确定该类型监控点的数目 n_2，建立监控分站与传感器线缆最优布置的数学模型为

$$\left.\begin{aligned} \min\quad & \sum_{i=1}^{n_2} \boldsymbol{D}_{S_{ij}} x_{ij}^{\mathrm{T}} \\ \mathrm{s.t.}\quad & \sum_{j=1}^{m} x_{ij} = 1 \\ & \sum_{i=1}^{n_2} x_{ij} \leqslant r_j \end{aligned}\right\} \tag{6-4-2}$$

式中：$\boldsymbol{D}_{S_{ij}}$ ——n_2 个存在多个监控分站的最短距离矩阵，维数为 $n_2 \times m$；

r_j—— 第 j 个监控分站的容量。

为降低模型求解复杂性，假设监控分站和传感器的安装点均位于巷道端点处。计算 $\boldsymbol{D}_S$ 的方法与上节中计算距离矩阵 $\boldsymbol{L}$ 的方法一致，均采用 BFS 算法，不同之处在于传感器所在节点到监控分站的最短距离 $\boldsymbol{D}_{S_{ij}} > 2$ km 时，其数值无意义，用 -1 表示。

上述模型为组合优化模型，由于变量 x_{ij} 取值为 0 或 1，因此该组合优化模型的求解属于 0－1 整数规划问题。目前求解 0－1 整数规划的方法有割平面法、完全枚举法、动态规划法和分支定界法等，通过生成原问题的松弛和衍生问题，利用松弛问题的解判断衍生问题的取舍，或被其他衍生问题替代，直到遍历所有衍生问题。对于变量数较小的情况，上述算法均合理可行，但对于规模较大的规划问题，在求解过程中常出现计算量大、求解难度高，甚至无法求解的情况。近年来，混沌遗传算法、人工神经网络、模拟退火算法、模拟进化算法、蚁群算法等也被用来求解整数规划问题。

3. *风流参数传感器选址*

(1)风流压差传感器最少监测点。若已知巷道风量和位压差，通过监测两端节点的静压，

可计算出巷道风阻值。通风网络回路风压满足 Kirchhoff 第二定律，即在通风网络中，对任一闭合回路，各分支通风阻力代数和等于该回路中主要通风机风压与自然风压的代数和，即

$$\sum_{j=1}^{B} C_{ij}(H_j - H_{nj} - H_{fj}) = 0 \tag{6-4-3}$$

式中：H_{nj}—— 自然风压，Pa；

H_{fj}—— 风机风压，Pa。

式(6-4-3)中有 M 个独立方程，可求解 M 条余树分支的阻力，因此，需要已知 $B-M$ 个生成树分支的阻力，才能进行网络解算。矿井通风网络可以用虚拟大气连通分支将其变为“1源1汇”网络，两个风流压差传感器可监测1条分支的阻力，根据生成树定义，生成树应遍历网络中所有节点，因此，已知 $B-M$ 个生成树需要监测 N 个节点的压力，即全网络所有节点。因此，通风网络中每个节点都必须安装风流压差传感器，才能一次性获得通风网络风流参数。

(2) 风速传感器优化选址。通风网络风流参数主要包括分支的风阻、风量和风压，满足分支阻力定律，即

$$H_j = R_j Q_j^2 \tag{6-4-4}$$

式中：H_j—— 分支 j 的通风阻力，Pa；

R_j—— 分支 j 的风阻，kg/m^7；

Q_j—— 分支 j 的风量，m^3/s。

分支风量等于风速传感器监测数据与悬挂风速传感器地点的巷道断面积之积。通风网络节点风量满足 Kirchhoff 第一定律，即

$$\sum_{j=1}^{B} I_{ij} Q_j \rho_j = 0 \tag{6-4-5}$$

式中：$\boldsymbol{I}$—— 基本关联矩阵，$I_{ij} = \begin{cases} 1, & e_j = (v_i, v_k) \in \bar{e} \\ 0, & e_j = (v_i, v_k) \notin \bar{e}, \bar{e} \text{ 为分支集合}, i \neq k; \\ -1, & e_j = (v_k, v_i) \in \bar{e} \end{cases}$

ρ_j—— 分支 e_j 的密度，kg/m^3。

通过式(6-4-5)可解出 $(N-1)$ 个分支风量。为得出所有分支风量，必须增加 $(B-N+1)$ 个风量方程，该数目与通风网络中回路个数 M 相同。由分支风量与余树风量的关系可知

$$Q_j \rho_j = \sum_{i=1}^{M} C_{ij} Q_{yi} \rho_{yi} \tag{6-4-6}$$

式中：$\boldsymbol{C}$—— 基本回路矩阵，$C_{ij} = \begin{cases} 1, & e_j = C_i\text{，且方向相同} \\ 0, & e_j \neq C_i, C_i \text{ 为第 } i \text{ 个回路}; \\ -1, & e_j = C_i\text{，但方向相反} \end{cases}$

Q_{yi}—— 第 i 回路余树分支风量，m^3/s。

因此，通过监测余树分支风量可获得全网络的风量分布。

4. 监测数据分析方法

(1) 数据平差。

在保证监测设备仪器正常使用的前提下，监测数据误差一般为正态分布随机误差，可采用平差方法消除误差。

设通风网络中各分支风量实测值为 $\boldsymbol{Q} = (Q_1 \quad Q_2 \quad \cdots \quad Q_B)^{\mathrm{T}}$，平差后的最或是值风量向

量为 $\hat{\boldsymbol{Q}}=(\hat{Q}_1 \quad \hat{Q}_2 \quad \cdots \quad \hat{Q}_B)^{\mathrm{T}}$，改正值向量为

$$\Delta\boldsymbol{Q}=\boldsymbol{Q}-\hat{\boldsymbol{Q}}=(\Delta Q_1 \quad \Delta Q_2 \quad \cdots \quad \Delta Q_B)^{\mathrm{T}} \tag{6-4-7}$$

建立 N 个独立误差方程：

$$\sum_{j=1}^{B} I_{ij}\Delta Q_j = Z_j \tag{6-4-8}$$

式中：$\boldsymbol{Z}=(Z_1 \quad Z_2 \quad \cdots \quad Z_N)^{\mathrm{T}}$—— 实测不平衡误差向量。

引入拉格朗日乘数法向量 $\boldsymbol{K}$，建立最小二乘法的目标函数，即

$$\psi=\Delta\boldsymbol{Q}^{\mathrm{T}}\boldsymbol{\omega}_Q\Delta\boldsymbol{Q}-2\boldsymbol{K}^{\mathrm{T}}(\boldsymbol{I}\Delta\boldsymbol{Q}-\boldsymbol{Z}) \tag{6-4-9}$$

式中：$\boldsymbol{\omega}_Q$—— 测量精度权矩阵，可取测量值的倒数。

求目标函数 ψ 取极小值时的改正值向量为

$$\Delta\boldsymbol{Q}=\boldsymbol{\omega}_Q^{-1}\boldsymbol{I}^{\mathrm{T}}(\boldsymbol{I}\boldsymbol{\omega}_Q^{-1}\boldsymbol{I}^{\mathrm{T}})\boldsymbol{Z} \tag{6-4-10}$$

单位权中误差为

$$\mu_Q=\pm\sqrt{\frac{\Delta\boldsymbol{Q}^{\mathrm{T}}\boldsymbol{\omega}_Q\Delta\boldsymbol{Q}}{N}} \tag{6-4-11}$$

通风网络只有一组余树分支和部分巷道(冗余）安装风速传感器监测巷道风量，其余分支的风量可通过分支风量与余树风量的关系式(6-4-6）计算得出，风量未监测巷道计算出的风量与风量监测巷道监测值共同构成实测向量 $\boldsymbol{Q}$。

(2) 监测数据滤波分析技术。通风系统是动态复杂变化的系统。由于生产活动的影响，其风流发生扰动变化，严重影响监测数据的准确性。为减少扰动对测量数据的影响，经监控系统多次采样计算后，采用滤波处理技术，去除噪声影响，提高监测数据的准确度。

设 t 时刻监测参数 m 的监测数值为 m_t，监测参数的样本平均值为

$$\overline{m}=\frac{\sum_{t=1}^{n} m_t}{n} \tag{6-4-12}$$

式中：$\overline{m}$——n 个风阻样本的平均值。

通过计算监测参数样本的标准差，研究样本数据的离散程度。监测参数样本标准差为

$$\sigma=\sqrt{\frac{1}{n}\sum_{t=1}^{n}(m_t-\overline{m})^2} \tag{6-4-13}$$

式中：σ—— 监测参数样本的标准差。

σ 越大，监测数值与平均值的差异越大，即监测数据波动越大，此时，应剔除扰动较大的监测数据。

假设井下某分支风量 10 次风量的监测数据见表 6-4-1，其均值 $\overline{m}=5.37$，$\sigma=0.169\ 5$，根据监测数据与平均值的相对误差，剔除相对误差超过 5% 的样本，即样本 5 和样本 9。经计算，滤波后的样本标准差 $\sigma=0.090\ 7$，因此，滤波后数据的离散程度较小。

表 6-4-1　风量监测数据样本及标准差滤波

样本号	监测数据/($\mathrm{m^3\cdot s^{-1}}$)	相对误差/(%)	滤波后数据/($\mathrm{m^3\cdot s^{-1}}$)	相对误差/(%)
1	5.35	0.31	5.35	0.35
2	5.34	0.51	5.34	0.54

续表

样本号	监测数据/($m^3 \cdot s^{-1}$)	相对误差/(%)	滤波后数据/($m^3 \cdot s^{-1}$)	相对误差/(%)
3	5.40	0.73	5.40	0.7
4	5.39	0.42	5.39	0.39
5	5.69	6.07	—	—
6	5.20	3.04	5.20	3.08
7	5.55	3.34	5.55	3.31
8	5.40	0.61	5.40	0.58
9	5.03	6.33	—	—
10	5.31	0.99	5.31	1.02
平均值	5.37	—	5.37	0.008
标准差	0.169 5	—	0.090 7	

6.4.2 煤矿通风监测监控系统

1. 系统组成

煤矿安全监测监控系统组成示意图如图 6-4-4 所示。

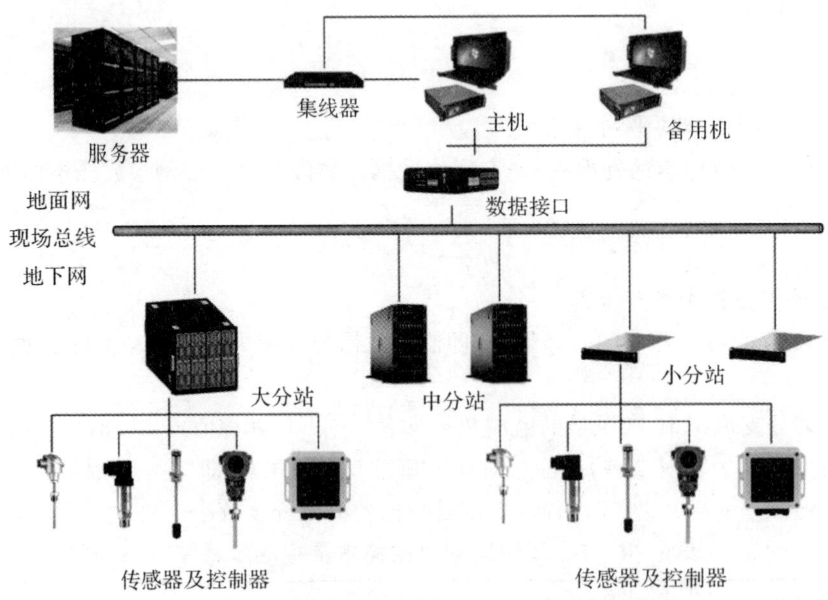

图 6-4-4 煤矿安全监控系统组成示意图

(1)地面中心站。地面中心站是煤矿环境安全和生产工况监控系统的地面数据处理中心，一般由主控计算机及外围设备和监控软件组成，通常设置在煤矿监控中心或生产调度室，用于完成煤矿监控系统的信息采集、处理、储存、显示和打印，必要时还可对局部生产环节或设备发出控制指令和信号。

(2)井下监控分站。井下监控分站是一种以嵌入式芯片为核心的微机计算机系统，可连接多种传感器，能对井下多种环境参数进行连续监测，具有多通道、多制式的信号采集功能和通信功能，通过控制传输系统将监测数据传送至地面，并执行中心站发出的各种命令，及时发出报警和断电控制信号。

(3)信号传输网络。信号传输网络是将井下监控分站监测到的信号传送到地面中心站的信号通道，如无线传输信道、电缆、光纤等。

(4)传感器。在矿井监测监控系统中，所需监测的物理量大多数为非电量，而这些物理量不宜直接进行远距离传输。为便于传输、存储和处理，必须对这些物理量进行变换，将其变换成电信号。传感器将监测的非电量信号转换为电信号，作为监控系统的第一个环节，承担着信息获取和转换功能，其性能直接影响系统监控精度。

2. 系统功能

煤矿安全监控系统主要用于监测 CH_4、CO、CO_2、O_2、H_2S、矿尘浓度、风速、风压、湿度、温度、馈电状态、风门状态、风筒状态、局部通风机开停、主要通风机开停等，实现甲烷超限声光报警、断电和甲烷风电闭锁控制等功能。

(1)当瓦斯超限或局部通风机停止运行或掘进巷道停风时，煤矿安全监测监控系统自动切断相关区域的电源并闭锁，同时报警。

(2)煤矿安全监测监控系统监控瓦斯抽放系统、通风系统、煤自燃、瓦斯突出等。

(3)煤矿安全监测监控系统在应急救援和事故调查中发挥着重要作用。当煤矿井下发生瓦斯或煤尘爆炸等事故后，系统的监测记录是确定事故时间、爆源、火源等的重要依据。

6.4.3　隧道通风监测监控系统

隧道是一个相对封闭的区域，自然风和交通风无法完成隧道内的空气转换，如当 CO 浓度较高时对人员生命安全造成威胁，烟雾、粉尘给驾驶员的视野造成障碍，增大交通事故发生概率。机械通风方式可以有效、及时地排出隧道内有害物质，降低空气污染程度。在隧道内发生交通事故或火灾的特殊情况下，机械通风的重要性更为突出，因此，在隧道中建立通风监测监控系统意义重大。

1. 系统结构

隧道通风监测监控系统主要由监控中心计算机、CO/VI 检测器、风向风速检测器、风机和区域控制器等组成。系统硬件结构原理如图 6-4-5 所示。

(1)监控中心上位机。上位机可给区域控制器发出指令，控制隧道内的机电设备，也可接受区域控制器的数据进行分析和处理。

(2)CO/VI 检测器。CO/VI 检测器由一氧化碳能见度检测探头、评价控制单元、安装支架、连接电缆等部分组成。一氧化碳检测采用扩散检测红外波段中的一定波长对非对称分子吸收能力的 δ 变化值，再将其变换成电流的变量，将此变量用数字信号传至隧道监控室中心计算机并显示。能见度测量是通过另一分离通道，由发射/接收单元发射光波，经 10 m 测量通道到达反射单元，反射光再经原来的 10 m 测量路径反射到发射/接受单元，光束经衰减后得到的信号经过评价控制单元处理为测量值，即为能见度检测值。

(3)风速风向检测器。风速风向检测器采用超声波原理测量隧道的环境温度和风速风向，由两个超声波发射/接受单元、数据处理评价单元、安装支架、连接电缆等组成，具有现场显示功能。

(4)区域控制器。下位机的区域控制器采用高性能可编程控制器(Programmable Controller，PLC)管理和控制相关区域的现场设备。区域控制器由机架、CPU、电源模块、I/O 模块、通信模块等组成。

2. 系统功能

(1)数据采集及显示功能。通风监测监控系统检测隧道内 CO 浓度、能见度、风速和风向，显示在上位机监控界面。CO 浓度和能见度由 CO/VI 检测仪进行检测。风速主要采集纵向风速，风向指隧道内纵向风向，分为正向和反向，用箭头表示，数据由风速风向检测仪检测，由一个继电器输出。检测到的 CO/VI 值和风速为模拟信号，在 4～20 mA 之间。数据采集后将模拟量转换为数字量后显示在界面上。

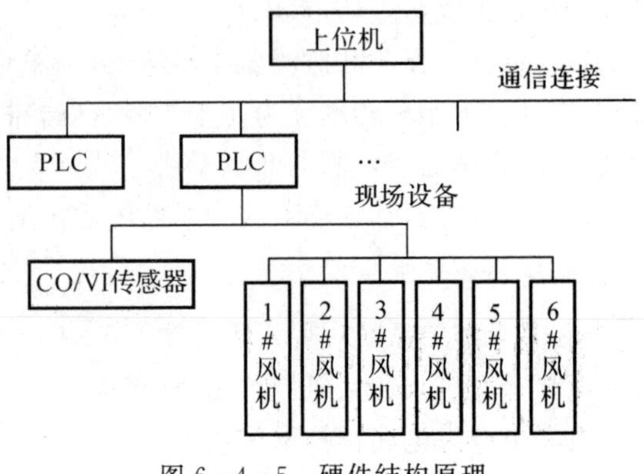

图 6-4-5 硬件结构原理

(2)风机状态监控功能。通风监控系统可以监测每一台射流风机的运行状态，并将这些状态清晰显示在监控系统界面上，如风机的正/反转、停止、故障等状态信号。该系统把处在一个断面上的两台风机作为一组来进行控制。控制方式分为远程自动、远程手动和本地控制。远程自动控制是由监控中心上位机将采集到的信息进行处理，当达到一定限值时实时发出指令；远程手动控制是操作员根据现场实际情况，人工发出指令控制风机运行。

(3)辅助功能。

1)报警功能：进行分析和判断采集的数据，若数据超过或低于规定报警限值，实时报警窗口自动弹出，并显示报警数据、设备和区域。用户也可设计报警声音，以便更好地对操作员进行提示。

2)趋势曲线：现场采集到的数据经过处理后，依照实时数据和历史数据进行储存，通过趋势曲线对数据进行分析显示。

3)报表：对采集的数据进行显示、存储和打印等。

4)事件记录：记录操作人员的操作过程以及系统上位机相关程序的启动、退出及异常详情。用户可通过记录对系统进行维护。

5)安全管理：主要包括用户级别管理、安全区管理、系统安全管理及工程加密管理。

3. 隧道通风控制方法

(1)直接控制法。依照隧道内车辆排放的 CO 浓度和能见度，控制器对其数据进行处理后给出相应指令，从而对通风设备进行控制，对浓度过大的烟雾进行合理稀释，降低 CO 质量浓度，使其达到安全标准。但直接控制法不能连续对通风机进行控制，控制过程中产生的静态偏差较大，偶尔对设备的控制时间有所延迟，且该系统被控量不是定值。

(2)间接控制法。对行驶车辆的平均车速、车身长度、车流量和车型等数据进行输入，系统对其进行合理计算，然后控制通风设备运行。在间接控制法中，缺少开环控制系统，其性能和闭环反馈式相比有很大不足。

(3)程序控制法。实质是对系统进行时序控制，根据获得的各种数据和经验，对通风设备进行一定控制，减少检测所需开销。当主控制系统的功能出现问题时，其作为系统的降档措施。这种方式类似于试凑法，需建立一个完善的控制策略，通风系统进行长时间运作，对获得的参数不断修正，但其预测功能不完善。

(4)组合控制法。将直接控制法、间接控制法和程序控制法进行组合，利用传感器将 CO、能见度、车流量等数据传入系统，经过一系列综合分析，对通风设备的运行进行控制，该控制方法具有稳定、可靠的优点。

(5)智能或模糊控制法。该方法对所获取的交通流信息进行反馈，利用隧道模型对下一个周期的流量信息进行预测，结合所测隧道污染空气的浓度值，模拟计算下一个周期污染物的增加量，通过设备对污染物信息的反馈、预测和目标量来确定系统控制中的偏差，经过模糊处理，获取通风设备的变化量及实际运行情况，决定设备的开启数量和开启区域。智能模糊控制方法属于非线性控制，要求隧道值班人员具备丰富的经验和专业知识，能对模糊控制系统进行合理推理和设计。

6.4.4　空调通风监测监控系统

建筑智能综合管理已逐步取代传统管理模式，成为当代智能建筑的技术核心。楼宇自动化系统是智能建筑的重要组成部分，是将建筑物或建筑群内的变配电、照明、电梯、空调、通风、给排水、消防、安防等众多分散设备的运行、安全、能源使用等情况实行集中监视、特别管理及分散控制的建筑物智能管理与控制系统(Building Automation System，BAS)，其主要由传感器、执行器、直接数字控制器、通信网络以及中央管理计算机等组成。

1. 系统组成及工作原理

空调系统的作用是对室内空气进行处理，使空气的温度、流动速度、新鲜度、洁净度、CO_2浓度等指标符合场所使用要求。该系统由主机系统、冷冻水系统、冷却水系统三部分组成。

冷冻水系统由冷冻水循环泵通过管道系统连接冷冻机蒸发器及用户各种冷水设备组成，如空调机和风机盘管，其作用是通过冷却塔和冷却水泵及管道系统向制冷机提供冷水。监控目的是保证冷冻机蒸发器通过足够水量使蒸发器正常工作；向冷冻水用户提供足够水量以满足使用要求；在满足使用要求的前提下尽可能减少水泵耗电，实现节能运行。监控点信息的采集和控制由一台或几台设置在现场的 DDC 控制器通过网络来实现。该控制器可采集被监控点的各种信息，通过网络总线将信息传送至 BAS 系统主机内，同时接受主机指令，完成控制任务，并且在网络总线发生故障的情况下可独立运行。

控制系统中应能控制冷冻机的启停、检测冷冻机的运行状态、故障状态及供回水温度和流量值，通过 BAS 系统主机计算出整个大楼的实际冷负荷，由此决定开启冷冻机的台数，以达到相应目的。系统监测监控原理如图 6－4－6 所示。

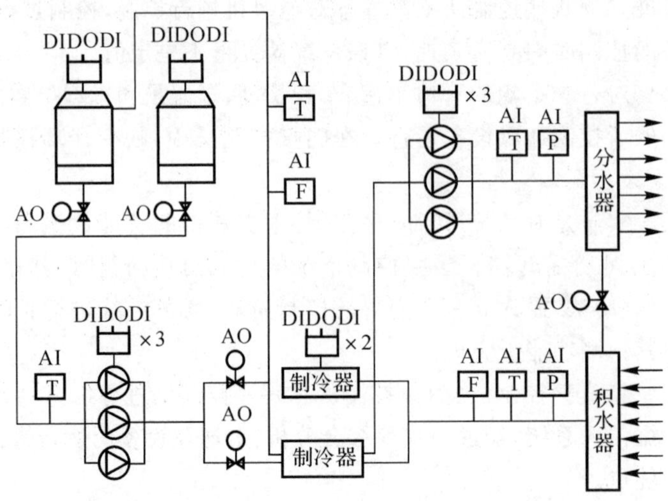

图 6-4-6　系统监测监控原理

2. 全空气空调机组检测控制

全空气空调系统是通过室内空气循环方式将盘管内水的热量或冷量带入室内，同时排除少量污浊空气，适量补充新风的空调机组设备。控制调节的对象是房间内的温湿度，需要考虑房间的夏季温度及节能控制方式、新回风比变化调节等。为调节新回风比，要对新风、回风、排风3个风门进行单独连续调节，因此，每个风门都需要一个AO点来控制，实际控制可利用DO点实现。机组运行参数包括回风温度、湿度、过滤器堵塞状态、风机运行状态和过载报警。根据温度调节空调机水阀开度。现场DDC控制器应能完成以下功能：

1)风机定时启停控制，可人工在监控中心远方遥控启停，风机运行状态可传到监控中心。

2)夏季根据回风温度设定值和回风温度的偏差，对盘管调节阀进行控制。冬季根据回风温度控制加热器的水阀开度，保证送风温度精度。当热盘管后的温度低于设定值时，防冻保护器动作，DDC控制器将停止风机运行，并将新风和排风风门关闭，热水阀全部开通，以防止盘管冻裂，并在监控中心报警。

3)风机停止时，根据送风机状态信号，关闭所有蒸气阀、水阀、风门，回风机同送风机联锁启停。

4)过滤器两侧压差一定时，过滤网堵塞报警，通知BAS中心。当风机运行过载时，在监控中心报警。

全空气空调机组监控原理如图6-4-7所示。

3. 新风机组检测控制

在中央空调系统中，为提高室内舒适度及空气新鲜度等，应补充适量新风。由于新风风量在空调冷热负荷中所占比例较大，因此将新风量控制在合适范围内具有重要意义。一幢楼可有多台新风机组，每台新风机组负责一个区域且需满足这一区域新风风量的要求。

盘管换热器用于夏季通入冷水对新风降温，冬季通入热水对空气加热。加湿器则在冬季对新风加湿。机组运行参数包括过滤器堵塞状态、风机运行状态、进出口温度等。因此，现场控制器需完成以下功能：

1)根据要求按给定时间程序或在监控中心遥控启停新风机；根据新风温度，采用软件算法调节水阀，保持送风温度为设定值；控制加湿器阀，使冬季风机出口空气相对湿度达到设定值。

2)检测新风机的工作状态和故障状态；测量风机出口空气温湿度参数并使之达到控制要求；测量新风过滤器两侧压差，当其达到一定值时，过滤网堵塞报警，在中控室报警显示。

3)在冬季，当热盘管后的温度低于某个设定值时，防冻保护器动作控制器将停止运行风机并将新风风门关闭，同时将热水阀开至 100%，以防止盘管冻裂，同时中控室报警显示。

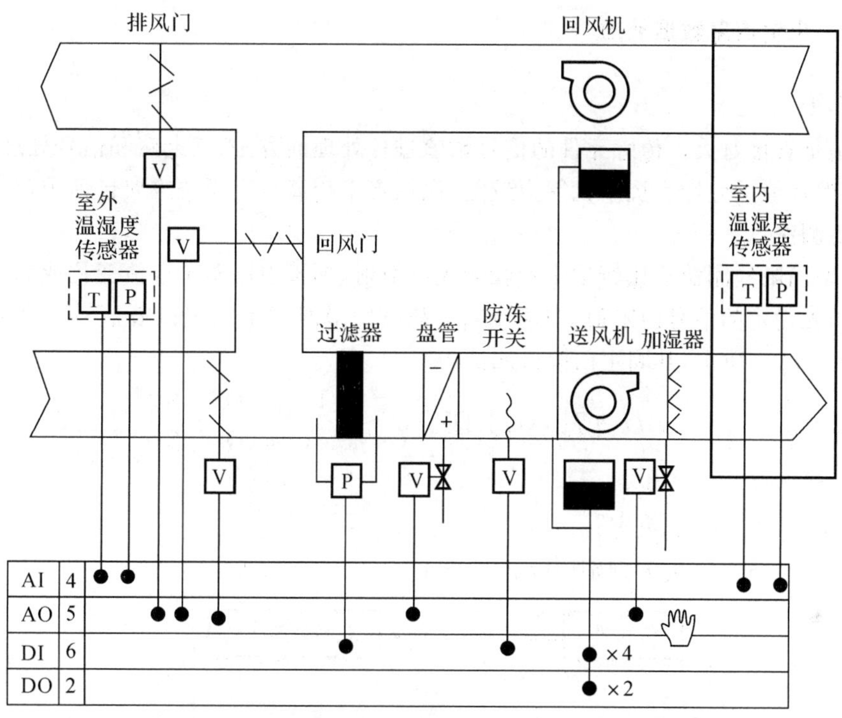

图 6-4-7　全空气空调机组监控原理

新风机组的监控原理如图 6-4-8 所示。

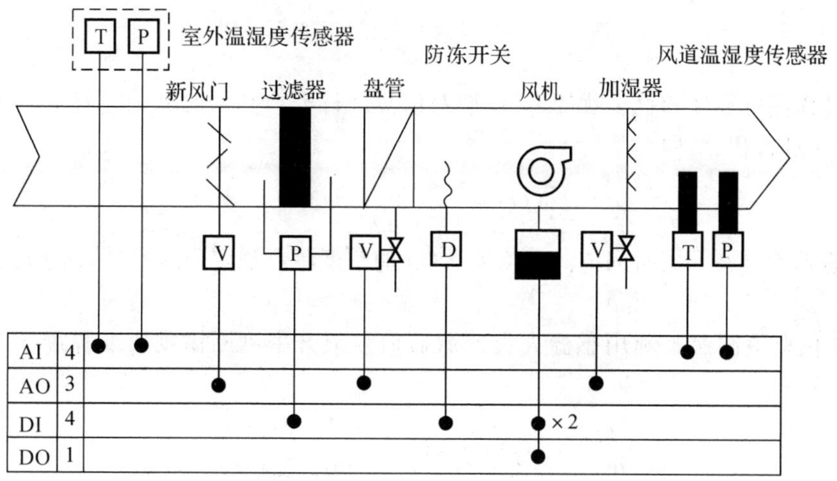

图 6-4-8　新风机组监控原理

6.5 火灾信息检测与控制

将火灾过程中产生的气溶胶、烟雾、光、热和燃烧称为火灾参量。火灾探测是通过测量和分析这些火灾参量，确定火灾发生发展状态，为进一步实现火灾预警和控制提供基础信息判据。

6.5.1 火灾信息数据处理

1. 直观法

直观法是直接对火灾传感元件的信号幅值进行处理的方法，其电路和信号处理方法简单、易于实现，但环境适应性和抗干扰能力较差，误报警率较高。直观法主要包括固定门限检测法和变化率检测法。

(1)固定门限检测法。比较烟雾颗粒的光电散射、烟雾引起离子电流变化或温度等火灾信号幅度与预先设定的信号门限值，当信号幅度超过门限时输出火灾报警信号。火灾自动探测系统如图 6-5-1 所示，其固定门限检测法为

$$y(t)=T[x(t)],D[y(t)]=\begin{cases}1, & y(t)>S\\0, & y(t)\leqslant S\end{cases} \tag{6-5-1}$$

式中：$D[y(t)]=1$—— 火灾；

$D[y(t)]=0$—— 非火灾；

S—— 火灾判别门限。

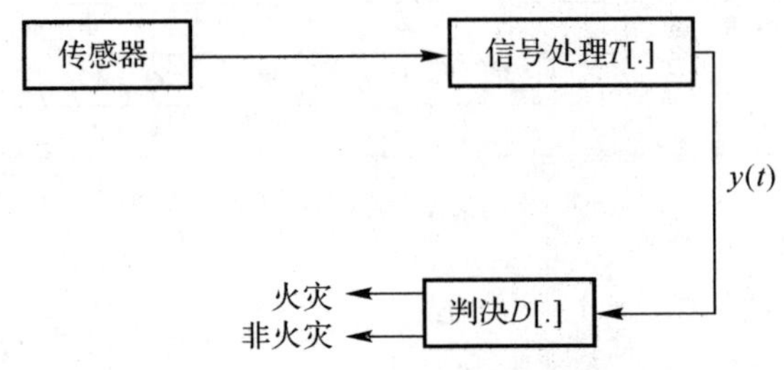

图 6-5-1 火灾自动探测系统示意图

为提高探测可靠性和抗干扰能力，一般对信号进行平均和延时处理。在 $t\sim t_0$ 时间段内对信号 $x(t)$ 进行积分，即

$$\overline{X}(t)=\frac{1}{t-t_0}\int_{t_0}^{t}x(t)\mathrm{d}x \tag{6-5-2}$$

当传感器信号在一定时间内的平均值 $\overline{X}(t)$ 的幅度超过预定门限 S 后，判决电路输出火灾报警信号。

(2) 变化率检测法。利用感温火灾探测器信号上升率判断温度突变程度。变化率检测法为

$$\frac{\mathrm{d}x(t)}{\mathrm{d}t}=y(t),D[y(t)]=\begin{cases}1, & y(t)>S\\0, & y(t)\leqslant S\end{cases} \tag{6-5-3}$$

2. 系统法

火灾信号具有明显趋势特征。将信号特征和处理过程用完整数学表达式来描述的方法称为系统法。趋势算法是系统法中最早应用于火灾信号处理的方法。

(1)Kendall－τ 趋势算法。非参数趋势检测算法能够准确检测信号的趋势变化，同时不受信号幅度具体值影响。Kendall－τ 趋势算法易实现，只需要 0 和 1 的加法运算并具有递归算式，即

$$y(n)=\sum_{i=0}^{N-1}\sum_{j=0}^{N-1}u[x(n-1)-x(n-j)] \tag{6-5-4}$$

式中：n—— 离散时间变量；

N—— 观测数据的窗长，随着 n 增加，每次向右移动一个单位；

$u()$—— 单位阶跃函数。

定义相对趋势值 τ，即

$$\tau(n)=\frac{2y(n)}{N(N+1)} \tag{6-5-5}$$

则 $y(n)$ 可由 $y(n-1)$ 和一些附加项计算，即

$$y(n)=y(n-1)+\sum_{i=0}^{N-1}\{u[x(n)-x(n-i)]-u(x)(n-i)-x(n-N)\} \tag{6-5-6}$$

因此，比较火灾趋势值与阈值可得火灾或非火灾判断结果，即

$$D[y(t)]=\begin{cases}1, & y(t)>S\\0, & y(t)\leqslant S\end{cases} \quad 或 \quad D[\tau(t)]=\begin{cases}1, & \tau>S_\tau\\0, & \tau\leqslant S_\tau\end{cases} \tag{6-5-7}$$

趋势算法中计算窗长 N 直接影响信号趋势的值。短窗长可缩短探测时间，但容易受干扰信号影响而产生误报警；长窗能够减弱噪声的影响，但探测时间较长，而且门限确定不适当时会出现漏报警。

(2) 趋势持续算法。火灾发生时，探测器信号变化趋势会持续相当长的时间，而绝大多数干扰或其他非火灾情况下引起的信号变化趋势的持续时间都很短，因此将趋势计算和持续时间判断相结合构成“趋势持续”算法。

趋势持续算法首先计算信号的趋势值，设信号的相对趋势值为 $\tau(n)$，利用一个累加函数 $k(n)$ 计算信号趋势值超过预警门限的等效持续时间，即

$$k(n)=\begin{cases}[k(n-1)+1]\mu[\tau(n-1)-s_c]-s_c>0\\ [k(n-1)+1]\mu[s_c-\tau(n-1)]s_c<0\end{cases} \tag{6-5-8}$$

式中：s_c—— 趋势计算的预警门限。

相对趋势持续值计算类似偏置滤波算法，累加只是针对超过趋势预警门限部分的相，即

$$y(n)=\begin{cases}\{y(n-1)+1+[\tau(n)-s_c]\}\mu[k(n)-N_t]\leqslant S, & 正趋势\\ y\{(n-1)+1+[s_c-\tau(n)]\}\mu[N_t-k(n)]\geqslant S, & 负趋势\end{cases} \tag{6-5-9}$$

式中：N_t—— 趋势持续预警门限。

为保证趋势变化持续 N_t 以上时间，在式(6－5－9)中引入趋势持续预警门限 N_t。当趋势持续时间达不到 N_t，即 $k(n)<N_t$ 时，$y(.)$ 算法较精确，具有更低误报警率。

6.5.2 火灾探测器

根据对不同火灾参量的响应和响应方法，可分为若干种不同类型的火灾探测器，见表6-5-1。

表 6-5-1 火灾探测器分类

名 称		火灾参量	类 型
可燃气体探测器	半导体可燃气体探测器	可燃气体	点型
	催化燃烧式可燃气体探测器	可燃气体	点型
	固定电解质可燃气体探测器	可燃气体	点型
	红外吸收式可燃气体探测器	可燃气体	点型
感烟探测器	离子感烟探测器	烟雾	点型
	光电感烟探测器	烟雾	点型
	红外光束感烟探测器	烟雾	线型
	线型光束图像感烟探测器	烟雾	线型
	空气采样感烟探测器	烟雾	线型
	图像感烟探测器	图像型	点型
感温探测器	热敏电阻定温探测器	定温	点型
	双金属片定温探测器	定温	点型
	半导体定温探测器	定温	点型
	热敏电阻差温探测器	差温	点型
	半导体差温探测器	差温	点型
	热敏电阻差定温探测器	差定温	点型
	半导体差定温探测器	差定温	点型
	缆式线型定温探测器	定温	线型
	分布式光纤感温探测器	定温、差定温	线型
	光纤光栅感温探测器	定温	线型
	空气管差温探测器	定温	线型
火焰探测器	红外火焰探测器	红外光	点型
	紫外火焰探测器	紫外光	点型
	双波段图像火焰探测器	图像型	点型
复合探测器	烟、温复合探测器	烟、温	点型
	烟、温、CO 复合探测器	烟、温、CO	点型
	双红外紫外复合探测器	红外、紫外	点型

1. 感烟式火灾探测器

感烟式火灾探测器有离子感烟探测器、光电感烟探测器、红外光束感烟探测器、线型光束图像感烟探测器、空气采样感烟探测器、图像感烟探测器等几种形式。下面介绍离子感烟探测器和光电感烟探测器。

(1)离子感烟探测器。离子室为烟雾物理形态的第一探测器件。当无烟雾发生,即探测器处于值班状态时,离子室保持一个平衡离子流,其基准输出点保持相对稳定的电位,而当有烟雾发生时,离子室的离子流随烟雾的大小而发生相应变化,其基准输出点的电位也发生变化,基准点电位的变化大于一定值时,发出火灾预警信号。

离子感烟探测器原理示意图如图 6-5-2 所示,可见其由检测电离室、补偿电离室、信号放大回路、开关转换装置、火灾模拟检测回路、故障自动检测回路、确认灯回路等组成。信号放大回路在检测电离室进入烟雾后,电压信号达到规定值以上时开始动作,通过高输入阻抗的 MOS 型场效应型晶体管(Field Effect Transistor,FET)作为阻抗耦合后进行放大。

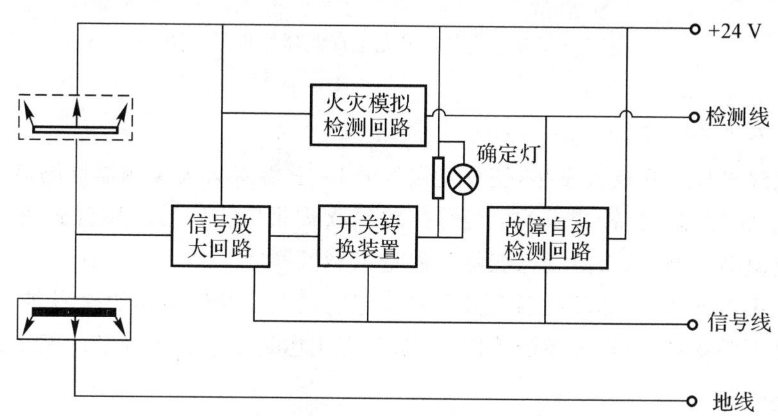

图 6-5-2　离子感烟探测器原理示意图

(2)光电感烟探测器。光电感烟探测器的原理是烟粒子对光的散射和吸收,分为减光式和散射光式。

1)减光式光电感烟探测器:探测器的检测室内装有发光元件和受光元件,在正常情况下,受光元件接收到发光元件发出一定光量。火灾发生时,探测器的检测室内进入大量烟雾,发光元件的发射光受烟雾遮挡,使受光元件接收的光量减少,光电流降低,当光电流降低到一定值时,探测器发出报警信号。减光式光电感烟探测器原理示意图如图 6-5-3 所示。

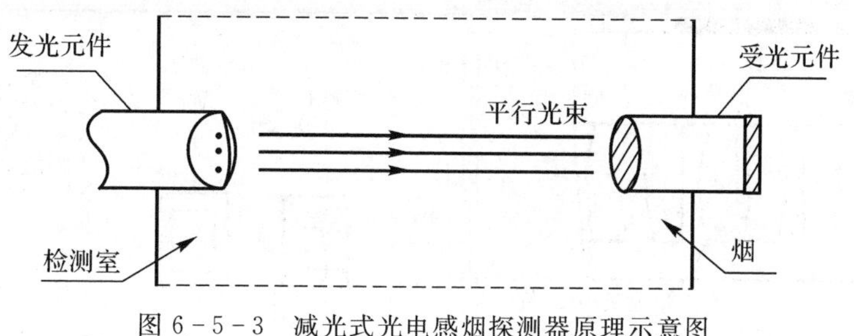

图 6-5-3　减光式光电感烟探测器原理示意图

2)散射光式光电感烟探测器:当火灾发生,烟雾进入探测器的检测室时,烟粒子作用使发光元件发射的光产生漫射，这种漫射光被受光元件所接收，使受光元件的阻抗发生变化，产生光电流，从而将烟雾信号转变成电信号，探测器发出报警信号。散射光式光电探测器原理示意图如图 6-5-4 所示。

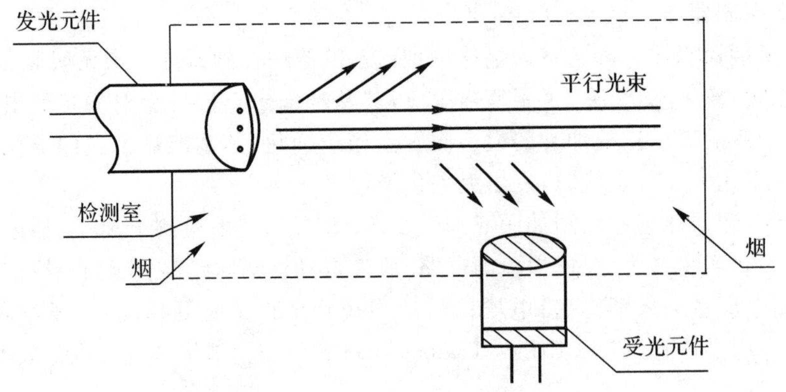

图 6-5-4　散射光式光电探测器原理示意图

2. 感温式火灾探测器

物质在燃烧过程中释放大量热，使环境温度升高，感温式火灾探测器探测器中的热敏元件发生物理变化，将物理变化转变成的电信号传输给火灾报警控制器。感温式火灾探测器按工作方式分为定温型探测器、差温型探测器和差定温型探测器。

1)定温火灾探测器：局部环境温度升高到规定值以上才开始动作的探测器。

2)差温火灾探测器：当较大控制范围内，温度变化达到或超过所规定的某一升温速率时才开始动作的探测器。

3)差定温火灾探测器：同时具有定温探测器特性和差温探测器特性的一类探测器。图 6-5-5 是半导体差定温探测器，(a)是结构示意图，(b)是电路原理图。差定温感温探测器采用两个 NTC 热敏电阻，其中取样电阻 RM 位于监视区域的空气环境中，参考电阻 RR 密封在探测器内部。当外界温度缓慢升高时，RM 和 RR 均有响应。当外界温度急剧升高时，暴露在空气环境中的 RM 阻值迅速下降，而密封在探测器内部的 RR 阻值变化缓慢。当温度达到临界温度时，由于 RM 和 RR 很小，且 RA 和 RR 串联后可忽略 RR 的影响，所以 RA 和 RM 使探测器表现为定温特性。当阈值电路输入端电位达到阈值时，其输出信号促使双稳态电路翻转，从而发出报警信号。

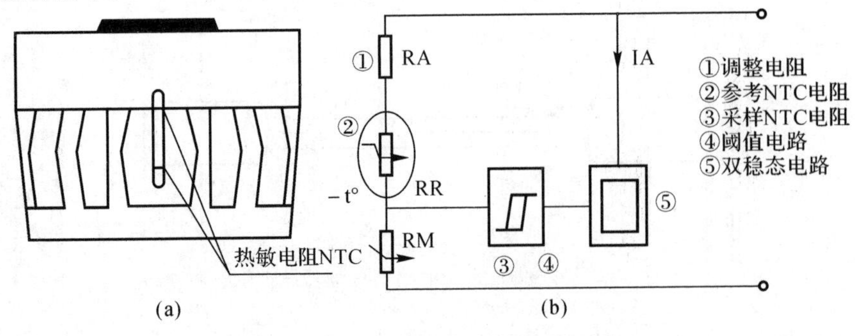

图 6-5-5　半导体差定温火灾探测器

3. 火焰探测器

火焰探测器一般分为点型火焰探测器、紫外火焰探测器和红外火焰探测器 3 种，其目的是在预定时间内，在给定距离上可靠地探测出规定规模的火焰。点型火焰探测器是发出电磁辐射(红外、可见和紫外谱带)的火灾探测器。响应波长低于 400 nm 辐射能通量的探测器称为紫外火焰探测器；响应波长高于 700 nm 辐射能通量的探测器称为红外火焰探测器。由于电磁辐射传播速度极快，所以火焰探测器能对火灾或爆炸快速作出响应。

4. 气体探测器

气体探测器通常在大气工况中使用，被测气体分子一般要附着于气体传感器的功能材料表面，且与其发生化学反应。气体探测器主要包括半导体气体传感器、电化学气体传感器等。

(1)半导体气体传感器利用半导体气敏元件和气体接触，造成半导体发生变化，从而检测特定气体成分或浓度。半导体气体传感器可分为电阻式和非电阻式两种。电阻式气体传感器由 SnO、氧化钵等金属氧化物材料制作敏感元件，利用其阻值变化检测气体浓度。非电阻式气体传感器主要是利用二极管的整流作用及场效应管特性等制作的气敏元件。半导体气体传感器可用于可燃性气体探测与检漏以及火灾报警，可在灾害事故发生前给出预警信号，灵敏度高、响应快。

(2)电化学气体传感器采用检测气体在电极上的反应对气体进行识别、检测，其特点是体积小、耗电少、线性和重复性较好、使用寿命较长。恒电位电解式气体传感器是常用电化学气体传感器，通过改变其设定电位，有选择地使气体进行氧化或还原，定量检测各种气体。

6.5.3　火灾自动报警系统

火灾自动报警系统在火灾预警、火灾扑救、火灾发展的控制和处置过程中发挥重要作用。

1. 功能组成

火灾自动报警系统由探测器、手动火灾报警按钮、控制器和联动控制器、区域显示器、火灾警报器、消防应急广播、消防专用电话、消防控制室图形显示装置等设备组成，其联动结构如图 6-5-6 所示。

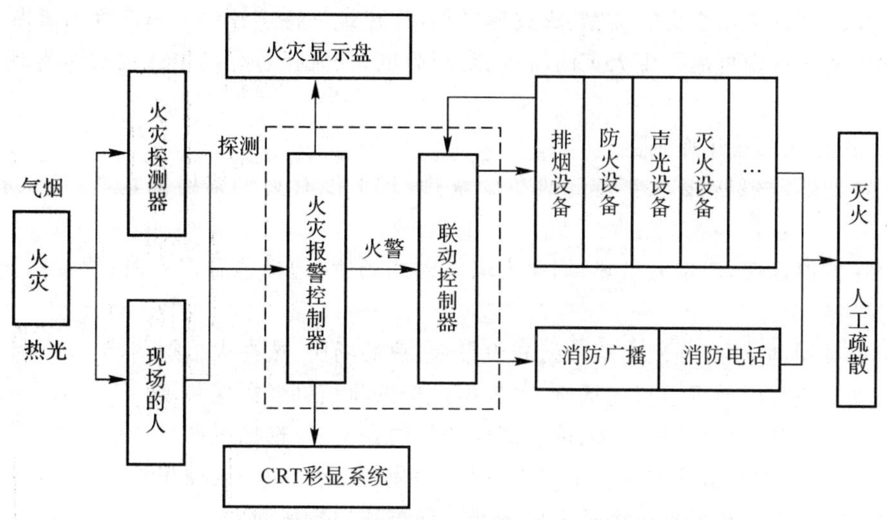

图 6-5-6　火灾自动报警系统联动结构

(1)探测器,包括点型感烟探测器、点型感温探测器、线型感烟探测器、线型感温探测器、吸气式感烟火灾探测器等。火灾报警系统探测器主要用来探测火灾发生的前期特征,然后向系统控制器发出报警信号。感烟、感温探测器可通过感知空气中烟雾颗粒和温度变化判断是否发生火灾。当探测器感知到空气中含有烟雾颗粒或空气温度明显上升时会发出报警信号。探测器一般安装在屋顶或吊顶上。

(2)手动火灾报警按钮指发生火灾时,着火点附近人员手动按下报警器进行报警的一种装置,与探测器共同起报警作用。手动火灾报警按钮一般安装在建筑内走道的墙面上。

(3)控制器、联动控制器。作为火灾自动报警系统的中枢大脑,控制器、联动控制器接收火灾信号并控制相应消防系统设施设备,用于指示着火部位,记录有关信息,通过火警发送装置启动火灾报警信号或通过自动消防灭火控制装置启动自动灭火设备和消防联动控制设备,监视系统的运行状况等。

(4)区域显示器,又称火灾显示盘。消防控制室的主机接收到建筑物内发出的火灾报警信号后,将其传输到发生火灾区域的区域显示器上。区域显示器将产生报警的探测器位置显示出来并发出报警声响以通知相关人员。区域显示器一般安装在出入口等明显位置。

(5)火灾警报器。火灾发生后,探测器或手动报警按钮向控制器发出报警信号。控制器判断后将信号传输给火灾警报器,火灾警报器发出声光报警信号以通知附近人员发生火灾。火灾警报器一般安装在建筑内走道的墙面上。

(6)消防应急广播。消防应急广播的功能与火灾警报器类似。发生火灾后,消防控制室的控制器自动或手动播放语音提示以告知相关人员按下报警器进行报警的一个火灾报警装置,与探测器共同起报警作用。

(7)消防专用电话是发生火灾时,重点区域、部位或楼层与消防控制室通话的专用电话,一般设置在消防电梯、楼层走道、重要设备用房等部位。

(8)图形显示装置。图形显示装置一般设置在消防控制室内,用来显示建筑平面布置、消防设施平面布置等信息。发生火灾时,图形显示器会显示产生报警的探测器、手动报警按钮等设置的启停情况。

2.火灾探测器选用与配置

火灾探测器的选用受火灾类型、火灾形成规律、建筑物特点及环境条件等因素影响。设计时应根据探测区域内可能发生火灾的特点、空间高度、气流状态等选用适宜的探测器或组合探测器。

(1)火灾探测器选用原则。

1)火灾初期阴燃阶段产生大量烟和少量热,几乎没有火焰辐射的场所,应选择感烟探测器。

2)火灾发展迅速,产生大量热、烟和火焰辐射的场所,选择感温探测器、感烟探测器、火焰探测器或其组合。

3)火灾发展迅速,有强烈火焰辐射和少量烟、热的场所,选择火焰探测器。

4)火灾形成特征不可预料的场所,可根据模拟试验结果选择探测器。

5)使用、生产或聚集可燃气体、可燃液体蒸气的场所,应选择可燃气体探测器。

(2)确定探测器数量。在实际工程中,房间面积与高度、探测区面积、屋顶坡度各异。探测区域内每个房间应至少设置一个火灾探测器。探测器的数量为

$$N = \frac{S}{KA} \tag{6-5-10}$$

式中：N——1 个探测区域内探测器的数量，只；

S—— 探测区域的面积，m^2；

A——1 个探测器的保护面积，m^2；

K—— 修正系数，特级保护对象取 0.7～0.8，一级保护对象取 0.8～0.9，二级保护对象取 0.9～1.0，重点保护建筑取 0.7～0.9，非重点保护建筑宜取 1.0。

探测器保护面积和保护半径的大小与探测器的类型、探测区域面积、房间高度及屋顶坡度均有关系。表 6-5-2 通过两种常用探测器来反映保护面积、保护半径与其他参数的相互关系。

表 6-5-2　感烟、感温点型探测器保护面积和保护半径

探测器种类	地面面积 S/m^2	房间高度 h/m	探测器保护面积 A 和保护半径 R					
			房顶坡度 $\alpha/(°)$					
			≤15		15～30		>30	
			A/m^2	R/m	A/m^2	R/m	A/m^2	R/m
感烟探测器	≤80	≤12	80	6.7	80	7.2	80	8.0
	>80	6～12	80	6.7	100	8.0	120	9.9
		≤6	60	5.8	80	7.2	100	9.0
感温探测器	≤30	≤8	30	4.4	30	4.9	30	5.5
	>30	≤8	20	3.6	30	4.9	40	6.3

3. 火灾报警控制器

火灾报警控制器是火灾自动报警系统的心脏，可向探测器供电，并具有接收火灾信号、启动火灾警报装置、消防联动控制设备、指示着火部位和记录有关信息的功能，能自动监视系统运行，对特定故障进行声、光报警。火灾报警控制器与其他消防设备的联动方式如图 6-5-7 所示。

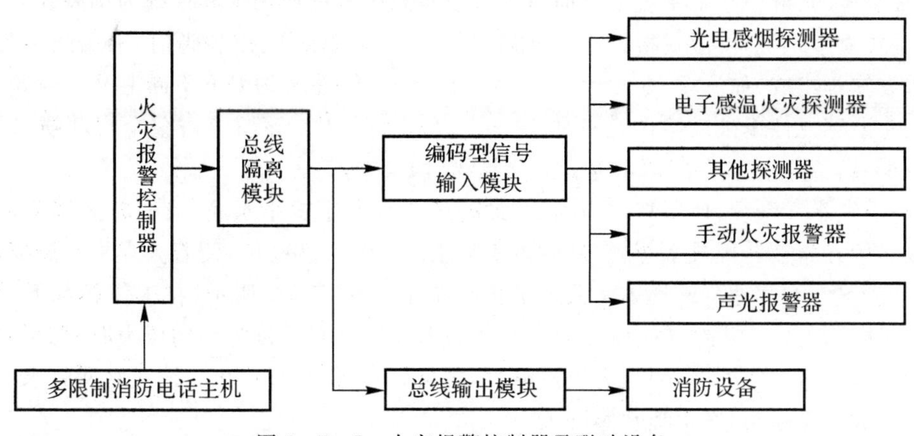

图 6-5-7　火灾报警控制器及联动设备

火灾报警控制器按用途可分为区域报警控制器、集中报警控制器和通用报警控制器。

(1)区域报警控制器:接收监测区域内火灾探测器的输出信号,判断火灾情况并将其转换为声、光报警输出,显示火灾部位等。其主要功能有火灾信息处理与判断、声光报警、故障监测、模拟自检、报警记时、备电切换和输出联动控制信号等。区域报警控制器的容量不应小于报警区域内探测区域总数。

(2)集中报警控制器:用于接收区域报警控制器的火灾信号,显示火灾部位、记录火灾信息、协调联动控制、产生灭火控制信号以及构成终端显示等,主要功能包括报警显示、报警记时、联锁联动控制、信息传输处理等。集中报警控制器的容量不宜小于保护范围内探测区域的总数。

(3)通用报警控制器:兼有区域报警控制器和集中报警控制的功能,可作为区域控制器使用,可独立构成中心处理系统;形式多样,功能完备。此外,还可以可根据对象特点构成相应火灾监控系统中心控制器,具有火灾探测、报警、联动、灭火控制及信息通信等功能。

6.5.4 消防自动灭火系统

不同类型火灾应挑选适宜的灭火剂。扑救 A 类火灾应选用水、泡沫、磷酸铵盐干粉灭火剂;扑救 B 类火灾应选用干粉、泡沫灭火剂,扑救极性溶剂 B 类火灾时不得选用化学泡沫灭火剂、抗溶性泡沫灭火剂;扑救 C 类火灾应选用干粉、二氧化碳灭火剂;扑救 D 类火灾应选用 7150 灭火剂、砂、土等;扑救 E 类火灾常选用二氧化碳、干粉灭火剂等;扑救 F 类火灾一般可用 BC 类干粉灭火剂。不同种类灭火剂可组成不同消防自动灭火系统,包括自动喷水灭火系统、气体灭火系统、干粉灭火系统、泡沫灭火系统及消火栓灭火系统。这些消防灭火系统被广泛用于民用建筑、公用建筑、厂房、地下工程等场所。

1. 自动喷水灭火系统

自动喷水灭火系统由洒水喷头、报警阀组、水流报警装置或水流指示器或压力开关等组件以及管道、供水设施组成,其结构简单、使用方便可靠、便于施工、容易管理、灭火速度快、控火效率高、经济、适用范围广,多设在火灾危险性较大、起火蔓延快的场所,或容易自燃而无人管理的仓库以及对消防要求较高的建筑物或个别房间。自动喷水灭火系统按采用的喷头分为闭式系统与开式系统两类。闭式系统包括湿式、干式等系统,湿式系统用量最多。开式系统分为水喷雾、细水雾、雨淋与水幕系统。下面以湿式喷水系统和高压细水雾系统为例展开介绍。

(1)湿式喷水系统,由湿式报警阀组、闭式喷头、水流指示器、控制阀门、末端试水装置、管道和供水设施等组成,如图 6-5-8 所示。火灾发生初期,建筑物温度不断上升。当温度上升到闭式喷头温感元件爆破或熔化脱落时,喷头自动喷水灭火。该系统占整个自动喷水灭火系统的 75%以上,适合安装在能用水灭火的建筑物、构筑物内。

(2)高压细水雾系统,使用特殊喷嘴,通过高压喷水产生极小水滴,具有较大比表面积,可迅速吸收热量并将其转换成水蒸气,同时体积膨胀 1 700~5 800 倍,使着火点附近温度迅速降低,且能隔离氧气和其他可燃气体。系统工作原理如图 6-5-9 所示,在工作状况下,在泵组出口至区域阀前的管网内维持一定压力。当压力低于稳压泵的设定启动压力时,稳压泵启动。当稳压泵运行超过一定时间,但压力仍不够时,主泵启动,稳压泵停止。输送管网将水-气混合的双相流体输送至喷头,产生细水雾灭火。

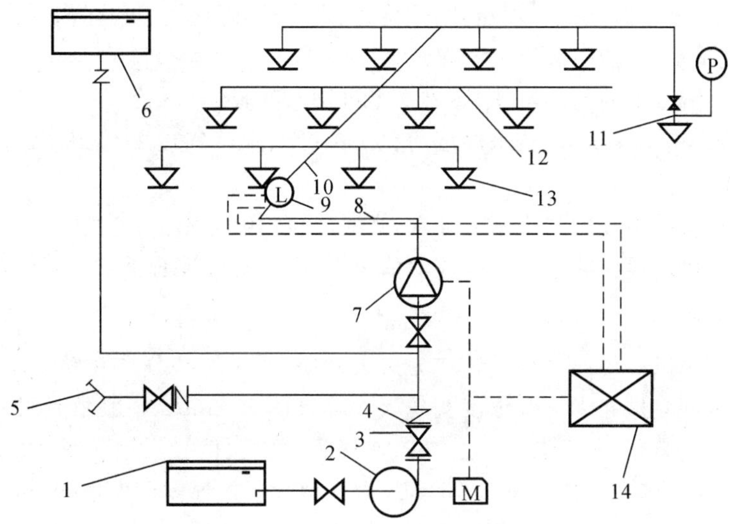

图 6-5-8　湿式自动喷水灭火系统组成

1—水池；　2—水泵；　3—闸阀；　4—止回阀；　5—水泵接合器；　6—消防水箱；　7—湿式报警阀组；
8—配水干管；　9—水流指示器；　10—配水管；　11—末端试水装置；　12—配水支管；　13—闭式洒水喷头；
14—报警控制器；　P—压力表；　M—驱动电机；　L—水流指示器

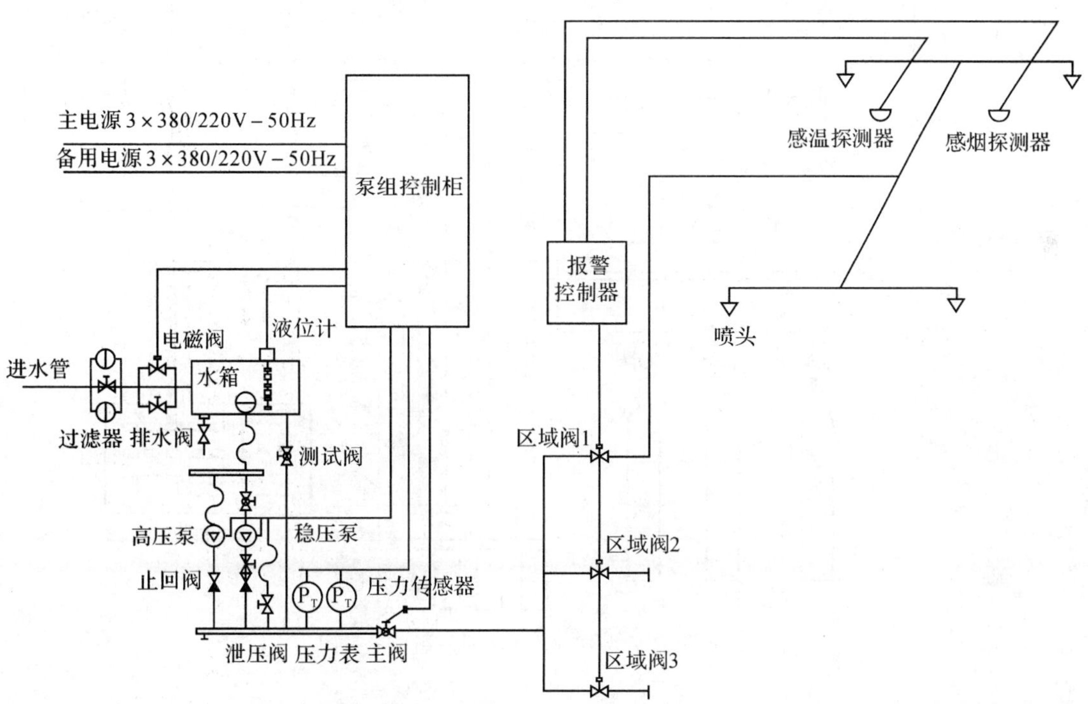

图 6-5-9　高压细水雾灭火系统工作原理

水灭火系统不能扑救的火灾有以下几种：

1)碱金属。水与金属钾、钠等碱金属作用后，水发生分解而生成氢气和放出大量热，易引起爆炸。

2)碳化碱金属、氢化碱金属。碳化钾、碳化钠、碳化铝、碳化钙、氢化钾、氯化镁遇水能发生化学反应,放出大量热,可能引起火灾和爆炸。

3)轻于水和不溶于水的易燃液体,原则上不可用水扑救。

4)熔化的铁水、钢水。铁水、钢水温度约在 1 600℃、水蒸气在 1 000℃以上时能分解出氢和氧,易引起爆炸。

5)硫酸、硝酸、盐酸不能用强大水流扑救,必要时可用喷雾水流扑救。

6)在没有良好接地设备或未切断电流的情况下,高压电气装置火灾一般不能用水扑救。

2. 气体灭火系统

气体灭火系统是以一种或多种气体作为灭火介质,通过这些气体在整个防护区内或保护对象周围的局部区域建立起灭火剂浓度实现灭火。气体灭火系统一般由瓶组、容器、容器阀、单向阀、选择阀、减压装置、驱动装置、集流管、连接管、喷嘴、信号反馈装置、安全泄放装置、检漏装置、低泄高封阀等部件构成。图 6-5-10 为一种管网式气体灭火系统的组成示意图。

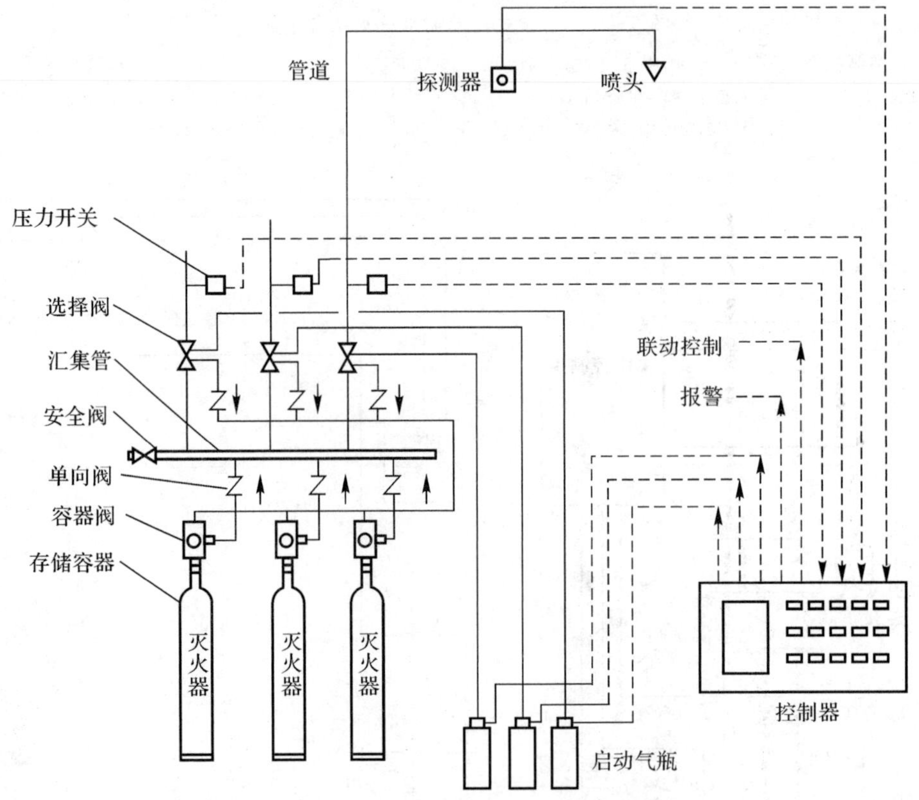

图 6-5-10　管网式气体灭火系统组成示意图

气体灭火系统工作原理:当防护区发生火灾时,产生烟雾、高温和光辐射,从而使感烟、感温、感光等探测器探测到火灾信号,将其转变为电信号传送到报警灭火控制器,控制器自动发出声光报警并经逻辑判断后启动联动装置;经过一段时间延时,启动驱动气体瓶组上的容器阀释放驱动气体,打开通向发生火灾的防护区选择阀和灭火剂瓶组的容器阀,灭火剂经高压软管汇集到集流管,通过选择阀到达安装在防护区内的喷头进行喷放灭火;同时,安装在管道上的信号反馈装置动作，将信号传送到控制器，由控制器启动防护区外的释放警示灯和警铃。气体灭火系统灭火过程如图 6－5－11 所示。

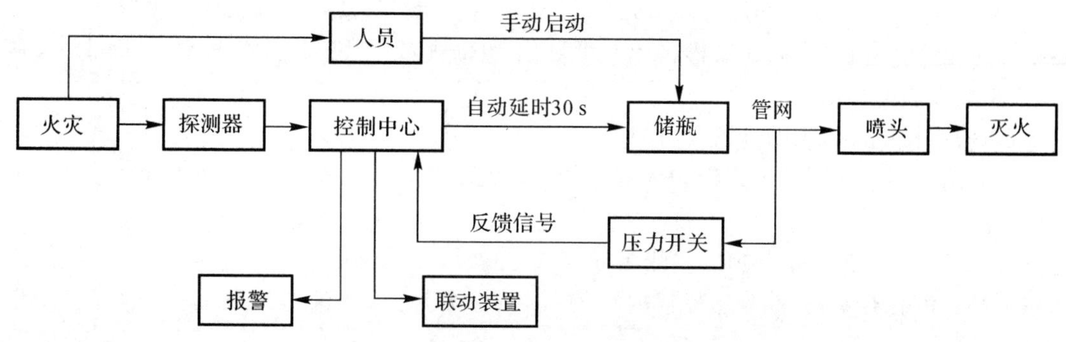

图 6－5－11　气体灭火系统灭火过程示意图

气体灭火系统具有灭火效率高、灭火速度快、保护对象无污染等优点，常见灭火气体有 CF_3CHFCF_3、混合气体、CO_2 等，主要用于扑灭电气火灾、固体表面火灾和液体火灾等。

3. 干粉灭火系统

干粉供应源通过输送管道连接到固定喷嘴上，由喷嘴喷放干粉的灭火系统称为干粉灭火系统。干粉灭火剂储存于灭火设备中，灭火时依靠加压气体的压力将干粉从喷嘴喷出，射向燃烧物。当干粉与火焰接触时，发生一系列物理与化学作用从而将火扑灭。

干粉灭火系统由干粉灭火设备和自动控制两部分组成，包括灭火剂供给源（干粉储存容器）、输送灭火剂管网、干粉喷嘴、火灾探测器、控制装置以及减压器等，如图 6－5－12 所示。

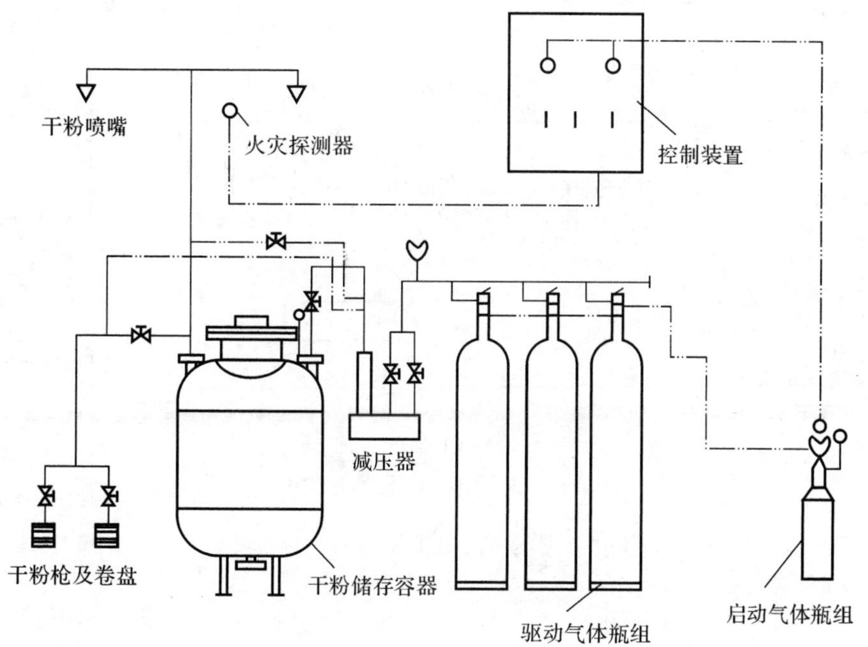

图 6－5－12　干粉灭火系统组成

干粉灭火系统工作原理：氮气瓶组内的高压氮气经减压阀后，氮气进入干粉罐，其中一部分被送到罐底，起松散干粉灭火剂的作用。随着罐内压力升高，部分干粉灭火剂随氮气进入出粉管，被送到干粉枪或干粉固定喷嘴的出口阀门处。当干粉炮、枪或干粉固定喷嘴的出口阀门处压力到达一定值后，即干粉罐上压力达 1.5～1.6 MPa 时，打开阀门或定压爆破膜片自动爆破，压力迅速转化为速度，高速气粉流从干粉炮、干粉枪或固定喷嘴的喷嘴中喷出，能起到迅速扑灭或抑制火灾的作用。

宜采用干粉灭火系统的火灾场所如下：

(1)封闭空间宜采用固定式干粉灭火系统，并应确保 30 s 内喷射的干粉量达到设计干粉浓度。

(2)局部危险性较大的场所宜采用半固定式干粉灭火系统。

(3)扑救液化烃罐区和工艺装置内可燃气体、液化烃、可燃液体泄漏的火灾，宜采用干粉车。

4. 泡沫灭火系统

泡沫灭火系统的灭火机理是隔氧窒息、辐射热隔阻、吸热冷却，主要用于扑灭非水溶性可燃液体和一般固体火灾。泡沫灭火剂的水溶液通过化学、物理作用，充填大量气体(CO_2、空气)后形成无数小气泡，覆盖在燃烧物表面，使燃烧物与空气隔绝，阻断火焰的热辐射。同时，泡沫在灭火过程中析出液体，使燃烧物冷却。受热产生的水蒸气还可降低燃烧物附近的 O_2 浓度，具有较好的灭火效果。图 6-5-13 为 CF_3CHFCF_3 泡沫灭火系统。

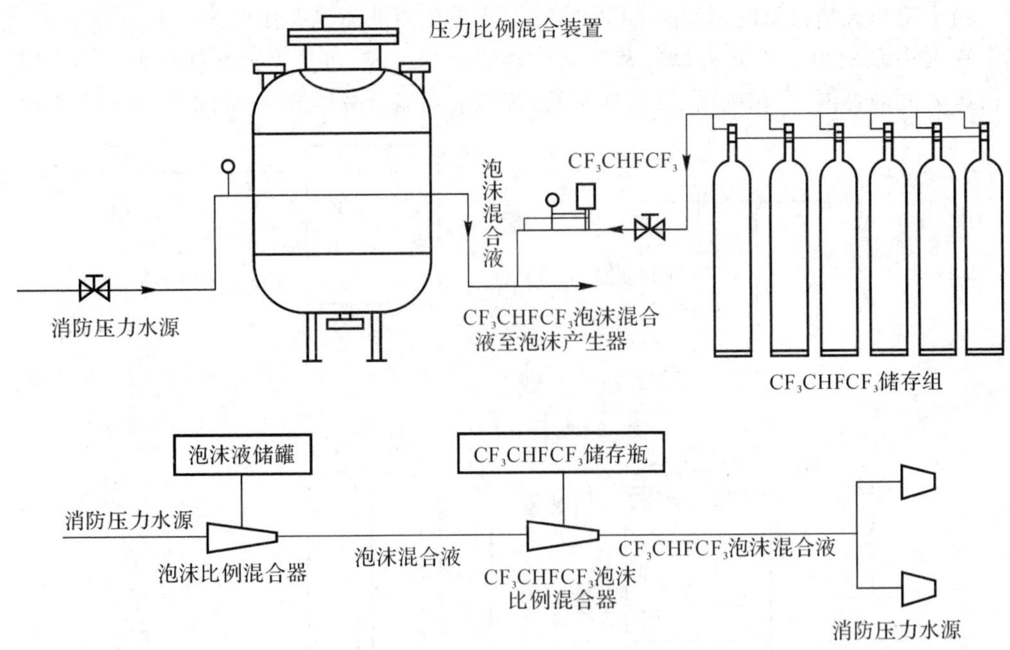

图 6-5-13　CF_3CHFCF_3 泡沫灭火系统

泡沫灭火系统工作原理如图 6-5-14 所示。发生火灾时，报警系统发出报警信号，同时启动消防水泵。当压力水进入比例混合器后，部分压力水通过进水管进入罐内，挤压胶囊，将与胶囊等量的泡沫液从出液管内挤出，通过进液管进入比例混合器，与另一部分水混合形成泡沫混合液，输送给泡沫产生设备或泡沫喷射设备，产生空气泡沫进行灭火。

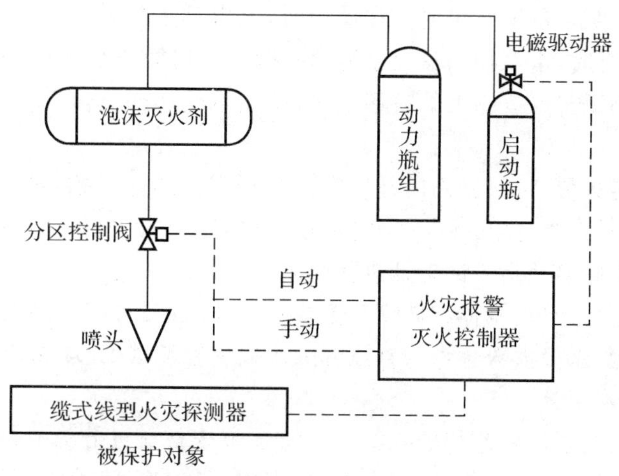

图 6-5-14　泡沫灭火系统工作原理

5. 消火栓灭火系统

消火栓灭火系统属于闭环控制系统，由消防水泵、消火栓箱、消防水枪、消防水带、管网、压力传感器及电气控制电路组成。消防栓控制系统联动设计示意图如图 6-5-15 所示。发生火灾时，控制电路接到消火栓泵启动指令，发出主令信号后，消防水泵电动机启动，向室内管网提供消防用水；压力传感器用于监视管网水压，并将监测水压信号传送至消防控制电路，形成反馈的闭环控制。

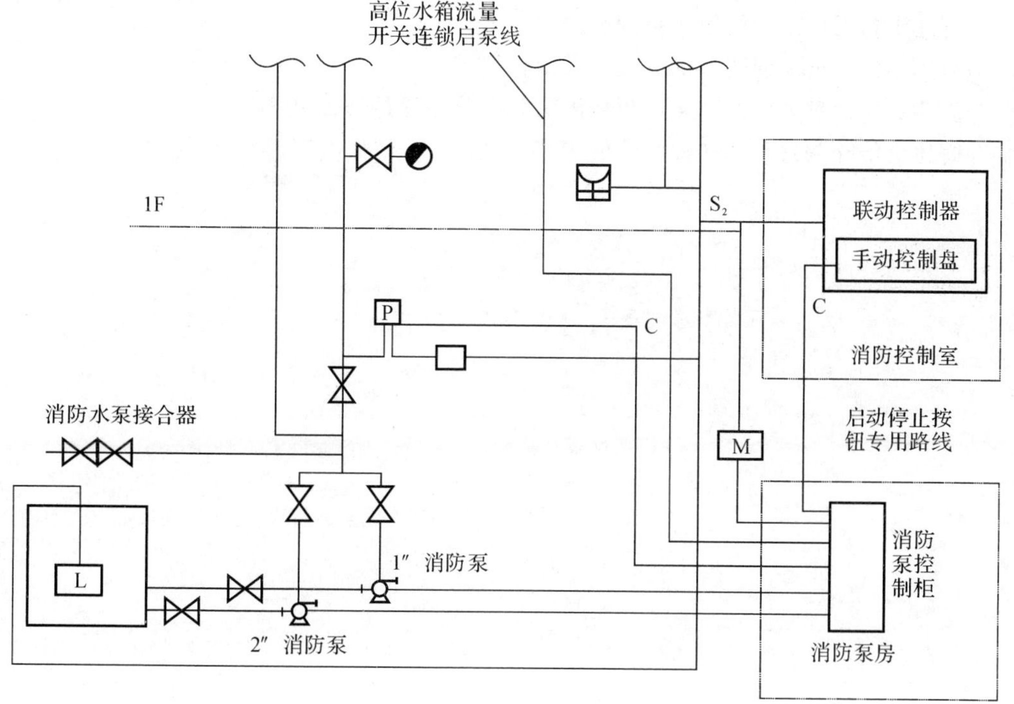

图 6-5-15　消防栓控制系统联动设计示意图

(1)消防水泵由主泵和备用泵组成。在使用时,先启动主泵,若主泵失灵,则启动备用泵。当两种泵体都不能运行时,水泵控制盘上会显示故障。采用消防水泵时,在每个消火栓内设置消防按钮,灭火时用小锤击碎按钮上的玻璃小窗,按钮不受压而复位,从而可以通过控制电路启动消防水泵。

(2)消火栓箱。遇火警时,根据箱门开启方式按下门上的弹簧锁,销子自动退出。拉开箱门后,取下水枪,拉转水带盘,拉出水带,同时把水带接口与消火栓接口连接,拔动箱体内电源开关,把室内消火栓手轮沿开启方向旋开进行喷水灭火。

(3)消防水枪由管牙接口、枪体和喷嘴等主要零部件组成。将其与水带连接会喷射密集充实的水流,具有射程远、水量大等优点。直流开关水枪由直流水枪、球阀开关等部件组成,是通过开关控制水流的射水工具。

(4)消防水带是消防现场输水用的软管。消防水带按材料可分为有衬里消防水带和无衬里消防水带。无衬里水带承受压力低、阻力大、易漏水、易霉腐、寿命短,适合于建筑物内火场铺设。衬里水带承受压力高、耐磨损、耐霉腐、不易渗漏、阻力小、经久耐用、可任意弯曲折叠、使用方便、可随意搬动,适用于外部火场铺设。

复习思考题

(1)安全监测与安全检测有什么区别?

(2)可采用哪几种技术进行管道泄漏检测?

(3)简述火灾报警控制器的分类和主要功能。

(4)简述干粉灭火系统的使用范围。

(5)简述感烟式火灾探测器的分类及其工作原理。

(6)简述火灾信息处理的固定门限检测法和变化率检测法的基本原理。

(7)简述火焰探测器和气体探测器的工作原理。

第7章　通风系统可靠性及风流稳定性评价

本章学习目标：熟悉通风系统可靠性的相关概念及度量指标；了解安全评价指标体系的构建原则；理解系统可靠性的计算方式、通风系统评价指标体系的建立方法；掌握通风系统安全可靠性评价的流程及方法。

7.1　通风系统可靠性分析

通风系统是由通风网络、通风动力设施和通风构筑物3个相互关联的子系统共同组成的可修复系统。通风系统可靠性和风流稳定性分析是从网络结构、通风系统工作能力等方面研究保障通风系统安全运行的基础理论。其中，通风系统可靠性理论是提高通风系统可靠性水平，降低通风系统的建设和维护成本，防止和减少灾害事故发生，保障通风系统安全运转的重要理论。

7.1.1　基本概念

1. 可靠性和可靠度

可靠性是指某种设备在规定的时间内完成规定工作的能力。该设备本身或者组成部分在规定时间内由于意外情况无法完成规定工作的事件简称为失效。设备的可靠性越高，则在正常运转过程中出现事故的概率越小，达到既定工作目标的可能性越大。

可靠度是指系统、设备或元件等在规定的时间内，在规定的条件下，完成预定功能的概率，用$R(t)$表示。可靠度一般可分成两个层次：一是组件可靠度，将产品拆解成若干不同的零件或组件，就这些组件的可靠度进行研究；二是系统可靠度，专门研究整个系统、整个产品的整体可靠度。组件可靠度分析的方法建立在统计分析理论的基础上，而系统可靠度分析较为复杂，可采用按重要程度分配可靠度，按复杂程度分配可靠度，按技术水平、任务情况等的综合指标分配可靠度以及按相对故障率分配可靠度等方法进行分析。

2. 维修度

维修度是指在规定的条件下使用的产品，在规定时间内，按照规定的程序和方法进行维修时，保持或恢复到能完成规定功能状态的概率，用$M(t)$表示。产品的可靠度反映产品不易发生故障的程度，而维修度反映当产品发生故障后其维修的难易程度。

3. 有效度

有效度是指可维修的产品在规定的条件下使用时，在某时刻具有或维持其功能的概率，即产品正常工作的概率。对于不可维修的产品，有效度等于可靠度，是评价产品可靠性的综合指标。

4. 通风系统可靠性

通风系统的可靠性是指通风系统在正常的工作状态下能够保证运转参数保持正常水平的能力，用以保证区域内部的正常生产活动对新鲜空气以及其他必要条件的供给。通风系统可靠性主要包含由通风巷道组成的通风网络可靠性、通风设施可靠性和通风机械装置可靠性。

(1)通风网络可靠性。通风网络是区域内部由于生产活动所开采出的由相互交错的杂乱通道构成的一个整体系统，通道的可靠性是决定整个庞大通风网络系统的可靠性的基础。通道的通风可靠性主要是指通过通道为工作人员的工作需求以及生产活动提供足够的新鲜空气，即要保障通道通风的运动方向的稳定以及通风的风量保持在正常水平。

(2)通风设施可靠性。通风设施又称通风构筑物，主要指通风系统中的风门、风墙、风窗、密闭、风桥及导风板等设施，其作用是隔断通风系统内部连续的风流、调节风流的运动方向以及风量大小，与区域内部的安全生产息息相关。

(3)通风机械装置可靠性。通风机械装置是指主要通风机、辅助通风机以及局部通风机等为风流提供动力的机械设备。通风机械装置在遇到故障的情况下能够通过人工修理恢复到正常工作状态，因此，不仅可以通过可靠性工程理论获取设备的可靠度指标，还可以通过设备自身的工作效率和具体工程指标进行可靠性评价。

7.1.2 通风系统可靠性度量指标

1. 瞬时故障率

设通风系统的故障分布函数为 $F(t)$，其分布密度函数为 $f(t)$，则称

$$\lambda(t)=\frac{f(t)}{1-F(t)},\quad t\geqslant 0 \tag{7-1-1}$$

为通风系统的瞬时故障率，简称故障率或失效率。它是指当通风系统正常运行到某时刻或达到某一生产能力尚未发生故障，在该时刻发生故障的概率。

2. 故障率观察值

通风系统平均故障率的观察值，是指通风系统在规定的观测时间内，故障发生频数与累积正常运行时间之比，记作 λ，其表达式为

$$\lambda=\frac{w}{\sum t} \tag{7-1-2}$$

式中：w—— 观测时间内，通风系统发生故障的频数；

$\sum t$—— 观测时间内，通风系统累积的正常运行时间。

在可靠性理论中，常见的系统故障率 $\lambda(t)$ 有 3 种基本函数类型，分别是故障率递减(Decreasing Failure Rate，DFR) 型、故障率不变(Constant Failure Rate，CFR) 型和故障率递增(Increasing Failure Rate，IFR) 型，如图 7-1-1 所示。

大量研究和长期实践结果表明：通风系统同其他复杂系统一样，系统及其组成单元(包括通风设备) 的故障率 $\lambda(t)$ 曲线如图 7-1-2 所示，在不同的运行期间，时间 t 应取不同的故障率函数类型。从几何方面，该曲线定义为为浴盆曲线。

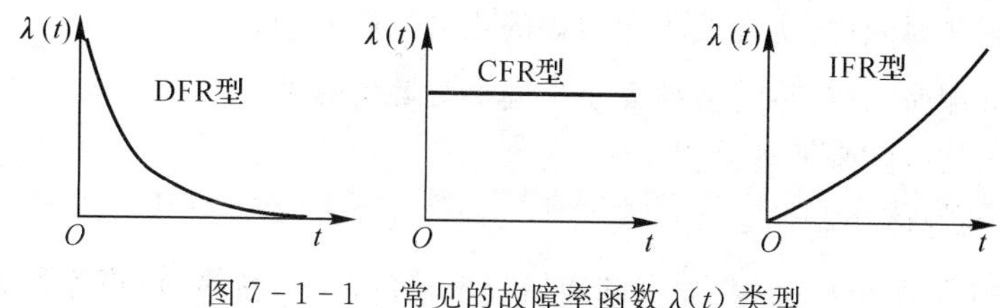

图 7-1-1　常见的故障率函数 $\lambda(t)$ 类型

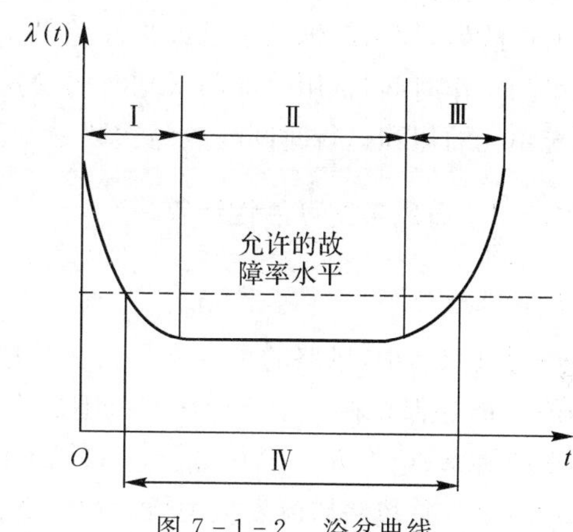

图 7-1-2　浴盆曲线

Ⅰ— 早期故障期；Ⅱ— 偶然故障期；Ⅲ— 耗损故障期；Ⅳ— 正常使用期

如图 7-1-2 所示，该曲线的第 Ⅰ 部分为早期故障期，指在系统工作之初，由于通风网络结构调整、风流按需分配过程中可能出现的问题，以及风机等相关机电设备安装、调试等方面存在的缺陷而发生故障的时期。在此期间，通风系统的故障率 $\lambda(t)$ 随时间的增加而迅速下降，属于故障率递减型。降低通风系统早期故障率的有效途径是加强风网结构优化，提高巷道建设质量和设备安装质量，规范维护管理，严格遵守规程规定。

浴盆曲线的第 Ⅱ 和第 Ⅲ 部分，分别为偶然故障期和耗损故障期。前者的 $\lambda(t)$ 变化趋于稳定，接近常数，属于故障率不变型；后者的 $\lambda(t)$ 随时间的增加而上升，属故障率递增型。对于以磨损、变形、疲劳等故障属性为主，兼有突发事件发生的矿井通风系统而言，要求现场通风技术和管理人员以高度的责任心和警惕性防止各种偶然事故和耗损故障的发生。

3. 相对故障率

通风系统（或其子系统）的组成单元 i 在规定的观测时间内，故障频数与所在系统的累积正常运行时间之比，称为单元 i 相对于该系统的相对故障率，记作

$$\lambda_{ci}(t)=\frac{w_i}{\sum_{k=1}^{n}t_k} \tag{7-1-3}$$

式中：$\lambda_{ci}(t)$—— 相对故障率；

w_i—— 观测时间内通风系统第 i 个单元故障发生的频数；

$\sum_{k=1}^{n}t_k$—— 观测时间内系统累积正常运行时间；

n—— 系统可靠性影响因素的个数。

4. 平均故障间隔时间

通风系统或其单元的平均故障间隔时间是指从通风正常到故障的平均时间间隔，记作 MTBF。通风系统或其可修单元的平均故障间隔时间观测值，是指系统或其单元在使用寿命期的某个观测期内，累积正常运行时间与所发生的故障频数之比，即

$$\mathrm{MTBF}=\frac{\sum t}{w}=\frac{1}{\lambda} \tag{7-1-4}$$

式中：$\sum t$—— 观测时间内，系统或单元累积的正常运转时间；

w—— 观测时间内，系统或单元发生同类故障的频数；

λ—— 平均故障率的观测值。

5. 故障前平均时间

对通风系统中的不可修部件，如局部通风机电机的击穿、断路、短路等致命型故障，巷道因顶板压力或支护方式影响而发生的变形、性能失效等漂移型故障等，都会造成通风系统或其某些单元的故障，即引起供风不足或指标超出允许范围。要衡量通风系统平均寿命或发生故障前的平均工作时间，常用故障前平均时间（Mean Time to Failure，MTTF）的观测值，该观测值指系统单元的累积运行时间与故障次数之比。

7.1.3 通风系统可靠性计算

1. 约束条件

在通风网络中，风路的可靠度是指在某稳定状态 $S(t)$ 下、在规定的时间内，第 i 条风路的风量值 q_i 能够保持在一个合理区间范围之内，即 $q_{i1} \leqslant q_i \leqslant q_{i2}$，且风流的质量满足相关法律法规要求的概率，记为 R_i。其中 q_{i1}、q_{i2} 和风流质量相关参数由约束条件 A 来确定。

约束条件是风路风流发生失效的边界条件，约束条件按照相关法律法规要求来确定。主要包括：① 风速；② 有毒有害气体浓度（一氧化碳、氧化氮、二氧化硫、硫化氢、氨）；③ 温度；④ 粉尘浓度。只要风流的数量和质量符合规程的规定，该风路就是可靠的。

2. 风路可靠度函数

图 7－1－3 中阴影部分的面积 $\Phi(x_0)$ 即为风路风量小于 x_0（m^3/s）的概率，则风路风量大于 x_0 的概率为

$$R(x_0)=1-\Phi(x_0) \tag{7-1-5}$$

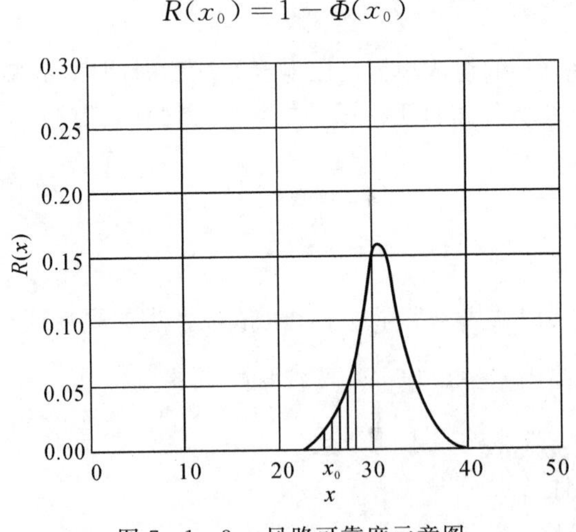

图 7－1－3　风路可靠度示意图

其中，$\Phi(x_0)$ 为

$$\Phi(x_0)=\int_{-\infty}^{x_0} f(x)\mathrm{d}x \tag{7-1-6}$$

由约束条件 A 所确定的 i 风路风量在规定范围内的概率记为 $P_r\{q_{i1}<q_i<q_{i2}\}$。

由上述分析可知

$$P_r\{q_{i1}<q_i<q_{i2}\}=\Phi(q_{i2})-\Phi(q_{i1}) \tag{7-1-7}$$

3. 复杂通风系统可靠度

在求得通风系统各风路的可靠度以后，即可根据各风路的可靠度计算出整个网络的可靠度。由于在求各风路可靠度时，已考虑各风路之间的相互影响，因此在求网络可靠度时，将各风路视为独立单元，采用一般网络可靠性计算方法预测网络的可靠度。

对于串联系统，当各单元之间的失效时间随机变量相互独立时，如有某一单元发生故障，则引起系统失效，其可靠度为

$$R_s=\prod_{i=1}^{n}R_i \tag{7-1-8}$$

式中：R_i—— 第 i 个单元的可靠度；

n—— 构成系统的单元个数。

对于并联系统，当某一元器件失效而系统不发生故障，只有当系统中贮备元器件全部发生失效的情况下，系统才发生故障。可靠度为

$$R_p=1-\prod_{i=1}^{n}(1-R_i) \tag{7-1-9}$$

对于复杂连接系统，其可靠度为

$$R_{net}=\sum_{i=1}^{w}\prod_{L\in p_i}R_L-\sum_{i=1}^{w}\sum_{j>i}^{w}\prod_{L\in(p_i\cup p_j)}R_L+\cdots+(-1)^{w-1}\prod_{L\in\bigcup_{i=1}^{w}p_i}R_L \tag{7-1-10}$$

式中：w—— 通路数；

R_L—— 第 L 条通路的可靠度。

因此，通风网络在 t 时刻的可靠度为

$$R_{net}(t)=\sum_{i=1}^{w}\prod_{L\in P_i}R(L,t)-\sum_{i=1}^{w}\sum_{j>i}^{w}\prod_{L\in(P_i\cup P_j)}R(L,t)+\cdots+(-1)^{w-1}\prod_{L\in\bigcup_{i=1}^{w}P_i}R(L,t) \tag{7-1-11}$$

式中：P_i—— 通风网络中的第 i 条通路；

$R(L,t)$—— 第 L 条风路在 t 时刻的可靠度。

7.2　通风系统可靠性评价

通风系统是一个动态的、随机的、模糊的、复杂的大系统，要科学合理地对通风系统进行评价，必须要确定能确切反映通风系统实际状况的参数指标，建立一个科学合理的评价指标体系。

7.2.1　评价指标体系构建

1. 评价原则

(1)政策性。要求指标体系以国家的方针、政策、法律、法规和行业标准为依据，如《安全生

产法》、《煤矿安全规程》、《煤炭工业设计规范》、有关可靠性的国家标准以及主管部门制定的文件等。

(2)科学性。要求指标体系具有理论性、学术性和实践性。指标体系、评价方法和评价程序要具有科学性，从实际出发，分析评价对象的危险因素、危险程度，提出科学、合理、可行的评价指标体系。评价结束时提出科学、合理、可行的建议和技术措施，提高系统的可靠性。

(3)公正性。要求评价结果客观和公正，既要得到专家认可，也要被评价单位所接受，评价结果是其整改依据。

(4)针对性。要求分类评价，区别对待。指标的权重针对不同对象进行分配。

(5)超前性。要求评价要有超前意识，在时间上超前，以先进的技术为依据，如系统参数的监测和控制，要以“能实现”和“可能实现”为标准。

(6)可操作性。要求评价操作简单易行。

2. 以专家咨询法构建多层评价结构

以专家对通风系统各项评价指标掌握的信息为基础，构建多层评价结构，对每一层次中各因素的相对重要性给出定性的判断。同时，通过引入合理、科学的标度，对定性判断进行定量描述。表 7-2-1 是使定性指标转化为定量指标常用的评价方法，即 1～9 标度方法及其含义。

表 7-2-1　1～9 标度方法及其含义

标　度	含　义
1	不太重要的因素
3	稍微重要的因素
5	明显重要的因素
7	强烈重要的因素
9	极端重要的因素
2,4,6,8	介于以上两相邻判断的中值

选择 1～9 标度方法时应基于以下事实和科学依据：

(1)当被比较的事物在被考虑的属性方面具有同一个数量级或很接近时，定性的区别才有意义。

(2)在估计事物质的区别时，可以用相等、较强、强、很强、绝对强 5 种判断表示。当需要更高精度时，可在相邻判断之间做比较，形成 9 个数值，具有连贯性和可操作性。

(3)社会调查表明，人们最多需要 7 个标度点来区分事物之间质的差别或重要性程度。如果需要用比标度 1～9 更大的数，可用层次分析法将因素进一步分解聚类，在因素比较之前，先比较大类，可使所比较的因素间质的差别落在 1～9 标度范围内。

根据通风系统单项要素指标选择的原则，在同一指标体系中，将重要度小、与其他指标差距较大的指标剔除，从而初步确立通风系统评价指标体系。多层次结构如图 7-2-1 所示。

3. 单相关系数法确定典型指标

在初步选取典型指标的基础上，采用单相关系数法对同层次指标的相关性和可比较性进

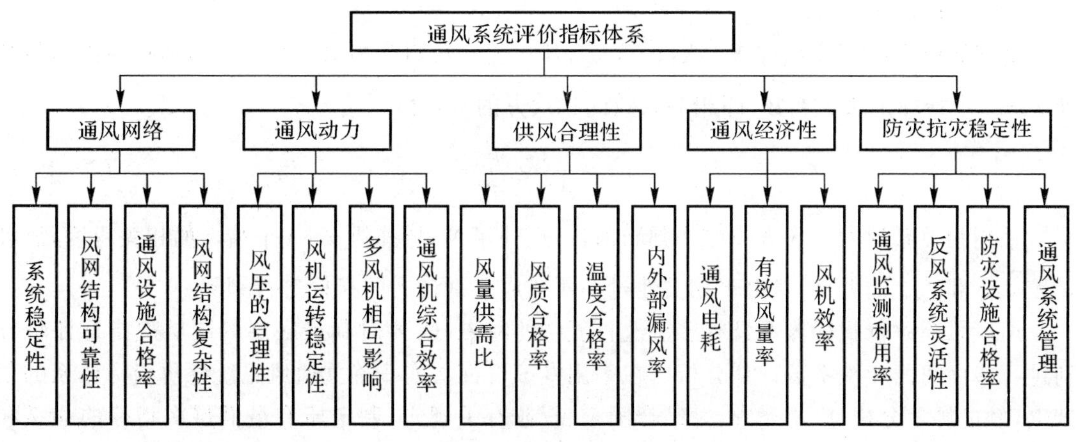

图 7-2-1　通风系统评价指标体系多层次结构

行分析检验，对相关性过小的指标予以剔除。具体步骤如下。

(1)求指标的协方差矩阵。

对于同层次的 p 个指标 $X_1, X_2, \cdots, X_p$，其 n 组观察数据 X_{ki} 组成的 n 个样本矩阵 $\boldsymbol{X}$，即

$$\boldsymbol{X}=\begin{bmatrix} x_{11} & x_{12} & \cdots & x_{1p} \\ x_{21} & x_{22} & \cdots & x_{2p} \\ \vdots & \vdots & & \vdots \\ x_{n1} & x_{n2} & \cdots & x_{np} \end{bmatrix} \tag{7-2-1}$$

由 $\boldsymbol{X}$ 可以算出变量 X_i 的均值、方差及 X_i、X_j 之间的协方差，均值，即

$$\bar{x}_i=\frac{1}{n}\sum_{k=1}^{n} x_{ki} \tag{7-2-2}$$

方差为

$$S_{ij}=\frac{1}{n}\sum_{k=1}^{n}(x_{ki}-\bar{x}_i)^2 \tag{7-2-3}$$

协方差为

$$S_{ij}=\frac{1}{n}\sum_{k=1}^{n}(x_{ki}-\bar{x}_i)(x_{ki}-\bar{x}_j) \tag{7-2-4}$$

指标 $X_1, X_2, \cdots, X_p$ 的协方差矩阵 $\boldsymbol{S}_{p\times p}$ 为

$$\boldsymbol{S}_{p\times p}=\begin{bmatrix} S_{11} & S_{12} & \cdots & S_{1p} \\ S_{21} & S_{22} & \cdots & S_{2p} \\ \vdots & \vdots & & \vdots \\ S_{p1} & S_{p2} & \cdots & S_{pp} \end{bmatrix} \tag{7-2-5}$$

(2) 求指标样本的相关矩阵。

设指标样本的相关矩阵为 $\boldsymbol{R}$，即

$$\boldsymbol{R}=(r_{ij}) \tag{7-2-6}$$

式中：r_{ij}——x_i 与 x_j 的相关系数，$r_{ij}=\dfrac{S_{ij}}{\sqrt{S_{ii}S_{ij}}}(i,j=1,2,\cdots,p)$，反映了 x_i 与 x_j 的相关程度。

(3) 选取典型指标。

对于同层次的 p 个指标 $X_1,X_2,\cdots,X_p$，其相关系数矩阵为 $\boldsymbol{R}=(r_{ij})_{p\times p}$，则每一指标与其他 $p-1$ 个指标的决定系数，即相关系数的二次方的平均值 $\overline{r_i^2}$ 为

$$\overline{r_i^2}=\frac{1}{p-1}\sum_{j=1}^{p}r_{ij}^2 \tag{7-2-7}$$

采用相关系数的二次方 $\overline{r_i^2}$ 作为判断值，$\overline{r_i^2}$ 反映了 X_i 与其他 $p-1$ 个指标的相关程度，故可比较 $\overline{r_{i\max}^2}$ 和 $\overline{r_{i\min}^2}$ 的大小，对由于相关性过小而造成差别过大的指标进行剔除。

通风系统评价指标体系具有多层次且复杂的特点，需要对其最底层的同层次指标评价分别进行指标间的相关系数计算分析。在采用专家咨询法初步确立通风系统评价指标体系的基础上，经过科学分析，广泛调查，并结合国家、行业有关规定，制定所有最低层次指标的含义和评价标准，将指标的考核尽可能量化；对于不可以量化的定性指标，分成“能”“否”，即 1 和 0 两种状态进行评价。针对每一指标分别选取 5 组观察数据，依据上述计算过程对有关同层次的指标进行计算，求取指标决定系数最大离差率值，其公式为

$$\frac{\overline{r_{i\max}^2}-\overline{r_{i\min}^2}}{\overline{r_{i\max}^2}}\times 100\% \tag{7-2-8}$$

【例 7-1】 编制煤矿通风系统可靠性评价指标。

【解】

(1)根据通风系统的功能和影响可靠性的因素，将矿井通风系统划分为通风系统、通风动力、网络与压力分布、规划设计、通风设施、局部通风、风质风量、监测监控、通风检查和通风管理 10 个单元。在矿井通风系统的故障模式和影响因素分析的基础上，绘出通风系统可靠性物理模型逻辑框图，如图 7-2-2 所示。

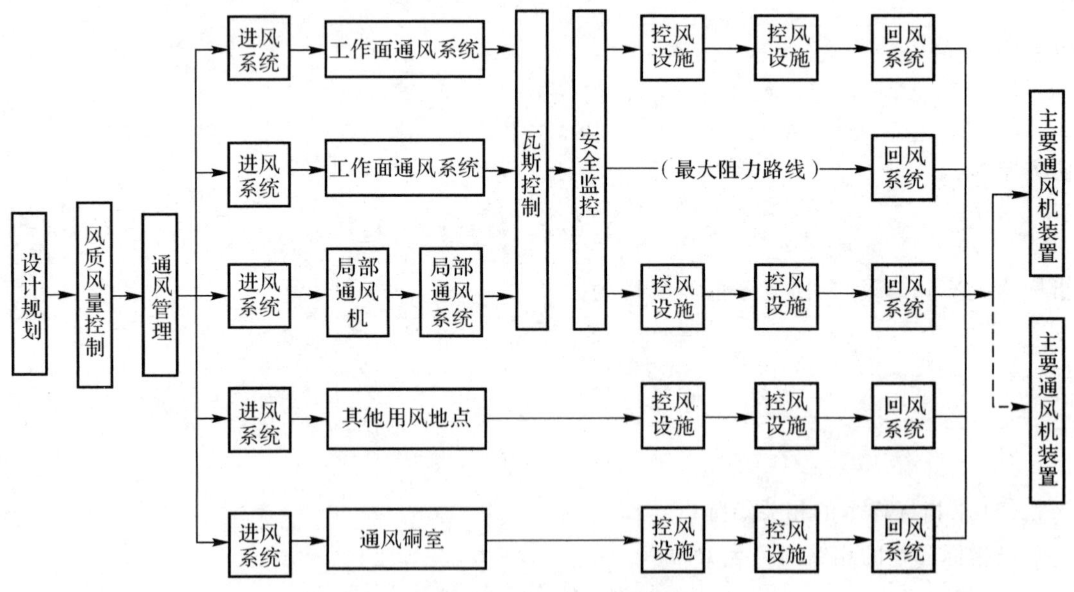

图 7-2-2　通风系统可靠性逻辑模型

(2)建立矿井评价指标体系。矿井评价指标体系分为一级指标和二级指标两种，具体内容

如图 7－2－3 所示。

图 7－2－3　评价指标、代码及其权重结构

注：一级指标下的数字为其权重，每个表的表头均为代码、权重和指标名

7.2.2 通风系统可靠性评价流程

通风系统可靠性评价要遵循评价的一般流程，如图 7－2－4 所示。

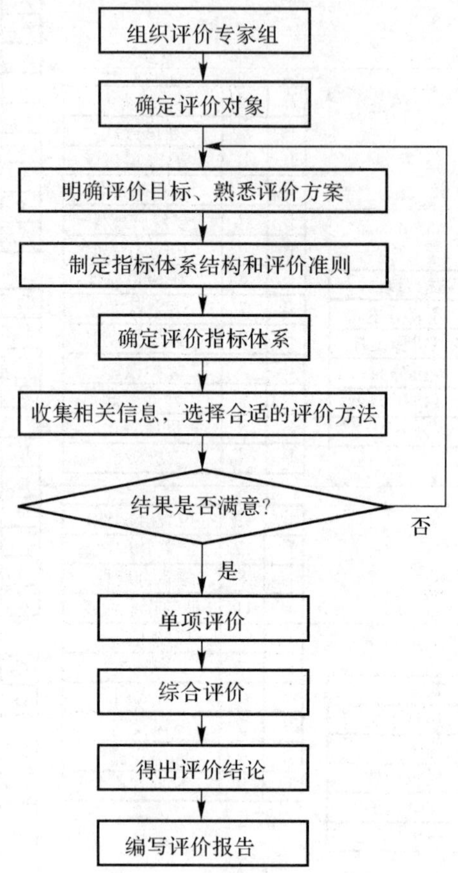

图 7－2－4　通风系统可靠性评价流程

(1)组织评价专家组。专家小组成员应召集对通风系统可靠性有充分了解和深刻认识的专家，采用内外部专家相结合的方式，保证专家小组成员的多样化。

(2)确定评价对象、明确评价目标、熟悉评价方案。明确评价的对象和范围，收集国内外相关的法规和标准，了解同类通风系统情况，明确评价目标、制定并熟悉评价方案。

(3)制定指标体系结构和评价准则，确定评价指标体系。参考待评价通风系统的内涵和所涉及的范围，根据综合性原则、系统性原则，确定评价指标体系。

(4)选择合适的评价方法。根据评价目标和评价对象的复杂程度，从适合评价对象的实际情况出发，选择针对性强、可操作性好以及安全性高的评价方法。

(5)单项评价和综合评价。选取单项指标，有针对性地对通风系统可靠性进行评价，并综合考虑多项指标，对通风系统可靠性作出综合评价。

(6)得出评价结论。简要列出通风系统可靠性的评价结果，给出所评价对象是否符合国家和行业的有关法律、法规、技术标准及规范的结论。

(7)编写评价报告。根据评价的结果编制相应的评价报告，包括通风系统可靠性评价过程的记录，评价对象、评价过程、采用的评价方法、获得的评价结果、提出的对策建议等。

7.2.3　常用评价方法

1. *层次分析法*

层次分析法以系统工程理论为依托，通过分析复杂决策问题的影响因素、本质和内在关系，建立层次结构模型，将决策过程通过定量信息实现数字化，解决复杂决策问题。该方法适用于评价中的定量和定性因素，能够系统、有效地评价通风系统。

(1)构建层次结构模型。因素被分为方案层、准则层、目标层等不同层次。

(2) 构造判断矩阵。从 $U=\{u_1,u_2,\cdots,u_n\}$ 中每次取两个因素成对比较，得判断矩阵为

$$\boldsymbol{R}=(r_{ij})_{n\times n} \tag{7-2-9}$$

(3) 层次单排序及其一致性检验。计算过程如下，即

$$\mathrm{CI}=\frac{\lambda_{\max}-n}{n-1} \tag{7-2-10}$$

式中：$\lambda_{\max}$——R 的最大特征值；

CI—— 一致性检验指标。

一般判断矩阵的阶数 n 越大，人为造成的偏离完全一致性 CI 的值越大，判断矩阵偏离完全一致性的程度越大。当 $n<3$ 时，判断矩阵具有完全一致性。CI 与同阶平均随机一致性指标 R_{I}(见表 7-2-2) 之比称为随机一致性比率 CR。

$$\mathrm{CR}=\frac{\mathrm{CI}}{\mathrm{RI}} \tag{7-2-11}$$

当 $\mathrm{CR}<0.10$ 时，判断矩阵具有可以接受的一致性。当 $\mathrm{CR}\geqslant 0.10$ 时，需要调整和修正判断矩阵，使其满足 $CR<0.10$。

表 7-2-2　平均随机一致性指标

N	1	2	3	4	5	6	7	8
RI	0	0	0.58	0.90	1.12	1.24	1.32	1.41
N	9	10	11	12	13	14	15	
RI	1.46	1.49	1.52	1.56	1.58	1.59	1.59	

在进行层次单排序时，采用和积法计算判断矩阵的最大特征值和相应的特征向量，具体步骤如下：

1) 将判断矩阵 $\boldsymbol{R}$ 的每一列元素作归一化处理；

2) 每列归一化的判断矩阵按行相加；

3) 对相加后得到的向量再归一化，即得排序所要求的特征向量 $\boldsymbol{W}$；

4) 计算判断矩阵 $\boldsymbol{R}$ 的最大特征值 $\lambda_{\max}$。

(4) 层次总排序及其一致性检验。层次总排序是指计算同一层次所有因素对于最高层相对重要性的排序权值。

层次分析法具有计算复杂、耗费工作量大、精度较低、评价过程主观性较强、客观性较差等

特点，甚至会出现评价矩阵不一致的问题。因此，该方法不适应于评价对象较多的复杂系统。

2. 模糊综合评价法

模糊综合评价法能够评价涉及多个相关因素影响的方案或事物。利用该方法可以评价一些生活或生产中存在的大量外延和内涵均不明确的模糊概念，具体步骤如下：

设 X 是由 n 条角联分支对应于 m 个评价指标组成的集合，x_{ij} 为集合 X 中的一个元素，表示第 j 条角联分支对应的第 i 个指标值。引入相对隶属度来消除量纲不同所带来的不可公度性。

第一类指标属性值越大越好，其隶属度为

$$r_{ij}=\frac{x_{ij}-\min\{x_{i1},\cdots,x_{in}\}}{\max\{x_{i1},\cdots,x_{in}\}-\min\{x_{i1},\cdots,x_{in}\}} \tag{7-2-12}$$

第二类指标属性值越小越好，其隶属度为

$$r_{ij}=\frac{\max\{x_{i1},\cdots,x_{in}\}-x_{ij}}{\max\{x_{i1},\cdots,x_{in}\}-\min\{x_{i1},\cdots,x_{in}\}} \tag{7-2-13}$$

式中：$\max\{\}$—— 集合中元素的最大值；

$\min\{\}$—— 集合中元素的最小值。

确定出相对隶属度矩阵 $\boldsymbol{R}_{i\times j}$，表示第 j 条角联分支对第 i 个评价指标的优属度。标准优等角联的 m 个指标隶属度是全体角联相应指标隶属度的最大值，其向量表达式为

$$\bar{\boldsymbol{G}}=(\bigvee_{j=1}^{n} r_{1j} \quad \bigvee_{j=1}^{n} r_{2j} \quad \cdots \quad \bigvee_{j=1}^{n} r_{mj})^{\mathrm{T}}=(g_1 \quad g_2 \quad \cdots \quad g_m)^{\mathrm{T}} \tag{7-2-14}$$

标准劣等角联隶属度的向量表达式为

$$\bar{\boldsymbol{B}}=(\bigwedge_{j=1}^{n} r_{1j} \quad \bigwedge_{j=1}^{n} r_{2j} \quad \cdots \quad \bigwedge_{j=1}^{n} r_{mj})^{\mathrm{T}}=(b_1 \quad b_2 \quad \cdots \quad b_m)^{\mathrm{T}} \tag{7-2-15}$$

对于通风网络中的 n 条角联分支，定义模糊分划矩阵为

$$\left.\begin{array}{l}\boldsymbol{U}_{2\times n}=\begin{bmatrix}u_{11} & u_{12} & \cdots & u_{1n}\\ u_{21} & u_{22} & \cdots & u_{2n}\end{bmatrix}=\begin{bmatrix}U_1\\ U_2\end{bmatrix}\\ \text{st.}\quad 0\leqslant u_{kj}\leqslant 1,\quad k=1,2;j=1,2,\cdots,n\\ \qquad \displaystyle\sum_{k=1}^{2}u_{kj}=1,\quad j=1,2,\cdots,n\\ \qquad \displaystyle\sum_{j=1}^{n}u_{kj}>0,\quad k=1,2\end{array}\right\} \tag{7-2-16}$$

系统中第 j 条角联分支以隶属度 u_{1j} 隶属于优等角联分支，同时，以隶属度 $u_{2j}=1-u_{1j}$ 隶属于劣等角联分支，则第 j 条角联分支的权异优度为

$$D(\bar{R}_j,\bar{G})=u_{1j}\sqrt{\sum_{i=1}^{m}[w_i(r_{ij}-g_i)]^2} \tag{7-2-17}$$

第 j 条角联分支的权异劣度为

$$D(\bar{R}_j,\bar{B})=u_{2j}\sqrt{\sum_{i=1}^{m}[w_i(r_{ij}-b_i)]^2} \tag{7-2-18}$$

设 n 条角联分支的权异优度的二次方与权异劣度的二次方之和为最小目标函数，即

$$\min F(U_1)=\sum_{j=1}^{n}\{[D(\bar{R}_j,\bar{G})]^2+[D(\bar{R}_j,\bar{B})]^2\} \tag{7-2-19}$$

令$\frac{\mathrm{d}F(U_1)}{\mathrm{d}u_{1j}}=0$,可得出最优模糊分划矩阵元素为

$$u_{1j}=\left[1+\frac{\mathrm{d}^2(\bar{R}_j,\bar{G})}{\mathrm{d}^2(\bar{R}_j,\bar{B})}\right]^{-1}=\left[1+\frac{\sum_{i=1}^{m}[w_i(g_i-r_{ij})]^2}{\sum_{i=1}^{m}[w_i(r_{ij}-b_i)]^2}\right]^{-1} \tag{7-2-20}$$

模糊优选综合评价方法的优势是能够解决传统数学方法中存在的“唯一解”弊端,具有适应性广、方法简单易掌握的特点,可通过模型建立和评价多因素、多层次的较复杂问题,能够有机结合定性指标和定量指标,避免判断的不确定性和模糊性。然而,该方法也存在指标信息存在高重复性、各个因素的权重确定存在较高主观性等问题。

3. 灰色关联度分析法

灰色关联度分析法包括绝对关联度和速率关联度两种。绝对关联度受数据中极值影响较大,在分析对象中存在极值的情况下关联度变化较大,不能正确地反映两组数据间的关联程度。速率关联度主要体现两个对象成长历程中相对变化速率之间的关联程度。假设两个对象在成长历程中相对变化速率之间的关联度较好,则两者的关联程度较差。

采用速率关联度分析方法对通风系统 A、通风系统 B 的评价结果进行灰色关联度分析,具体步骤如下:

(1) 选取一组最优指标为参考序列,其指标为 $x_0(i),i=1,2,\cdots,n$。

(2) 计算速率关联系数,公式为

$$\xi_i=\frac{1}{1+\left|\frac{x_i(k+1)-x_i(k)}{x_i(k)\Delta t}\right|-\frac{x_0(k+1)-x_0(k)}{x_0(k)\Delta t}} \tag{7-2-21}$$

式中:$\xi_i(k)$—— 速率关联系数;

$x_i(k)$—— 通风系统 i 的第 k 个评价指标;

Δt—— 时间间隔,指标间为等时间间隔,取 1。

在通风系统评价中,有些指标为 0,式(7-2-22) 可变为

$$\xi_i^*=\frac{1}{1+\frac{\left|\sum_{k=1}^{m}[x_i(k+1)-x_i(k)]\right|}{\left|\sum_{k=1}^{m}[x_0(k+1)-x_0(m-1)]\right|}} \tag{7-2-22}$$

(3) 计算速率关联度,公式为

$$r_i=\frac{1}{n}\left[\sum_{k=1}^{n}\xi_i(k)+\xi_i^*\right] \tag{7-2-23}$$

式中:r_i—— 速率关联度;

ξ_i^*—— 速率关联系数。

(4) 比较排序。根据通风系统 i 的评价指标 $x_i(k)$ 与最优通风系统评价指标 $x_0(i)$ 的速率关联度,可对被评价通风系统的综合情况进行优劣排序。

对于上述已经评价的通风系统 A、通风系统 B,其与最优通风系统评价指标 $x_0(i)$ 的速率关联度分别为 r_A、r_B,则:

1)$r_A>r_B$ 时,通风系统 A 优于通风系统 B;

2)$r_A = r_B$ 时,通风系统 A 等于通风系统 B;

3)$r_A < r_B$ 时,通风系统 A 劣于通风系统 B。

由于灰色关联度不符合保序性和规范性标准,导致计算结果通常存在一定差异,只能反映数据列的相关关系,精确度较低。

4.人工神经网络评价方法

人工神经网络是人工智能的一个前沿研究领域,是一种大规模并行的非线性动力学系统,指利用工程技术手段模拟人脑神经网络的结构与功能的一种技术系统。人工神经网络的基本结构如图 7-2-5 所示,其中"○"表示处理单元或节点,又称神经元。网络拓扑是由各个神经元互相连接而成的,网络包括多个节点,比如输出层节点、输入层节点、隐含层节点。输入层节点负责接收输入信号,将其传递给隐含层节点,经过一定的函数计算处理后,再传递给输出层节点,从而得出结果。

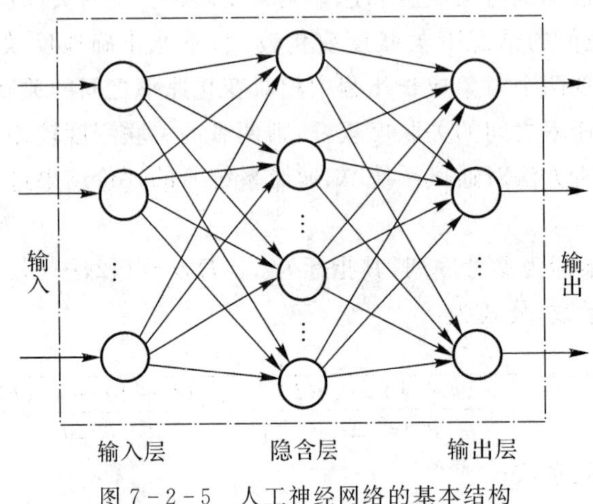

图 7-2-5　人工神经网络的基本结构

人工神经网络具备自适应、自学习的能力,还能够大规模并行处理信息,且可自行领悟训练样本的内在规律,同时在网络中将规律存储起来。

(1)初始化。隐含层 Q,输出层 N,输入层节点数 M;给定全局误差函数 E 的一个极小值 ε,输入层与隐含层连接权(W_{ij}^p)、隐含层与输出层连接权(W_{ij}^p)赋予(−1,1)的随机值;学习样本(X_i^p, Y_k^p)。

(2)隐含层节点的输入与输出。

$$S_{pj} = \sum_{i=1}^{M} W_{ij}^p X_i^p \tag{7-2-24}$$

$$O_j^p = f(S_j^p) = \frac{1}{[1 + \exp(-S_j^p + \theta_j^p)]} \tag{7-2-25}$$

$$\delta_j^p = (1 - O_k^p) O_k^p \sum O_k^p W_k^p \tag{7-2-26}$$

$$W_{ij}^{p+1} = W_{ij}^p + \eta(\delta_j^p O_j^p + \alpha \delta_j^{p-1} O_j^{p-1}) \tag{7-2-27}$$

式中:α—— 常数;

H—— 训练速度;

θ_j^p—— 隐含节点的门限;

W_{ij}^{p+1}—— 权重调整；

δ_k^p—— 误差；

O_j^p—— 输出值；

$f_i(x)$—— 作用函数；

S_j^p—— 输入值。

(3) 输出层节点的输入与输出。

$$S_k^p = \sum_{j=1}^{Q} W_{jk}^p Q_j^p \tag{7-2-28}$$

$$O_k^p = \frac{1}{[1 + \exp(-S_k^p + \theta_k^p)]} \tag{7-2-29}$$

$$\delta_k^p = (1 - O_k^p) O_k^p (Y_k^p - O_k^p) \tag{7-2-30}$$

$$W_{jk}^{p+1} = W_k^p + \eta(\delta_k^p O_k^p + \alpha \delta_k^{p-1} O_k^{p-1}) \tag{7-2-31}$$

式中：θ_k^p—— 输出节点的门限；

O_k^p—— 输出值；

S_k^p—— 输入值。

(4) 网络收敛是指通过循环记忆训练，直至网络全局误差函数前面的误差小于 ε。

人工神经网络具有自学习性、非线性及容错性等优势，将其加入通风系统评价中，客观上避免了传统评价方法中精度低、干扰多等弊端，提高了评价结果的精度和抗干扰能力。

7.3　通风网络风流稳定性分析

通风网络风流稳定性是各网络中分支在受到外界干扰时，引起分支风量大小或分支风流方向改变的能力。在通风网络中，角联分支相当于两通路间的桥梁，当角联分支受到较小干扰后其风量变化较大，更甚者风向发生变化，尤其是控制通风网络风流不稳定的主要地点。通过改变角联分支两侧的主干分支的风阻就可以改变角联分支的风向。

7.3.1　角联分支风流稳定性分析

1. 角联分支的分类

通风网络按风流系统可划分为进风区、用风区和回风区；按角联所处的区域可划分为进风区角联和回风区角联两种类型；按角联分支风流风向是否允许改变(风向改变有何利弊)，风速和压差是否符合规定要求，可以将角联分支划分为有害角联、中性角联和有益角联 3 种类型。

(1)有害角联，当角联分支风流不稳定，其风向和风量的改变将导致本身或其他用风风流变化较大的角联称为有害角联，如矿井通风系统中采掘工作面处于角联分支上。此类角联分支是有害的，必须采取网络变换改造，将其由角联转化为非角联。

(2)中性角联，当角联分支无论是风向或风量发生变化对其本身和其他地点的安全并无根本性影响的角联称为中性角联，如在两条相邻的并联进(回)风分支之间的联络巷。此类角联分支是无害的，可以不采取任何措施。

(3)有益角联，利用角联分支风流方向或风量可调节的特性，实现合理的风量调节、主要通风机联合运转工况点调节或局部反风等，如利用角联分支风向可变的特性实现局部反风。局部反风分支在反风前后并不是角联分支，而是风流方向稳定的通路分支，只不过在改变风向的过程中，通过转化为角联来实现风流的反向。

2. 角联分支识别

对于复杂通风网络中角联分支的识别有两种方法：

(1)找出通风网络的节点通路矩阵，用集合运算的方法，识别出所有角联分支。

(2) 按照 θ 型角联结构的特性来构造快速识别的算法。

首先对通风网络中的简单串联和简单并联分支进行合并，然后对通风网络的所有节点 j，计算其流入分支数 FI(j) 和流出分支数 FO(j)。若某分支为角联分支，则必须满足如下条件：

1) $FI(j_1) \geqslant 1, FO(j_1) \geqslant 2, FI(j_2) \geqslant 2, FO(j_2) \geqslant 1$；

2) 由分支始节点 j_1 至总回风节点间存在至少一条正向通路，在该通路上不包括由 j_1 至 j_2 通路上的任何节点；

3) 由分支末节点 j_2 至总进风节点间存在至少一条反向通路，在该通路上不包括分支的始节点 j_1。

3. 角联分支风流稳定性评价

为合理评价角联分支风流的稳定性和安全性，提出以下评价准则：

(1) 内因决定原则。使用风流功率(风量 × 压差) 评价其风流的稳定性。

(2) 外因促进原则。根据角联分支所属的敏感分支风阻变化难易程度，评价其风流的稳定性。主要考查敏感分支中是否存在干扰设备。

(3) 安全性原则。根据角联分支所处位置、长度和风速评价灾害发生的可能性。进风系统角联分支的安全性明显优于回风系统的角联分支。

以矿井通风系统角联分支风流稳定性分析为例，建立角联分支风流稳定性评价因素，如图 7-3-1 所示。其中包含 4 个层次、8 项指标，按 1 ～ 9 比率法构造出各层次上的判断矩阵，采用幂法求解判断矩阵的特征向量及其最大特征值，经层次分析法程序计算，得出最底层 8 项指标的权重向量 $\boldsymbol{W}=(w_1 \quad \cdots \quad w_8)$。各层次随机一致性比率 CR 均小于 0.1，判断矩阵具有满意的一致性。

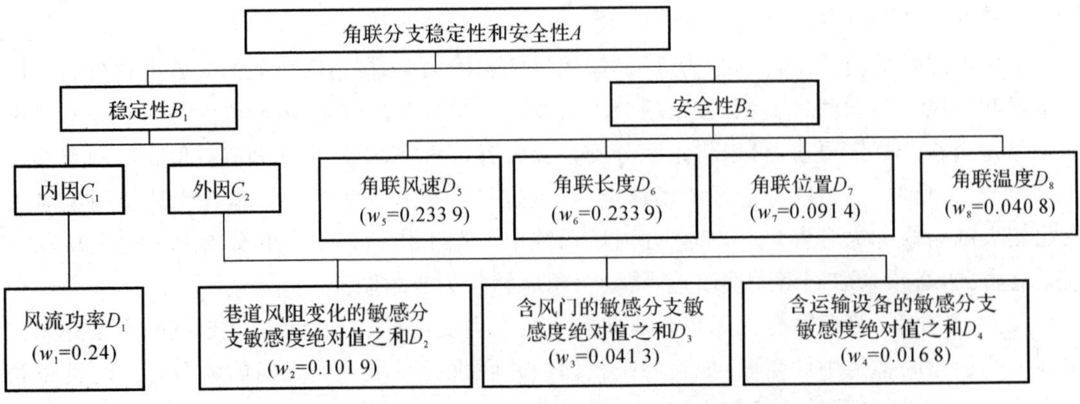

图 7-3-1　角联分支风流稳定性评价指标体系层次结构模型

从角联分支风流的稳定性和安全性评价的相对性考虑，假设存在最好和最差两种极端情形，那么其他角联分支均介于这两种情形之间。为比较各角联分支稳定性和安全性的优劣程度，选择欧氏权距离来描述各角联分支与假想最优角联分支之间的广义距离，即

$$d_i=\left\{\sum_{j=1}^{n}\left[w_j(b_j^+-b_{ij})\right]^2\right\}^{1/2},\quad (i=1,2,\cdots,m) \tag{7-3-1}$$

式中：d_i—— 第 i 个角联分支与相对最优角联分支之间的广义距离；

W_j—— 第 j 个评价指标的权重值，根据层次分析法得出；

b_j^+—— 相对最优角联分支第 j 个指标的相对隶属度；

b_{ij}—— 第 i 个角联分支第 j 个指标的相对隶属度；

n—— 指标集中的元素个数；

m—— 角联分支集中的元素个数。

通过上述欧氏权距离的计算，可以对各角联分支风流的稳定性和安全性优劣情况进行评价，得出合理的优劣排序。

不同的评价因素往往具有不同的量纲和量纲单位，同时角联分支风流稳定性与安全性的优劣具有相对性。为消除量纲和量纲单位不同所带来的不可公度性，在决策前应将评价指标的绝对量转化为相对量，即引入相对隶属度，其计算见式(7-2-12) 和式(7-2-13)。

4. 关键角联分支风流稳定性优化控制

角联分支风流的稳定性主要取决于该分支两端的压差。角联分支的压差越小则越不稳定，小压差的角联分支在风量上往往表现为微风，很容易受到通风机供电电压波动产生的风压风量变化、自然风压变化和风流干扰因素（如风门的启闭等）的影响，出现风流停滞和反向。然而，微风的巷道并非是不稳定的。例如，风量受控的用风地点，往往带有较大调节压力的风窗，虽然风速较低，但风流方向非常稳定，其风量和风速主要取决于主要通风机工作风压和风量的限制。以下提出两种躲避最大阻力路线的控制方法来处理关键角联分支风流稳定性。

(1) 在多角联复杂子网中，首先考虑在风量较大的敏感角联分支上增阻，在对被调系统的总阻力影响很小的情况下实现关键角联分支风量的增加。

(2) 设法给关键角联分支创造一条可控回风通道，使其形成独立回风，达到增加其风量的目的。

通过对稳定性和安全性较差的角联分支进行风量调节，避免风流不稳定甚至无风。

7.3.2　风流敏感性分析法

1. 风流敏感性及风流敏感度

通风网络的敏感性可用风流（风压或风量）敏感度来衡量。当通风网络中某分支的风阻发生变化时，引起网络中其他分支的风量（风压）发生变化，这种变化的难易程度称为风网的风量（风压）敏感度。记为

$$\boldsymbol{\Delta}=(\delta_{ij})_{n\times n} \tag{7-3-2}$$

$$\boldsymbol{E}=(\varepsilon_{ij})_{n\times n} \tag{7-3-3}$$

式中：$\boldsymbol{\Delta}$—— 风量敏感度矩阵，$\boldsymbol{\Delta}=\dfrac{\mathrm{d}\boldsymbol{Q}}{\mathrm{d}\boldsymbol{R}}$；

$\boldsymbol{E}$—— 风压敏感度矩阵，$\boldsymbol{E}=\dfrac{\mathrm{d}\boldsymbol{H}}{\mathrm{d}\boldsymbol{R}}$；

δ_{ij}—— 分支 i 风量对分支 j 风阻变化的敏感度，$\delta_{ij}=\dfrac{\partial q_i}{\partial r_j}$；

ε_{ij}—— 分支 i 风压对分支 j 风阻变化的敏感度，$\varepsilon_{ij}=\dfrac{\partial h_i}{\partial r_j}$；

n—— 通风网络分支数。

风量敏感度和风压敏感度反映通风网络中对风量和风压进行调节的难易程度。由风量敏感度和风压敏感度矩阵的每一行可看出各分支风阻改变对同一分支风量或风压的影响，由矩阵的每一列可看出某分支风阻改变对各分支风量或风压的影响。风量和风压敏感度不仅与通风网络结构有关，且与系统所处的状态有关。

2. 风流敏感度计算原理

(1) 风量敏感度。

通风网络稳态时的状态方程可用下面的矩阵方程描述，即

$$f(\boldsymbol{Q}_\mathrm{y},\boldsymbol{H}_\mathrm{c},\boldsymbol{H}_\mathrm{n})=\boldsymbol{C}\boldsymbol{R}_\mathrm{diag}\ |\boldsymbol{C}^\mathrm{T}\boldsymbol{Q}_\mathrm{y}|_\mathrm{diag}\boldsymbol{C}^\mathrm{T}\boldsymbol{Q}_\mathrm{y}+\boldsymbol{C}\boldsymbol{H}_\mathrm{c}-\boldsymbol{H}_\mathrm{n}=0 \tag{7-3-4}$$

式中：$\boldsymbol{C}$—— 网络基本回路矩阵；

$\boldsymbol{R}$—— 网络分支风阻列向量；

$\boldsymbol{Q}_y$—— 余树分支风量列向量；

$\boldsymbol{H}_c$—— 网络分支调节压力列向量(包括风机风压)；

$\boldsymbol{H}_n$—— 回路自然风压列向量。

将式(7-3-4)对风阻向量求导，即

$$\frac{\mathrm{d}f}{\mathrm{d}\boldsymbol{R}}=\frac{\partial f}{\partial \boldsymbol{R}}+\frac{\partial f}{\partial \boldsymbol{Q}_\mathrm{y}}\frac{\mathrm{d}\boldsymbol{Q}_\mathrm{y}}{\mathrm{d}\boldsymbol{R}}=0 \tag{7-3-5}$$

可推出

$$\boldsymbol{\Delta}=\frac{\mathrm{d}\boldsymbol{Q}}{\mathrm{d}\boldsymbol{R}}=\boldsymbol{C}^\mathrm{T}\ \frac{\mathrm{d}\boldsymbol{Q}_\mathrm{y}}{\mathrm{d}\boldsymbol{R}}=-\boldsymbol{C}^\mathrm{T}\left(\frac{\partial f}{\partial \boldsymbol{Q}_\mathrm{y}}\right)^{-1}\boldsymbol{C}\boldsymbol{I}\ |\boldsymbol{C}^\mathrm{T}\boldsymbol{Q}_\mathrm{y}|_\mathrm{diag}\boldsymbol{C}^\mathrm{T}\boldsymbol{Q}_\mathrm{y} \tag{7-3-6}$$

当不考虑自然风压和除风机外的控制设施对风量的导数，且风机分支为独立分支时，即

$$\frac{\partial f}{\partial \boldsymbol{Q}_\mathrm{y}}=2\boldsymbol{C}\boldsymbol{R}_\mathrm{diag}\ |\boldsymbol{C}^\mathrm{T}\boldsymbol{Q}_\mathrm{y}|_\mathrm{diag}\boldsymbol{C}^\mathrm{T}-\frac{\partial \boldsymbol{H}_f}{\partial \boldsymbol{Q}_\mathrm{y}} \tag{7-3-7}$$

式(7-3-7)右边第一项为正定矩阵，在风机曲线的正常工作段，$\dfrac{\partial h_{fi}}{\partial q_{yi}}<0$ 成立。在正定矩阵的对角元素中加一个正数，不会影响其正定性，$\dfrac{\partial f}{\partial \boldsymbol{Q}_\mathrm{y}}$ 的逆阵必存在。因此，由式(7-3-6)即可计算得到通风网络的风量敏感度矩阵。

(2) 风压敏感度。

通风系统稳态时的分支全风压向量为

$$\boldsymbol{H}=\boldsymbol{R}_\mathrm{diag}\ |\boldsymbol{Q}|_\mathrm{diag}\boldsymbol{Q}+\boldsymbol{H}_\mathrm{c}-\boldsymbol{H}_\mathrm{z} \tag{7-3-8}$$

式中：$\boldsymbol{H}_z$—— 分支位能差列向量。

将式(7-3-8)对阻向量 $\boldsymbol{R}$ 求导，得

$$\frac{\mathrm{d}\boldsymbol{H}}{\mathrm{d}\boldsymbol{R}}=\frac{\partial \boldsymbol{H}}{\partial \boldsymbol{R}}+\frac{\partial \boldsymbol{H}}{\partial \boldsymbol{Q}}\frac{\mathrm{d}\boldsymbol{Q}}{\mathrm{d}\boldsymbol{R}} \tag{7-3-9}$$

由于$\frac{\partial \boldsymbol{H}}{\partial \boldsymbol{R}} = |\boldsymbol{Q}|_{\text{diag}}\boldsymbol{Q}, \frac{\partial \boldsymbol{H}}{\partial \boldsymbol{Q}} = 2\boldsymbol{R}_{\text{diag}}\ |\boldsymbol{Q}|_{\text{diag}} + \frac{\mathrm{d}H_c}{\mathrm{d}\boldsymbol{Q}}$,则

$$\boldsymbol{E} = \frac{\mathrm{d}\boldsymbol{H}}{\mathrm{d}\boldsymbol{R}} = |\boldsymbol{Q}|_{\text{diag}}\boldsymbol{Q} + \left(2\boldsymbol{R}_{\text{diag}}\ |\boldsymbol{Q}|_{\text{diag}} + \frac{\mathrm{d}\boldsymbol{H}_c}{\mathrm{d}\boldsymbol{Q}}\right)\frac{\mathrm{d}\boldsymbol{Q}}{\mathrm{d}\boldsymbol{R}} \tag{7-3-10}$$

因此,风压敏感度与风量敏感度之间存在式(7－3－10)所示的函数关系,计算出风量敏感度后,由式(7－3－10)可得风压敏感度。

3. *角联分支风流敏感性分析方法*

对于角联分支,在敏感度矩阵中敏感度小于 0 者,属于正向导线;大于 0 者,属于反向导线。在正向导线分支上实施增阻,会使角联分支中的风量减小,而在反向导线分支上增阻,会使角联分支中的风量增大。因此,在对角联分支增强稳定性进行调节时,首先考虑在正向导线中寻找有调节的分支,将其调节量减少或取消,如果无调节存在,则考虑在反向导线中按敏感度由大到小寻找增阻可行的分支。由于对通风网络采取了增阻调节,会使被调系统的网络总风阻增加、通风机工况点上移,风量下降,风压上升,能耗增加。因此,增阻调节的位置,取决于被调系统通风机工况点的合理性,即在保证矿井用风地点风量需求和角联分支风流稳定的前提下,通风机工况点必须落在合理的工作范围内,通风能耗变化不大。

【例 7－2】 在某矿复杂通风网络图中存在 34 条角联分支,请对该通风网络进行风流稳定性分析,并针对风流稳定性较差的分支提出控制方案。

【解】

根据表 7－3－1 中的各指标属性值,按式(7－2－12)或式(7－2－13)进行无量纲处理,其中,风流功率 D_1、角联位置 D_7 和风速 D_5 取第一类指标属性值,其他取第二类指标属性值,再按模糊优选综合评价法模型进行计算,得出各角联分支安全稳定性排序。部分结果见表 7－3－1,可见隶属度 u_{1j} 离 0 越近,角联分支的安全稳定性越差。通过对 u_{1j} 较小的分支风流控制,可以提高通风网络风流的安全稳定性。

表 7－3－1　角联分支安全稳定性评价参数

分支	巷道名称	稳定性 B_1				安全性 B_2				评价结果 u_{1j}
		内因 C_1	外因 C_2							
		风流功率 D_1/kW	巷道风阻变化 D_2	风门开关 D_3	运输设备开停 D_4	风速 D_5/(m·s^{-1})	长度 D_6/m	角联位置 D_7	角联温度 D_8/℃	
161	己三皮带暗斜	121.01	1.739	0.093	1 305.75	0.95	1 057	1	28.2	0.103 47
68	己三下延皮带下山	1.824 5	2.82	0.02	505.806	0.4	139	0.5	29.8	0.297 28
13	己三下延轨道下山	0.404 8	4.268	0.149	1 582.98	0.24	183	1	28.3	0.299 62
146	轨皮联络巷	0.056 6	1.159	0.004	371.567	0.25	147	0.5	24.2	0.314 37
114	庚一绞车房	1.598 4	0.357	0.522	139.934	0.3	259	0.5	23.6	0.324 06
88	副井南绕道	0.000 2	1.832	0.031	3 018.62	0.01	100	1	25.8	0.348 66
69	180 机巷回煤道	265.15	2.651	0.004	133.591	0.9	151	0.5	29.5	0.355 64
103	副井绕道	48.79	0.903	0.017	2 063.51	1.15	400	1	24.8	0.366 93

续表

分支	巷道名称	稳定性 B_1				安全性 B_2				评价结果 u_{1j}
		内因 C_1	外因 C_2							
		风流功率 D_1/kW	巷道风阻变化 D_2	风门开关 D_3	运输设备开停 D_4	风速 D_5/(m·s^{-1})	长度 D_6/m	角联位置 D_7	角联温度 D_8/℃	
135	030 机车场	37.045	0.548	0.174	381.494	0.79	153	0.5	23.6	0.371 71
95	皮带暗斜上车场	23.956	0.559	0.004	923.689	0.62	216	1	26.5	0.380 88
……										
max(x_{ij})		7 063.17	4.793	0.522	3 575.64	2.861	1 057	1	30.8	1
min(x_{ij})		0.000 2	0.042	0	46.088	0.011	19.8	0.5	23.6	0

以安全稳定性最差的已三皮带暗斜——161 角联分支为例，说明所提出的优化控制方法。161 分支是连接副井和北山风井两个进风井的联络巷，长度为 1 057 m，风流方向为下行，阻力为 15.9 Pa。为确保此巷道风流的安全稳定，提出以下两种控制方案。

(1)增强 161 分支下行风强度。如图 7-3-2 所示，在负导线 117 分支上增阻，并在满足工作面需风量的前提下，使 161 分支的风量增加到 8.137 m^3/s(见表 7-3-2)，可以保证其下行风的风流稳定性。

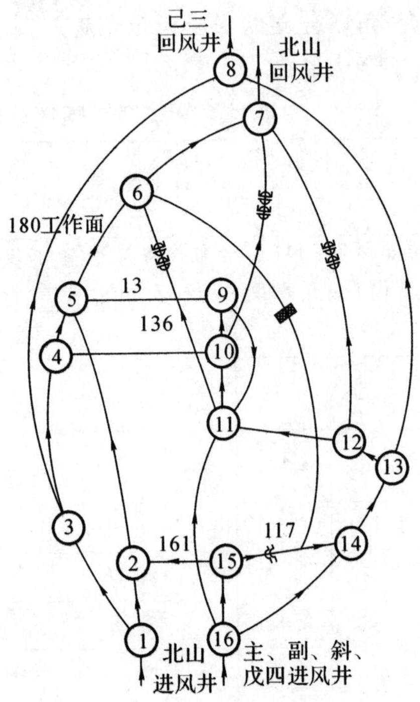

图 7-3-2 控制方案 1 简化示意图

表 7-3-2　主要巷道风流参数对比

分支号	风道名称	阻力/Pa				风量/($m^3 \cdot s^{-1}$)			
		方案1	方案2			方案1	方案2		
			定流20 $m^3 \cdot s^{-1}$	定流30 $m^3 \cdot s^{-1}$	定流35 $m^3 \cdot s^{-1}$		定流20 $m^3 \cdot s^{-1}$	定流30 $m^3 \cdot s^{-1}$	定流35 $m^3 \cdot s^{-1}$
13	己三轨道下山	7.87	6.612	7.89	8.258	10.71	9.817	10.72	10.97
63	180工作面	435.8	672.9	435.8	317.7	17.96	22.32	17.96	15.34
78	210工作面	379.1	382.1	379.1	378.1	25.82	25.92	26.39	25.79
161	己三皮带暗斜	17.86	0.015	17.93	37.3	8.137	0.234	8.15	11.76

(2)如图7-3-3所示，使117分支的风流方向由15节点流向6节点，与180工作面回风并联进入己三回风下山，调节136分支(180风巷出煤道)，分别将117分支风量定为20 m^3/s、30 m^3/s、35 m^3/s，模拟解算出主要巷道风流参数，见表7-3-2。当117分支风量定为30 m^3/s时，可使皮带暗斜161分支的风向由下行风变为上行风，风量达到8.15 m^3/s，并且能够保证180工作面的供风量。

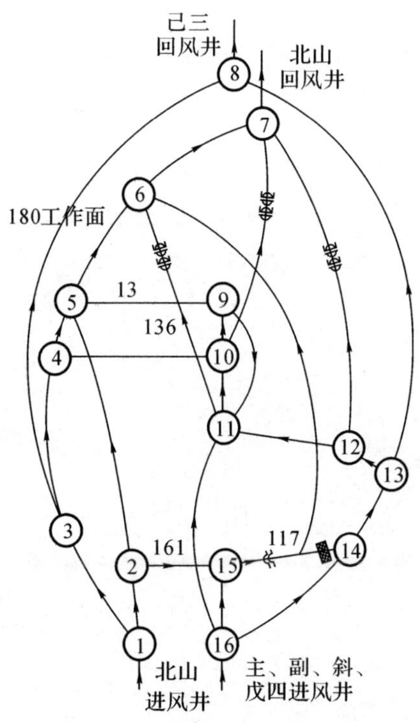

图7-3-3　控制方案2简化示意图

从提高己三皮带暗斜通风稳定性和防火安全性方面考虑，161分支上行通风明显优于下行通风，故选择方案2，将117分支风量设定为30 m^3/s。

复习思考题

(1)简述通风系统可靠性度量指标。

(2)简述评价指标体系应遵循的原则。

(3)简述通风系统安全可靠性评价的流程。

(4)简述灰色关联度分析法的评价步骤。

(5)简述层次分析法、模糊优选综合评价法、灰色关联度分析法、人工神经网络评价法的优缺点。

第 8 章　应急救援通风决策

本章学习目标：了解决策、决策目标、决策分类、决策原则等基本知识；理解决策过程；掌握多目标决策、决策树等方法，运用决策树法解决实际生产过程中最优方案相关决策问题；了解常见数值模拟技术和通风仿真决策系统。

8.1 决策基础

决策指个体在谋求生存与发展的过程中，以事物发展规律及主客观条件的认识为依据，寻求并实现某种最佳准则和行动方案而进行的活动。决策通常有广义、一般和狭义 3 种解释。广义决策包括抉择准备、方案优选和方案实施等全过程。一般决策只包括准备和选择两个阶段的活动，指个体按照准则在若干备选方案中选择。狭义决策指做决定或抉择。

决策目标属主观范畴，指决策者对于所研究问题希望达到的状态和追求方向的陈述，是一个无界的、规定方向的最大可能程度的需求。目标通常有极大或极小两个方向，如效益型目标越大越好，损耗型目标则相反。目标没有明确先验量值，只是在约束条件限制的可行域里追求极大或极小。

8.1.1 决策分类

按决策形态不同，决策可分为规范性决策、非规范性决策；按决策规模和影响不同，可分为个人决策、团体决策、国家决策、国际决策；按决策层次可分为战略决策、战术决策和战役决策，根据问题的性质不同可分为确定型决策、风险型决策和不确定型决策。确定型决策是在一种已知的完全确定的自然状态下，选择满足目标要求的最优方案。风险型决策是采用数理统计方法计算两个及以上决策方案自然状态下的益损值，可通过估计得到每种自然状态出现的概率。不确定型决策是当决策问题有两种以上自然状态，其发生具有不确定性时所作出的决策。

决策应具备 3 个条件：存在一个决策者希望达到的明确目标；存在两个或两个以上决策方案；可以求出不同决策方案在自然状态下的损益值。确定型决策只存在一个自然状态；风险型决策存在两个或两个以上自然状态，且决策者可预先估计或计算出各种自然状态出现的概率；不确定型决策存在两个或两个以上自然状态，但决策者事先无法估计或计算出各种自然状态出现的概率。

8.1.2 决策过程

决策过程如图 8-1-1 所示，包括发现决策问题、确定决策目标、拟定备选方案、分析-评价、方案抉择、方案实施与反馈。

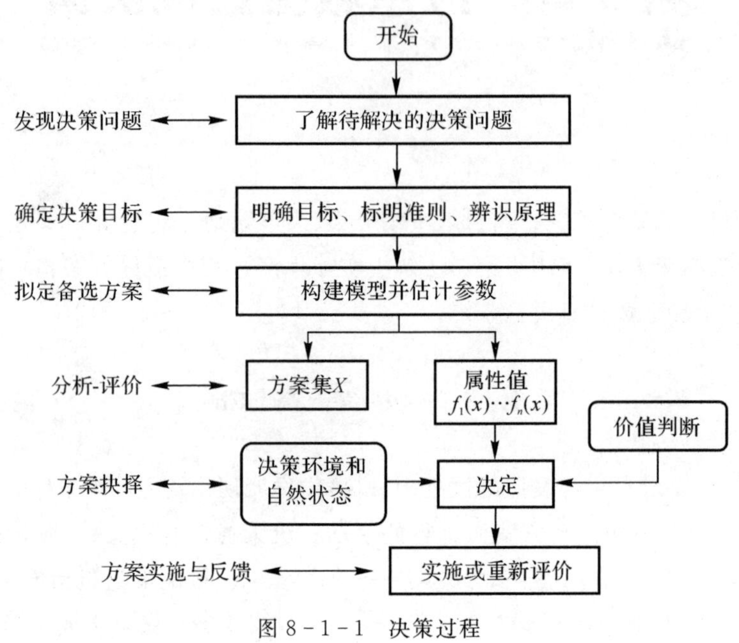

图 8-1-1 决策过程

1. 确定决策目标

确定决策目标是进行决策的前提，具体过程为确定问题的特点、范围，分析问题产生的原因，搜集与决策目标相关的信息。决策目标应含义准确，便于把握，易于评估；尽可能将目标数量化，明确目标的时间约束条件；目标具有实现的可能性和挑战性。

2. 拟订备选方案

决策目标确定后，分析其实现的可能途径，即拟订备选方案。拟订备选方案必须广泛搜集与决策对象、环境等相关的信息，并从多角度预测各种可能达到目标途径的后果。

3. 分析-评价

根据预先确定的决策目标和建立的价值标准，确定方案的评价要素、评价标准和评价方法，有时还要进行敏感性分析。在典型决策过程中，系统分析、综合、评价是系统工程的基本方法，也是决策(评价)的主要阶段。

分析一般是指把一件事物、一种现象或一个概念分成较简单的组成部分，找出这些部分的本质属性和相互关系。系统分析是为给决策者提供判断、评价和抉择满意方案所需的信息资料，系统分析人员使用科学的分析方法对系统的准则、功能、环境、费用、效益等进行充分的调查研究，并收集、分析和处理有关的资料和数据，对方案的效用进行计算、处理或仿真试验，对结果与既定准则体系进行比较和评价，作为抉择的主要依据。

综合一般是指把已分析对象的各个部分、各种关系联合成一个整体。系统综合是根据分析结果确定系统的组成部分及其构成方式和运作方式，进行系统设计，形成满足约束条件的可供优选的备选方案集。评价是对分析、综合结果的鉴定。评价的主要目的是判别设计系统或备选方案是否达到预定的各项准则要求，能否投入使用。这是决策过程中的评价，属狭义评价范畴。

4. 方案抉择

方案抉择指对几种可行备选方案进行评价、比较和选择，形成一个最佳行动方案的过程。选择的方案可以是备选方案原型、某一方案的修正方案或综合几个备选方案而得出的新方案。每个决策过程都包含真实元素和价值元素。真实元素能用科学方法去检验，可经过科学加工，变换为其他能被检验的元素，而价值元素不同，其不能直接用任何科学方法去检验和处理。“判断”“倾向性意见”是在制定决策过程中最常遇到的价值元素。价值元素的集合构成价值系统。决策离不开主体的认识、判断、倾向性、评价、选择等价值元素，不能用纯自然科学的观念和方法来认识和处理决策问题。

5. 方案实施

根据分析、综合评价的结果，再引入决策者的倾向性信息和酌情选定的决策规划排列各备选方案的顺序，由决策者选择满意方案并付诸实施。如果实施的结果不满意或不够满意，可根据反馈信息，返回到上述 4 个阶段的任何一个阶段，重复进行更深入的决策分析研究，以期获得满意的结果。

对决策方案实施过程必须加强监督，及时将实施过程的信息反馈给决策制定者。当发现偏差时，应及时采取措施予以纠正。当决策实施情况出乎意料或环境发生重大变化时，应暂停实施决策，重新审查决策目标及决策方案，通过修正目标或更换决策方案，以适应客观形势变化。

8.1.3　决策原则

决策过程中要遵循 6 项基本原则，包括可行性原则、满意原则、经济性原则、信息全面化原则、定性分析与定量分析相结合原则和群体决策原则。

1. 可行性原则

决策首要原则是提供给决策者可行方案。只有准确把握可行性后，决策者和决策实施者才能使整个决策过程有意义。决策的最终目标是解决问题和实现目标。

2. 满意原则

满意原则指在系统环境下，试图追寻最优解，找到实现目标的最优方案。决策往往受客观因素影响而无法得到最优解，只能退而求其次，得到次优解，即相对满意解。最佳决策不可能的原因包括：决策是灰色的；组织所处的内外环境总在变化，使得决策依据变幻莫测；不充分信息影响方案的数量和质量，并不能确定和分析所有的可能方案；由于人的预见能力有限，今天的理想选择不等于明天的理想选择；随着目标和资源的变化，最优方案可能不再最优；由于决策是基于不完整的信息，因此过程中的调整和协调不可避免；管理者经常没有充裕的时间去收集或寻找最佳方案。

3. 经济性原则

经济性原则要求决策者选择能获得最大经济效益的方案。现代社会资源稀缺，决策者作出的任何选择都应以有利于实现效益最大化和价值最大化为目标。

4. 信息全面化原则

信息为决策提供依据。各种决策技术的作用对象都是信息决策，信息的数量和质量直接影响决策水平。收集数据、处理数据、产生信息的成本应低于信息所带来的效益。未经调查，缺乏信息而盲目作出一些决策，必定导致问题无法解决。在进行决策前，决策者应认真研究解决的问题，运用科学手段广泛收集信息，以获得准确、及时、可靠的决策依据。

5. 定性分析与定量分析相结合原则

受社会发展约束，传统决策通常使用定性决策方法。纯粹的定性分析方法主观臆断成分大，若不注重事物发展过程中的数量变化、数量表现、数量关系和在数量方面存在的规律，则不可能真正把握事物内在规律，更不可能作出科学决策。

定量分析可以准确、可靠地反映事物本质，但也具有局限性。当变量多、约束条件变化大时，定量分析最优结果的获取往往要耗费大量人力、时间和资金。当缺乏完善的分析方法和分析数据时，很难得出可靠结果。社会、政治、心理、行为等因素也会对决策产生影响，但很难完全对其进行量化分析。因此，在决策时要将定性分析与定量分析相结合。

6. 群体决策原则

科学技术飞速发展使得社会、经济、科技等许多问题的复杂程度与日俱增，很多问题的决策已不是决策者个人和少数几个人所能胜任，因此，实行群体决策是决策科学化的重要组织保证。

群体决策不是靠少数领导“拍脑袋”，也不是找专家简单讨论，或基于“少数服从多数”来进行决策，而是充分依靠和利用智囊团对待决策问题进行系统调查研究，弄清历史和现状，掌握第一手资料，通过方案论证和综合评估提出切实可行的方案供决策者参考。群体决策需要一个能最终作出选择的“决策者”，避免出现各执一词、难以定夺的局面。

8.1.4 决策要素

决策要素包括决策者和决策单元、准则或指标体系、决策结构和环境、决策规则等。

1. 决策者和决策单元

决策者指对所研究问题有权利、有能力作出最终判断与选择的个人或集体。决策单元包括决策者及共同完成决策分析研究的决策分析者，以及用以进行信息处理的设备。

2. 准则或指标体系

准则是衡量、判断事物价值的标准，是事物对主体有效性的标度，是比较评价的基准。能数量化的准则称为指标。实际决策问题中，数量化的准则常以属性或目标出现。在决策中，属性为备选方案固有的特征、品质或特性。

备选方案一般可细化为多层结构形式。为配合方案各层的选择，决策准则常具有层次结构。其中，准则体系最上层的总准则只有一个，一般比较宏观、笼统、抽象，不便于量化、测算、比较、判断，而各级子准则相当具体、直观，可以直接或间接地用备选方案本身的属性(如性能、参数等)来表征。

3. 决策结构和环境

根据决策变量的类型,如连续和离散,决策可分为多目标决策和多属性决策,二者统称为多准则决策。根据决策环境条件,决策可分为确定性和非确定性两大类。

4. 决策规则

将多准则问题方案的全部属性值按大小进行排序,依序择优。这种促使方案完全序列化的规则称为决策规则。一般分为最优规则和满意规则。

8.2　决策方法

决策方法主要有主观决策方法、定量决策方法及定性与定量相结合的方法。主观决策方法指直接利用个人的知识、经验和组织规章进行决策,简单易行。定量决策方法指采用数学建模方法研究同决策有关的变量与变量、变量与目标之间的关系,进而进行决策的方法。定性和定量相结合的决策方法解决了大多数管理问题难以完全定量化的问题,如层次分析法、指标评价法等。本节重点介绍几种常见决策方法。

一、多目标决策

1. 多目标决策基本概念

(1)多目标决策定义。

多目标决策指两个以上目标决策。在实际决策中,多目标决策问题非常普遍,如国家经济需要发展,但环境同样需要保护;工程建设中要降低造价,但同样要考虑建筑产品的质量、施工现场的安全;企业的经营计划决策要同时达到产量、成本、利润和资源消耗等最优;个人选购住房时,户型、朝向、楼层、地理位置、社区环境、价位等多种因素都要予以综合评价。上述问题的决策都属于多目标决策。多目标决策可以使决策者更加全面、系统地考虑决策方案,作出更合理的决策,但是要统筹考虑多个目标的实现,使决策变得更加复杂。

(2)多目标决策特点。

1)目标之间的不可公度性。决策对象的多个价值目标往往具有不同经济意义,或不同事理意义的一些要素,其量纲可能不同,计量单位各异,还有一些目标无法度量,如服装款式、建筑风格等。因此,各个目标没有统一衡量标准,如经济目标和社会目标之间,很难直接进行比较。

2)目标之间的矛盾性。采用某一措施改善其中一个目标会妨碍其他目标的实现,如经济建设与环境保护两个目标之间存在一定矛盾;提高建筑质量会使工程建设成本增加;等等。因此,一般不能同时满足所有目标,多数情况下只能求得满意解,或使主要目标最优,其他目标次优甚至予以放弃。

(3)多目标决策原则。

1)在满足决策需要的前提下,尽可能减少目标个数。常用方法有:除去从属目标,归并类似目标;将不要求达到最优的目标降为约束条件;采取综合方法将可归并目标用一个综合指数来反映,如反映一个企业经济效益,可以把各项反映企业经济效益的主要指标(如产值、利润率、资金利润率等),归并为一个类似于企业经济效益指数的综合指标。

2)分析各目标的重要性和优劣程度,分别赋予不同权数。将注意力集中到必须达到而且重要性大的目标。其次再考虑次要目标,如一个连续两年亏损的上市公司,当面临被摘牌下市的可能性时,可以将第三年的扭亏作为优先目标。

2. 多目标决策问题求解步骤

(1)准则或属性设计。采集相关数据,列出决策矩阵,第 i 个方案第 j 个属性的属性值见表 8-2-1。

表 8-2-1 决策矩阵

方案	属性			
	a_1	a_2	…	a_n
S_1	a_{11}	a_{12}	…	a_{1n}
S_2	a_{21}	a_{22}	…	a_{2n}
⋮	⋮	⋮	⋮	⋮
S_m	a_{m1}	a_{m2}	…	a_{mn}

(2)数据预处理。为了清除数据量纲及极差的不一致性,以便进行统一比较,设经处理后的数据矩阵为 $(x_{ij})_{m\times n}$,对于效益型数据,其数值越大越好,而对于成本型数据,其数值越小越好。两种数据处理方法的计算公式如下:

1)线性变换。

效益型数据,即

$$x_{ij}=\frac{a_{ij}}{a_j^{\max}} \tag{8-2-1}$$

成本型数据,即

$$x_{ij}=1-\frac{a_{ij}}{a_j^{\max}} \tag{8-2-2}$$

式中:$a_j^{\max}=\max_i\{a_{ij}\}$。

2)标准 0-1 变换或极差变换。

效益型数据,即

$$x_{ij}=\frac{a_{ij}-a_j^{\min}}{a_j^{\max}-a_j^{\min}} \tag{8-2-3}$$

成本型数据,即

$$x_{ij}=\frac{a_j^{\max}-a_{ij}}{a_j^{\max}-a_j^{\min}} \tag{8-2-4}$$

式中:$a_j^{\min}=\min_i\{a_{ij}\}$。

3)规范化处理。数据不分效益型或成本型,令 $x_{ij}=a_{ij}/\sqrt{\sum_{i=1}^{m}a_{ij}^2}$,其特点为同一属性数据经处理后的二次方和为 1,但处理后的数据无法分辨属性优劣。

4)某些属性数据要求位于区间$[a_2,a_3]$内,且不得小于 a_1 或大于 a,即

$$x_{ij}=\begin{cases}\dfrac{a_{ij}-a_1}{a_2-a_1}, & a_1\leqslant a_{ij}\leqslant a_2\\ 1, & a_2\leqslant a_{ij}\leqslant a_3\\ \dfrac{a_4-a_{ij}}{a_4-a_3}, & a_3\leqslant a_{ij}\leqslant a_4\\ 0, & a_{ij}\leqslant a_1 \text{ 或 } a_{ij}\geqslant a_4\end{cases} \tag{8-2-5}$$

5)对定性数值的量化处理转换可参照表 8－2－2 进行。

表 8－2－2　定性数值量化处理转换

定性数值	很低	较低	低	中	较高	高	很高
效益型	1	2	3	4	5	6	7
成本型	7	6	5	4	3	2	1

(3)方案筛选。

1)淘汰劣解。对方案 i 和 l，若有 $a_{ij}\geqslant a_{lj}$，且其中至少有一个取绝对大于号，则方案 i 优于方案 l，方案 l 应予删除。

2)满意值法。又称逻辑乘法，对每个属性规定一个最低阈值，当某方案中有一个属性值低于规定阈值时，该方案不采用。

3)逻辑和法。当某方案中只有一个属性值高于规定阈值时，该方案予以保留。

(4)方案选取。

对方案优劣按一定方法进行排序，多属性决策常用方法有加权和法、加权积法、最高积分法、TOPSIS 法、ELECTRE 法等。以最高积分法为例，设被评价的方案数目为 n 个，对矿井通风系统影响较大、起重要作用的指标为 m 个，每个方案评判结果都由评判指标具体值$(f_i)=(f_1\quad f_2\quad f_3\quad \cdots\quad f_m)$构成。$n$ 个方案评判指标具体值构成了 $m\times n$ 阶预选方案评判指标矩阵 A，即

$$\mathbf{A}=((f_{ij})=\begin{bmatrix} f_{11} & f_{12} & \cdots & f_{1j} & \cdots & f_{1n}\\ f_{21} & f_{22} & \cdots & f_{2j} & \cdots & f_{2n}\\ \vdots & \vdots & & & \vdots & \vdots\\ f_{i1} & f_{i2} & \cdots & f_{ij} & \cdots & f_{in}\\ \vdots & \vdots & & & \vdots & \vdots\\ f_{m1} & f_{m2} & \cdots & f_{mj} & \cdots & f_{mn}\end{bmatrix} \tag{8-2-6}$$

式中：i—— 评判指标序号；

j—— 方案序号；

f_{ij}—— 评判指标值。

在拟定方案前，由专家评定各评判指标的“权值”分别为 $W_1,W_2,\cdots,W_i,\cdots,W_m$。当 f_{ij} 为可计量指标值时，可由 f_{ij} 计算评判指标评价值 E_{ij}。当 f_{ij} 为定性指标的特征值时，特征值转化为评价值的工作应由专家来完成。

n 个方案评判指标评价值构成了 $m\times n$ 阶矩阵评判指标评价值矩阵 $\boldsymbol{B}$，即

$$B=(E_{ij})=\begin{bmatrix} E_{11} & E_{12} & \cdots & E_{1j} & \cdots & E_{1n} \\ E_{21} & E_{22} & \cdots & E_{2j} & \cdots & E_{2n} \\ \vdots & \vdots & & & \vdots & \vdots \\ E_{i1} & E_{i2} & \cdots & E_{ij} & \cdots & E_{in} \\ \vdots & \vdots & & & \vdots & \vdots \\ E_{m1} & E_{m2} & \cdots & E_{mj} & \cdots & E_{mn} \end{bmatrix} \tag{8-2-7}$$

每个方案各项评判指标评价值与“权值”的乘积之和构成综合性指标 M_j，M_j 最大者为最优方案，即

$$M_j=\max\sum_{i=1}^{m}W_iE_{ij} \tag{8-2-8}$$

【例 8-1】 某矿井扩建后设计生产能力为 240 万 t/a，采用立井、石门、主要大巷开拓方式，生产水平为－350 m 和－440 m。矿井有 5 个井筒：主井、副井、混合井、中央风井和白马河风井。采用中央并列式通风方式，副井进风，中央风井回风。矿井共划分为 9 个采区，为低瓦斯矿井，易自燃发火煤层，自然发火期为 3～4 个月，煤尘有爆炸危险性，煤层自燃倾向性强。请结合矿井 1990—2020 年规划对矿井通风系统进行优化设计。

【解】

根据“矿井 1990—2020 年采掘规划图”和“煤矿生产接续表”采掘安排，拟定 4 个通风系统方案，见表 8-2-3。4 个方案各有优点，需进一步进行技术、经济和安全比较，故采用多目标决策法确定该时期最优通风系统方案。

表 8-2-3　某矿 1990—2000 年通风系统设计方案

编　号	方　案	主要工程
Ⅰ	1. 中央风井担负一采区、九采区和小槽煤掘进通风； 2. 白马河风井担负三采区和七采区通风； 3. 小槽煤利用一采区辅助上山回风； 4. 九采区－440 m 巷掘进时，由八采区回风下山回风，－350 m 巷掘进时，由八采区回风上山回风	在一采区辅助上山的上部车场处向 22°回风下山掘一条回风下山，$L=162$ m，$S=9.5$ m^2
Ⅱ	1. 中央风井担负全矿通风； 2. 白马河风井暂不使用； 3. 同方案Ⅰ第 3、4 条方案	
Ⅲ	1. 中央风井担负全矿回风； 2. 白马河风井进风； 3. 同方案Ⅰ第 3、4 条方案	
Ⅳ	1. 中央风井担负七采区、九采区和小槽煤掘进通风； 2. 白马河风井担负一、三采区通风； 3. 七采区 7305、7307 及 7311 面位于七采区下山和六采区下山之间中部以东部分由七采区回风下山回风，7311 面位于中部以西部分由六采区回风上、下山回风； 4. 同方案Ⅰ第 3、4 条方案	

根据各方案通风系统图绘出其对应的通风网络图，并把通风网络参数和风机参数输入计算机进行解算，得出各方案评判指标值(见表 8-2-4)，其中定性指标由专家根据各方案实际情况进行评定。

表 8-2-4　某矿 1990—2000 年通风系统方案评判指标值

序号	指标	评判指标值 f_{ij}			
		方案Ⅰ	方案Ⅱ	方案Ⅲ	方案Ⅳ
1	矿井风压/Pa	1 273	1 441	1 264	1 426
2	矿井风量/($m^3 \cdot min^{-1}$)	10 920	10 446	10 644	10 392
3	矿井等积孔/m^2	6.07	5.5	5.9	5.5
4	矿井风量供需比	1.09	1.05	1.07	1.04
5	通风方式	215	118	150	217
6	扇风机功率/kW	350.8	417.3	407.3	351.4
7	扇风机效率/(%)	64.5	60	55	70.4
8	吨煤主扇电费/(元·t^{-1})	0.24	0.29	0.28	0.24
9	通风井巷工程费/万元	84.763 6	13.296 0	13.298 0	13.296 0
10	风机运转稳定性	165	154	141	180
11	用风地点风流稳定性	209	69	268	214
12	矿井抗灾能力	190	65	55	190

用最高积分法确定通风系统最优方案。根据表 8-2-4 评判指标值 f_{ij}，计算各评判指标的评价值 E_{ij}，计算结果见表 8-2-5。根据计算结果求各项积分及总积分 M_j，见表 8-2-6。

表 8-2-5　某矿 1990 — 2000 年通风系统方案评判指标评价值

序号	指标	评价值 E_{ij}			
		方案Ⅰ	方案Ⅱ	方案Ⅲ	方案Ⅳ
1	矿井风压	9.9	8.8	10	8.9
2	矿井风量	10	8.6	9.7	9.5
3	矿井等积孔	10	9.1	9.7	9.1
4	矿井风量供需比	10	9.6	9.8	9.5
5	通风方式	9.9	5.4	6.9	10
6	扇风机功率	10	8.4	8.6	10
7	扇风机效率	9.2	8.5	7.8	10
8	吨煤主扇电费	10	8.3	8.6	10
9	通风井巷工程费	1.6	10	10	10
10	风机运转稳定性	9.2	8.6	7.8	10
11	用风地点风流稳定性	9.8	3.2	9.7	10
12	矿井抗灾能力	10	3.4	2.9	10

表 8-2-6　方案积分表

序号	指标	权值 W_i	方案指标的积分($E_i \times W_i$)			
			Ⅰ	Ⅱ	Ⅲ	Ⅳ
1	矿井风压	8	79.2	70.4	80	71.2
2	矿井风量	5.5	55	47.3	53.35	52.25
3	矿井等积孔	1	10	9.1	9.7	9.1
4	矿井风量供需比	2.5	25	24	24.5	23.75
5	通风方式	1.3	12.87	7.02	8.97	13
6	扇风机功率	2.3	23	19.32	19.7	23
7	扇风机效率	5.2	47.84	44.2	40.56	52
8	吨煤主扇电费	4.5	45	37.35	38.7	45
9	通风井巷工程费	2.7	4.32	27	27	27
10	风机运转稳定性	7.7	70.84	66.22	60.06	77
11	用风地点风流稳定性	5.9	57.82	18.88	57.23	59
12	矿井抗灾能力	10	100	34	29	100
M_j	$\sum E_i \times W_i$		530.89	404.79	448.77	552.30

由于 $M_{\mathrm{I}}=530.89$，$M_{\mathrm{II}}=404.79$，$M_{\mathrm{III}}=448.77$，$M_{\mathrm{IV}}=552.30$，M_j 最大者为最优方案，故第Ⅳ方案为最优方案。

8.2.2　贝叶斯决策

1. 先验概率

在实际问题中，对事件发生的可能性缺乏客观统计资料时，决策者只能依据有限资料或所谓先验信息，凭经验估计事件发生的概率，称为先验概率。先验概率是一种主观的估计和选择，也被称为主观概率。

2. 贝叶斯(Bayes)公式和后验概率

贝叶斯(Bayes)公式由英国数学家 Thomas Bayes 提出。设 $A_1, A_2, \cdots, A_n$ 是一个完备事件组，则对任一事件 B，有

$$P(A_i \mid B)=\frac{P(A_i)P(B \mid A_i)}{\sum_{i=1}^{n} P(A_i)P(B \mid A_i)}, \quad (i=1,\cdots,n) \tag{8-2-9}$$

式中：$P(A_i)$—— 先验概率；

$P(B \mid A_i)$—— 由样本获取的信息；

$P(A_i \mid B)$—— 先验概率经样本信息修正后得到的后验概率。

式(8-2-9)经推导得

$$P(A_i \mid B)P(B) = P(A_iB) = P(B \mid A_i)P(A_i) \tag{8-2-10}$$

$$P(B) = P(B \mid A_1)P(A_1) + \cdots + P(B \mid A_n)P(A_n) = \sum_{i=1}^{n} P(B \mid A_i)P(A_i) \tag{8-2-11}$$

若对后验概率继续抽取样本并根据新的信息再次修正，则原有的后验概率可作为先验概率，再次修正后的概率为后验概率。

【例 8-2】 假设有两个外观完全相同的盒子，盒内壁分别标记 A_1 和 A_2。A_1 内盛 8 个白球，2 个黑球。A_2 内盛 8 个黑球，2 个白球。任取一个球后盒子是 A_1、A_2 的概率分别是多少？

【解】

因两个盒子外观完全相同，$P(A_1)=P(A_2)=0.5$，这是先验概率。若从指定盒子中随机摸一个球，当摸到黑球时，会倾向于该盒子是 A_2。当摸到白球时，会倾向于该盒子为 A_1。把 B 设为摸到黑球的事件，则有 $P(B \mid A_1)=0.2$，$P(B \mid A_2)=0.8$。当摸球后再判定盒子是 A_1 或 A_2，即求后验概率 $P(A_1 \mid B)$ 和 $P(A_2 \mid B)$。由式(8-2-7) 计算可得 $P(A_1 \mid B)=0.2$，$P(A_2 \mid B)=0.8$。

8.2.3 决策树

1. 决策树定义

决策树是一种演绎性方法。一个简单决策问题可用树形图表示，如图 8-2-1 所示，包括决策点、方案节点、结果节点等。复杂决策问题往往要连续多次决策，每选择一个策略或方案后，可能有 m 种不同事件发生。每种事件发生后要进行下一步决策，又有 n 个策略可选择，并发生不同事件，因此需要相继作出一系列决策，这种决策过程称为序贯决策。

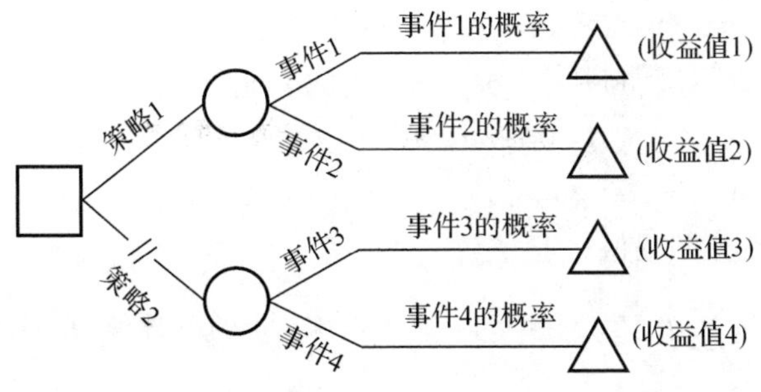

图 8-2-1　树形图示意

决策点用“□”表示，从决策点引出的分支为方案分支，分支数即提出的方案数。方案节点，又称自然状态点，用“○”表示，由其引出的分支为概率分支，每条分支上面应注明自然状态及其概率值。分支数即可能出现的自然状态数。结果节点，也称“末梢”，用“△”表示，其旁边的数值是每一方案在相应状态下的收益值。为避免决策树模型过拟合，通常要对决策树进行剪枝，主要有预剪枝和后剪枝两种方法。预剪枝指边建立决策树边进行剪枝操作，后剪枝指在决策树生长完成之后再进行剪枝的过程。本书主要采用后剪枝方法。

2. 决策步骤

(1)根据决策问题由左至右绘制决策树。

(2)计算概率分支的概率值和相应结果节点的收益值。

(3)计算各概率点的收益期望值。

(4)确定最优方案。“剪枝”根据各方案收益期望值的大小进行选择。在收益期望值小的方案分支上画上“//”符号，表示应删去，该过程称为“剪枝”，所保留下来的分支即为最优方案。

【例 8-3】 某企业因生产需要，考虑是否自行研究一种新的安全装置。若评审，需要评审费 5 000 元。如果决定评审，评审通过概率为 0.8，不通过的概率为 0.2。评审通过后，研制此安全装置可以采用“本厂独立完成”形式和“外厂协作完成”形式。采用“本厂独立完成”，研制费为 25 000 元，成功概率为 0.7，失败概率为 0.3。采用“外厂协作完成”，研制费为 40 000 元，成功概率为 0.99，失败概率为 0.01。如果研制成功，则有 60 000 元效益，如果研制失败，则研制费将会损失。试采用决策树分析法对方案进行决策。

【解】

(1)绘制决策树，如图 8-2-2 所示。

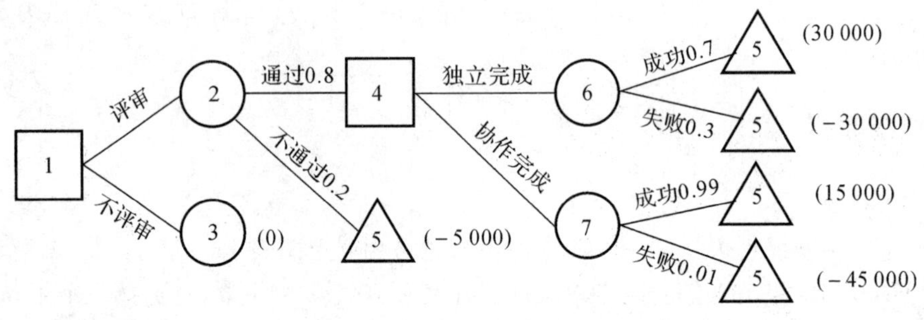

图 8-2-2 决策树

(2)计算各节点收益，收益=效益-费用。

独立研制成功的收益：60 000-5 000-25 000=30 000(元)。

独立研制失败的收益：0-5 000-25 000= -30 000(元)。

协作研制成功的收益：60 000-5 000-40 000=15 000(元)。

协作研制失败的收益：0-5 000-40 000=-45 000(元)。

(3)根据期望值公式计算期望值。

期望值公式为 $E(V)=\sum_{i=1}^{n}P_iV_i$。其中：$V_i$ 为特定事件 i 的条件值；P_i 为特定事件 i 发生的概率；n 为事件总数。

独立研制成功的期望值：$E(V_6)=[30\,000\times0.7+(-30\,000)\times0.3]=12\,000$。

协作研制成功的期望值：$E(V_7)=[15\,000\times0.99+(-45\,000)\times0.01]=144\,000$。

(4)确定决策方案。

根据期望值决策准则：若决策目标是使收益最大，则采用期望值最大的行为方案；如果决策目标是使损失最小，则选定期望值最小的方案。本例选用期望值最大值。由于 $E(V_7)>E(V_6)$，所以采取协作完成形式。

(5)剪枝。

3. 决策树优缺点

决策树分析法优点如下：

(1)可以列出决策问题的全部可行方案、可能出现的自然状态以及各可行方法在不同自然状态下的期望值。

(2)直观显示不同阶段的决策过程,如时间、决策顺序等,形象具体,便于发现问题。

(3)将风险决策的各个环节联系成一个统一整体,有利于思考决策过程,易于比较各种方案的优劣,从而作出正确决策。

(4)可进行定性分析和定量分析。

对于各类样本数量不一致的数据,信息增益偏向于更多数值所具有的特征,不适用于一些不能量化的决策。此外,决策方案确定具有主观性,可能导致决策失误。

8.2.4　群决策

群决策是一种将群体成员意见和偏好集结,使之汇集成群体偏好的决策方法。投票是群决策中最简单的方法,由于投票规则不同会得出不同结果,因此在重大专业性决策问题方面很少使用。下面介绍两种适用较广、科学性较强的群决策方法。

1. 头脑风暴法

头脑风暴法是由美国著名创造工程奠基者亚历克斯·奥斯本发明的一种智力激励法。一组人采用开会的形式,通过相互启发,把与会人员对问题的主要看法聚集起来去解决问题,其主要特点是能有效克服心理障碍,在短时间内获得新观念,创造性地解决问题。一般在 10 人左右的小组中运用效果较好。

实施头脑风暴法需把握以下要点:

(1)建立设想组和专家组两个小组。设想组的基本任务是在规定时间内提出大量观念,专家组的任务是负责对设想组提出的各种观念的价值进行分析和评价。一般而言,两个小组要分开解决问题,以克服设想组成员因为担心专家在场批评,不敢大胆发言的心理。

(2)设想组在讨论时,要多多益善,主意越新、越“怪”,越好,要记录所有人的设想。

(3)设想组成员在讨论时,不论他人的观点正确与否,不得批评,甚至不能有任何怀疑的表情、神色和动作,以防止阻碍创造性设想的出现。

(4)专家组在评价时,对每个观点都要深思熟虑,要注意吸收每个观点的合理成分。小组长在讨论时不得发号施令,批评他人,要注意引导成员扩大思维的空间,提出更多观念。

(5)如果在第一个循环中不能解决问题,应另换一组人重新开始这一过程,如果要继续由这些成员来解决,需另换一个讨论思路和角度。

2. Delphi 法

Delphi 法也称专家调查法,具体实施方法如下:采用通信方式分别将所需解决的问题单独发送至各专家手中,征询专家意见或看法,然后将专家答复意见或设想,科学地综合、整理和归纳;随后以匿名方式将综合意见和预测问题再次分别反馈给专家,征询意见;各专家依据综合意见修改自己原有的意见,然后再汇总;经过多轮反复,逐步取得比较一致、可靠性较高的意见。

(1)Delphi 法的预测程序。

Delphi 法依据系统程序,采用匿名发表意见的方式,即专家之间不得互相讨论,不发生横向交流,专家只能与调查人员联系,通过多轮次调查专家对问卷所提问题的看法,经过征询、归纳、修改,最后汇总成专家基本一致的看法,并将其作为预测结果。Delphi 法预测程序如图 8-2-3 所示,左列各框是管理小组的工作,右列各框是应答专家的工作。

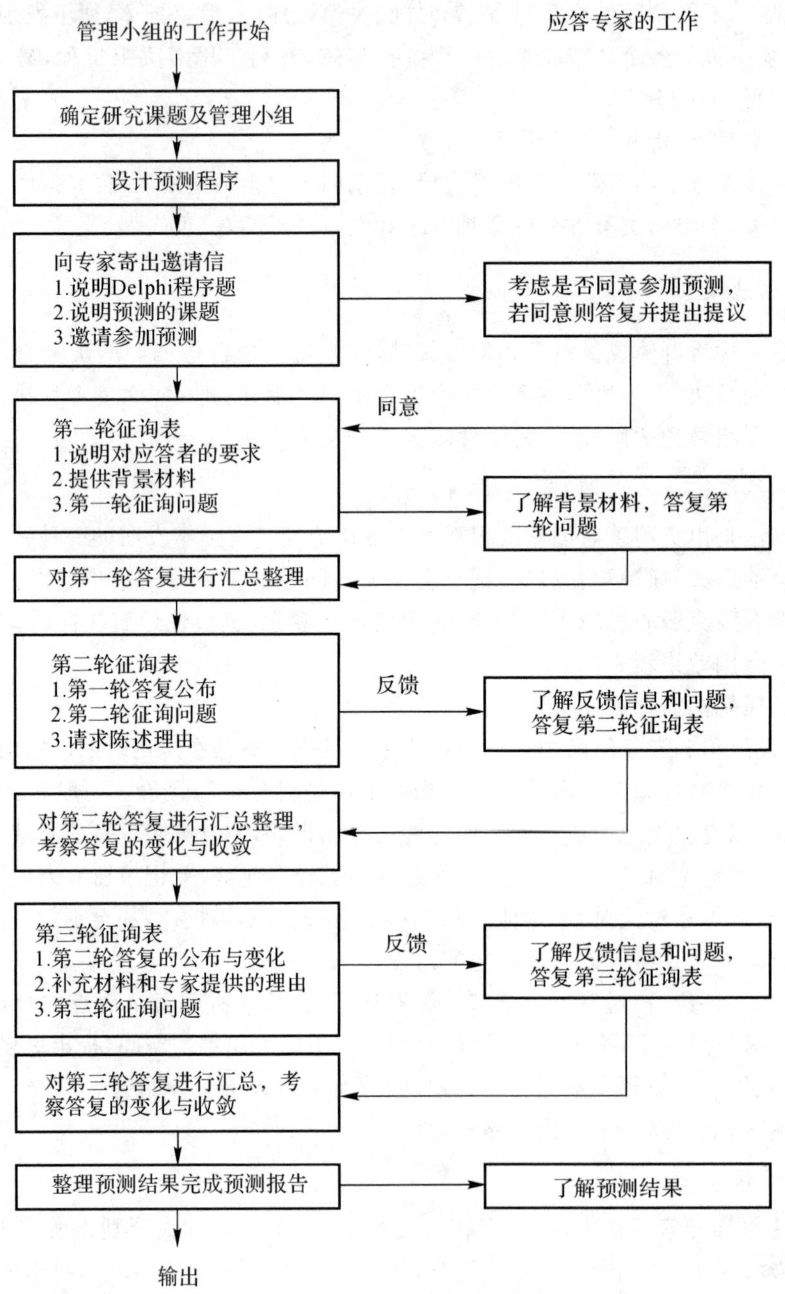

图 8-2-3　Delphi 法预测程序

(2)Delphi 法的特点。

Delphi 法有三个明显区别于其他专家预测方法的特点,即匿名性、反馈性和收敛性。

1)匿名性。征询和回答采用匿名或背靠背方式进行,使每一位专家独立地作出自己的判断,从而避免相互影响。

2)反馈性。经过统计整理,将征得的意见重新反馈给参加应答的专家。每个人可以知道全体意见倾向以及持与众不同意见者的理由。每一位专家都有机会修改自己的见解,而且无损自己的威信。

3)收敛性。征询意见的过程要经过几轮重复,一般为四轮,专家能够在此过程中大致达成共识,甚至取得比较一致的意见。统计归纳结果具有收敛性。

(3)Delphi 法的优缺点。

Delphi 法的优点如下:

1)在大多数情况下,Delphi 法能使专家意见趋于一致,调查结果具有较强的收敛性。

2)Delphi 法在实际运用过程中,经常可以发现由于学派不同而产生不同或对立观点,可以使决策者从不同角度考虑问题,有利于对问题深入研究。

3)Delphi 法作为一种决策或预测的有效工具,其价值在于结果的有效性,有大量事例证实其预测结论的准确性。

4)Delphi 法不受地区和人员限制,用途广泛,能够引导思维,提供一种系统预测方法。

Delphi 法的缺点包括:

1)结果受主观认识制约。准确程度主要取决于专家的学识、经验、心理状态以及对问题的兴趣程度。

2)专家思维的局限性影响最终效果。通常专家只在某个专门领域工作,对其他领域了解得不多。

3)Delphi 法在技术上仍不成熟,如专家的概念没有完善、客观的衡量标准,因此在选择专家时容易出现偏差,征询调查表的设计难以掌握,有时会比较粗糙。

8.3　应急救援通风辅助决策

计算机模拟是一项综合应用技术,对教学、科研、设计、产生、管理、决策等都有很大应用价值。数值模拟技术由于具有低成本、高效率、多工况模拟、决策辅助功能突出等优势,在应急救援过程中得到了广泛应用。本节重点介绍灾害事故仿真模拟领域常见的几种软件及矿井通风仿真辅助决策系统。

8.3.1　数值模拟技术

计算流体力学是研究流体流动等物理现象的现代技术,使用计算机软件建立模型,对风速、风阻以及通风构筑物等参数进行赋值,通过成熟的算法对通风网络数据进行处理、解算,对通风过程进行动态模拟,从而为管理人员和技术人员提供必要的数据支持,以辅助通风和生产决策。常见数值模拟软件有 FLUENT、FDS 和 Pyrosim。

1. FLUENT

FLUENT 是用于模拟具有复杂外形的流体流动以及热传导的计算机软件,除具有基本湍流模型外,还提供了多孔介质模型、组分传输模型、多相流模型等。

(1)FLUENT 计算原理

1)有限体积法。有限体积法是一种计算效率较高的离散化方法,其计算原理是将整个计算区域划分成许多控制体积,每个控制体积用一个相应节点表示,通过对控制体积积分而导出具有守恒特性的离散方程，且离散方程的各个系数有明确物理意义。有限体积法在积分过程中，需要假设控制体积界面上的对流通量和扩散通量，即对被求函数自身的构成及其一阶导数的构成作出假设。

2)流体区域与计算方程的离散。有限体积法在计算过程中把计算区域划分成一系列互不重叠的子区域，并确定每个子区域中节点的位置及其代表的控制体积，同时将相应物理量定义存储于节点上。将大的计算区域划分成一系列子区域的离散网格主要有结构化网格和非结构化网格两类。结构化网格相邻节点之间排列规则、有序，所有内部节点邻近网格数目都相同，其计算效率和精度普遍较高。非结构化网格相邻节点或单元体之间排列无规律可循，内部节点邻近网格数目不相同，其生成复杂，但适应性强。

(2)FLUENT 软件包结构。

FLUENT 软件包基本结构如图 8-3-1 所示，软件主要功能为前处理、求解器、后处理。前处理是指完成计算对象的建模、网格生成的程序；求解器是指求解控制方程组的程序；后处理是指对计算结果进行显示、输出的程序。

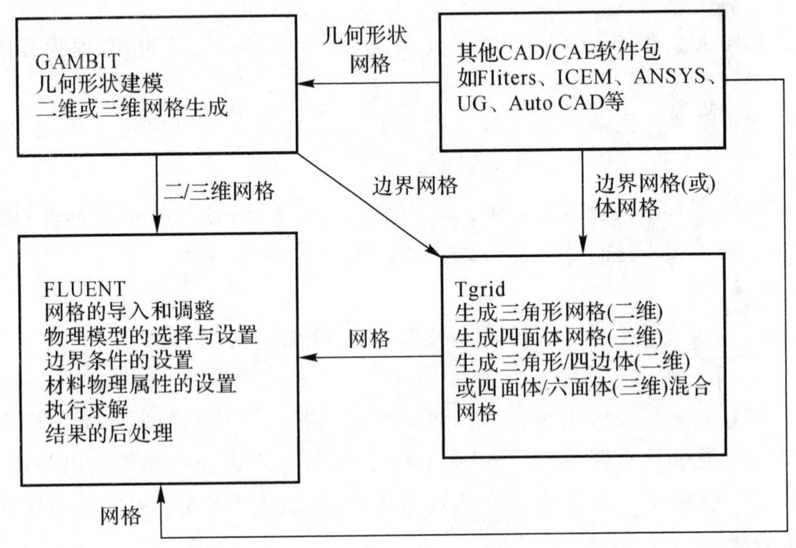

图 8-3-1　FLUENT 软件包结构示意图

1)前处理器。前处理器包括 GAMBIT、Tgrid 和 Filters。其中 GAMBIT 用于模拟对象的几何建模和网格生成。Tgrid 是一个附加前置处理器，可以从 GAMBIT 或其他 CAD/CAE 软件包中读入所生成的模拟对象的几何结构，从现有边界网格开始生成由三角形、四面体或混合网格组成的体网格。Filters 是其他 CAD/CAE 软件包，通过与 FLUENT 之间的接口可将由其他 CAD/CAE 软件包所生成的面网格或体网格读入 FLUENT。

2)求解器。FLUENT 是一个基于非结构化网格的通用求解器，支持并行计算，分为单精度和双精度两种。当网格读入至 FLUENT 后，后续操作都可以在 FLUENT 中完成，其中包括设置边界条件、定义材料性质、执行求解、根据计算结果优化网格、对计算结果进行后处理等。

3)后处理器。FLUENT 有强大的后处理功能，如云图、等值线图、矢量图、剖面图、XY 散点图、粒子轨迹图、动画等多种方式显示、存贮和输出计算结果，可以平移、缩放、旋转、镜像，也可以将计算结果导出到其他 CFD、FEM 软件或其他后处理软件 Tecplot 中。

2. FDS

FDS(Fire Dynamics Simulator)是火灾动力学模拟工具，其将设定空间分成多个小的三维矩形控制体或计算单元，计算各单元内气体密度、速度、温度、压力和组分浓度，利用质量守恒、动量守恒和能量守恒的偏微分方程进行有限差分，使用有限体积技术对同一网格计算热辐射和湍流流动，追踪预测火灾气体的产生、运移和火灾蔓延。FDS 处理湍流流动方法有大涡模拟法(Large Eddy Simulation，LES)和直接数值模拟法(Direct Numerical Simulation，DNS)，模拟求解后可获得测点温度、CO 浓度、CO_2 浓度、O_2 浓度、能见度等数据。

(1)计算步骤。

FDS 火灾模拟软件包含 FDS 和 Smokeview 两部分，如图 8-3-2 所示。FDS 是软件主体部分，主要用于构建和计算模拟场景。Smokeview 是 FDS 计算结果直观化的程序，能处理动态数据、显示静态数据，并将其以二维或三维形式显现。

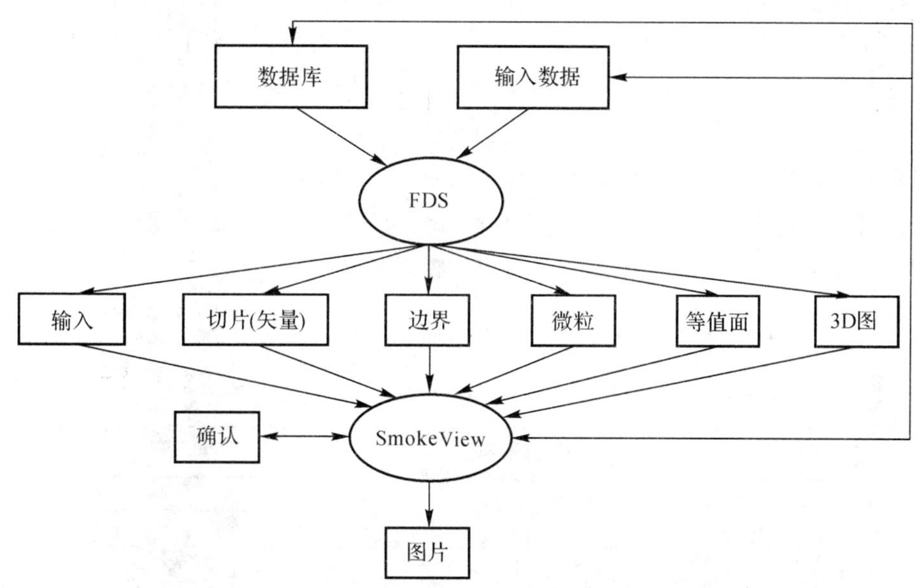

图 8-3-2　FDS 中使用的数据文件和程序示意图

FDS 软件操作步骤：

1)建立一个 FDS 输入文件 case-name. data。FDS 输入文件包括计算域大小、数字栅格大小、计算域内物体几何形状、火源设定、燃料类型、热释放速率、材料热物性、边界条件等信息。

2)运行 FDS，FDS 生成一个或多个输出文件。FDS 输出参数主要是密度、温度、压力、热释放率、燃烧产物浓度、混合分数以及热流和辐射对流等，必须在计算之前设定相关参数，一旦开始计算就无法进行更改。

3)运行 Smokeview 分析输出文件。Smokeview 也可用于创建新的障碍物和修改原来障碍物的属性，其将被保存在一个新的 FDS 输入数据文件 case-name. data 中。

3. Pyrosim

Pyrosim 是在 FDS 基础上发展起来的辅助软件，由美国 Thunderhead Engineering 公司开发，其具有独特的快速算法和适当的网格密度特征，可被用来建立消防模拟，对火灾烟气的运动、温度和毒气浓度进行预测分析，可快速、准确地分析复杂三维火灾问题。

Pyrosim 具有三维图形化前处理功能、可视化编辑效果，其将被研究的试验空间分成许多小单元，各单元都遵循质量、动量、反应生成物和能量守恒定律。通过燃烧可燃道具模拟火灾发展，用 FDS 程序计算密度、燃烧速率、温度、压力和烟气浓度等。在 FDS 中，通过编程完成模型材料的选取，程序包括各种参数，工作量大，容易出错。在 Pyrosim 软件中可以布置探头位置，选取常用材料。材料选定后只需根据不同模拟环境修改部分参数。

8.3.2 矿井通风仿真决策系统

通风仿真决策系统可作为矿井通风管理辅助决策分析平台，广泛应用于通风系统三维可视化展现与预警、应急预案制定及避灾线路动态分析、风机工况点分析、自然风压分析、火灾条件下非稳态通风系统模拟分析、反风演习模拟与分析、通风系统经济性分析、矿井通风系统管理与优化等领域，帮助矿井实时、动态、合理和科学地进行通风管理，实现矿井"集约化"生产。

1. 矿井通风三维仿真辅助决策系统结构

矿井通风三维仿真辅助决策系统设计主要划分为管理、应用以及数据库 3 个模块，如图 8-3-3 所示，不同模块之间的交互促使系统更为稳定可靠。

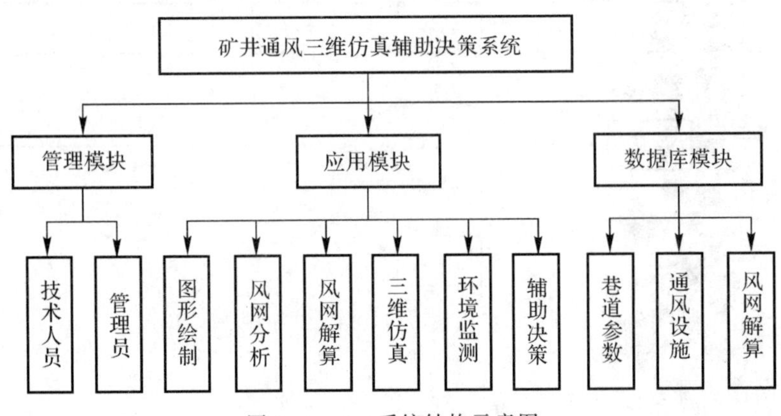

图 8-3-3　系统结构示意图

矿井通风三维仿真辅助决策系统功能设计如下：

(1)环境监测。为更好地监测煤矿井下环境，需在开采前对巷道位置进行监测，可以选择安装通风参数监测传感器，对井内温度、风压以及风速等参数进行监测，并将所获得的参数借助 PLC 控制柜以及光纤收发器传输到对应数据库中，管理人员也能通过系统对井下环境以及相关数据进行查看。系统监测界面中包含报警功能。当系统监测到相关数值超过正常值时，系统会作出预警提示，方便管理人员及时进行处理。系统中还设有历史数据查询功能，管理人员能够通过查看历史数据来分析以往作业情况，从而全面了解井下作业情况，也可以为事故应对提供思路。

(2)管理通风系统参数。系统自动对监测到的通风系统参数进行后续加工处理，建立节点编号，同时在对应巷道上标注风量、通风构筑物、阻力值等参数。

(3)实时解算风网。在系统中录入相关参数后，需要对通风系统图进行全面监测，核实无误后，对矿井通风系统进行风网解算，可采用回路风量法或节点风压法。矿井通风三维仿真辅助决策系统主要利用回路风量法中的 Scott - Hinsley 法进行解算。首先将图论作为基础，根据最小数对余数进行确认，然后选择合适回路，最后进行风量迭代计算，确保解算结果与精度要求相符。解算完成后需建立环境监测与通风系统图两个数据库之间的联系，将最后所获参数传输至通风系统图中，完成实时解算任务。

(4)三维仿真。传统通风系统图只能够实现二维效果，管理者无法查看立体效果。更新为三维仿真系统后，能够与矿井通风系统中的数据相联系，建立三维模型，将风流方向以立体形式展示，显示风流速度和大小，方便管理者查看。

(5)辅助决策系统。辅助决策系统需要实时解算环境监测参数和风网系统，直接显示风机工况、通风阻力和风流等情况，并作出针对性分析，利用风机、风门等对矿井通风系统进行模拟，最后得出设计方案，确保通风系统达到最优，为系统监测提供辅助决策依据。

2. Ventsim *矿井通风系统*

Ventsim 三维可视化矿井通风仿真模拟系统的功能和特点包括：三维多视窗图形界面，便于直观操作与理解；对通风模型进行旋转和缩放高速流场；快捷输入和输出各种通风参数；可直接将国内主流设计软件 AutoCAD 的. dwg 文件转化为 Ventsim 通风网络模型；可以进行通风成本与通风网络经济性优化分析；具有动态模拟功能，如瓦斯、DPM、热力、污染物等；可以将软件与外部数据库连接，同时在通风模型中显示，实现实时监控与通风巡检档案；进行火灾模拟，如反风演习等。Ventsim 软件主菜单界面如图 8 - 3 - 4 所示。

图 8 - 3 - 4　Ventsim 软件主菜单界面

Ventsim 建模与多功能设计可以用于确保矿井通风符合通风安全相关规定，不断提高通风管理水平；随时对矿井整个风网系统进行解算，快速分析风网系统；评估矿井开拓掘进巷道贯通情况，模拟新掘与废弃巷道通风，并有效分配风量；模拟风门、风窗的调节效果，帮助通风技术人员快速实现准确无误的调风工作；计算通风耗能，降低通风成本；对未来采区及工作面用风进行预测分析，避免造成生产衔接工程延期；对现有矿井通风系统进行实时优化，减少瓦斯超限事故；辅助分析矿井所有通风机的角度调整、变频控制以及局扇、风筒的合理配置；指导实际生产运行中通风设施的施工、选购和调整等。

【例 8-4】 某矿通风系统风量分布合理，通风阻力符合规程要求，通风系统管理到位。由于矿井产量增大，原矿井设计的通风系统存在以下问题：一是矿井供风量不足，主通风机通风能力不能满足矿井后续安全生产；二是矿井总进风负担重，副斜井风速较高；三是矿井通风线路太长，现有安全出口均位于矿井东南部的工业广场，比较集中，灾变时期疏散困难。针对当前主通风机能力小、矿井供风量不足的问题，提出以下 3 种方案：

(1)更换现在工业广场回风立井的主通风机。

(2)在工业广场西北边界相邻处新掘一进风立井，不更换主通风机。

(3)在中部工业广场南边界新掘一回风立井，选择新的主通风机，并把现有回风井改为进风井。

采用 Ventsim 软件对以上方案进行分析，并选择最优通风方案。

【解】

(1)系统模型建立。针对上述 3 种设计方案，结合矿方提供的基础技术资料，首先将 CAD 图绘制为单线图(.dxf 格式)，然后将 CAD 单线图导入 Ventsim 软件，在编辑框中选择实体巷道，此时 Ventsim 软件会将单线图转换为立体图，通过对话框编辑风路属性，录入风路名称、断面尺寸、标高等基本信息。

(2)风流模拟。完成风路的高、断面尺寸等基本信息输入，生成整个矿井通风系统三维立体图，通过运行"风流模拟"，检查风网是否正常工作。风网正常运行后，对实测通风基础参数进行数据处理，将摩擦阻力系数输入编辑框，并将风门等固定通风设施风量用节流孔进行增阻固定，再次进行风流模拟，对比设计方案中井下主要大巷风量分配，并运用节流孔进行阻力和风量调节，直至与方案中设计风量基本接近。

(3)方案对比。根据 3 个方案计算分析结果以及 Ventsim 软件对设计方案的通风网络模拟结果，将各方案供风量、通风阻力、通风线路长度、风速超限巷道等参数汇总结果列于表 8-3-1中。

表 8-3-1 技术参数比较

项目		方案一	方案二	方案三
供风量/($m^3 \cdot min^{-1}$)		15 218	11 874/10 956	15 218
容易时期	通风阻力/Pa	3 022	1 299	1 863
	通风线路长度/m	13 066	9 761	11 257
困难时期	通风阻力/Pa	3 700	1 627	2 209
	通风线路长度/m	17 256	14 010	15 186
困难时期阻力占比	进风段	17.50%	7.10%	29.70%
	用风段	55.70%	60.60%	35.60%
	回风段	26.80%	32.30%	34.70%
风速超限巷道		斜副井、风硐风速超限	无	无

方案一：更换主通风机，供风量满足要求，但通风阻力较大，通风线路长，副斜井、回风井风硐风速超限。

方案二：只新掘一进风井，虽然通风线路长度缩短，通风阻力降低，供风量增大，各巷道风速不超限，但主通风机供风量仍无法满足矿井实际需风量。

方案三：中部工业广场南边界新掘一回风井，并安装主通风机，供风量满足要求，通风阻力小，通风线路长度中等，各巷道风速不超限。

根据表 8－3－1，最终确定方案三，其优点主要体现在：通风系统顺畅、风量满足要求、通风阻力适中，新掘风井位置有利于下接续采区的正常回采，新掘风井位于井田中部工业广场，解决了原有安全出口比较集中的问题，且整体经济概算低。

3. *MVSS 矿井通风仿真系统*

矿井通风仿真系统（Mine Ventilatio Simulation System，MVSS）由辽宁工程技术大学开发，于 2008 年 9 月份推出 MVSS3D. Net，其功能如下：

（1）矿井通风系统网络化管理。MVSS3D. Net 的服务器、客户端以及管理终端建立连接后即可实现通风系统实时传输、在线查询、在线管理等功能。

1）通风系统实时传输。通风技术主管客户端对通风系统所做的所有改变，在各级终端进行实时传输显示，即各级管理终端具有与通风技术主管同样的效果，同步操作，同步显示。

2）通风系统在线查询。各级终端可以向矿服务器发出请求，在线查询通风系统的运行情况，主要包括巷道运行情况、风机运行情况以及各种通风构筑物运行情况。

3）通风系统在线管理。通过 MVSS3D. Net 强大网络功能，技术人员与管理人员可以同时进行“由下向上的管理”和“由上向下的管理”。由下向上的管理是指由矿井通风技术主管在本矿技术主管客户端进行提前模拟，取得预期效果，主管领导，如矿井客户端、集团公司管理终端等根据预期效果提出建设性意见，进行由下向上的管理与通信交流，进一步严密通风系统改造措施。由上向下的管理是指主管领导如果认为通风系统改造有不合适的方面，可以利用该系统在系统图中直接修改，将修改后的通风系统提交给矿井通风技术主管或通风技术主管客户端，由通风技术人员进行具体技术分析与管理。

（2）通风网络解算与调节。通风网络解算具有通风网络拓扑关系自动建立、固定半割集下按需分风、无初值迭代计算、自然风压处理、单向回路自动处理等特点。基于最小功耗的通风网络优化是指在不增加系统总功耗的前提下对通风系统进行调节。对于有色金属等非煤矿山采用的井下基站通风，容易形成循环风，将通风网络称为单向回路。煤矿中升压系统容易形成局部小循环系统。MVSS3D. Net 很好地解决了此问题。MVSS3D. Net 自动建立拓扑关系，无需简化，可对任意规模通风系统进行快速解算，采用节点压能驱动调节法，大大提高了调节速度。

（3）通风系统改造仿真。随着矿井生产的进行，通风系统需要适时作出调整，以适应生产需要。在调整之前利用 MVSS3D. Net 进行仿真，可预先对多个方案进行分析对比，确定最优方案。通风系统改造仿真通常可分为日常通风系统改造模拟和通风系统优化改造模拟。

（4）通风系统评价。MVSS3D. Net 具有通风系统可靠性分析、最大通风能力分析、分区通风分析与评价、矿井需风量分析与评价等功能，能生成相应报告，为矿井通风决策提供依据。

复习思考题

(1)简述决策过程、决策要素。

(2)决策遵循的是满意原则还是最优原则？请说明原因。

(3)简述绘制决策树的步骤和决策树的优缺点。

(4)群决策方法有哪些？阐述其定义及优缺点。

(5)为了适应市场的需要，某矿提出两个方案扩大煤炭生产。方案一是建设大矿，方案二是建设小矿。建设大矿需要投资600万元，可使用10年。煤炭销路好，每年赢利200万元，销路不好则亏损40万元。建设小矿投资280万元，如销路好，3年后扩建，扩建需要投资400万元，可使用7年，每年赢利190万元。不扩建则每年赢利80万元。如煤炭销路不好则每年赢利60万元。经过市场调查，市场销路好的概率为0.7，销路不好的概率为0.3。试用决策树法选出合理的决策方案。

参考文献

[1] 张国枢.通风安全学[M].江苏:中国矿业大学出版社,2011.

[2] 朱令起.矿井通风与救灾可视化[M].北京:煤炭工业出版社,2014.

[3] 库向阳.基于智能优化算法的通风网络优化算法研究[M].西安:西北工业大学出版社,2012.

[4] 王海宁.矿井风流流动与控制[M].北京:冶金工业出版社,2007.

[5] 刘剑,贾进章,郑丹.流体网络理论[M].北京:煤炭工业出版社,2002.

[6] 肖俊峰,蒋亚龙.通风安全与照明[M].武汉:武汉大学出版社,2018.

[7] 刑玉忠,陈开岩.矿井通风网络解算[M].徐州:中国矿业大学出版社,2015.

[8] 高随祥.图论与网络流理论[M].北京:高等教育出版社,2009.

[9] 徐瑞龙.通风网路理论[M].北京:煤炭工业出版社,1993.

[10] 管梅谷.求最小树的破围法[J].数学实践与认识,1975 (4):38 - 41.

[11] STEPHEN R T.燃烧学导论:概念与应用[M].北京:清华大学出版社,2015.

[12] 王德明.矿井通风与安全[M].徐州:中国矿业大学出版社,2007.

[13] 程乐鸣,琴可法,周昊,等.多孔介质燃烧理论与技术[M].北京:化学工业出版社,2013.

[14] 刘业娇,田志超.火灾时期矿井通风系统灾变规律及其抗灾能力研究[M].北京:煤炭工业出版社,2015.

[15] 余明高.矿井火灾防治[M].北京:国防工业出版社,2013.

[16] 王德明.矿井火灾学[M].徐州:中国矿业大学出版社,2008.

[17] 邓军,张嫣妮.煤自然发火微观机理[M].徐州:中国矿业大学出版社,2015.

[18] 钟茂华.火灾过程动力学特性分析[M].北京:科学出版社,2007.

[19] 霍然,胡源,李元州.建筑火灾安全工程导论[M].合肥:中国科学技术大学出版社,2009.

[20] 方正.建筑消防理论与应用[M].武汉:武汉大学出版社,2016.

[21] 孙楠楠.大空间建筑消防安全技术与设计方法[M].天津:天津大学出版社,2017.

[22] 王淑平.建筑消防安全管理[M].武汉:华中科技大学出版社,2015.

[23] 李天荣,龙莉莉,陈全华.建筑消防设备工程[M].3 版.重庆:重庆大学出版社,2010.

[24] 应急管理部消防救援局.高层建筑火灾扑救技术[M].上海:上海科学技术出版社,2019.

[25] 丑洋,郭琴,山峰.建筑设备[M].北京:北京理工大学出版社,2018.

[26] 陈明彩,齐亚丽.建筑设备安装识图与施工工艺[M].北京:北京理工大学出版社,2019.

[27] 李通.建筑设备[M].北京:北京理工大学出版社,2018.

[28] 郑庆红.建筑暖通空调[M].北京:冶金工业出版社,2017.

[29] 胡双启,胡立双.爆炸安全[M].北京:煤炭工业出版社,2019.

[30] 胡双启,尉存娟,胡立双,等.燃烧与爆炸[M].北京:北京理工大学出版社,2015.

[31] 王信群,黄冬梅,梁晓瑜,等.火灾爆炸理论与预防控制技术[M].北京:冶金工业出版社,2014.

[32] 崔政斌,石跃武.防火防爆技术[M].北京:化学工业出版社,2010.

[33] 毕明树,杨国刚.气体和粉尘爆炸防治工程学[M].北京:化学工业出版社,2012.

[34] 张培红,尚融雪.防火防爆[M].北京:冶金工业出版社,2020.

[35] 樊越胜.工业通风[M].北京:机械工业出版社,2020.

[36] 中华人民共和国国家卫生健康委员会.工作场所有害因素职业接触限值:第一部分 化学有害因素:GBZ 2.1—2019[S].北京:中国标准出版社,2019.

[37] 陈锋,周斌,王晖.工业厂房防爆通风系统的标准简述[J].暖通空调,2016,46(7):70-74.

[38] 李快社,赵亚玲.煤矿井下安全避险“六大系统”[M].北京:煤炭工业出版社,2018.

[39] 蒋军成,潘勇,周汝.化工安全设计[M].北京:中国计量出版社,2021.

[40] 潘旭海,邢志祥,华敏,等.燃烧爆炸理论及应用[M].北京:化学工业出版社,2015.

[41] 杨龙龙.煤尘瓦斯爆炸反应动力学特征及致灾机理研究[D].北京:中国矿业大学,2018.

[42] 晏成飞,王文强.高瓦斯特厚易燃煤层采空区调压控氧防灭火技术实践[J].煤矿现代化,2014(5):51-53.

[43] 陈龙,仲晓星,李虎,等.新集二矿111300工作面采空区自燃“三带”研究[J].煤矿安全,2017,48(12):164-167.

[44] 吕飞龙.建筑电气火灾产生原因分析及防范措施探讨[J].企业导报,2012(12):256-257.

[45] 李永生.民用建筑中的电气火灾监控系统[J].山西建筑,2010,36(6):187-189.

[46] 王结实,李秀玲,孙育河,等.电气火灾监控系统在高层建筑中的应用[J].低压电器,2007(14):21-24.

[47] 王从陆,吴超.矿井通风及其系统可靠性[M].北京:化学工业出版社,2007.

[48] 贾进章.矿井通风系统可靠性、稳定性、安全性理论[M].北京:科学出版社,2016.

[49] 王洪德,马云东.矿井通风系统可靠性分析与实践[M].西安:西北工业大学出版社,2013.

[50] 黄俊歆,刘璟忠.复杂条件下矿井通风系统优化与可靠性评价研究[M].北京:煤炭工业出版社,2017.

[51] 刘业娇,田志超.火灾时期矿井通风系统灾变规律及其抗灾能力研究[M].北京:煤炭工业出版社,2015.

[52] 贾进章,刘剑.矿井火灾时期通风系统可靠性[M].北京:煤炭工业出版社,2005.

[53] 林柏泉.矿井瓦斯防治技术优选:通风和应急救援[M].徐州:中国矿业大学出版社,2008.

[54] 谢贤平,冯长根,赵梓成.矿井通风系统模糊优化研究[J].煤炭学报,1999,24(4):379-382.

[55] 于波.矿井通风系统评价方法研究现状[J].价值工程,2018,37(21):165-168.

[56] 张景林.安全系统工程[M].北京:煤炭工业出版社,2014.

[57] 胡运权. 运筹学基础及应用[M]. 北京:高等教育出版社,2014.

[58] 中国职业安全健康协会. 中国职业安全健康协会 2009 年学术年会论文集[M]. 北京:煤炭工业出版社,2009.

[59] 王大尉. 基于 Ventsim 软件的矿井通风系统优化[J]. 煤矿开采,2011,16(5):25-26.

[60] 孙嘉梅. 基于环境监测的矿井通风三维仿真辅助决策系统设计[J]. 当代化工研究,2022(12):89-91.

[61] 裴桂红,刘建军,潘洁,等. 基于 Fluent 的地下工程通风数值模拟[M]. 北京:科学出版社,2016.

[62] 陈兴,吕淑然. 基于 PyroSim 的复杂矿井火灾烟气智能控制研究[J]. 数字技术与应用,2012(10):9-10.

[63] 赵正宏,王亚宏. 受限空间作业事故防范与应急救援[M]. 北京:气象出版社,2009.

[64] 赵宝龙. 工业企业防尘防毒通风技术[M]. 北京:煤炭工业出版社,2014.

[65] 田冬梅. 工业通风与除尘[M]. 北京:煤炭工业出版社,2017.

[66] 赵淑敏. 工业通风空气调节[M]. 北京:中国电力出版社,2010.

[67] 马卫国. 受限空间安全作业与管理[M]. 北京:中国劳动社会保障出版社,2014.

[68] 刘业娇,田志超. 火灾时期矿井通风系统灾变规律及其抗灾能力研究[M]. 北京:煤炭工业出版社,2015.

[69] 王汉青. 通风工程[M]. 北京:机械工业出版社,2018.

[70] 李旭坚,汪宗文. 基建矿山爆炸事故中通风保障研究[J]. 中国矿业,2022,31(4):146-150.

附录　受限空间灾变通风救援案例

案例一　陕西某煤业公司"4·21"火灾事故

一、事故概述

2007 年 4 月 21 日，陕西某煤业公司 101 综采工作面发生火灾事故，救援过程中发生瓦斯爆炸，造成 2 名矿工受伤，直接经济损失 1 200 余万元。

二、矿井概况

该煤业公司位于矿区中部，井田面积为 33.82 km^2，主采侏罗系 8 号煤层，平均厚度为 8.29 m。矿井采用一对立井单水平开拓，划分为 4 个盘区，采煤方法为倾斜长壁综放开采。主采 8 号煤层经煤炭科学研究总院抚顺分院化验分析，煤尘具有爆炸性，其爆炸指数为30.86%，爆炸火焰长度为 300 mm，自燃倾向性等级为Ⅱ类，自然发火期为 3～6 个月。2006 年由咸阳市矿山救护中队对矿井进行瓦斯等级鉴定，相对瓦斯涌出量为 9 m^3/t，绝对瓦斯涌出量为 13.62 m^3/min，为低瓦斯矿井。矿井通风方式为中央并列式，两台主要通风机型号为 GAF 23.7－11.8－1，电动机功率为 560 kW，等积孔为 4.1 m^2，矿井负压为 1 600 Pa，总进风量为 7 914 m^3/min，总回风量为 9 004 m^3/min，矿井有效风量率为 87.9%。

三、事故原因

101 综采工作面煤自燃引起瓦斯燃烧。火灾救援初期因施救措施不当，造成火区瓦斯聚积发生爆炸，使事故扩大。主要原因是建造防火墙封闭火区时，进、回风两侧密闭墙施工人员没有严格执行进、回风两侧同时封闭的规定，沟通协调不足，两侧施工进度有快有慢，导致火区可燃气体聚积，达到爆炸界限，从而引起爆炸。

四、事故应急救援过程

2007 年 4 月 21 日 13 时 30 分，跟班队长发现进风端头顶部有自燃现象。

14 时，工作面中部支架靠近顶板处又喷出明火，现场工人用灭火器将火扑灭，随后接通防尘管路开启高压水泵，向工作面后部及支架上部喷射高压水。

17 时，工作面中部再次涌出大量烟雾，并伴有瓦斯燃烧，高压水喷射无明显效果，指挥部决定对 101 工作面进行封闭。

19时，指挥部切断101工作面电源，组织人员分别在101工作面轨道顺槽(进风)、皮带顺槽(回风)用砂袋垒设密闭墙，对着火工作面进行封闭。

4月22日8时20分，救护大队到达事故矿井。

9时10分，中队长带领一小队6名队员，佩用氧气呼吸器，携带必要的技术装备下井侦察。

4月22日晚，经过一夜准备，注水管路、检测气体探头、101皮带顺槽施工道密闭墙位置掏槽、建造密闭墙用的材料准备完毕。

4月23日18时40分，全部密闭墙建造完毕。

19时，开始向火区注水，井下只留下一名救护队员陪同井底信号工值班。

4月24日20时，指挥部安排救护队下井侦察，检测灾区气体含量，观测挡水墙漏水情况。

20时20分，救护队到达101轨道顺槽门口，发现有烟雾从火区慢慢涌出，回风巷已基本被水封闭。

4月25日23时20分，救护队圆满完成进风巷的封闭任务。

4月26日3时10分，现场人员全部升井。

4月27日上午，用时6天，火区被成功封堵，矿井恢复正常生产。

案例二　上海某高层公寓“11·15”特大火灾事故

一、事故概述

2010年11月15日14时，上海某高层公寓发生火灾，致58人死亡，71人受伤。

二、项目概况

公寓大楼建于1998年1月，公寓高28层，建筑面积为17 965 m^2，其中底层为商场，2～4层为办公场所，5～28层为住宅，建筑高度为85 m，总户数500户。

三、事故原因

1. 直接原因

(1)焊接人员无证上岗，且违规操作，同时未采取有效防护措施，导致焊接熔化物溅到楼下聚氨酯硬泡保温材料上，聚氨酯硬泡迅速燃烧，引燃楼体表面可燃物，迅速蔓延至整栋大楼。

(2)工程中所采用的聚氨酯硬泡保温材料不合格。按照我国建筑外墙保温的有关标准要求，用于建筑节能工程的保温材料的燃烧性能不低于B2级。而依照标准，B2级别的燃烧性能要求应具有的性能之一是不能被焊渣引燃。

2. 间接原因

(1)装饰工程违法违规，层层多次分包，致使安全责任落实不到位。

(2)施工作业现场管理混乱，存在明显的抢工期、抢进度、突击施工的行为。

(3)事故现场安全举措不落实，违规使用大量尼龙网、毛竹片等易燃材料，导致大火迅速蔓延。

(4)监理单位、施工单位、建设单位存在隶属或者利害关系。

(5)有关部门监管不力，导致以上“多次分包多家作业、现场管理混乱、事故现场违规选用材料、建设主体单位存在利害关系”四种情况的出现。

四、事故发生经过

2010 年 11 月 15 日 14 时 14 分，4 名无证焊工在 10 层电梯前室北窗外进行违章电焊作业，由于未采取保护措施，导致电焊溅落的金属熔融物引燃下方 9 层位置脚手架防护平台上堆积的聚氨酯硬泡保温材料碎块，聚氨酯迅速燃烧形成密集火灾，因现场未设消防设施，4 人未能将初期火灾扑灭。燃烧的聚氨酯引燃楼体 9 层附近表面覆盖的尼龙防护网和脚手架上的毛竹片。由于尼龙防护网全楼相连，火势开始以 9 层为中心蔓延，尼龙防护网的燃烧引燃脚手架上的毛竹片，同时引燃各层室内的窗帘、家具、煤气管道的残余气体等易燃物质，造成火势快速扩大，并于 15 时 45 分达到最大。

五、事故应急救援过程

上海市消防部门 2010 年 11 月 15 日 14 时 15 分接警，14 时 16 分接警出动，先后调动各区 45 个中队，122 辆消防车，1 300 多名官兵灭火，出动云梯、举高梯等 17 台。近 200 名攻坚队员进行强攻，挨家搜索，救出 107 人。

15 时 40 分，因担心过火的脚手架和大楼发生意外，警方再次将警戒线扩大。

15 时 50 分，三架警用直升机飞抵着火大楼顶部，实施索降救援被困在楼顶的居民。

16 时，由于楼顶的浓烟过大，被迫放弃索降，警用直升机飞离顶楼，使用水枪对教师公寓楼顶喷水救援。

16 时 30 分，大火已基本被扑灭。消防人员进入楼道，收拾残火，搜救楼内居民。

案例三　河南某工程污水管道“4 · 19”较大中毒窒息事故

一、事故概述

2021 年 4 月 19 日 7 时 20 分许，河南省某市工程附属污水管道内发生一起中毒窒息事故，造成 4 人死亡，直接经济损失约 728.87 万元。

二、项目概况

该建设工程全长约 1.05 km，道路等级为城市主干路。建设内容主要包括将铁路桥向西延长 1.05 km，在大街东侧设置一对进出口匝道；工程内容包括道路、桥梁、排水、电缆沟、隧道、隧道照明和照明预埋等。

事故发生污水井(工程编号 WN2)属于大街工程范围内，井深约为 6.5 m，井盖直径约为 70 cm，井口内径约为 65 cm，井口内有攀登脚蹬。

三、事故原因

1. 直接原因

(1)项目部施工员吴某未执行停工指令，未执行《河南省地下有限空间作业安全管理办法》

相关规定，违章指挥现场作业人员进入硫化氢气体严重超标的WN2污水井从事危险作业。

(2)现场作业人员胡某未按照地下有限空间作业“先通风、后检测、再作业”的规定，未佩戴任何安全防护装备，进入地下有限空间作业。

(3)现场人员周某、吴某、陈某在未佩戴任何安全防护装备的情况下，盲目施救，导致事故扩大。

2.间接原因

(1)公司未履行安全生产主体责任，对该起事故负有责任。

(2)建筑劳务分包公司，未有效履行企业安全生产责任制，对该起事故负有责任。企业主要负责人安全意识淡薄，对安全生产职责不清，对安全管理工作指导不力。未按规定对员工进行必要的安全教育培训，未建立安全生产教育和培训档案，未如实记录安全生产教育和培训的时间、内容以及考核结果等情况，未对胡某、周某进行专门的有限空间作业培训。

(3)建设监理公司，未认真履行监理职责，对该起事故负有责任。未严格执行《河南省地下有限空间作业安全管理办法》，现场监理人员未掌握有限空间作业安全知识，未发现和制止现场的违章作业行为。制定的《安全监理实施细则》缺少对有限空间作业进行辨识的内容。

(4)市住房和城乡建设局作为行业主管部门和建设单位，履行行业监管职责不到位，对该起事故负有监管责任。

(5)区人民政府、区住房和城乡建设局履行属地管理和行业监管责任不到位。

四、事故发生经过

2021年4月18日18时左右，项目部施工员吴某组织作业班组人员郭某、葛某对大道与大街交叉口东侧路北辅道上的WN2污水井管道内的堵头进行打通作业。18时05分左右，郭某带着简易防护面罩、洋镐沿井壁爬梯进入检查井室，对管道内的堵头进行打通作业，吴某、葛某在井上配合工作，打通后郭某返回井口上方告知吴某，堵头已打通了10 cm的孔洞。吴某听后认为孔洞太小，要求郭某把堵头孔洞再打大一点。大约18时20分郭某第二次进入检查井室扩大孔洞，将原有的孔洞直径扩大至近30 cm，上游的污水流速流量明显增大，已出现难闻的气味，郭某立即返回井口上方，此时项目施工员吴某已不在现场，只有负责提运垃圾的工友葛某在场，两人清理好现场，关闭好井盖后下工离开。

4月19日7时左右，施工员吴某带领作业班组人员胡某、周某，再次抵达WN2污水井继续进行拆除堵头工作，建设监理公司监理工程师陈某现场监督。胡某将WN2污水井井盖打开通风，周某将WN2污水井南侧约15 m与之相连通的WN1污水井井盖打开通风。7时14分左右，胡某(身穿雨衣雨裤)进入WN2井内进行作业，随即发生中毒情况；井口上方的吴某、陈某和周某发现井下人员胡某中毒，连忙呼喊在附近扫地的项目部保洁人员刘某过来帮忙。同时，周某(身穿反光背心)下井救援，在下井施救期间再次出现中毒情况。吴某见情况紧急，未加考虑直接进入井内施救，随后在井内大喊“快下人，快下人”；陈某听到后，安排刘某拉住另一头垂放入井下的绳索，进入井内施救。刘某在陈某下井后，听见他咳了两声，随后也没有了动静。刘某急忙呼叫在南侧60 m处的项目部保安郭某过来帮忙，并于7时58分拨打110报警。

五、事故应急救援过程

2021 年 4 月 19 日 8 时 03 分，市消防救援支队指挥中心接到 110 转警，随即调集消防站和特勤一站共计 6 辆消防车，30 余名指战员赶赴现场。

8 时 12 分，消防救援站到达现场，立即组织现场警戒和侦查，并利用绳索将空气呼吸器气瓶放置井底，向井下被困人员输送新鲜空气，架设救援三脚架以及保护绳索。

8 时 20 分，特勤一站和支队全勤指挥部相继到达现场，迅速研究并确定救援方案。

8 时 40 分，救援人员下井开展救援工作。

8 时 45 分左右，救援人员到达井底，发现被困 4 人（其中 2 人位于井口正下方底部，被困人员吴某头部朝上斜躺于井壁一侧，被困人员胡某身穿雨衣雨裤，被前者压在身下，脸朝上斜躺于井壁一侧；另外 2 名被困人员周某和陈某并排平躺在井底向东流出的通道内，脚并排卡在井底，头朝向流水方向），污水从南边流入 WN2 污水井内，转由东边流出，水深约 30 cm。

9 时 12 分左右，被困人员吴某被解救于地面，移交 120 救护人员救护。

9 时 22 分左右，被困人员胡某被解救于地面，移交 120 救护人员救护。

9 时 35 分左右，被困人员周某被解救于地面，移交 120 救护人员救护。

9 时 50 分左右，被困人员陈某被解救于地面，移交 120 救护人员救护。

10 时 05 分左右，消防站救援人员再次下井对井下进行全面搜索和侦查，确认井底无被困人员。

10 时 15 分左右，救援人员返回地面，救援任务结束。

案例四　重庆某矿“9 · 27”重大火灾事故

一、事故概述

2022 年 9 月 27 日 0 时 20 分，重庆某煤矿井下二号大倾角胶带运煤上山发生重大火灾事故，造成 16 人死亡、42 人受伤，直接经济损失 2 501 万元。

二、矿井概况

该煤矿位于重庆市，隶属于重庆市某投资集团有限公司，经济性质为国有。核定生产能力为 110 万 t/年，2020 年计划生产原煤 100 万 t，1～9 月生产原煤 78.65 万 t。事故发生前煤矿处于正常生产状态，属证照齐全的生产矿井。

该煤矿井田面积为 14.861 2 km^2，开采 K_1、K_{2b}、K_{3b}煤层，倾角为 20°～40°，属无烟煤。K_1平均煤厚 0.97 m、K_{2b}平均煤厚 0.56 m、K_{3b}平均煤厚 2.49 m；现有可采储量 3 946 万 t，剩余服务年限 25.6 年；矿井为煤与瓦斯突出矿井，2019 年测定矿井相对瓦斯涌出量为 64.42 m^3/t、绝对瓦斯涌出量为 122.94 m^3/min；开采煤层为自燃煤层，煤尘无爆炸危险性。

矿井开拓方式为平硐斜井混合开拓，各水平主要巷道布置在 K_1 煤层以下茅口岩层中，通过阶段巷道、石门依次进入各煤层，布置采区和工作面。矿井共划分为 3 个水平：一水平＋335 m、二水平＋100 m 和三水平－300 m。目前，一水平及二水平一采区已回采完毕，生产区域集中在二水平二采区及三水平。矿井布置有 5 个综采工作面，分别为二水平二采区 2324^{-1} 工作面、三水平一采区 3311N 工作面和 3213S 工作面、三水平二采区 3222S 工作面、三水平三采区 3231S 工作面。

矿井通风方式为两翼对角式，通风方法为抽出式，总进风量为 20 890 m^3/min、总回风量为 21 698 m^3/min。现有 4 个进风井和 2 个回风井。采用三级排水系统。原煤采用带式输送机连续化运输，通过回采面运输巷、各区段巷、大倾角运煤上山到二水平运煤大巷，经主斜井、栈桥至地面煤仓。矸石采用串车提升。矿井安装有 KJ90X 型煤矿安全监测监控系统、KJ69N 型人员位置监测系统。矿井压风自救系统供风取自地面和三水平压风机房。调度总机为 510 门 KTJ113 型调度交换机，其中地面 50 门、井下 460 门。

三、事故原因

该煤矿二号大倾角运煤上山胶带下方煤矸堆积，起火点 −63.3m 标高处回程托辊被卡死、磨穿形成破口，内部沉积粉煤。磨损严重的胶带与起火点回程托辊滑动摩擦产生高温和火星，点燃回程托辊破口内积存粉煤。胶带输送机运转监护工发现胶带异常情况，通知地面集控中心停止胶带运行，紧急停机后静止的胶带被引燃，胶带阻燃性能不合格、巷道倾角大、上行通风，火势增强，引起胶带和煤混合燃烧。火灾烧毁设备，破坏通风设施，产生的有毒有害高温烟气快速蔓延至 2324^{-1} 采煤工作面，造成重大人员伤亡。

四、事故发生经过

2022 年 9 月 27 日夜班，矿井 374 人入井，安全副矿长陈某下井带班。事故当班，机电一队安排桂某等 7 人在二号大倾角胶带运煤上山 −150～−75 m 段安装溜槽、清理浮煤，邓某负责二号大倾角胶带输送机运转监护。事故当班井下其他主要作业地点有 2324^{-1}、3231S、3222S、3213S 等 4 个采煤工作面割煤作业，3311S 采煤工作面安装作业，3311N 采煤工作面施工锚网梁索、补设挡矸网等预处理作业；五六区主要回风巷、三号人行下山上平巷等 11 个地点掘进作业；3223N 运巷 9# 钻场、3232N 风巷 3# 钻场等 8 个地点施工瓦斯抽采钻孔作业。

9 月 26 日 22 时 34 分，二号大倾角胶带开机运行。27 日 0 时 19 分，二号大倾角胶带输送机运转监护工邓某（在事故中死亡）发现胶带存在问题（电话录音显示其未说明具体问题），电话通知地面集控中心值班员张某停止二区大倾角胶带运行。0 时 20 分，向机电一队值班副队长王某电话报告二号大倾角运煤上山下方正在冒烟，前去查看。

0 时 21 分，通风调度值班员孙某听见安全监控系统发出报警语音，发现 +5 m 煤仓上口 CO 超限达 154 ppm① 并快速上升至 1 000 ppm，随即向矿调度值班员余某报告，余某随即电话通知集控中心值班员张某停止大倾角胶带输送机运行（此前已停机）。其看见监控 +5 m 转载点视频呈白雾状，立即电话询问在 +5 m 煤仓上口附近检修采煤二队（3231S 采面）液压泵的司机曹某。曹某目视有黑色烟雾从 +5 m 煤仓涌出至 3231S 采煤工作面，同时听见 +5 m 煤仓上口的 CO 传感器持续报警，便在电话中告知“CO 超标”后中断通话，立即打电话通知采煤二队（3231S 采面）撤人，但采煤二队电话无人接听，遂用语音信号机通知工作面撤人。此后，井下工人桂某在 −150 m 电话汇报二号大倾角胶带运煤上山中上部有明火，余某安排其迅速联络跟班队长撤人，同时向值班调度长梁某报告了事故情况。梁某接到电话报告后，立即赶

① ppm：parts per million，体积比浓度，1 ppm＝10^{-6}。

到调度室指挥余某通知井下所有区域撤人，并依次向值班矿领导张某、机电副矿长邱某、矿长李某等人电话报告事故情况。余某向梁某报告事故后，电话通知距离采煤二队 3231S 采面最近的液压泵司机曹某迅速通知撤人，但由于电话已无人接听，遂拨打采煤二队工作面电话，此时正在回风巷的工人张某接到电话后迅速和工友撤离。余某向井下带班矿领导陈某电话报告事故后，连续拨打采煤三队（2324^{-1}工作面）电话，但一直无人接听，遂紧急通知采煤三队地面值班人员电话通知工作面撤人，随后相继通知井下其他区域撤人，并让矿山救护大队到矿救援。

五、事故应急救援过程

2020 年 9 月 27 日 1 时 05 分，公司矿山救护大队值班员唐某接到煤矿调度员余某的事故召请电话，大队长穆某立即带领 3 个救护小队的 23 名指战员赶赴煤矿。

1 时 30 分，第一批 3 个小队入井侦查搜救。

2 时 40 分，在＋5 m 进风巷 $2^{\#}$ 人行上山吊挂人车处发现 7 名遇险人员，救护队员立即开展紧急救治，并于 4 时 10 分将伤员搬运出井。随后，救援指挥部组织 15 个小队分三批先后入井到达－75 m 标高二号大倾角皮带运煤上山及相邻区域，从下往上开展灭火搜救，先后搜救、组织撤离 78 人安全出井。

7 时 35 分，成功关闭＋175 m 茅口巷与 $2^{\#}$ 大倾角运煤上山联络巷的风门，在＋175 m 茅口巷侦查发现 3 名遇难人员；8 时 05 分，在＋175 m 茅口巷胶带输送机机头以南发现 1 名遇难人员；其后在＋175 m 茅口巷 $2^{\#}$ 石门皮带巷发现 10 名遇难人员和 1 名遇险人员，遇险人员于 10 时 15 分被运送出井。

12 时 30 分，在二号大倾角胶带上山＋5～＋80 m 段搜寻到 1 名遇难人员；12 时 42 分，在二区＋100 m 的 $N3^{\#}$ 皮带上山机头处搜寻到 1 名遇难人员。至此，所有被困人员全部搜寻完毕。

13 时 51 分，救护队将遇难的 16 名矿工全部运送出井，事故现场抢险救援工作结束，此次事故救援出动 2 支救护大队共 18 个小队、130 名救护指战员，经过 12 h 46 min 全力灭火、救援，共搜救和组织撤离遇险人员 86 名，搜救遇难人员 16 名。